oekom

Andrea von Braun Stiftung

voneinander wissen

Diese Publikation wurde durch die Unterstützung
der *Andrea von Braun Stiftung* ermöglicht.
Die Andrea von Braun Stiftung hat sich dem Abbau von Grenzen zwischen Disziplinen verschrieben und fördert insbesondere die Zusammenarbeit von Gebieten, die sonst nur wenig oder gar keinen Kontakt mit einander haben. Grundgedanke ist, dass sich die Disziplinen gegenseitig befruchten und bereichern und dabei auch Unerwartetes und Überraschungen zu Tage treten lassen.

ClimatePartner°

Dieses Buch wurde klimaneutral hergestellt. CO_2-Emissionen vermeiden, reduzieren, kompensieren – nach diesem Grundsatz handelt der oekom verlag. Unvermeidbare Emissionen kompensiert der Verlag durch Investitionen in ein Gold-Standard-Projekt. Mehr Informationen finden Sie unter www.oekom.de.

Bibliografische Information der Deutschen Nationalbibliothek:
Die Deutsche Nationalbibliothek verzeichnet diese Publikation in der Deutschen Nationalbibliografie; detaillierte bibliografische Daten sind im Internet unter http://dnb.d-nb.de abrufbar.

oekom verlag, Gesellschaft für ökologische Kommunikation mbH,
Waltherstraße 29, 80337 München

Satz + Layout: Sarah Schneider, oekom verlag
Lektorat: Eva Rosenkranz
Umschlaggestaltung: www.buero-jorge-schmidt.de
Druck: fgb. freiburger graphische betriebe

Dieses Buch wurde auf FSC-zertifiziertem Recyclingpapier und auf Papier aus anderen kontrollierten Quellen gedruckt. Circle*offset* Premium White, geliefert von Igepagroup, ein Produkt der Arjo Wiggins.

ISBN 978-3-86581-182-0

hier bitte FSC-Logo
einsetzen

Marcel Robischon

Vom Verstummen der Welt

Wie uns der Verlust der Artenvielfalt kulturell verarmen lässt

Meinen Eltern

Ich möchte allen Wissenschaftlern, Dichtern, Wanderern, Seefahrern, Forschern, Reisenden, Buchschreibern und Geschichtenerzählern danken, die mit Rat und Wissen und der Bereitschaft mir von Abenteuern in der weiten Welt zu erzählen, zum Entstehen dieses Buches beigetragen haben.

Mein besonderer Dank gilt meinen Eltern sowie Frau Eva Rosenkranz, Herrn Dr. Christoph Freiherr v. Braun, Herrn Dr. Christoph Hirsch und den Mitarbeiterinnen und Mitarbeitern des oekom verlags München.

INHALT

»Die Berge selbst scheinen zu atmen,
als ob ein Riesentier im Pelz der Wälder schläft.«

KAPITEL 1

Im Tal in den grünen Bergen

Lange Zeit bin ich früh aufgestanden, von den Amseln am Fenster geweckt, und in der Morgendämmerung durch mein Tal gefahren, mein Tal in den grünen Bergen. Wie ein Handabdruck ist es ins Urgestein modelliert. Wie von fünf Fingern gezogen, spreizen sich die Seitentäler ins Gebirge, und wie eine Hand voller Getreide ist der Talgrund im Sommer mit Weizen und Welschkorn bedeckt. Auf den Hängen und Höhen wachsen duftende Bestände aus Fichten und Douglasien, gepflegte Forste wie ein dunkler Pelz, der sich mit dem Atem eines gewaltigen Tieres bewegt. Manchmal rollen und poltern Gewitter durch mein Tal, wie ein Magenknurren tief im Bauch der Berge. Und nach dem Regen dampfen die Hügel wie nasses Vieh, das auf der Weide wartet.

Wenn man lange an einem Ort lebt, erscheint einem dieser Ort wie ein lebendes Wesen[1], ein Wesen mit und auf dem man lebt, als wären die Berge riesenhafte Tiere. Einer von ihnen sieht an einem dunstigen Morgen aus wie ein blauer Riesenelefant. Natürlich lebt in solch einem vertrauten Wesen, so zahm und gepflegt es auch sein mag, etwas Wildes, wie jedes Haustier noch ein paar wilde Züge in sich birgt. Selbst wenn man glaubt, alle Launen, Stimmungen und Stimmen zu kennen, kann man doch Spuren der Wildnis entdecken.

An den Wiesenrainen des grünen Tals findet sich allerhand wildes Leben: Orchideen und Morcheln, goldäugige Kröten und Ameisenlöwen, dazwischen manchmal ein silbergrauer Reiher, der, aufrecht und ernsthaft – *en garde* –, still steht, dann plötzlich wie ein Fechter zustößt, hinabstößt auf irgendetwas Unsichtbares im tiefen Gras. Und hoch über dem Talgrund »fing mein Auge früh der Frühe Liebling, Erbprinzen im Reich des Taglichts,«[2] ein: den Regenschüttler, Kunstflieger, Jagdflieger, der in der Luft stillsteht, rüttelt und plötzlich hinabschießt, hinab auf etwas Unsichtbares in Weizen und Welschkorn. An den Böschungen wachsen Ameisenburgen, Millionenstädte, zwischen Wurzeln und Humus gegraben, aus Fichtennadeln aufgetürmt. Und manchmal sitzt hoch in einem hohlen Stamm ein Bienennest, das wie mit kaum merklichem Vibrieren eine lebendige Spannung ausstrahlt und sein fliegendes Leben ein- und ausatmet.

Zwischen den »Brotbäumen« der Forstwirtschaft stehen auch noch einheimische Baumarten. Weil sie schon lange, für Menschenverstand schon immer, hier waren und hier schon immer wichtig waren, haben sie vielen Seitentälern, Dobeln, Gipfeln und Weilern ihre Namen hinterlassen. Da gibt es ein Tal der Weiden und ein Tal der Eschen, an dessen Eingang das Dorf der Birken liegt. Da gibt es das Tal der Buchen, den Hügel der Eichen oder den Pass der Bergkiefern und – zu Füßen des Lindenbergs – das Tal der Eiben, wo Eiben heute aber selten sind, weil man den giftigen Baum mit den roten Fruchthüllen in alten Zeiten beinahe ausgerottet hat. In den Namen ist eine Erinnerung erhalten, die weiter als eine Lebenszeit zurückreicht. Manchmal sind die Bäume hinter diesen Namen nach Jahrhunderten der Verschiebungen und Verschleifungen fast unkenntlich geworden – so wie der Wall der Keltenfestung, die mitten im Tal lag und, vor Jahrtausenden noch weltberühmt, heute, längst geschliffen, abgeschliffen, nur bei genauem Hinsehen zu erkennen ist; fast unsichtbar im Gras, versteckt unter Weizen und Welschkorn. Bis heute lebt ihr Name in einigen Dorfnamen fort.[3] *Der Hügel der Stiere* soll er in einer ausgestorbenen Sprache bedeutet haben, eine Erinnerung, vielleicht, an die Wildrinder der Urwälder, die Waldrinder der Urwildnis, die Urrinder der Waldwildnis, heute ersetzt durch zahme Milchkühe, wie sie beinahe überall grasen könnten, und denen man schon als Kälbchen die Hörner ausgebrannt und ihre Wildheit nahezu ausgetrieben hat.

Auch anderes Wild hat im grünen Tal toponymische Trittsiegel hinterlassen. Ein Berg heißt Rosskopf, vielleicht seit jener Zeit, in der man noch den Hufschlag wilder Waldtarpane hören konnte? Da gibt es ein Tal der Bären, einen Wolfsgrund und einen Berg der Geier, Erinnerungen an die lange Verschwundenen, die großen Wildtiere. Im Tal der Buchen gibt es einen Falkenstein und an der Talmündung des Weidentals einen Falkenbühl, in alten Zeiten Festungshügel und heute ebenso abgeschliffen, beinahe eingeebnet wie der *Hügel der Stiere*. Doch die Falken sind noch da. Der »Regenschüttler«, der Turmfalke, der in der Kirche nistete und dessen Junge den Gesang der Patres mit Vogelkindergeschrei untermalten, und – seltener, ungewohnter, abenteuerlicher – die Wanderfalken, die in ihrer Jugend in den Süden gezogen waren und sich nun, da ihr Wandertrieb ausgelebt schien, hier im Tal niedergelassen hatten. Rund um die Uhr von einer Leibwache geschützt, nistete ein einziges Fürstenpaar der aussterbenden Art am Abgrund über der Schlucht der Hirsche, und ich war stolz, das große Geheimnis wissen zu dürfen.

Sie waren nicht die einzigen Weltwanderer, die durch den Luftozean bis in unser Tal geschwommen kamen. Als untrügliches Zeichen des Sommers kreuzten vom Süden, von den Tropen Afrikas her, die Alpensegler auf, um hier, am Fuß der grünen Berge, das »Nordkap« ihres Wanderlebens zu umrunden. Ihre kleineren Begleiter, die Mauersegler, nisteten unter unserem Dach. Wie geflügelte Pfeile sausten die Insektenabfangjäger durch die Luft, beschrieben Schussparabeln am Mittagshimmel und erzählten in scharfen Pfiffen Geschichten vom Nil und Sambesi.

Wenn im November die Winterschafe wie eine Wollflocke in der Hand des Schäfers durch den Talgrund wehten, kamen, wie ein alle Jahre wieder aufgeblättertes Kalenderbild der Wintermonate, vom fernen Osten, aus Sibirien, die Saatkrähen, die »Winterchrabbe«, in Riesenherden durch den Eishimmel herangeschwommen und erklärten in rauem Kanon ihre Lufthoheit über dem Tal.

Wenn die Dezemberlämmer geboren wurden, kamen manchmal als seltener Besuch die Seidenschwänze aus dem hohen Norden. Sie erinnerten mich, wenn sie sich auf Birkenästen aufreihten, an die Glasvögel unseres Weihnachtsbaums. Glasklirrend schrill klang auch ihr Ruf – und sie brachten mir in ihrem Gefieder die Herbstfarben der Arktis mit.

So wie die alten Namen der Orte im Tal ein Nachhall der geheimnisvoll versunkenen Vergangenheit, der Urzeiten, der Geheimniszeiten voller Bären und Wölfe, Geier und Giftbäume waren, so brachte der Ruf der Zugvögel einen Klang von weither, eine Botschaft von jenseits der grünen Berge, wo es noch ungeheuer viel zu sehen und zu entdecken geben musste. Doch es gab noch andere Botschafter aus der weiten Welt, die lautlos Geschichten erzählten und in meinem Tal den Status des Besonderen, des Exotischen genossen und grenzenlose Neugier weckten: die patagonische Südbuche – aus Feuerland, vom Ende der Welt! – auf dem Schulhof und der amerikanische Riesenlebensbaum im Park, der hier tatsächlich zu einem grünen Giganten hatte heranwachsen dürfen und in seinen Schuppenblättchen einen Duft wie von Ananas und Äpfeln barg. Oder die Riesentannen aus dem pazifischen Nordwesten, die ein Förster einmal versuchshalber am Hang der Falken, nahe der Schlucht der Hirsche, hatte anpflanzen lassen. Oder das Wäldchen eleganter Japanlärchen im Buchental, vor Generationen einmal von einem japanischen Forstprofessor auf dem Land eines Nachbarn gesetzt. Sie erzählten von Abenteuern jenseits der grünen Berge, denn irgendwer musste sie einmal in fremden, unerforschten Wäldern entdeckt und über den Ozean hierhergebracht haben.

Satzzeichen in der Syntax der Natur

Da mein Traum vom Fliegen nicht zu verwirklichen war, lernte ich, um viel im Wald zu sein, den Beruf des Försters. Lange Zeit bin ich früh aufgestanden und jeden Morgen durch mein Tal gefahren, lernte, mit dem »Fichtenmoped« Holz zu machen und über den Daumen peilend, mit Zuwachstabellen und Massentafeln nachrechnend, Grundfläche, Höhe und Masse eines Baumbestandes zu bestimmen und mithilfe der Schriften der Vorgänger den Zuwachs an Holz in Festmetern pro Hektar zu berechnen. Ich konnte die Hieroglyphen der Borkenkäfer und die Trittsiegel des Wildes im Schlamm oder Schnee lesen, konnte anhand der Zeigerpflanzen der Krautschicht sagen, wie gut ein Standort mit Wasser und Mineralsalzen versorgt war und welche Bäume, welche Waldgesellschaften hierher gehörten.

Ich wusste die Bäume am Duft ihres Holzes und ihrer Knospen zu unterscheiden, konnte die Bodentypen anhand des Knirschens der Partikel zwischen Fingerspitzen oder Zähnen benennen und erklären, wie die mit Erdfarben gemalten Bilder eines Bodenprofils wohl entstanden waren und wie sie sich weiterentwickeln mochten, irgendwann in endloser Zukunft.

Es galt, ungeheuer viele, ungeheuer feine Details zu beachten, wollte man irgendetwas vom großen Gesamtbild des Waldes verstehen.

Ich lernte im Wald, das Seltene und Besondere zu suchen, zu finden und zu fördern. Die einzelne Mehlbeere zwischen den Ahornen am Waldrand, den einen Ahorn zwischen den Buchen, die eine Buche in einem Douglasienbestand, den einzelnen Wildkirschbaum, der einem Bergmischwald einen zusätzlichen Farbton verlieh, die eine Esche unter hunderttausenden, die kein gefiedertes, sondern ein ganzes, ungeteiltes Blatt hatte, den einen Seidelbast, der im Frühjahr unter den Buchen seinen aufregenden Duft in die Luft streute …

Natürlich fasziniert das Bunte, das Ungewöhnliche. Und das, was vielfältig und reichhaltig ist, ist stabil, sicher; eine Erkenntnis, die sich auch außerhalb der Forstwirtschaft durchgesetzt hat – doch die Sache ist viel komplizierter: Das, was am richtigen Ort ist, ist stabil[4], und manchmal trägt gerade das, was auf den ersten Blick artenarm erscheint, als schlichtes, einzigartiges Bild zur Vielfalt und zum Reichtum bei. Manchmal wirkt das wirklich Besondere auf den ersten Blick gar nicht so aufregend und gibt sein Geheimnis nur langsam und nur dem, der genau hinschaut, preis. Schützenswert und geheimnisvoll war deshalb der Bestand von Eiben, den es, als seltene, wahrscheinlich weit und breit einzigartige Erscheinung, in der Klamm der Hirsche, am Hang der Falken, noch gab. Ganz in der Nähe kroch eine Flut von Gneisblöcken bergab. Das einzige Gehölz, das sich hier halten konnte, war der Bergahorn, der doch sonst nie reine Bestände bildete und im Herbst seine Flügelfrüchte wie Schwarmwellen karamellgelber Libellen in den Wind schüttete und Wolken von Lichtgold ins Tal goss.

Um den Wald zu verstehen, muss man dauernd auf winzige Elemente achten, auf die unauffälligen, die Satzzeichen in der Syntax der Natur. Ein dauerndes Spurenlesen und Zusammenlesen von Informationen ist nötig, um überhaupt eine Fährte zu finden, und ob man es schafft, diese zu verfolgen, unter Myriaden anderer Fährten, ist ungewiss. So ein Waldökosystem ist nicht nur komplizierter, als wir denken, sondern komplizierter als wir überhaupt denken können[5], denn schließlich arbeitet die Forstwirtschaft ja nicht mit den Teilchen, Kräften und Energien eines unbelebten Systems, sondern mit lebendigen Wesen.

Wenn man mit etwas derartig Kompliziertem umgeht, sich sogar anmaßt, einzugreifen, ist es natürlich angebracht, ständig in Sorge zu sein, es könne irgendetwas in diesem Organismus aus der Balance geraten. Es könnte eines der Elemente verloren gehen, die den Wald so aufregend, so reich und stabil machen und ihn von den Holzplantagen unterscheiden, in denen wenig mehr wächst als Geld.

Als Förster arbeitet man mit etwas, das in der Vergangenheit wurzelt, und muss gleichzeitig versuchen, in die Zukunft zu schauen, muss im Geist die noch winzigen Bäume zu Riesen wachsen lassen, ein in die Zukunft projiziertes Bild erzeugen. »Modellieren« ist eine Aufgabe, die heute von Computern übernommen wird, sodass die persönliche Handschrift des Försters verschwindet.

Man muss das neu Beobachtete dauernd mit den Erinnerungsbildern vergleichen, muss versuchen, Richtungen der Entwicklung und Veränderung zu erkennen. »Zukunftsbäume« nennen Förster besonders zu fördernde Bäume im Bestand. Die Vorhersage beruht, natürlich, auf Erfahrung, auf dem, was man selbst beobachtet, was von anderen mitgeteilt oder was in Büchern zusammengelesen wurde. Man muss mit Vorsicht und Rücksicht und Weitsicht arbeiten. Niemals war das zukunftsweisende Moment so wichtig wie heute; in einer Zeit, da wir vermuten, dass die große Zukunftsentscheidung der Förster, die Baumartenwahl, auf ein künftiges, stark verändertes Klima abgestimmt werden muss[6], und da wir davon ausgehen, dass wir auch in Zukunft Sauerstoff und Holz, Vogelstimmen und Harzduft und den Schatten der Bäume an einem sonnigen Nachmittag zum Leben brauchen.

Betonschleier über dem Glühwürmchenwald

Vielleicht ist mir wegen der Notwendigkeit, überall auf Entwicklungen zu achten, all das aufgefallen, was sich außerhalb der Wälder im Tal veränderte, was verschwand und verloren ging. Der pittoresk ausgestreckte Ast eines alten Baumes, der wohl zur Gefahr geworden und der Verkehrswegesicherung wegen abgesägt worden war, die Wunde grau zugestrichen; Kastanien, die einst so mächtig waren, als hätten sie sich für die Ewigkeit gen Himmel gestreckt, und von denen nichts blieb als ein Stumpf, der sich kaum mehr über den Boden erhob. Oder auch das Unbelebte: eine Straße, die sich schon immer wie eine Blindschleiche in der Sonne durch das Tal geschlängelt hatte und nun geradegestreckt worden war, so gerade, dass eine kleine, jahrhundertealte Kapelle, die vorher *am* Weg, nun aber *im* Weg gestanden hatte, abgerissen und durch eine andere, an anderem, beliebigerem Ort ersetzt wurde. Ein altes Haus, das plötzlich verschwunden war, verdrängt durch einen Betonklotz, einen Fremdkörper, der nicht aus den Hängen und Rainen der Berge herausgewachsen zu sein schien, sondern eher wie eine zufällig hier in der Landschaft abgestellte Maschine wirkte. »Wohnmaschinen« machten sich breit anstelle der einheimischen Wohnorganismen, wie es die alten aus dem Holz der Rotfichte gezimmerten Bauten im Tal mit ihren holzschindelgeschuppten Flanken, Wand und Dach zugleich, waren; jedes wie ein großes Urzeittier, das sich, halb in den Hang gegraben, gegen Wind und Wetter stemmt und unter seinem Rückenschild Menschen und Vieh beschützt.

Die Wohnmaschinen und überhaupt alle Neubauten sind aus Beton. Beton ist grau – nicht schimmernd grau wie das Gefieder des silbergrauen Reihers, nicht in tausend Abstufungen grau wie die Flechten auf dem Stamm der Buchen oder die Schindeln der Bergbauernhäuser. Beton ist nur grau. Beton ist glatt und homogen, an allen Wänden gleich – nicht ölig glatt wie eine Schiefertafel, nicht samtig glatt wie Travertin, nicht seifig glatt wie Blaubasalt. Nicht kühl wie Marmor, nicht warm wie Sandstein. Er fühlt sich nach gar nichts an. Beton hat auch keinen Duft, riecht nicht schweflig wie Feuerstein, nicht kalkig wie der Dolomit, nicht kreidig, nicht seifig. Beton riecht nach nichts – und doch roch es überall da, wo die Maschinenhäuser hingepflanzt wurden, an die Wachstumsränder der Dörfer, die sich immer weiter aneinander heranfraßen, entlang der Straßen, die in die Erde gerissen wurden, nach Beton.

So auch die gewaltige Schneise, die klaffende Wunde, die in die offene Handfläche des Tals gehauen wurde. Um Platz für den Bau der Straße zu schaffen, erschienen eines Tages Holzfäller in dem prächtigen Park, ganz in der Nähe unseres Hauses. Er trug übrigens den Namen eines der großen Pioniere des Naturschutzes und bot eine Heimstatt für allerhand Vögel und andere Wilde – und in Sommernächten eine geheimnisvolle Bühne für die magischen Lichtspiele der Glühwürmchen. Einige Menschen hatten die Bäume noch vor dem Angriff schützen wollen, doch eine ganze Armee fremder Polizisten war aufgeboten worden, sie zu verjagen.

Wenige Stunden später waren entlang der Schneise alle gefällt. Große Maschinen fuhren heran, rissen den Boden auf und gossen Beton hinein, so wie beim Tätowieren Farbe in eine Wunde injiziert wird, um für immer zu bleiben. Quer durch das Tal wurde eine Betonbahn ausgelegt, auf der mehr Autos fahren sollten, immer mehr und immer mehr … Mit jedem weiteren Betonbau, mit jeder weiteren Asphaltfläche verdichtete sich der Grauschleier über dem grünen Tal.

Dieser Grauschleier liegt nicht nur über meinem grünen Tal. Mir scheint, er ziehe sich langsam über die ganze Welt. Überall auf der

Erde baut man am globalen Dorf, vielmehr an der globalen Stadt, denn der in den sechziger Jahren gebräuchliche Begriff »globales Dorf«[7], bezogen auf die weltweite menschliche Kommunikation über alle Grenzen hinweg, hat sich längst in anderen Bereichen konkretisiert.

Concrete so nennt man in der Sprache der Globalisierung auch den Baustoff, in dem diese Konkretisierung stattfindet: Beton. Das globale Dorf ist angewachsen zur globalen Stadt, zur Globalopolis[8] – doch immer noch nicht ausgewachsen. Immer noch wird weitergebaut. Mit Beton. Immer noch verwandelt sich, als wäre ein moderner Midasfluch ausgesprochen worden, alles, was der Mensch berührt, in Beton.

Da ich das Tal und die Berge schon lange Zeit kenne, kommt es mir vor, als würde ein lebendes Tier einbetoniert; ähnlich wie Bienen einen Eindringling in ihr Nest, zum Beispiel einen Totenkopfschwärmer, lebend in Wachs und Propolis einbalsamieren. Der große Unterschied ist, dass die Menschenstaaten keinen Eindringling bekämpfen, sondern im Gegenteil »ausschwärmen«, sich über die Wildnis ausbreiten wie ein fremder Schwarm, um dann das Wilde einzuschließen, das Leben mit Beton zu übergießen – und dabei auch sich selbst.

Tatsächlich liegt der graue Schleier nicht nur über der Landschaft, sondern auch über den Menschen. Natürlich, denn sie teilen ja dieselbe Lebensumwelt, dieselbe Erfahrungsumwelt »aus Stahlbeton, Asphalt, Glas und Ziegelsteinen«[9] und sind vernetzt über dieselben Rechner und Maschinen, gefangen und gefesselt im selben Netz der Datenautobahnen, der »Datenaustauschbahnen«. Doch nicht nur das – denn zur selben, eng vernetzten Lebensumwelt gehört auch dieselbe lebende Umwelt.

Natürlich wissen selbst wir Betonzeitmenschen, dass man zum Leben und Wohlfühlen auch anderes Leben um sich braucht. Aber es gibt nur vergleichsweise wenige Lebewesen, die sich in der Betonwelt wohlfühlen. Wir selbst ertragen sie ja kaum. So ist es meistens eine bestimmte Flora, die an den Asphaltseen, dieser schwarzen Flut eingeschmolzenen Lebens, und an den Betonbergen wächst: chinesischer Cotoneaster mit glänzenden Blättern und Früchten oder rote Berberitzen, Pflanzen, denen ihre Allgegenwärtigkeit den Reiz des Exotischen nimmt. Sie können von überall herkommen und überall zu neuen Ökosystemen zusammengesetzt werden, die es nirgendwo sonst in der Natur gibt, aber überall am Rand der Betonwelt. Im grünen Tal, auf der Regeninsel und auch im Goldland habe ich diese Betonflora gesehen. Sie greift schon lange in Form künstlicher Wälder und Felder über die Zentren der Menschensiedlungen hinaus.

Vielleicht ist das alles ja nur leichtes Oszillieren, eine Synkope im Rhythmus der Natur – so wie die Blüte der Haselbüsche in einem Jahr ein paar Tage früher aufbricht, dies aber noch nicht bedeutet, dass sie irgendwann das ganze Jahr blühen werden. Vielleicht ist es ein Phänomen von kurzer Dauer – so wie in einem Jahr besonders viele Maikäfer zu sehen waren und dann jahrelang kein einziger mehr, oder mal ein besonders reger Funkverkehr der Glühwürmchen unter den Jahrhunderteichen beobachtet werden konnte, und dann wieder kein einziges seine Lichtsignale verstrahlte. Vielleicht ist das alles Teil eines Zyklus, den wir nicht ganz erfassen können. Vielleicht ist es nur ein Zeichen der Dynamik in Natur und Kultur, die wie eine langfristige Entwicklung erscheint, weil wir ja nur durch ein kleines Zeitfenster einen Blick darauf werfen können und nur eine Momentaufnahme erleben. Ich warte immer noch auf die Rückkehr der Glühwürmchen.

Vielleicht waren diese Bewegungen in den lebenden Bildern aber auch Teil eines großen Prozesses, einer dieser ungemein langsamen Vorgänge, die wir selbst nicht erfassen können, sondern auf die man nur aus vielen kleinen Hinweisen schließen kann: Spuren, Berichte, Zeugenaussagen, die irgendwo in einem Buch, vielleicht vor Generationen von einem noch nichts ahnenden Beobachter, niedergeschrieben wurden, oder vor langer Zeit festgehaltene Bilder, die erahnen lassen, wie etwas aberodiert und gleichgemacht wird. Bilder, die darauf hinweisen, dass ein Prozess im Gang ist, der unterschiedslos ist in dem, was wir für Natur halten, und dem, was wir für Kultur halten, und was doch fließend ineinander übergeht und überhaupt nur ein Teil eines einzigen Ganzen ist, so wie im Wald all die vielen Einflussfaktoren ein einziges Ökosystem bilden.

Dieses Bild ist all dem, was sich anderswo entrollte und entfaltete, sehr ähnlich, ganz so, als gäbe es keinen Wall grüner Berge um mein Tal, als sei das Regenland keine Insel und das Goldland nicht durch einen Ozean und anderthalb Kontinente von meinem Tal getrennt, als sei es nicht ein eigenes Land, eine eigene »Bioregion«, ein eigener Lebensraum voller neuer, einzigartiger Bilder und Abenteuer, in dem es einzigartiges Leben und Einzigartiges zu erleben gibt.

Das Wort von der »Globalisierung« gibt es erst seit einigen Jahrzehnten.[10] Der Vorgang, den es beschreibt, hat jedoch schon vor langer Zeit begonnen, vielleicht schon damals, als wir die Hand nach Verbotenem ausstreckten und das ureigene Paradies verließen. Doch erst jetzt, da sich die Richtung deutlich, ja eindeutig abzeichnet, beginnen wir zu begreifen, was geschieht, vielmehr: was wir der Welt und uns selbst antun.

Wir zerstören unseren kulturellen Reichtum um des Einheitlichen, leicht zu Fassenden willen. Wir zerstören gleichzeitig den biologischen Reichtum, und tatsächlich könnte beides jeweils ein Aspekt ein und desselben Vorgangs sein. Wir tauschen das Einzigartige gegen das Beliebige. Ein Prozess, der, wenn man auf die Details schaut, wenn man genau beobachtet, überall zu erkennen ist. Ich habe sie in meinem grünen Tal genauso gesehen wie an anderen Orten in der weiteren Welt. Es ist ein Vorgang, den man inzwischen aber auch im Großen sehen kann, den man nur dann nicht sieht, wenn man nicht sehen will, also wegschaut.

Dieser Umbau der Welt führt dazu, dass wir auf der Suche nach dem Unbekannten, auf der Fahrt ins Abenteuer, immer öfter auf das Bekannte stoßen, Grenzen entdecken, die wir selbst gezogen haben. Dabei entsteht das Gegenbild eines Labyrinths, in dem man zwar neue Wege finden möchte, aber dabei tatsächlich Neues zerstört, bis immer weniger Tore und immer weniger Wege übrig bleiben.

Ich glaube, man muss mit der Welt umgehen wie ein guter Förster mit seinem Wald, der manchmal in Frieden gelassen werden muss. »Nachhaltig«, das Wort, das heute für alle erdenklichen Bereiche angewendet wird, stammt jedenfalls aus der Forstwirtschaft. Ich glaube, dass man, um nachhaltig zu wirtschaften, genau erkennen muss, was gerade vor sich geht, in welche Richtung sich das »Ökosystem« Welt entwickelt. Ich glaube, man muss dazu durch die Welt wandern wie ein Förster durch seinen Wald, muss beobachten, muss auf die kleinsten Details achten: Welche Pflanze hier und welche dort wächst, welche Vogelstimmen hier und welche dort zu hören sind, und man muss vergleichen, vergleichen mit dem, was man von Anfang an kennt, und sich vorstellen, was wachsen wird und wie, und in welche Richtung. Man muss um die Bedeutung des Standorts wissen und den Wert des Kleinen, auf den ersten Blick Unauffälligen kennen. Überhaupt, auch das glaube ich, gehört dazu die Suche, wo noch Echtes, Authentisches, Ursprüngliches zu entdecken ist, wo überhaupt noch Entdeckungen und Abenteuer möglich sind.

Wir Abenteurer und Wandervögel

Abenteuer zu erleben ist ein Urbedürfnis des Menschen. »Wir sind Abenteurer, neugierig – das Bekannte scheint uns müde zu machen«, schreibt Nietzsche[11], und das bestätigen auch Entwicklungspsychologen, als hätten wir um unser Bedürfnis nach Abenteuer nicht schon immer gewusst. Wir brauchen Abenteuer »wie ein Fisch Wasser braucht, wie ein Vogel Luft«, schrieb ein Theatermann namens Jakob Elias Poritzky Anfang des 20. Jahrhunderts. Und er ergänzt: »Die unerklärliche Abenteurerlust lebt in jedem Menschen. Sie äußert sich meist nur in den zahmen Formen des Wandertriebes.« Ein Abenteuer ist verbunden mit Fahrt und Reise, mit »Fährnissen« eben.

»Inmitten des Ozeans des Werdens wachen wir auf einem Inselchen, das nicht größer als ein Nachen ist, auf, wir Abenteurer und Wandervögel, und sehen uns hier eine kleine Weile um: so eilig und so neugierig wie möglich, denn wie schnell kann uns ein Wind verwehen oder eine Welle über das Inselchen hinwegspülen, sodass nichts mehr von uns da ist!«[12]

Wie die Zugvögel zieht es uns in die Ferne, zu Abenteuern und wieder zurück ins eigene Tal. *Wayfarers all* – jeder ist ein Vagabund, fasst Kenneth Grahame diese Ur-Eigenschaft des Menschen zusammen.

So ein Lebensabenteuer ist etwas, auf das man zufährt, zu dem man hinfährt, in das man hineinfährt – oder etwas, das einem zustößt, eine Entdeckungsreise zum Beispiel, auf der man etwas entdeckt oder für sich neu entdeckt.

Nun bedeutet »Abenteuer«, wenn man lange genug in der Frühgeschichte, in frühen Bedeutungsschichten des Wortes nachgräbt, nicht nur ein »unterhaltsames Geschehen«, nicht nur die Begegnung mit dem Wunderbaren und Sonderbaren – und meistens ist das, natürlich, etwas Lebendiges –, sondern eben auch diese Erscheinung oder das Wesen selbst. Das, was einem begegnet, was daherkommt, auch wenn man es eigentlich selbst ist, der daherkommt, das Abenteuer suchend, aufsuchend, provozierend. Das Grimmsche Wörterbuch der Ausgabe von 1966, das nicht weniger als zwölf Seiten benötigt, um den Begriff Abenteuer zu klären und in sich durchaus abenteuerlich zu lesen ist, führt »Monstrum, Fabelwesen, Wundertier« als Synonyme an. In einer anderen von den Märchensammlern zitierten Verwendung des Wortes sind »selltzame wunder«, die man am Gewitterhimmel sehen kann, gemeint, oder sogar »eine seltsame vogelähnliche Gestalt«. Natürlich, denn welch besseres Bild für das Abenteuer kann es geben als die Vögel, als Wandervögel, Zugvögel wie die Mauersegler oder die Saatkrähen im grünen Tal, überhaupt Lebewesen, die fliegen können? Mit denen man im Geist, im Traum mitfliegen kann, wie Nils Holgersson[13] mit den Wildgänsen?

Natürlich sind solche Abenteuer, die ganz großen Wildniserfahrungen, selten in den Rahmen eines modernen Erwerbslebens einzufügen und werden daher in Abenteuerurlauben oder virtuellen Abenteuerspielen ersetzt oder simuliert – obwohl doch Abenteuer immer die Begegnung mit dem »Echten« ist, oder zumindest der Versuch. Manchmal können vielleicht Berufe, die mit der Erforschung der freien Natur zu tun haben, dies liefern. Forscherdrang schreibt jedenfalls Herr Poritzky[14] dem Abenteurer zu: »Er wird die Wissenschaft fördern, so gut er kann; wird den Nordpol entdecken, wenn man ihn gerade sucht; wird, wenn das Leben auf dem Mars diskutiert wird, Pflanzen beschaffen, die auf dem Mars blühen, und wird Eier vorzeigen, die irgendein vorsintflutlicher Saurier in der Sahara gelegt haben soll« – und vorrangig scheint es, geht es um die Entdeckung und Erforschung des Lebenden.

Es muss auch nicht einmal mit weiten Reisen verbunden sein. Die Begegnung mit dem Wald und der Wildnis ist ein Abenteuer. Die wilde, weite Welt kann ganz nahe liegen. Das Abenteuer kann sich unter der Lupe oder dem Mikroskop abspielen, und so auch am Rande des Alltags stattfinden, so wie auch die Wildnis noch am Rande der Betonwelt lebt.

Und noch etwas gehört zu einem Abenteuer: Man muss davon erzählen. Der »heimliche Abenteurer und Zugvogel, der heimliche Dichter, der in jedem steckt«[15], möchte von den Abenteuern und der Begegnung mit dem Leben erzählen. Doch dazu können die Brüder Grimm noch mehr sagen, als in ihrem Wörterbuch steht.

*»Seit Jahrhunderten haben die Vögel des Himmels
in Geschichten und Begegnungen den Menschen
als Lehrmeister und Orientierungshilfe gedient.«*

KAPITEL 2

Den Strom hinauf

Es waren einmal drei Brüder, die gingen aus ihrem Dorf im Tal auf Abenteuer in die weite Welt und gerieten in ein wildes Leben. Als sie eines Tages im Wald an einem Ameisenhaufen vorbeikamen, wollten die zwei Ältesten ihn aufwühlen und sehen, wie die kleinen Ameisen in der Angst herumkröchen und ihre Eier forttrügen. Doch der Jüngste, den sie den Dummling nannten, sagte: »Lasst die Tiere in Frieden, ich leid's nicht, dass ihr sie stört!« Hernach wollten sie am See Enten fangen, doch auch diesmal quengelte er: »Lasst die Tiere in Frieden, ich leid's nicht, dass ihr sie tötet!« Endlich kamen sie an einen alten hohlen Baum, darin war ein Bienennest, das hatte so viel Honig, dass er am Stamm herunterlief. Die zwei wollten Feuer unter den Baum legen und die Bienen ersticken, damit sie den Honig wegnehmen könnten. Der Dummling hielt sie aber wieder ab und sprach: »Lasst die Tiere in Frieden, ich leid's nicht, dass ihr sie verbrennt!«

Darauf kamen sie in ein graues Schloss, wo in den Ställen lauter graue steinerne Rösser standen, und kein Mensch war zu sehen. Sie gingen durch alle grauen steinernen Säle, bis sie, ganz am Ende, vor eine steinerne Tür kamen, vor der drei Schlösser hingen. – »Steinern«, schrieben die Brüder Grimm. Sie kannten ja noch kein Wort für Beton.

Es war aber in der Tür ein Lädlein, wodurch man ins Gemach schauen konnte. Und sie sahen dadurch ein alt Graumännchen sitzen und riefen es an. Es hörte aber nicht, und sie riefen noch einmal, und es hörte nicht. Da sie zum Dritten riefen, hörte es und kam heraus. Allein es sprach keine Silbe, sondern bewirtete sie und gab jedem ein Schlafgemach. Im Morgengrauen ging es vor den Ältesten, winkte ihm und führte ihn vor eine Schiefertafel, worauf die drei Aufgaben geschrieben standen, wodurch das Schloss erlöst werden konnte. Die erste war, die tausend Perlen der Königstochter zu suchen, die im Wald unter dem Moos zerstreut lägen – wie das geschehen soll, wusste keiner. Wenn aber nur eine einzige fehlte, würde er zu einem Stein werden. Der Älteste ging hin und suchte den ganzen Tag. Als aber die Sonne unterging, hatte er erst hundert gefunden und ward ein Stein. Dem zweiten Bruder ging es ebenso, nur dass er zweihundert zusammenkriegte. Dem Dritten, der nun ganz alleine war, ging es auch schwer zu, und er setzte sich auf einen Stein und weinte, weil er sie doch nicht allesamt zu finden traute, und er dachte: »Ich kam nicht zur Welt um Stein zu sein.« Da kam der Ameisenkönig, fragte ihn, was ihm fehlte und versprach Hilfe. Er kam mit fünftausend Ameisen, und es währte gar nicht lange, so hatten die kleinen Tiere die Perlen miteinander gefunden und auf einen Haufen getragen. Es fehlte keine einzige.

Die zweite Aufgabe aber war, den Schlüssel zu der Kammer der Königstochter aus dem See zu holen. Zum Glück für den wasserscheuen Dummling schwammen die Enten, die er gerettet hatte, heran, tauchten bis auf den Grund, bis ganz nach unten und holten den Schlüssel aus der Tiefe.

Die dritte Aufgabe aber war – nach Ansicht der Brüder Grimm – die schwerste: Von den drei schlafenden Königstöchtern sollte er diejenige heraussuchen, die, bevor sie eingeschlummert war, einen Löffel Honig gegessen hatte. Da kam die Bienenkönigin, die er vor dem Feuer geschützt hatte, und blieb auf dem Mund derjenigen Prinzessin sitzen, die Honig gegessen hatte, sodass er die rechte erkannte …

In Grau erstarrt

So oder so ähnlich stand die Geschichte im blauen Märchenbuch meiner Kinderzeit. Ein Abenteuer mit dem Leben, in dem es darum ging zu verhindern, dass die Welt reglos und grau wurde, und dies mithilfe anderer, wilder Lebewesen.

Tiere als Geschöpfe mit ihren erstaunlichen Fähigkeiten, die dem Mensch nicht geschenkt sind, treten in Mythen, Fabeln und in Märchen aller Völker auf. Gerade Ameise, Biene und Vogel[1] als Informanten, als Retter in der Not und Helfer beim Meistern übermenschlicher Aufgaben erscheinen nicht nur bei den Brüdern Grimm, sondern auch in Erzählungen anderer Autoren und anderer Kulturen. In Erzählungen aus der Antike[2] oder in einem Märchen aus Nicaragua[3] finden sich »die rettenden Ameisen«. »Geh zur Ameise und lerne Weisheit« hat, laut Hans Christian Andersen, »ein großer König der Juden« gesagt. »Die Ameise ist wie wir geschaffen«, heißt es in einem von Leo Frobenius aufgezeichneten Märchen der Kabylen Nordafrikas[4], und gerade deswegen kann sie Modell und Beispiel sein[5]. Wenn ihre Leistungen auch oft an Hexerei grenzen, so sind sie uns doch viel näher und viel greifbarer als all die luftigen, körperlosen Geister und Dämonen, von denen Sagenwelt und Märchenbücher wimmeln. Auch wenn die wilden Lebewesen nicht immer sichtbar sind, so sind sie doch *physisch* präsent, ihre Gegenwart kann gewissermaßen gefühlt werden, wie man die Gegenwart eines lebendigen Wesens bei Dunkelheit und Stille wahrnimmt. Sie teilen unsere Welt und gehorchen denselben Naturgesetzen. Leicht und langweilig wäre es gewesen, im Märchen irgendein wohlwollendes anthropomorphes Wunderwesen erscheinen und dieses die Honigprinzessin mit einem Fingerzeig identifizieren oder im Handumdrehen die verstreuten Perlen aus dem Ärmel schütteln zu lassen. Ungleich lebendiger ist das Bild der fünftausend Ameisen, die in einer logistischen Meisterleistung den Waldboden absuchen, das der Ente, die ihren in der Tiefe aufgestöberten Fund im Schnabel trägt, und das des Insektes auf den Lippen des Mädchens.[6]

Lösungen naturwissenschaftlicher Probleme im Umgang mit den Herausforderungen des Lebens in der gemeinsam bewohnten Welt haben Tiere dem Menschen schon immer vorgelebt. Die »Schwarmintelligenz«[7] der Ameisen und anderer sozialer Insekten hat Wissenschaftler, und zwar nicht nur Entomologen, sondern auch Mathematiker und Computeringenieure[8] schon lange fasziniert. Wie können sie in kürzester Zeit in einem Gebiet so patrouillieren und es kontrollieren, dass jeder Fleck nur einmal von einer Ameise aufgesucht werden muss, dass keiner zweimal und keiner keinmal abgesucht wird und dass dabei im Schnitt jede Ameise den kürzest möglichen Weg geht, damit, wo immer möglich, Energie gespart wird?[9] Wie werden Entscheidungen getroffen, die sicherstellen, dass das Schwarmverhalten so wirtschaftlich wie nur möglich ist? Wie schaffen sie es nur, die Perlen der Prinzessin so schnell zu finden und dabei so gründlich, so effizient vorzugehen, dass keine einzige fehlt?

Zum Naturwunder des koordinierten Gemeinschaftswerks kommen die Einzelleistungen jedes Individuums innerhalb des Insektenstaats. Das sensorische Vermögen jeder Biene überschreitet nicht nur unsere eigenen Fähigkeiten, sondern auch unser Vorstellungsvermögen. Die uns entwicklungsgeschichtlich näher stehenden Wirbeltiere überraschen nicht weniger.

Die kognitiven Fähigkeiten, das Orientierungsvermögen und die ökologische und soziale Intelligenz[10] der Vögel sind nach wie vor nur rudimentär verstanden und werden die Neurologie genauso wie andere Zukunftswissenschaften, die wir uns jetzt noch nicht einmal vorzustellen vermögen, noch lange beschäftigen. Tiere zeigen märchenhafte Fähigkeiten, die uns jedoch greifbar sind, da im Rahmen der Naturgesetze möglich. Wenn wir Menschen zu verstehen beginnen, wie sie diese Leistungen vollbringen, dann können wir versuchen, diese, wenn auch stümperhaft, im Rahmen unserer Möglichkeiten, nachzuahmen – in etwa so, wie wir nur ungefähr den Laut eines Tieres mit unserer Stimme, mit unseren Silben nachformen können.[11]

Natürliche Strukturen als Modelle und Vorbilder für vom Menschen gebaute Konstruktionen zu verwenden, ist ein alter, vielleicht der älteste Ansatz der Ingenieurwissenschaften. Die Verzweigungsmuster von Bäumen lehren zum Beispiel, wie die Tragfähigkeit von Bauteilen unter Einsparung von Material optimiert werden kann. Baum und Bau müssen schließlich, denselben physikalischen Kräften auf demselben Planeten ausgesetzt, denselben Anforderungen standhalten und Lösungen für dieselben Probleme finden. Der Baum, der sich über Äonen unter dem Druck der auf ihn einwirkenden physikalischen Faktoren entwickelt hat, kann dem Menschen Lösungsansätze vorlegen und vorleben.[12] Natürlich gilt das auch in der Bewirtschaftung der Wälder selbst. »Fragt die Bäume, wie sie erzogen sein wollen, sie werden Euch besser darüber belehren, als es die Bücher thun«, äußerte im 19. Jahrhundert der Förster und Nestor der Forstwissenschaft Wilhelm Pfeil.[13] So wurde (und wird) es in der Försterausbildung gelehrt. Tatsächlich kann man aber die Bäume noch viele, viele andere Dinge fragen.

Die Sorgfalt der Ameisen

Ein nach dem dänischen Physiologen August Krogh benannter Grundsatz – Kroghs Prinzip – besagt, dass es für jede Frage, die sich in der Physiologie stellt, das passende Lebewesen gibt, an dem diese am besten untersucht werden kann[14,15] – und dies können höchst ungewöhnliche Geschöpfe sein, die einem unverhofft draußen in der weiten wilden Welt begegnen. Mikroben der Thermalquellen von Yellowstone[16] zum Beispiel liefern die »Baupläne« für Enzyme, die hohen Temperaturen standhalten und so verschiedene Prozesse der molekularen Forschung und der Biotechnologie überhaupt erst möglich machen. Die Meeresqualle *Aequorea victoria* lieferte das Gen für das grün fluoreszierende Protein Aequorin[17], das für Studien zur Regulierung von Genen und zur Lokalisierung von Eiweißen in der Zelle unverzichtbar ist. Irgendwann wird auch das Resilin aus den Gelenken der Flöhe als ein reproduzierbarer hochelastischer Werkstoff auf den Markt kommen.

Für frühere Wissenschaftlergenerationen wäre es eine Überraschung, dass heute die Taufliege Drosophila und das kleine Ackerkraut Arabidopsis, die Ackerschmalwand, zu den wichtigsten Modellorganismen der biologischen Forschung gehören, dass fluoreszierende Eiweiße aus einer Qualle oder das Enzym Luciferase aus einem Leuchtkäfer[18] unverzichtbare Werkzeuge der Molekularbiologie sind und dass eine Pappelhybride, die aufgrund ihrer Anfälligkeit gegen den Krankheitserreger Agrobakterium forstlich nicht zu nutzen ist, für molekulare Forschung an Bäumen wichtig ist.

Wenn wir nur lange genug suchen, finden wir das Lebewesen, das unsere Frage am besten und für uns verständlich beantworten kann oder das die biotechnische Lösung für ein bestimmtes Problem bietet. Irgendwo hinter den sieben Bergen, in den sieben Meeren, auf einer Insel – oder vor der eigenen Haustür, im eigenen Tal.

Wenn wir nur richtig fragen, dann können Tiere und Pflanzen nicht nur Lösungen für technische Probleme liefern, sondern auch Gesellschaftswissenschaften[19] Anregungen geben. Soziobiologie, Biosoziologie, Bioökonomie und einige weitere mit chimärischen Neologismen benannte akademische Felder, die »zwischen« den Lehrstühlen sitzen, ziehen gerne Beispiele und Modelle aus der belebten Natur heran. Diese werden zur Erklärung komplexer Vorgänge eingesetzt und finden mittlerweile auch praktische Anwendung, etwa als Vorbild in der Prozessoptimierung interner Betriebsabläufe.[20]

Einige besonders illustrative Modelle liefern hier wiederum Vögel[21] oder staatenbildende Insekten, etwa Ameisen, Bienen und Termiten.[22] Denn die vom Menschen errichteten Wirtschaftssysteme müssen genauso wie die in der Natur zu findenden Strukturen Lösungen für ökonomische Probleme bieten und eine optimierte Ressourcennutzung ermöglichen. Erfunden haben die Erzähler von Grimms Märchen bestimmt nichts. Sie haben hier und da vielleicht etwas dazugeflunkert, vielleicht auch etwas ausgeschmückt mit ein paar Biedermeierschnörkeln zur Verdeutlichung, doch das Vorbild aus dem wirklichen Leben, aus Zellen und Eiweißen und aus den Elementen des Periodensystems ist immer noch zu erkennen.

»Ameisen stehen nie im Stau«[23], und so dienen ihre Transportnetzwerke als Modell für die Erforschung und Optimierung menschlicher Verkehrsströme, als Grundlage für die Konstruktion von Logarithmen zur Optimierung logistischer Aufgaben. Jeder, der sich die Zeit nimmt, den Verkehr auf einer Ameisenstraße zu beobachten, kann es mit eigenen Augen sehen. So tragen sie zum Beispiel, bestochen durch den Zucker, den die Pflanze ihren Spediteuren zahlt, die Samen des Waldveilchens und vieler anderer Arten wie Perlen durch das Moos.[24] In ihrer Effizienz führen die staatenbildenden Insekten lebende Bilder der Mikroökonomie in der Natur vor.

Was man bei ihnen beobachten kann, beschwört anthropozentrische Begriffe und Bilder, oft auch Schreckensbilder von Krieg[25], Sklaverei[26, 27] und Kannibalismus[28] herauf. Nur Bilder; und doch ist weithin akzeptiert, dass zur Erklärung ökonomischer Vorgänge in der Natur und unter Menschen dieselben mathematischen Funktionen verwendet werden können. So scheint es legitim, dass auch im Sozialen Parallelen aufgezeigt werden, dass sich Natur- und Menschenwelt gegenseitig durch Bilder, Metaphern und Analogien erklären.

Wir sind vom selben Stern

Seit ihren Anfängen wird die Wissenschaft der Ökologie als eine »Ökonomie der Natur« betrachtet[29] – und je länger wir die belebte Natur und unser eigenes Wirtschaftsleben erforschen, desto klarer treten die Zusammenhänge hervor. Der britische Wirtschaftswissenschaftler Geoffrey M. Hodgson führt in einer Arbeit zu biologischen und physikalischen Metaphern in der Ökonomie an[30], dass »wirtschaftliche Vorgänge in der realen Welt viel mehr mit lebenden Organismen und biologischen Vorgängen zu tun haben als mit mechanischen Prozessen – denn schließlich involviert die Wirtschaft ja menschliche Wesen und nicht nur Teilchen, Kräfte und Energie«. Noch immer bergen organistische Modelle in den Wirtschaftswissenschaften ein gewaltiges, nicht ausgeschöpftes Potenzial.[31] Womöglich steht die große Zeit der Organismusmodelle in der Ökonomie noch bevor.[32] Womöglich wird die

Natur, wenn wir nur richtig hinschauen, auch weitere Modelle zur Entwicklung einer Wirtschaft jenseits von Raubtierkapitalismus und Heuschreckenschwärmen liefern.

Der amerikanische Dichter Gary Snyder schreibt: »Die Ökonomie muss als ein kleiner Nebenzweig der Ökologie betrachtet werden, und Betriebe, Gewerkschaften und Kooperationen müssen Produktion, Vertrieb und Verbrauch mit der gleichen Eleganz und sorgfältigen Sparsamkeit handhaben, wie man sie in der Natur sieht.«[33] Kaum irgendwo wird das, was Gary Snyder hier meint, übrigens so deutlich wie in einem gut geführten Forstbetrieb.

Biologische Bilder und Modelle in den Wirtschaftswissenschaften sind eben viel mehr als nur Metaphern und zeigen, dass es sich bei Vorgängen in der Natur und im Wirtschaftsleben um Reaktionsschritte eines einzigen Kreislaufs handelt, um Reaktionen eines einzigen Stoffwechsels innerhalb eines einzigen Körpers, eines einzigen lebenden Gebildes, eines »Lebewesens«, das manche Autoren als »Gaia«[34], andere schlicht als die Welt oder unsere Umwelt und Mitwelt bezeichnen.

Natürlich dreht sich die Ökonomie der Natur nicht um Geld, dieses an sich nutzlose Artefakt aus Papierschnippseln, Metallplättchen, bunten Federn, Kaurimuscheln, Steinrädern oder Zahlen auf einem Bildschirm, etwas, dessen Wert nur auf Konvention beruht, das nichts ist, sondern nur als etwas *gilt*. Diese Konvention ist der Versuch, ein Stück des Lebensstroms festzuhalten und einfacher transportierbar zu machen. Etwas Lebendiges und Leben Spendendes war ja das Vieh, pecus, aus dem pecunia wurde: das Geld, das Tote, Kalte. In der ursoliden »Wirtschaft« der lebenden Zelle geht es um eine ganz besondere, sehr stabile Währung – etwas »Wahres« eben. In vielen Publikationen zur Biochemie und Zellphysiologie ist von »ATP-Ökonomie« die Rede.[35, 36] ATP, Adenosintriphosphat, ist in lebenden Systemen ein Träger chemischer Energie, ein Molekül, das unsere Zellen leben lässt, so wichtig wie Benzin und Gas und Strom in den globalen Städten, in Globalopolis. Doch was hat ATP mit Geld zu tun? Genauso viel wie Strom, Benzin und Gas, die man für teures Geld einkaufen muss. Denn Geld ist im Grunde immer nur ein Glied in einer langen Kette von vielen Tauschaktionen und biochemischen Reaktionen, an deren Anfang oder Ende in jedem Falle ATP steht. Adenosintriphosphat ist es, worin die Energie liegt, mit der wir arbeiten und Geld erwerben; und alles, was wir für dieses Geld einkaufen, dient letztlich zu nichts anderem als zur Bildung von ATP. Ökonomie ist das System des Austauschs von Gütern und Informationen, ein Vorgang, der zwangsläufig mit »Arbeit« verbunden ist, »Arbeit«, unter Verbrauch von Energie, unter Umsatz von ATP.

Ganz deutlich ist diese Dimension unserer Wirtschaft tatsächlich im Kaufverhalten. Was kaufen Sie zuallererst? Wasser und Nahrung, Puffer und Grundreagenzien für alle chemischen Reaktionen, die in der Zelle ablaufen, und den Körper am Leben halten. Kurz: um Energie zu gewinnen. Und Energie, das ist bei lebenden Wesen, wie beim Menschen, nun mal Adenosintriphosphat. Auch weniger grundlegende Investitionen, ob eine eigene Immobilie oder ein Automobil, haben letzten Endes das Ziel, Energie zu bewahren oder zu gewinnen, sei es, indem man sich mit ihrer Hilfe arbeitsfähig erhält oder beweglich wird, um arbeiten und Nahrung erwerben zu können. Es geht um Energie. Was dann? Vielleicht investieren Sie in Bildung, Ausbildung. Nun zahlt man natürlich nicht ohne Grund und ohne Ziel teures Geld, unter Aufbietung von Kräften verdient, für die Energie, die ein Lehrer mit seiner Arbeit beim Unterrichten verbraucht. Wofür man in Wahrheit zahlt, ist der eigene Energiegewinn, den man sich für die Zukunft verspricht – durch ein höheres Einkommen, durch Wohlbefinden, durch Zufriedenheit und Sicherheit. Selbst bei Ausgaben für Luxus und bei langfristigen Investitionen geht es letztlich um Energie. Auch wenn die »Entscheidung« für oder gegen eine Option zur möglichen Optimierung in der menschlichen Wirtschaft aufgrund bewusster Gedankengänge und Überlegungen fällt und in der Natur durch die Kräfte der Evolution erzwungen wird, ist doch die physikalische Grundlage dieselbe. Was in der Natur, zum Beispiel im Staat der Ameisen, vorgeht, das Streben nach Energiegewinn, ist also letztlich gar nichts anderes als das, was im menschlichen Wirtschaftsleben geschieht. Richard Dawkins[37] spricht in diesem Zusammenhang vom »selbstsüchtigen« Gen. Doch um die eigenen Gene, die eigenen Informationen zur eigenen Anordnung der Bausteine des Lebens der Nachwelt zu erhalten, um gegen einen Zerfall der eigenen Ordnung und Anordnung von Genen und Kernbasen ankämpfen zu können – man könnte vom »ordnungsliebenden« Gen sprechen –, brauchen Mensch und Tier und Pflanze vor allem eins, und das ist Energie. Wir sind ja schließlich »aus demselben Stoff«. Alle anderen Lebewesen sind »wie wir geschaffen«[38], aus demselben »Lehm« geformt, bewohnen unter denselben Naturgesetzen denselben Planeten, dieselbe Insel im All.[39] Wir sind vom selben Stern. Es ist in der physischen Welt dasselbe, was uns alle antreibt, am Leben hält. Wir schöpfen aus derselben Quelle: Wir brauchen Energie.

Im Sog der Enthropie

Die mathematischen Grundlagen der neoklassischen Wirtschaftstheorie sind vor allem von der klassischen Mechanik beeinflusst, obwohl Prozesse in der Wirtschaft gerichtet und ohne Energieverlust nicht umkehrbar sind. Geld, das einmal ausgegeben wurde, der Taler, der begonnen hat zu wandern, kommt – weil an allen Händen etwas kleben bleibt – auf demselben Weg nicht mehr zurück, es sei denn, es ist Falschgeld.

Einleuchtender ist die Parallele zur Thermodynamik, und hier taucht plötzlich, wenn von »Energie« die Rede ist, ein neuer Begriff auf, ein anderer Neologismus: Entropie. Am besten eröffnet man dieses Thema mit dem Gesetz der Energieerhaltung, dem ersten Hauptsatz der Thermodynamik. Was auch immer auf der Erde geschieht: Es geht keine Energie verloren, es kommt keine hinzu. Was sich jedoch durchaus ändern kann und sogar nur in seiner Änderung beschrieben werden kann, ist Entropie. Entropie wird meistens in extremer Vereinfachung als »Unordnung« umschrieben – der Zustand, nachdem Energie aus einem System freigeworden ist.

Um ein System zu erreichen, das entropiearm, aber »geordnet« ist, muss man Energie hineinstecken. Wenn man Energie herausholt, etwa ein Material verbrennt, so gewinnt das System an Entropie.

Und das geschieht in der Natur immer und überall. Entropiereiche, ungeordnete Zustände, aus denen Energie »abgeflossen« ist, sind wahrscheinlicher als entropiearme, geordnete. Ein geordnetes System geht irgendwann wieder in Unordnung über – wie jeder selbst in seiner eigenen Wohnung, auf dem eigenen Schreibtisch beobachten kann. Beobachten kann man dies auch an jedem Ökosystem. Da die Entropie ein Maß der »Ordnung« eines Systems ist, ist es möglich, ein ökologisches Gleichgewicht als einen Zustand zu beschreiben, in dem das Entstehen von Entropie und das »Hineinstecken von Energie in das System«, also der »negative Entropiefluss«, sich die Waage halten.

Fließt keine Energie in das Ökosystem mehr hinein, kein Sonnenlicht, kein Zucker, den man veratmen oder vergären kann, nichts, womit sich ATP bilden ließe, so fällt es auseinander, es gerät in »Unordnung«, in einen entropiereichen Zustand.

Alle Lebewesen, von der Blaualge bis zum Blauwal, von *C. elegans* bis zum Elefanten, sind hoch geordnete, entropiearme Gebilde, sind etwas, das eigentlich unwahrscheinlich ist. Wenn kein Naturwissenschaftler hinhört, könnte man sagen: Ihr Erscheinen ist geradezu ein Wunder.

Um diesen Zustand der Ordnung, der »Identität und Integrität« zu erhalten, um nicht zu zerfallen, muss in jedes Lebewesen, so wie in jedes Ökosystem, ständig Energie zugeführt werden. Doch irgendwann, »Staub bist du, und zu Staub musst du zurückkehren«, werden alle Lebewesen zerstreut vom Strom der Entropie.

In Anlehnung an die physikalischen Grundbegriffe wird heute in vielen Bereichen von Entropie gesprochen. Der Begriff findet in der Informationstheorie Anwendung, um den Informationsgehalt einer Nachricht formal zu beschreiben. Um zu veranschaulichen, wie sich durch zunehmende Intensität der Kommunikation eine Nivellierung zwischen ursprünglichen Strukturen, zum Beispiel zwischen unterschiedlichen Kulturen, stattfindet, griff auch der Anthropologe Claude Levi-Strauss den Begriff auf. Statt Anthropologie sollte es »Entropologie«[40] heißen, der Name einer Disziplin, die sich damit beschäftigt, den Prozess der Desintegration in seinen ausgeprägtesten Erscheinungsformen zu untersuchen.

Gibt es ein besseres Bild für das Abstraktum Entropie als die im Moos verstreuten Perlen der Königstochter? Um sie wieder zusammenzutragen, in einen Zustand der »Ordnung«, also niedriger Entropie, zu bringen, muss viel Energie investiert werden.

Die Märchentiere erbringen eine physische Arbeitsleistung oder liefern eine Information. Zwar erweisen sie ihre Dankbarkeit, vollziehen aber auch ein Tauschgeschäft. Sie haben gewissermaßen einen Vertrag mit dem Dummling. Ein Austausch von Gütern, Dienstleistungen und Informationen findet statt. Die Tiere liefern etwas, von dem der Dummling sich Wohlergehen, Freude, kurz: mehr Energie verspricht. Und der Dummling rettet ihnen im Tausch dafür das Leben und bewahrt sie davor, in Rauch und Flammen aufzugehen, oder entropiereich zu werden. *Natürlich* wird der Vertrag gehalten. Vertrauen in die gegenseitige Ehrlichkeit ist selbstverständlich gegeben. Der Vertrauende, der Naive, der noch in der Balance und Sicherheit seiner »Insel« lebt, wird erst unter Räubern und Piraten für dumm verkauft und verraten.

Alles Leben, alles Bemühen, jede Anstrengung, jede Schwierigkeit ist ein Schwimmen gegen den Strom der Entropie. Schwierigkeiten ... das Leben ist Schwierigkeiten. Nur der Tod ist es nicht. Zu leben bedeutet, die Ärmel aufzukrempeln und nach Schwierigkeiten zu suchen[41], sagte Alexis Zorbas, und jede Lebenserfahrung lehrt, dass man nach den Schwierigkeiten nicht ausschauen muss. Sie stürzen auf einen ein und strömen beständig auf einen zu, und wenn man da nicht gegen den Strom schwimmt, wird man mitgerissen. *Vivere ... militare est* – Leben heißt kämpfen, sagt der römische Politiker Seneca.[42] Und das bedeutet, ankämpfen gegen den Strom, gegen den Sog der Entropie, die bestrebt ist, aus dem geordneten System, das unser Körper ist, ein ungeordnetes, entropiereiches zu machen.

Unsere Wirtschaft und die der Ameisen entsprechen einander in ihrem Streben nach niedriger Entropie. Ein gewaltiger Unterschied besteht allerdings dort, wo die Frage nach bewussten Entscheidungsprozessen auftaucht, wenn unter mehreren Optionen die wirtschaftlich sinnvollste Variante, die den höchsten Energiegewinn verspricht, gewählt werden muss. An diesem Punkt kann es in der menschlichen Wirtschaft zu wesentlichen Störungen kommen, denn was auf dem Weg zur niedrigen Entropie wertvoll und erstrebenswert ist, hängt von sehr vielen menschlichen Faktoren ab. Es sind hingegen rein physikalische Grundlagen, die im Streben nach niedrigerer Entropie beim nicht-menschlichen Leben zu ökonomischen Prinzipien und so auch bei Ameisen zur Bildung von Strukturen führt, in denen wir glauben Menschliches wiederzuerkennen.

Neu ist das alles nicht: Im Anfang war die Erde wüst und leer. Ein »Tohuwabohu«, wie das hebräische Wort lautet, im Zustand größtmöglicher Unordnung – mit einem anderen Wort: entropiereich. Doch Gott schuf Himmel und Erde, den Kosmos, was nichts anderes bedeutet als Ordnung und interessanterweise auch Schönheit. Denn Gott sah nicht nur, wie in der deutschen Bibel, dass es gut war, Gott sah, so wie das griechische Wort es erfasst, dass es schön war, das Licht zum

Beispiel. *και ειδεν ο θεος το φως οτι καλόν*[43]... Natürlich kommt *Diabolos*, der Teufel, von *dia-ballein*, durcheinanderwerfen. Teuflisch muss jedem lebenden Wesen all das erscheinen, was unsere Entropie erhöht, was unsere Lebensordnung durcheinanderwirft, was der Zelle und dem ganzen Körper den Tod bringt. Geordnet, gut, schön, das ist die Schöpfung. Nach niedriger Entropie strebt alles Leben, und natürlich müssen auch wir selbst ständig gegen den Strom schwimmen.

Es ist eine komplexe Materie, die alle Bereiche unseres Lebens durchdringt, eine endlose Geschichte. Nur der Blick auf die Natur, auf anderes Leben hilft den »Schlüssel« in der Tiefe zu finden, hilft zu verhindern, dass die Welt »entropiereich«, grau und leblos wird.

Das Abenteuer dieses Blicks in die Natur hat der Mensch schon immer gewagt, hat schon immer von diesem Abenteuer erzählt. Der schottische Abenteurer und Schriftsteller Ivan Terrance Sanderson schrieb[44]: »In Geschichten von Tieren spiegelt sich die gesamte Geschichte unserer eigenen Spezies, von den dunklen Mythen der Vorzeit bis zu den körperlosen Wissenschaften der Zukunft.«

Seit Jahrhunderttausenden hat die Natur, haben Tiere, haben die Vögel des Himmels und die Kriechtiere der Erde in Geschichten und in immer neuen Begegnungen dem Menschen als Lehrmeister und Orientierungshilfe gedient. Und wenn sie nicht ausgestorben sind, dann lehren sie uns noch heute.

Märchen und Metaphern

Der Mensch stellt besonders aus einer symbolischen Perspektive einen Bezug zur Natur her, erklärt der amerikanische Autor Stephen Kellert.[45] Die Natur gibt uns Schemata und Kategorien vor sowie Metaphern zur eigenen Identität. Sie spiegeln sich in allem wider, was wir in Worte fassen und überhaupt in Worte fassen *können*, zum Beispiel in Sagen, Märchen und Legenden. Unsere Bilder sind immer Abbild der Natur, meistens der belebten Natur. Ohne diese Vorbilder könnten wir uns von nichts »ein Bild machen«, könnten über nichts »im Bilde sein«.

»Die Natur ist der unorganische Leib des Menschen, nämlich die Natur, soweit sie nicht selbst menschlicher Körper ist. Der Mensch lebt von der Natur, heißt: Die Natur ist sein Leib, mit dem er in beständigem Prozeß bleiben muß, um nicht zu sterben. Daß das physische und geistige Leben des Menschen mit der Natur zusammenhängt, hat keinen andren Sinn, als daß die Natur mit sich selbst zusammenhängt, denn der Mensch ist ein Teil der Natur«, schrieb einer der großen Philosophen des 19. Jahrhunderts.[46] Und ergänzte: »Ein Mensch kann nichts schaffen ohne die Natur, ohne die sinnliche Außenwelt. Sie ist der Stoff, an welchem sich seine Arbeit verwirklicht, in welchem sie tätig ist, aus welchem und mittelst welchem sie produziert.«[47] Er sprach allerdings nicht vom »Menschen«, sondern vom »Arbeiter« – ist doch die Arbeit eine der Eigenschaften, worin sich der Mensch vom Tier unterscheidet, gehört Arbeit also zum Menschsein dazu. Die Anregungen, wie wir überhaupt fortfahren sollen in unserer Arbeit, die unsere Mitarbeit am Schöpfungswerk ist[48], *können* nur aus der Natur kommen – oder aus dem Wort.

Arbeiter, »im Schweiße unseres Angesichts«, das sind wir alle – oder sollten es sein. Und Natur – da muss, natürlich, vor allem die belebte Natur gemeint sein, präziser: die belebte Natur *in all ihrer Vielfalt.*

Die Vielfalt des Lebens auf der Erde ist die Quelle der Vielfalt der Bilder, die wir sehen, die wir sehen *können*, der Begriffe, die wir formen *können.* Die Vielfalt des Lebens auf der Erde ist der Ursprung unserer Geisteswelt und der Vielfalt unserer Geschichten, die auf der ganzen Welt von immer wieder anderen lebenden Bildern angeregt und in anderen Sprachen immer wieder neu erzählt werden. Unsere Sprache mit ihren Bildern und Metaphern kann nur so vielfältig sein, weil es das Leben auf der Erde auch ist. Wir sind von der Vielfalt nicht nur abhängig, weil wir den Sauerstoff und Kohlenstoff, die Eiweiße und Vitamine, all die guten Dinge, kurz, *die Energie* brauchen, die wir alleine eben nicht aus der Sonne und der Erde ziehen können; auch unser Geist braucht die Vielfalt, um vital zu sein. Unser Geist muss nahe *am Leben* sein, um am Leben zu sein, und ohne die lebendige Vielfalt wären wir eben – einfältig. Wir brauchen Lebendiges um uns »wie ein Fisch Wasser braucht, wie ein Vogel Luft«. Von Anfang an liegt es in uns, so lehren manche Philosophen und auch Naturwissenschaftler[49], dass wir uns zum Lebenden hingezogen fühlen. Aus irgendeinem tiefen Grund erfüllt uns »die leidenschaftliche Liebe zum Leben und allem Lebendigen, … der Wunsch, das Wachstum zu fördern«.[50] »Biophilie« nennen sie dies Phänomen.[51]

Kann eine Geschichte lebendig sein, die nicht von Lebendigem handelt? Ohne die Vielfalt des Lebenden und des lebendig Erzählten, ohne das immer neue Anderssein, Anderssehen und Anderssagen wäre die Welt wüst und leer. Die Vielfalt und immer neue Begegnung mit immer neuen, einzigartigen Erscheinungen macht unser Leben und das Erleben der weiten, wilden Welt zum großen, einzigartigen und wahrhaft märchenhaften Abenteuer, seit Adam die Augen öffnete und die ersten Worte fand, um zu erzählen. So wie die ältesten Bilder Lebendiges darstellen, erzählen die ältesten Geschichten von Lebendigem. Unsere ältesten Geschichten und Kunstwerke beziehen sich auf Tiere. Was sonst soll uns zum Erzählen angeregt haben, was sonst soll uns so wichtig gewesen sein und wovon sonst sollen die ersten Geschichten gehandelt haben[52] als vom Leben im Garten Eden, von den Vögeln des Himmels und den Fischen des Meeres, vom Vieh und allen Kriechtieren auf dem Land.

Wir müssen anderes Lebendiges um uns haben, auch im globalen Dorf, wo es sonst vor allem Beton gibt. Wovon sonst sollen wir erzählen, für was sonst sollten wir Namen und Worte finden.

»Wie viele Geschichten und Worte mögen mit den großen Wesen, deren wirkliche Namen wir heute nicht mehr kennen, ausgestorben sein?«

KAPITEL 3

Mammut im Nebel

Das Auge, groß wie ein Wagenrad, strahlte vor mir aus dem grünen Stoppelpelz. In der Luft lag ein Geruch von Erde, Dung und frischer Wolle. Der Boden selbst schien in warmen Wellen zu atmen. Ich saß auf dem Rücken eines Riesentiers. Am Himmel trällerten die Lerchen. Es war ein Sonnentag auf der Regeninsel. Ich war aufs Land gewandert und auf die Hügel gestiegen, auf den Drachenhügel und auf den Hügel des Pferdes, den Rücken des großen, weißen Pferdes. So nennt man das Riesengeschöpf jedenfalls heute. Gut hundert Meter ist das Tier lang, gut dreitausend Jahre ist es alt, so wird geschätzt. »Bevor die Götter die die Götter schufen/ Noch ihren Morgen überschritten/ Hat man im Tal des weißen Pferds/ Das weiße Pferd ins Gras geschnitten«, dichtete Gilbert Keith Chesterton.[1] Seit meiner ersten Begegnung mit dem Tier glaube ich, es war schon immer da, blickt schon immer mit seinem Auge, groß wie ein Wagenrad, ins Tal, als Hügelfigur in weißem Kalk in den schafgemähten Rasen gezeichnet.

Doch dass es ein Pferd ist, immer ein Pferd war, glaube ich nicht. Manche Gelehrten, die auch keine rechte Ähnlichkeit mit den Equiden entdecken können, ordnen es, mit Seitenblick auf den benachbarten Hügel des Drachen, als ein wildes Fabeltier ein, nicht näher zu klassifizieren. Der Expertenmeinung eines Tierarztes zufolge handelt es sich bei dem dargestellten Wesen dagegen um einen Hund.[2] Andere Autoren weisen auf seine Ähnlichkeit mit einer Katze hin[3], und dies war auch mein Eindruck, als ich das Weiße Pferd von Uffington zum ersten Mal sah. Zwar überragt es mit seiner enormen Körpergröße jeden, aber auch wirklich jeden noch so dicken Stubentiger und Salonsofalöwen, doch trägt es an seinem kurzen, katzenhaften Kopf zwei recht ordentliche Fangzähne, und sein Schweif gleicht dem eines Leoparden. Auch seine Körperhaltung – *der weiche Gang geschmeidig starker Schritte* – weist auf eine Zugehörigkeit zur Familie der Feliden hin. Vielleicht gelangte das Bild einer Großkatze, vielleicht eines Löwen, im Erinnerungsgepäck früher Wanderer vom Festland auf die Insel, wo das Vorbild niemandem vor Augen stand. Jedenfalls waren die Formen nicht in Stein gemeißelt, sodass dieses Wesen immer wieder neu überzeichnet, immer wieder verändert werden konnte – so ähnlich wie im Stille-Post-Spiel, wo leichteste Veränderungen, nach und nach, den Wortlaut gänzlich wandeln können, oder wie in der Entwicklung von Tierarten eine scheinbar ausgestorbene Spezies in völlig veränderten Nachfahren weiterleben kann. Vielleicht so peu à peu vom Leu zum Pferd geworden, wurde das Riesentier nie ausradiert, nie gänzlich ausgelöscht und schaut noch heute von seinem grünen Rasenhang ins Tal. Der Drache auf dem Nachbarhügel dagegen ist schon lange erschlagen, nur ein Name und ein kahler Fleck im Gras erinnern noch an ihn.

Ich lebte damals in der *Stadt an der Stierfurt*, einer Stadt an einem Fluss, auf dem ich viel Zeit verbrachte, einer Stadt voller Geschichten und voller Spuren. Einige davon waren für viele Menschen sichtbar gemacht wie das Weiße Pferd oder wie die Abgüsse der Trittspuren eines Dinosauriers, die man vor dem Naturkundemuseum im Gras verfolgen konnte. Andere konnte man nur sehen, wenn man ganz genau hinschaute, oder konnte sie in Wirklichkeit nur anhand alter Notizen erahnen. Vom Erkerfenster meines Studentenzimmers aus sah ich einen anderen Hügel[4], auf dem es früher auch einen Riesen gegeben hatte, verschwunden seit Jahrhunderten, überbaut, abgetragen, vernachlässigt. In Jahrhunderten, dachte ich, werden wir ihn vielleicht mit neuen Techniken wieder sehen können, so wie wir heute auf vor kurzer Zeit noch ganz unbegreifliche Weise Informationen aus den Nukleinsäuren lesen können. Irgendetwas ist noch da von ihm, tief unter Gärten, Häusern und Straßen, unter Asphalt und Glas, unter Ziegelsteinen und Beton.

Ich lebte auch ein paar Jahre in einer anderen Stadt im Regenland, an einem anderen Fluss, auf dem ich viel Zeit verbrachte und der auf seinem Weg zum Meer den Namen änderte, in der *Stadt an der Brücke*. Diese Stadt lag in einer schwindelerregend flachen Landschaft, deren früher regelmäßig überschwemmter schwerer Boden vor Jahrhunderten von Ingenieuren aus den Niederlanden durch Deiche und Kanäle trockengelegt worden war. Tatsächlich erinnerte die Gegend etwas an die Marschlandschaften Hollands, und ganz in der Nähe, im *Dorf der Vögel am Fluss*[5], gab es sogar eine Windmühle. Wenn man tags den

Fluss weit genug hinunterruderte, sah man in der Ferne wie ein Riesenschiff im Watt die Bischofskirche in der *Stadt der Aale.*[6] Wanderte man nachts den Fluss hinauf, zeigte sich der Widerschein der Flughafenlichter am Himmel, und dahinter wölbte sich die Lichtglocke über der großen Stadt wie ein Glasdom auf. Weil ich ja aus den grünen Bergen kam, blieb mir die unglaublich flache Landschaft immer etwas fremd und jede Bodenerhebung, etwa der Festungshügel, der die Stadt überragte, oder die flache Hügelkette im Süden, wirkten wie ein Magnet auf mich.

An einem Nieseltag wanderte ich Richtung Süden. Wie Kaugummi klebte der schwere Lehm an den Stiefeln. Die Wege waren flankiert von Stacheldraht und Hecken, Schlehdorn, Weißdorn, und manchmal scheuchte ich ein spanisches Steinhuhn oder einen asiatischen Fasan auf. Eine Bodenwelle, umsäumt von Rotbuchen, ungewohnt im Regenland, hatte mich mit ihrem geheimnisvoll apokalyptischen Namen gelockt: Gogmagog Hills, ein beinahe palindromisches Wort, das wie Hufgeklapper klang, und tatsächlich, so wurde früher in den Dorfkneipen erzählt, spukt oben auf dem Hügel ein Geisterreiter auf einem schwarzen Geisterpferd. Es gibt unter dem Gras eine Hügelfestung, in die hinein ein Gutshof gesetzt wurde. Hier liegt das Grab eines berühmten braunen Pferdes, das einmal aus Nordafrika hergebracht und zum Vorfahren aller Araberpferde Englands wurde. Unter dem Rasen liegen noch mehr Pferde, vielleicht auch noch ein großer, weißer, unsichtbarer Bruder des großen Pferdes von Uffington. Das vermutete jedenfalls ein Mann namens Thomas Charles Lethbridge, Archäologe, Akademiker, Exzentriker und Autor herrlich kurioser parapsychologischer Werke.[7]

Mit Wünschelrute und Prüfstab zog er vor einem guten halben Jahrhundert über die Hügel. Er testete, tastete in der Erde nach weicheren Stellen und Störungen in den Bodenschichten, wie ein Seemann den Meeresboden mit dem Senkblei prüft; er fahndete, fühlte, fand im Erddunkel etwas Üppiges, Rundes. Aus abgesteckten Linien erschien zunächst ein Pferdehinterteil, das, wie sich nach und nach abzeichnete, zu einer weiblichen menschlichen Gestalt gehörte. Sie hatte die Formen einer Göttin und schien über den Hügel zu reiten. Sie trug in der Hand einen Apfel und auf dem Kopf so etwas wie eine toupierte Hochfrisur. Es war schließlich Mitte der fünfziger Jahre.

Doch die Göttin lag nicht allein im Gras. Riesen und Krieger, Mondsicheln und Sonnensymbole steckte er im Boden ab. In einem seiner Bücher fand ich das Bild des Suchenden.[8] Ein dicker Mann in Knickerbockern, der, begleitet von einer Dame in Mantel und Hütchen, auf einer Wiese stand, die wie akupunktiert aussah. Über 30.000 Stiche hatten sie dem Hügel versetzt, um die Riesen aus dem Rasen hervorzukitzeln. Wahrscheinlich hat er sie sich mehr vorgestellt als festgestellt, und in der Universität wurde er, natürlich, lächerlich gemacht. Einige wenige Anhänger fand die Theorie[9] zwar, vor allem unter Freizeitarchäologen und Amateurheimatkundlern, die fühlten, dass da irgendetwas sein musste unter der Erde, auf der sie lebten. Die etablierten, arrivierten Akademiker vermochte er jedoch nicht zu überzeugen. Vermutlich deshalb, weil es tatsächlich keine wirkliche Wissenschaft war, was Mr. Lethbridge betrieb, und weil er vielleicht auch mehr zerstört hat als überhaupt zu finden war, er vielleicht selbst ein neues Bild über verschwundenen alten Bildern zeichnete. Nur eine schwache Erinnerung an ein Kuriosum der Lokalgeschichte bleibt. Doch eine Geschichte von einem, der Abenteuer suchte, von einem, der einen großen Traum, einen Traum von Großem hatte, war es allemal.

Die *Stadt an der Brücke* ist nun mal ein Ort voller Gespenster[10], voller Geister und Energien, die man manchmal nicht sehen, sondern nur hören, oder fühlen konnte. Ein Ort voller Gräber, in dem wenige Schritte von meiner Haustür in einem Keller Dutzende Skelette ausgegraben wurden. Wer kann da schon wissen, was noch so alles unter dem schweren Boden der Fens und unter dem Rasen der Hügel liegen mochte?

Ich wanderte immer wieder über den Hügel, um die Spuren der Spurensuche zu suchen, aber das Gras hatte natürlich alles schon seit Jahrzehnten wieder zugedeckt, die Göttin wieder verhüllt, die Krieger und Riesenpferde versteckt. Wenn man aber lange genug hinausschaute auf die Ebene, wenn man lang genug das feuchte Luftgemisch von Erdduft, von Pferdegeruch, irgendwo hinter Stacheldraht und Schlehdornhecken, und den Duft von Tau und Gras einatmete, dann schien auch der Hügelboden selbst zu atmen, als ob ein riesengroßes Tier versteckt im Rasen schlief. Aber vielleicht habe ich mir das auch nur vorgestellt, so als ob man sich an etwas erinnert, das man nur in Träumen je gesehen hat.

... und dann und wann ein weißer Elefant

Irgendwie stecken in uns noch die versunkenen Erinnerungen an die großen Zeiten, an die Zeiten der Großen, der Mammute und Mastodons, der europäischen Waldelefanten und Riesenhirsche, der Wollnashörner und Höhlenlöwen oder, in anderen Erdteilen, der großen Pelorovis-Boviden und Rindergiraffen Afrikas, des madagassischen Riesenfingertiers Daubentonia und der schwarzen Riesenfossa Cryptoprocta. Da ist noch so etwas wie eine verschüttete Erinnerung an die Zeiten der löwengroßen Säbelzahnkatzen Homotherium und Smilodon, des Riesen-Kurzschnauzenbären Arctodus, des Riesentapirs Megatapirus, der Riesenfaultiere Megatherium – »im Urururwald«[11], Glossotherium, Megalonyx und des sagenhaften Mylodon – groß wie Elefanten und ihren zwei- oder dreifingrigen baumbewohnenden Verwandten so ähnlich wie ein Pinselohräffchen einem Berggorilla oder ein Affenpinscher einem Wolf. Irgendwo ist etwas geblieben vom pferdeähnlichen Hippidion Südamerikas, vom Andenmastodon Cuvieronius oder vom Doedicurus und Glyptodon und seinem Verwandten Glyptotherium, nördlich der Landbrücke, »ein vorsündflutlich Vieh«[12] – Geschöpfe, gepanzert wie Schildkröten oder Gürteltiere, massig wie Flusspferde und doch ganz anders. Irgendetwas ist noch da von den großen Camelops-Kamelen Nordamerikas oder den Chalicotherien, den gewaltigen Unpaarhufern der Alten und Neuen Welt, die alle so anders waren als alles Lebende, das heute über die Kontinente wandert.

Dass unsere Vorfahren sie noch gesehen, sie noch erlebt haben, geht aus archäologischen Funden hervor. Fossile Menschenknochen aus den Höhlen des großen Grabenbruchs in Afrika und aus anderen Fundstätten zeigen Biss- und Nagespuren prähistorischer Hyänen und Säbelzahnkatzen, und umgekehrt finden wir Knochen der alten Riesentiere, die offensichtlich bearbeitet wurden. Wir wissen, dass Menschen sie erlebt haben, weil sie sie erlegt haben. Zähne des Riesenfingertiers *Daubentonia robusta* auf Madagaskar, die offenbar als Schmuckstücke verwendet wurden, belegen zum Beispiel, dass diese Art mindestens bis in die Frühzeit der menschlichen Besiedelung der Insel vor rund anderthalb Jahrtausenden dort lebte[13] und vom Menschen gejagt wurde. Ebenso belegen Funde von Speerspitzen zwischen Knochen von Mammut und Wollnashorn, dass Menschen diese Riesen Europas kannten und jagten.[14, 15] Knochen des Mylodons, die noch heute in Höhlen Patagoniens gefunden werden, sind offenbar von Menschenhand gebrochen oder geschnitten. An einigen der Fragmente sollen sogar noch Blutspuren nachzuweisen gewesen sein.[16] Reste von Heu in der Mylodonhöhle wurden dahingehend interpretiert, dass die Ureinwohner möglicherweise das Mylodon hier als Mastvieh einpferchten[17, 18] – ein Bild, das der chilenische Schriftsteller Francisco Coloane[19] in einer Kurzgeschichte als Traumvision heraufbeschwört. Welche Riten und Bräuche, welche Geschichten mögen sich bei den Mylodonbauern um ihr Faultiervieh entwickelt haben? Gab es Lieder und Legenden, wie bei anderen Viehzüchterkulturen auch?[20, 21] Gab es Geschichten und Gesänge, in denen der Laut des Tieres nachgeahmt und wiedergegeben wurde?

Die kulturelle Bedeutung der Urtierwelt wird in manchen Materialfunden deutlich. Unverkennbar wie im Leben begegnen sie uns auf den Gemälden an den Wänden der Höhle von Rouffignac und der Grotte de Pech Merle, in den Knochenzeichnungen von La Madeleine oder in den Elfenbeinskulpturen aus der Vogelherdhöhle. In den ältesten Kunstwerken der Menschheit begegnen uns Mammut, Wollnashorn und Auerrind, Wildpferde und das Wisent – … und dann und wann ein weißer Elefant.

Eindeutig, noch im Kontinuum mit unserer Erlebniswelt, können wir die Zeichnungen verstehen, wenn rezente Verwandte der Dargestellten uns noch ein Lebensbild vermitteln, wenn wir möglicherweise gerade noch den allerletzten Schimmer einer Urwelt selbst erfassen können – so wie die in Tassili n'Ajjer dargestellten Saharakrokodile, von denen europäische Forscher noch Trittsiegel und Schleifspuren im Sand und schließlich letzte Überlebende entdeckten.[22] Es sind langlebige Tiere, die einzeln noch überdauern, wenn ihre Population biologisch bereits zusammengebrochen ist, die wir noch sehen können wie das Licht erloschener Sterne und die erst in unseren Tagen endgültig und unwiederbringlich aussterben.[23] Eindeutig sind auch die ältesten Darstellungen, als das Tier noch anderswo existierte, wie im Fall der Zeichnung einer flügellosen Höhlengrille der Gattung Troglophilus, eingraviert auf einen Wisentknochen aus der Pyrenäenhöhle Trois-Frères.[24] Es ist ein Tier, das heute aus Frankreich verschwunden ist[25], doch anderenorts noch weiterlebt. Manche Bilder der Urwelt versinken erst in unserer Zeit wie im Nebel. Erst in unserer Zeit verblassen einige der Vorbilder – und damit übrigens nicht nur das lebende Vorbild der Darstellung, sondern vielleicht auch das Vor-Bild, der Ursprung der Idee, überhaupt ein Bild auf dem Fels zu hinterlassen. Manche der in die Felswände gezogenen Linien stammen nicht von Menschenhand – wie die Tatzenabdrücke und Kratzspuren von Bären in der Höhle Chauvet.[26] Der amerikanische Dichter Gary Snyder vermutete angesichts der Krallenspuren in der Höhle Rouffignac, dass es solche Kratzer, solche von lebenden Geschöpfen in den leblosen Stein eingravierten Striche waren, die Menschen erstmals auf den Gedanken brachten, auf die Felsen zu zeichnen.[27] Nicht nur für das Bild, auch für die Tätigkeit des Zeichnens, um eine Spur im Fels zu hinterlassen, gab es ein Vorbild der Natur. Ohne die Urtierwelt hätte es keine Kunst gegeben.

Bilderrätsel mit seltsamen Vorfahren

Nicht immer können wir verstehen, was die Künstler der Urzeit uns zeigen wollen. Welche Details sind tatsächlich Spiegelbild eines Phänotyps, und wo beginnt die künstlerische Freiheit? Spiegeln die verschiedenen Hornformen der gezeichneten Rinder auf den Saharafelsen verschiedene Unterarten oder Lokalrassen wider – oder doch eher eine Sitte der künstlichen Modifikation der Gehörne junger Tiere? Die Pferde von Pech Merle erscheinen tigerscheckig gefleckt. Hatte die *gescheckte Schönheit* einer lokal auftretenden Farbvariante die Künstler begeistert? Sind es Darstellungen »von bunten Pferden, alle aus dem Land, das lange zögert, eh es untergeht«?

Zeigen uns die Zeichnungen in der Henry-Cosquer-Höhle bei Marseille und in Höhlen Andalusiens[28] wirklich den Riesenalk[29, 30, 31], einen Vogel des Nordens, der als Wintergast in die Mittelmeere Europas und Nordamerikas zog?[32] Lieferte der Vogel, »der sich selbst wohl mehr als ein Fisch denn als ein Vogel sah, denn er bewältigte seine jährlichen Wanderungen nach Florida auf dem Wasserwege, und dazu vorwiegend unter der Wasseroberfläche«[33], ein Schauspiel, das wie die Bewegung eines riesenhaften Tieres unter den Wellen erschien, ein Bild im Kalender der Natur, das man von den Küstenhügeln aus beobachten konnte? Von solch einem Bild ist in unserer Zeit nur noch ein verschwommenes Spiegelbild vorhanden, vielleicht in den Wanderzügen antarktischer Pinguine oder einzelner Tordalke, die noch heute vom hohen Norden ins westliche Mittelmeer schwimmen.[34]

Sehen wir in der Zeichnung eines gestreiften Vierfüßers in einer Höhle in Nordwestaustralien tatsächlich den Beutellöwen[35], der, ganz wie die Bären in Rouffignac, seine Krallenspuren an den Felswänden hinterließ? Haben die Zeichnungen der göttlich verehrten Regenbogenschlange ein Vorbild in der pleistozänen Riesenschlange *Wonambi naracoortensis*?[36] Die Umrisse welchen Tieres zeichneten die Menschen im heutigen Staat Victoria nahe einem kleinen Flüsschen in den Boden? Ein großes Tier, das zwischen sechs und neun Meter maß, ein Tier, das die damaligen Bewohner des Landes nicht kannten, und wir kennen es auch nicht. War es ein letzter Vertreter der alten Megafauna des Kontinents oder ein rund 150 Kilometer weit ins Inland versprengtes Meeresraubtier?[37] In West Sacramento sah ich beim Rudertraining, über 120 Kilometer von der Pazifikküste entfernt, mitten im staubtrockenen Central Valley, Seelöwen in einem Kanal schwimmen. Ganz plötzlich schauten ihre runden Köpfe nur wenige Bootslängen entfernt aus dem Wasser. Ob eine ähnliche Begegnung das *Challicum Bunyip* erzeugte, werden wir nicht mehr erforschen können. Die Ureinwohner sollen es immer wieder nachgezeichnet und so am Leben erhalten haben, bis sie selbst von ihrem Land entfernt wurden und mit ihnen auch das *Challicum Bunyip*. Seine Umrisse, zuletzt in den Worten des australischen Dichters Antony Dodd, »a strange fading form/etched at the edge of a piddling creek«[38] – *eine schwindende, fremde Figur, geritzt an den Rand eines träge tröpfelnden Bachlaufs*, sind heute verschwunden, dem umgebenden Erdboden gleichgemacht.[39]

Rund zehntausend Jahre alt sollen die Höhlenmalereien in der Gegend der Fundstätten von Pedra Furada in Brasiliens Nationalpark Serra da Capivara sein.[40] Sie zeigen kleine Menschen und große Tiere, einige davon mit Tupfenmuster oder in Nadelstreifen. Haben hier die Fellmuster junger Tapire Anregungen geliefert? Auf Bildern an der Fundstätte Toca do Boqueirão da Pedra Furada erscheinen merkwürdige Tiere mit langen, stets hochgereckten Hälsen und dicken rundlichen Körpern. Stand das südamerikanische Huftier Macrauchenia Modell? Es starb vermutlich erst gegen Ende des Pleistozäns aus, und wer weiß denn schon, ob nicht einige kleine Populationen noch länger überlebten? Auch in Felszeichnungen in Bahia soll es dargestellt sein[41] – ein Tier, das ein prähistorischer Südamerikaner als einen Tapir mit langem Hals und ein Bewohner der Alten Welt als eine Chimäre aus Kamel und Elefant mit Nashornfüßen beschrieben hätte.

Nach Ansicht des Naturforschers Hermann Burmeister »war die Gesamtform der Macrauchenia gleich weit vom Pferde wie vom Tapir entfernt; der nach Verhältnis viel kleinere Kopf, der unförmlich lange Hals, welcher steil aufgerichtet getragen wurde, der dicke plumpe Leib und die in ihren oberen Abschnitten ungemein langen, in ihren mittleren sehr kurzen, in ihren unteren mehr normal gebauten Füße trugen viel dazu bei, dem Thiere eine ganz sonderbare, gewiss mehr unschöne, als schöne Körperform zu verleihen. Der lange Hals und die Rüsselnase lassen endlich vermuthen, dass Macrauchenia seine Nahrung nicht am Boden, sondern in der Höhe suchte, und vielleicht, nach Art der Giraffe, Baumblätter frass, die es von oben herabholte.«[42] Der Meinung Burmeisters ungeachtet muss Macrauchenia ein wunderschönes Tier gewesen sein. Wann mag zum letzten Mal ein Mensch beobachtet haben, wie es mit seinen eigentümlichen, typischen Bewegungen an einem Baum fraß? Wann wurden die letzten Trittsiegel im Regen verwaschen? Wann mag zum letzten Mal eine Geschichte, ein Wort noch mit Bezug auf das noch lebende Tier und seine Eigenschaften verstanden worden sein?

Zeigt uns eine Bronzefigur der Sumerer aus Kish tatsächlich eine Rindergiraffe?[43] Haben diese irgendwann im Pleistozän ausgestorbenen Tiere doch noch bis ins sechste vorchristliche Jahrtausend gelebt? Was für ein Geschöpf ist die »Giraffe mit nach vorn gekrümmten Hörnern« von Lascaux? Oder die »Giraffe mit aufgeblähtem Körper und den Füßen eines Dickhäuters«[44] in der Höhle von Gabillou in der Dordogne?

Was ist das für ein Tier, das uns in der Rotunde von Lascaux erscheint und das in der Literatur als »Einhorn« bezeichnet wird?[45]: »La bête innomable ferme la marche du gracieux troupeau, comme un cyclope bouffe?« – *Das unnennbare Tier beschließt den Zug der graziösen Herde, wie ein grotesker Zyklop*, dichtete René Char.[46] Ein lang gehörntes Wesen mit dem Hinterteil eines Nashorns, doch viel länger gestrecktem Körper[47], mit seinem Hängebauch einem afrikanischen Spießbock oder einer Rappenantilope nicht unähnlich.

Was für ein Tier ist das Wesen auf dem Deckengemälde von Altamira, ein Tier, das drei Ohren aufzustellen scheint, oder möglicherweise auch die Knospen eines Gehörns oder Geweihs trägt? Ein Tier, dessen

Haupt zu schmal ist für ein Rind, dessen Lauscher zu klein sind für ein Pferd und das überdies keine Mähne trägt? In der Literatur wird es als Hirschkuh bezeichnet, doch sein Hals ist zu kurz; und da bleibt immer noch das rätselhafte Gehörn. Die gleichfalls als Hirschkühe identifizierten Tiere in den kantabrischen Höhlen La Pasiega oder Covalanas[48] haben im Gegensatz dazu einen sehr langen Hals, ganz so als gehörten sie in die Verwandtschaft der Antilopen. Welche Tiere zeigt uns das »Antilopenbild« in der Höhle Pech Merle wirklich? Sehen wir Antilopen, weil sie eben die einzigen ähnlichen Tiere sind, die wir je zu Gesicht bekommen haben? »Drei aufgereckte Hälse, auf denen kleine Köpfe von Antilopen sitzen, gehören zu vier Körpern, von denen der letzte den Fuß eines Nashorns und einen geringelten Schwanz zeigt. Zurzeit ist es noch nicht möglich, diese Tiere zu identifizieren«[49], schreibt der französische Archäologe André Leroi-Gourhan. Zurzeit.

Die Beispiele der prähistorischen Darstellung ausgestorbener Lebewesen führen immer wieder vor Augen, dass, wo das Vorbild ausgestorben ist, auch das Abbild sein »Leben« und seine Bedeutung verliert, und wir nur mehr einen schwachen Nachhall dessen vernehmen, was die alten Künstler uns eigentlich sagen und zeigen wollten.

Überlebt, übermalt

Antilopen meinte auch der italienische Spinnenforscher Conte Lodovico Di Caporiacco in den Felsgemälden in der Sahara zu erkennen, während sein ungarischer Mitreisender László Almásy in denselben Bildern Kühe sah. Doch die Sache ist noch weit komplizierter. »Die Tierbilder – lauter Rinder – waren mit zwei Farben gemalt, rot und weiß, berichtet Almásy und notiert weiter: Wenn man die weiße Farbe aus dem Bild der bunten Kühe wegwischen würde, blieben nur ein sehr langer schlanker Halbkörper, ein zu kleiner Kopf und zu dünne Beine übrig.« Vielleicht hatten beide recht. Vielleicht waren es tatsächlich ursprünglich einmal Antilopen – bis ihnen mit neuen, weißen Linien neue Konturen und eine neue Identität verpasst wurden?

In den Felsmalereien der Sahara und auch Europas finden sich viele Beispiele, bei denen alte Bilder nachbearbeitet wurden, oft um eine alte Darstellung zu verdeutlichen; oft wurden allerdings auch anatomische Veränderungen an den dargestellten Tieren vorgenommen, die Beine lang gezogen oder ein Geweih hinzugefügt.[50] So scheinen zum Beispiel in der Höhle Combarelles in der Dordogne einem Wildpferd nachträglich Hörner aufgesetzt und dieses Tier so zum Wisent umfunktioniert worden zu sein.[51]

Immer wieder liegen auch vollständige neuere Zeichnungen direkt über älteren, ohne mit diesen in einem für uns erkennbaren Kontext zu stehen, ohne, auf die ältere aufbauend, eine Darstellung, eine Geschichte weiterzuentwickeln.[52] Warum wurden in diesem wie in jenem Fall die Bilder »übereinander und einander bedeckend gemalt«?[53] Gab es Konkurrenz um die besten Flächen, wie heute bei den Graffitikünstlern der Betonzeit? Waren es Pentimenti, Nachbesserungen, Retuschen und Übermalungen, mit denen die Künstler eigene Arbeit verändern, verbessern wollten? Mangelte es an geeigneten Flächen auf Felswänden, an denen Neues hätte begonnen werden können, ohne Altes zu verändern? Forderte ein bestimmter Ritus, eine magisch-religiöse Zeremonie eine Erneuerung der Gemälde? Mussten sie möglicherweise veränderten Gegebenheiten angepasst werden? Rückten domestizierte Rinder in den Mittelpunkt des Interesses, während das Wild an Bedeutung verlor, vielleicht sogar ausstarb? Wurden möglicherweise Tiere, die ausgestorben waren, mit anderen noch lebenden, die die neuen Künstler vor Augen hatten, übermalt, und somit umgedeutet? Wurden ausgestorbene Antilopen durch rezente Rinder ersetzt und die alten Geschichten in neue, mit neuen Worten und neuen Tieren übersetzt, um ihnen für Generationen, die eben vor allem Rinder und kaum noch Antilopen vor Augen hatten, eine Bedeutung zu verleihen, um die Bilder weiterhin eine Geschichte erzählen zu lassen? Spiegelt sich hier eine prähistorische Umweltveränderung und eine damit einhergehende Verschiebung der Faunenzusammensetzung wider? Wanderten möglicherweise neue Völker ein, die die alten Symbole und Geschichten nicht mehr verstanden, vielleicht nicht mehr verstehen wollten und denen die alte Kultur nichts mehr bedeutete? Wird hier ein Übergang von einer Kultur der Jäger und Sammler zu einer Kultur von Viehnomaden in Bildern deutlich? Entspricht vielleicht so jede Änderung einer neuen Epoche im Zeichen eines neuen Tieres?

Vor rund zweieinhalbtausend Jahren beginnt ein Zeitalter im Zeichen eines neuen Tieres. In den jüngeren Gemälden Maghrebiniens taucht ein neues Geschöpf auf, ein Wesen, das die ältesten Felsenkünstler ebenso wenig erkannt hätten wie wir heute die uns unbekannten Tiere früherer Zeiten. Ein Vierfüßer auf hohen Beinen, mit langem Hals. Ein Tier ohne Hörner, ein Tier mit Hügelrücken, das offenbar als Reittier diente, und als solches das Pferd ablöste.[54] Seit rund zweitausend Jahren zieht dieses neue Tier auf den Wüstenwegen der Menschen reihenweise von Oase zu Oase, ist nun Charaktertier der Wüste, vom Industal bis zum Atlantik, vom Orient bis an den Rio d'Oro. Es wurde in neuerer Zeit auch in die Wüsten im Süden Afrikas gebracht[55], in ein regenloses, nur von Nebelfeuchte angehauchtes Land, das eigentlich die Heimat von Gazellen und Wüstenelefanten war. Es gelangte auch in die Neue Welt[56], wo Kojoten und Kakteen lebten, und seit rund anderthalb Jahrhunderten bewohnt es auch in stetig wachsender Zahl einen anderen, sehr entlegenen Südkontinent[57], ursprünglich die Heimat ganz anderer Tiere, die es nur hier gab und die die Menschen der Nordhalbkugel noch nie gesehen hatten …

Ob nun der Mensch mit seiner Kultur einen Ortswechsel vollzog, oder ob die anderen Lebewesen unterwegs waren, so war das archäologisch fassbare Ergebnis im Wesentlichen dasselbe: Wer eine neue Lebenswelt vor Augen hatte, wer nicht mehr das, was die Natur hervorgebracht hatte, sah, sondern das, was Menschen darübergelegt haben, der passte auch die Bilder dem neuen Leben an.

Bilderstürmer

Und die Veränderungen gehen weiter, so schnell wie nie zuvor, so drastisch wie nie zuvor. Wurden früher neue Bilder gezeichnet und dadurch die alten übermalt oder ergänzt, wodurch eine Geschichte weitererzählt oder umgeschrieben wurde, so stellen sich neuere Veränderungen immer brutaler und zerstörerischer dar. In der Höhle von Rouffignac hat irgendein Barbar irgendwann im letzten, vorletzten Jahrhundert seinen Namen in einen Nashornrücken gekratzt, wie eine hässliche Tätowierung oder wie eine Betontrasse durch ein grünes Tal, hat sich verewigt und sich dabei weniger ein Denkmal als vielmehr ein Schandmal gesetzt. Seit Jahrhunderten wurden die Zeichnungen in der Höhle Niaux durch Graffitis ergänzt und beschädigt, durch Namen und Botschaften, Bruchstücke neuer, anderer Geschichten, doch die sind nicht die seltenen, einzigartigen. Sie hätte man getrost auch anderswo hinschreiben können, neben oder unter die alten Bilder, in eine andere Höhle oder an irgendeine Wand. Ist es Zufall, dass sich die schwersten Beschädigungen etwa seit der Mitte des 19. Jahrhunderts ereigneten? Jenem Zeitraum, in dem sich in Europa und anderen Teilen der westlichen Welt erhebliche Veränderungen vollzogen?

Auch in unseren Tagen wird Altes, Einzigartiges weiter übermalt, überdeckt und zerstört. Ende 2007, Anfang 2008 übersprühten Soldaten der UN-Friedenstruppen in der Westsahara Felsmalereien, die sechstausend Jahre überdauert hatten, mit Graffitis.[58] Die Kunstwerke sind nun überdeckt mit osteuropäischen und afrikanischen Namen – auch eine Geschichte, doch keine, die hierher gehört –, ebenso wenig wie die Geschichte des tunesischen Touristenführers, der sich 2009 für seine Entlassung an seinem Arbeitgeber, und auch gleich an der gesamten Menschheit, rächte, indem er die Felsmalereien von Tadrart Acacus in der libyschen Sahara mit irgendeiner Farbe übersprühte und so ein Stück Weltkulturerbe zerstörte.[59] Auch dies eine Geschichte, doch die könnte in jeder Stadt der Welt an jede Wand geschmiert sein. Auch die Zerstörung der Buddhastatuen von Bamiyan, die Plünderungen der tibetischen Klöster oder die Schändung byzantinisch-griechischer Sakralbauten im türkisch besetzten Nordzypern sind solche Prozesse, in denen lange Gewachsenes beseitigt wird. Es wird für Neues, Nichtssagendes vernichtet. Vielleicht so lange, bis »der Regenbogen der menschlichen Kulturen endlich im Abgrund unserer Wut versunken sein«[60] wird. Vielleicht gehen diese größten, gröbsten Veränderungen, die Versuche, die alten Bilder zu vernichten, sie nichtig und lächerlich zu machen, von Menschen aus, in deren Denken es überhaupt keine Bilder vom Leben mehr gibt. Vielleicht geschehen diese Zerstörungen, *weil* es in ihrem Denken keine Bilder vom Leben mehr gibt und ihnen die alten Zeichnungen sinnlos erscheinen.

Manchmal scheinen nach solchen Zerstörungszügen noch immer Reste der alten Bilder durch neue Schichten hindurch, wie durch die Sinterschicht, die sich im Laufe der Jahrtausende über einige der Gemälde in Niaux gelegt hat.[61] Die Bilder verschwinden oft langsam, ganz ähnlich wie Arten nach und nach aussterben, und selbst wenn sie kaum noch zu sehen sind, ist manchmal noch eine Spur des Lebens, das sie einmal abbildeten, vorhanden. Außer den ältesten Kunstwerken der Menschheit und den von Paläontologen ausgegrabenen Knochen gibt es eine weitere Art Fossilien, mit denen ein Schimmer vergangener Lebenswelten bis in unsere Zeit dringt: die in Mythologie und Folklore verfestigten und konservierten Erinnerungen beobachtender und erzählender Menschen.[62] Denn von Abenteuern im und mit dem Leben erzählen wir schon immer.

Die Evolution des Phantastischen

Es gibt Bilder, vor Urzeiten mit Worten gemalt, die für uns heute noch ebenso deutlich sind wie die Zeichnungen der Mammute und Wildpferde an den Höhlenwänden. Da gibt es zum Beispiel ein Riesenwesen in Noramerika, den »Vater aller Büffel«, ein Tier mit wildem Pelz, ein Vegetarier, ein Megaherbivore, ein Landbewohner, der auf großem Fuße lebte wie der Bison, nur viel, viel größer ... Da gibt es die Erzählungen vom »Bären mit den steifen Gelenken«[63], bärenartig allerdings nur im entferntesten und vom Erzähler nur in einem notgedrungenen Vergleich mit dem größten Wesen, das er eben kannte, benannt und beschrieben. Das steifbeinige Tier, das sich nicht hinlegen kann und sich daher zum Schlafen an einen Baum lehnt, erinnert an die Beschreibung des Elchs, der in *De bello Gallico* durch die Wälder Germaniens stakst und an einen Baum angelehnt schläft[64] – doch ein Elch ist es ganz gewiss auch nicht, denn den kannten die Erzähler ja genau. Es ist ein Tier, dem »ein fünfter Arm« aus dem Kopf wuchs und das somit als ein Rüsseltier identifiziert ist, eines der vielen, die einst die Welt bewohnten: ein Mastodon[65] oder ein Mammut, Tiere, die möglicherweise, wie die heutigen Elefanten, im Stehen schliefen.

Von riesenhaften Bären erzählt man auch jenseits der Beringstraße, so bei den Ainu auf der Insel Hokkaido und bei den Völkern Sibiriens. Beim Volk der Korjaken auf der Halbinsel Kamtschatka erzählt man von einem riesengroßen, heiligen Bären namens Irkuiem[66] oder Irkulyen. Ist es ein Zufall, dass in Alaska und Sibirien vor rund anderthalb Jahrzehntausenden der Riesen-Kurzschnauzenbär *Arctodus simus*[67], ein entfernter Verwandter des Brillenbären Südamerikas, lebte? Ist es ein Zufall, dass der schwedische Zoologe Sten Bergman 1920 in Kamtschatka[68] die Fußspur einer neuen großen Bärenart entdeckte – Bergmans Bär *Ursus arctos piscator*, der allein auf Grundlage eines einzigen Fells beschrieben wurde? Außer im Traum hat allerdings kein Forscher, kein Abenteurer das Riesenwesen je gesehen.

Bei den Algonkinvölkern im Nordosten Amerikas, den Stämmen der Montagnais, Penobscot, Passamquoddy, Micmac oder Malecite, gibt es zum Beispiel die Erzählungen von einem bärengroßen Tier namens Quah-beet[69], einem Riesennager, der an Gewässern baut, Seen staut, einem großen Biber nämlich, der ganz nach Biberart mit seinen Dammbauten arge Überschwemmungen verursacht und so unter anderem die großen Seen schuf. Hat die menschliche Phantasie den »kleinen Bruder«, den Biber Nordamerikas, *Castor canadensis*, ins Gigantische vergrößert? Komplett ausgedacht haben sie sich offensichtlich nichts, lebte doch überall da, wo vom Riesenbiber erzählt wird, vom Tal des Ohio bis nach Massachusetts, *Castoroides ohioensis*, ein Biber von der Größe eines Bären. Zwischen 9.000 und 6.000 Jahre dürfte es her sein, dass die letzten Vorbilder des Riesenbibers lebten[70], dass zum letzten Mal ein Mensch einen Riesenbiber sah. Weil er durch seinen Fleiß im Wasserbau lästig fiel, so die Legende, wurde das Tier vertrieben. In Wirklichkeit wurde es ausgerottet.

Nur aus der Legende kennen wir auch ein geheimnisvolles Raubtier der Insel Madagaskar. Mitte des 17. Jahrhunderts erwähnt Étienne de Flacourt, Gouverneur der französischen Kolonialregierung, in seinem Buch *Histoire de la grande isle de Madagascar*[71] ein sonderbares Tier, den »Antamba, ein Raubtier wie ein großer Hund mit einer runden Schnauze, das … Leoparden ähnelt und Mensch wie Vieh frisst. Dieses Tier sei sehr selten und nur in den einsamsten Bergregionen zu finden«. Eine furchteinflößende Erscheinung muss es in jedem Fall gewesen sein. In der madagassischen Sagenwelt bedeutet die Begegnung mit dem Antamba Unheil.[72] Wenn es in der Nähe eines Hauses schreit, so kündigt es den Tod eines Bewohners an.[73] Klang der Laut, der die beklemmende Botschaft vermittelte, wie ein Heulen, Jaulen, Krächzen oder Brüllen? Oder war es ein Geräusch, für den unsere Sprache gar kein Wort kennt und möglicherweise auch die Sprachen Madagaskars nicht mehr? Hat die menschliche Phantasie für Stimmen aus dem Dunkel, für Lemurengesänge oder Eulenrufe, die Angst einflößen und Vorahnungen auslösen, einen neuen Körper erschaffen? Oder gehörte sie möglicherweise einem Tier, das durch Fossilienfunde belegt ist, der Riesenfossa *Cryptoprocta spelea*? Bis wann diese Art noch existierte, ist unbekannt. Ein seltsamer subfossiler Unterkiefer einer sonst unbekannten verwandten Art wurde in Anlehnung an das Angstwesen der Erzählungen als *Cryptoprocta antamba* beschrieben. Die Töne, die diese Tiere von sich geben konnten, sind verloren, verhallt wie die anderen Stimmen aus der Klangwelt der Urzeit. Die überlebende Fossa hat in ihrem Stimmenrepertoire allerdings einige sehr sonderbare wimmernde Quietschlaute – und ist so unglaublich scheu, dass man sie kaum jemals in freier Wildbahn sieht.

»Fossa mena«, die rote Fossa, wird sie auf Malagasy genannt, während die ausgestorbenen Verwandten als »Fossa mainty« bezeichnet werden – schwarze Fossa. Doch woher wissen wir überhaupt, dass sie nicht ebenfalls das rötliche Kastanienbraun ihrer Verwandten trug, oder sogar Weiß, wie eine kryptische Fossa, von der im Südwesten der Insel berichtet wird? Phantasieprodukt, Ergebnis der Sichtung einzelner albinotischer Exemplare – oder gar Vertreter einer weiteren, nun ebenfalls verschwundenen eigenen Art?

Ein anderer Vertreter der ausgestorbenen Fauna Madagaskars, der Elefantenfußstrauß, begegnet uns umgeformt und vielleicht hybridisiert mit großen Seevögeln oder Greifvögeln, im Riesenvogel Rokh, von dem in orientalischen Märchen die Rede ist und der uns auch im Vogel Ziz der jüdischen Legende, im Vogel Simurgh Persiens und im Riesenvogel Peng der chinesischen Folklore begegnet und von dem Marco Polo oder Ibn Battuta, von Abenteuerfahrten nach Hause zurückgekehrt, erzählten.

In der Neuzeit erwähnt Étienne de Flacourt in seinen Reiseberichten den Elefantenfußstrauß. Gab es zu seiner Zeit vielleicht doch noch einige Exemplare des Vogels oder zumindest Menschen, die ihn selbst noch gesehen hatten? Wie er ausgestorben ist, demonstrieren Sindbads Gefährten im Märchen; kaum wurde ein Gelege des Riesenvogels gefunden, wurden die Eier von den Seeleuten, ob hungrig oder nicht, sofort kaputt geschlagen.

Die Ureinwohner des Regenwalds in Brasilien brachten von ihren Streifzügen Geschichten von einem merkwürdigen Wesen in ihr Dorf zurück, einem Wesen, wie wir es noch nie gesehen haben – Erinnerungen an Riesenfaultiere, die seit Langem verschwundenen Giganten des Kontinents, an Geschöpfe wie das elefantengroße Megatherium oder das Mylodon, das eine Höhe von bis zu vier Metern erreicht haben soll. Mapinguari wird es genannt, und manchmal inspiriert es noch heute Dichter[74], die einen Schatten dieses Tieres in den Erzählungen der Waldbewohner erahnen. Es wird berichtet, dass das Wesen unter borstiger Behaarung mit einer kaimanähnlichen Panzerhaut geschützt ist.

Wie es die Glyptodons waren? Wurden hier mehrere Geschöpfe zu einem neuen Fabelwesen verschmolzen? Wenn sich das fabelhafte Tier vor dem Zugriff der Wissenschaftler und Abenteurer ins sichere Zwielicht der Wälder zurückzieht, hinterlässt es, so geht aus den Erzählungen hervor, im Morast eigentümliche runde Trittsiegel – wie die Spuren heutiger Faultiere und ihrer ausgestorbenen Riesenverwandten, die auf nach innen gebogenen Krallenfüßen wanderten.[75] »Da ist irgendetwas an dem Mapinguari, was bewirkt, dass die meisten von uns es nur ungern treffen würden. Irgendetwas an der Verbindung von rotem Zottelhaar, affenähnlichem Gesicht und einem geheimnisvollen chemischen Verteidigungssystem, das seine Gegner lähmt, vielleicht. Oder die Kiefer und Füße, die so stark sein sollen, dass sie Palmenstämme auseinanderreißen können. Oder die Tatsache, dass diese Füße rückwärts stehen«[76], heißt es in einem Artikel der New York Times. Eine Einschätzung, die ich völlig unverständlich finde. Völlig! Wie kann man es *nicht* treffen wollen? Wie kann man nur so »abenteuerunlustig« sein? *Natürlich* möchte ich es treffen, natürlich müsste eigentlich jeder das Abenteuer erleben wollen, müsste dieses Tier sehen wollen!

Das Mapinguari ist nicht das einzige Wundertier des Amazonaswaldes. Die Legenden Brasiliens kennen auch eine Riesenschlange, für die man bisher die rezente Große Anakonda *Eunectes murinus* als Modell angenommen hat. 2009 wurde der Fund einer fossilen Riesenschlange nie gekannter Größe publiziert.[77] Ein Schlangentier, lang wie ein Wal, ein Tier, das problemlos auch einen Menschen verschlungen haben könnte. Hat sich der namenlose Schrecken im Bild des Schlangenungeheuers ins menschliche Gedächtnis eingegraben?

Waren ähnliche Geschöpfe Vorbilder des schlangenartigen Drachen der griechischen Mythologie, oder haben Krokodile, die es im Pleistozän rund ums Mittelmeer gab, Vorbilder für ein Tier geliefert[78], das seinen Namen nun einer afrikanischen Gattung von Riesenschlangen hinterlassen hat, den Python nämlich? Welche Vogelart war das Vorbild der stymphalischen Vögel, die sich eindeutig ähnlicher Verteidigungsmethoden bedienten, wie wir sie noch heute von manchen Vögeln kennen?[79] Welche Art mag mit einem irisierenden Gefieder die Vorstellung eines Metallvogels hervorgerufen haben? Stammt das Einhorn von einer langhörnigen Gazelle oder doch vom Nashorn ab? Überall auf der Welt gibt es Erzählungen von fremdartigen Wundertieren, in denen noch ein paar Eigenschaften lebender Geschöpfe zu stecken scheinen.

Die genaue Genealogie der mythischen Monster und Fabeltiere ist nicht zu ermitteln, doch steht fest, dass es eine Anregung, ein Urbild, Vorbild, irgendwann vor Urzeiten gegeben haben muss. Vielleicht hat für manche Wesen erst mit dem Artentod des Vorbildes das Eigenleben als Fabeltier begonnen. Alle Fabelwesen, alle Bilder im Bestiarium der Phantasie, die wir uns vorstellen können, sind irgendwie von lebenden Wesen hergeleitet. Manchmal sind sie wie die Chimären, Kentauren und Sphingen der Antike, der Wolpertinger an der Wand einer bayerischen Gastwirtschaft oder die Jackalope Montanas, nach Frankenstein et al. zusammengesetzt aus Teilen. So ganz und gar ausdenken können wir uns kein Phantasiegeschöpf. Irgendetwas von der Realität, irgendetwas aus dem Leben Gegriffenes steckt immer noch darin.

Wenn ein Wesen ausstarb, wie konnte man dann überhaupt davon erzählen? Mit welchen Worten kann man einer Generation, die nicht mehr Augenzeuge war, Gestalten und Verhalten schildern? Einfach war das beim Riesenbiber, blieb doch der kleine Verwandte zum erklärenden Vergleich erhalten. Einfach auch beim Kurzschnauzenbär, wurde seine Rolle doch einem überlebenden Ursiden als Ersatzdarsteller übertragen. Ist jedoch kein geeigneter Verwandter mehr greifbar, geht die historische Erinnerung zwangsläufig im Bild anderer Kreaturen auf, und manchmal verschmelzen auf diese Weise ganz unterschiedliche Wesen und Bilder. Mit wachsender Entfernung, mit längerer Evolution des Phantastischen können bestimmte Eigenschaften übertönt und übermalt werden. Der Waldrapp, rabenschwarzer Ibisvogel, in Europa ausgestorben, doch auf Altarbildern festgehalten, wird seit seinem Verschwinden mit Rabenvögeln hybridisiert. Stellers Seekuh verschmolz in der Erinnerung der Beringstraßen-Insulaner mit dem Walross und wurde ein »Walross ohne Stoßzähne«.[80] Das Mammut wurde in der Erinnerung der einheimischen Nordamerikaner zum »steifbeinigen Bär«.

So verblasst auch das Typische, das Einzigartige des ausgerotteten Tieres. Das Besondere, das Spezifische und nur dieser einen Art Eigene geht unter, und das umso mehr, je ungewöhnlicher und außergewöhnlicher, je ferner von jedem lebenden Geschöpf die Tiergestalt war, und je weniger wir sie uns ohne das lebende Vorbild vorstellen können.

Rezentes Beobachten legt sich über die alten Schichten der Erinnerung wie eine jüngere Sedimentschicht, in der sich andere, jüngere Fossilien erhalten; wie bei einem Palimpsest, dessen neuere Schrift die alte überdeckt; wie bei den Felsenbildern, wo die neuere Darstellung die ältere überlagert und, wenn auch möglicherweise eine ähnliche, doch sicher nicht dieselbe Geschichte erzählt wird. Eine andere Geschichte, die mit neuen Bildern illustriert werden muss, da für die alten ja das Vor-Bild fehlt. Je stärker die neue Zeichnung von der alten abweicht, desto mehr geht von der ursprünglichen Geschichte verloren. Ohne das Bild wird die Erzählung immer unvorstellbarer, verliert buchstäblich an Leben. Wenn es schließlich kein Lebewesen mehr gibt, das mit ihm vergleichbar wäre, so wird aus dem Tier, das nicht mehr zu sehen, nicht mehr zu erfassen, nicht mehr zu begreifen ist, ein reines Fabelwesen.

Wenn ein Tier ausstirbt, ohne dass wir davon wissen, ohne dass wir es gekannt haben, dann stirbt auch unsere Fähigkeit und auch die Möglichkeit, uns dieses vorzustellen, es sei denn im Vergleich zu anderen, überlebenden Arten.[81] Und irgendetwas von den vielen Eigenschaften, die in diesem Lebewesen angelegt und geborgen sind, geht zwangsläufig für unsere Erinnerung, unsere Erfahrung und unsere Begriffe verloren. Wir haben das Tier nicht gekannt und im doppelten Wortsinn nicht erkennen können; damit verlieren wir eine Möglichkeit begrifflicher Erkenntnis. Je weniger überlebende Arten es gibt, umso einheitlicher werden zwangsläufig all unsere Fabeltiere, und somit zwangsläufig all unsere Fabeln, all unsere Geschichten, die wir über die Natur und anhand ihrer über uns selbst erzählen können.

Verlorenes Wissen, verlorene Worte

Welche Eigenschaften im Verhalten der Mammute und Wollnashörner mögen den frühen Menschen bekannt gewesen sein, und mit welchen eigenartigen, einzigartigen Namen mögen sie bezeichnet worden sein? Welche Lokalrassen und Farbmorphen des Mammuts, die sie in Rot, Weiß, Braun oder Schwarz an ihre Höhlenwände malten, mögen sie in Worten und Geschichten unterschieden haben? War das »blonde Mammut«, das wir heute nur anhand molekularer Daten kennen[82], für seine menschlichen Zeitgenossen ein ganz besonderes Tier mit ganz besonderer Geschichte, ähnlich wie die weißen Elefanten Siams?

Welche Geschichten und welches Wissen, das für uns heute nicht mehr nachvollziehbar ist, mag sich in den vergangenen Tierwelten den Menschen eröffnet haben? Welches Wissen, das eben nur der ganz genau beobachtende Mensch gewinnen konnte, mag sich in den Worten ihrer verstummten Sprache abgezeichnet haben? Besonders Kulturen, die noch heute in engem Austausch und Kontakt mit der freien, wilden Natur leben, zeigen, wie differenziert die Begriffswelt einer Sprache in Abhängigkeit vom Artenreichtum ihrer Umwelt sein kann. Zum Beispiel bei den Stämmen der Inuit. Das Vokabular ihrer alten Sprachen ist außerordentlich reich an Beschreibungen der Mitgeschöpfe, und dabei beruht der Reichtum nicht nur auf den Beschreibungen und Benennungen der einzelnen Lebewesen, sondern es gibt Worte, die sich ganz spezifisch auf Alter und Zustand, auf eine bestimmte Lebensphase, einen bestimmten Punkt in ihrem Lebenszyklus beziehen.[83] Bei den Lappen gibt es angeblich kein übergreifendes Wort für Rentier, aber sehr wohl für das einjährige, zweijährige, dreijährige, und überhaupt jede Altersstufe dieses Tieres.[84] Ähnlich kannte das biblische Hebräisch Worte für jedes einzelne der Larvenstadien der Heuschrecken.[85] Für Nordeuropäer gibt es umgangssprachlich nur zwei Sorten Kamele: solche mit einem und solche mit zwei Höckern. Das Arabische kennt viele Worte für verschiedene Tiere – junge, alte, helle, wollige, dunkle, zahme, wilde, störrische –, die wir nur mit einem einzigen, aus arabischer Sicht ganz unspezifischen Wort oder mit langen Komposita bezeichnen würden. Auch für Kreuzungen und Rückkreuzungen zwischen Dromedar und Trampeltier in allen erdenklichen Kombinationen und Rekombinationen gibt es im Kirgisischen, Arabischen oder Persischen Spezialbegriffe.[86]

In manchen Sprachen der Aborigines gibt es ein Wort für die eigenartige, nur dieser einen Art eigene, wellenförmige, leicht schaukelnd balancierende Bewegung, die der Emu im Gehen mit seinem Kopf ausführt.[87] Andere Sprachen, in deren Habitat es *Dromaius novaehollandiae* nicht gibt, können dies – und wirklich genau dies – nicht ausdrücken. Zu endemischen Arten gehören auch endemische Worte. Im Micmac, einer Algonkinsprache des Nordostens Nordamerikas, sind Baumnamen vom Klang abgeleitet, den der Wind im Herbst in den Baumkronen erzeugt, und zwar genau von dem Klang – ist es ein Rauschen, Rascheln, Flüstern? – der Baumkronen im Herbst etwa eine Stunde nach Sonnenuntergang und bei stetig aus derselben Richtung wehendem Wind.[88]

Mit – und *von* den Bildern der Natur lebt ein Wortreichtum, der heute nur noch wenigen Menschen bekannt ist, ein Reichtum, der langsam, dann immer schneller und schneller ins Vergessen sinkt. Indem sich das Leben in naturverbundenen Kulturen ändert, können wir beobachten, wie solche Begriffswelten, wie Worte, die Einzigartiges beschreiben, vielleicht auch metaphorisch einzigartige Konzepte erfassen, verloren gehen können. Auf Neuguinea werden in den Hunderten einheimischen Sprachen der Insel Hunderte von Bezeichnungen für die einheimischen Vögel verwendet. Die neue Kreolsprache Tok Pisin soll nur noch zwei Arten von Vögeln kennen: die Vögel des Tages und die Vögel der Nacht.

Im Deutschen gibt es einige Wörter, die die Bewegungen oder Lautäußerungen einzelner Lebewesen, etwa der Kaninchen und Hasen, der Enten und Gänse, der Hunde, Hühner oder Pferde, Schafe und Ziegen, zumeist eben der domestizierten Tiere, artspezifisch abbilden.

Solche hochspezialisierten Ausdrücke gehen für immer verloren, wenn die entsprechende Art – vor allem also Wildtiere – aussterben. Die Sprache verliert an Begriffsschärfe und die Ausdrucksmöglichkeiten werden abgestumpft.

Auch in jüngerer Zeit gingen oft die Namen zusammen mit dem Lebewesen unter. Die Sprache des Volks der Delawaren hat das Wort für den Karolinasittich »vergessen«, nachdem dieser ausstarb. Ebenso verschwand das Wort für die Wandertaube.[89] Auch die Worte für Meeressäuger gingen unter, als der Stamm ins Inland umgesiedelt wurde und diese Wesen den Delawaren nicht mehr vor Augen waren.[90] In der Sprache der Osterinsel gingen die Worte für Delfine verloren, als diese in den Gewässern um die Insel ausgerottet waren und nichts als Knochen in Abfallhaufen blieb.[91]

Manchmal werden die Namen aussterbender Arten im letzten Moment erfasst. Um 1880, über hundert Jahre, nachdem Stellers Seekuh ausgerottet worden war, sollen die Menschen der Insel Attu in der Beringsee »das Borkenthier« noch einmal, ein allerletztes Mal gesehen haben – zumindest glaubten sie das –, und sie hatten auch noch einen Namen für das Tier: *kukh-sukh-takh.*[92] Hätte sich das Tier nicht ein letztes Mal gezeigt, so wäre auch sein Name für immer verloren gewesen.

Wenn es ein Tier nicht mehr gibt und auch keines mehr, das sich zum Vergleich eignet, dann kann man kaum noch davon erzählen, weil sich der Zuhörer das Bild eben nicht vorstellen kann.

Wie viele Geschichten und Worte mögen mit den großen Wesen, deren wirkliche Namen wir heute nicht mehr kennen, ausgestorben sein?

Der Wal von Rosette

Umgekehrt hat sich in manchen Fällen in schriftlichen Aufzeichnungen zwar der Name eines verschwundenen Wesens erhalten, doch wir wissen nicht mehr, um was für ein Tier es sich handelte, wie wir es in den Begriffen unserer biologisch verarmenden und »wortkargen« Welt benennen würden. Was ist der »grimme Schelch« des Nibelungenliedes? Auf der Strecke liegt er neben der anderen Jagdbeute Siegfrieds, neben Wisent, Elch und Ur. War es ein Megalocerus-Riesenhirsch?[93] Oder vielleicht ein Wildpferd? Das Bild, das eigentlich mit diesem Wort, diesem Namen vermittelt werden sollte, ist ebenfalls auf der Strecke geblieben.

Unter Zuhilfenahme anderer Tierbilder und Tiervergleiche, wird ein anderer Riese in der heiligen Schrift vorgestellt: der Behemoth. »Er frisst Gras wie ein Ochse«, sagt uns das Buch Hiob. Ein Megaherbivore des Graslands und der Savannenwälder muss es also sein, ein Elefantenriese vielleicht? Mammute gab es bis nach Vorderasien und Afrika hinein.[94] Ist *Behemot* möglicherweise sogar, geringfügig verschleift, dasselbe Wort wie Mammut?[95] Haben so möglicherweise die Erinnerung an das Tier und sein Name getrennt überlebt, um sich erst Jahrtausende später wiederzufinden?

»Er liegt gern im Schatten, im Rohr und im Schlamm verborgen. Das Gebüsch bedeckt ihn mit seinem Schatten, und die Bachweiden umgeben ihn.« Elefanten schätzen durchaus ein Schlammbad, doch liegt es den lebhaften Rüsselriesen eher fern, still »im Schlamm verborgen« zu liegen. Nashörner dagegen *lieben* eine ruhige Rast im Morast, und zumindest bis nach Ägypten gab es *Ceratotherium simum* – das Breitmaulnashorn.[96] »Er schluckt in sich den Strom und achtet's nicht groß; läßt sich dünken, er wolle den Jordan mit seinem Munde ausschöpfen«, sagt Hiob, was das Bild eines noch wesentlich breitmauligeren Tieres heraufbeschwört. Handelt es sich vielleicht um ein Nilpferd? *Hippopotamus amphibicus* war noch im Holozän in der Levante verbreitet[97], kam bis in die Antike noch im Heiligen Land und bis Anfang des 19. Jahrhunderts im Nildelta vor.[98] Knochen seines gewaltigen Verwandten *Hippopotamus gorgops* kamen bei Grabungen in Olduvai[99] im afrikanischen Grabenbruch und bei Ubeidiya im Jordantal zutage.[100] Ein anderer fossiler Vertreter der Gattung wurde aufgrund seiner Größe und der möglichen biblischen Bezüge sogar *Hippopotamus behemoth* benannt.[101] So eng ist der Bezug geworden, dass in einigen Sprachen, zum Beispiel Russisch und Ukrainisch, Tadschikisch oder Kasachisch, *behemoth* Nilpferd bedeutet. Außer fossilen und rezenten Hippopotami und anderen Dickhäutern gibt es jedoch noch weitere Anwärter auf den großen Namen. »Fängt man ihn wohl vor seinen Augen und durchbohrt ihm mit Stricken seine Nase?«, fragt Hiob, um die Stärke des Wesens zu beschreiben, und zieht dabei möglicherweise einen Boviden zum Vergleich heran. War der Riese vielleicht ein großer, noch wilder Verwandter der gezähmten Rinder, die man mit einem Seil an der Nase herumführen konnte? Ein riesiger Pelorovis-Büffel vielleicht, der noch bis vor vier Jahrtausenden, bis in die Zeit ägyptischer und minoischer Hochkulturen, in Nordafrika lebte? Ob dieses gewaltige Tier wie heute noch asiatische Wasserbüffel gerne Schlammpackung und Suhle genoss?

Nun ist der Übergang vom Schlamm zum Wasser fließend – weshalb einige Autoren wiederum den Dugong als Vorbild des Behemots ins Gespräch brachten. Grast er doch »wie ein Ochse« auf Seegraswiesen, »seine Knochen sind fest wie Erz, und seine Gebeine wie eiserne Stäbe«, weiß die biblische Quelle vom Behemot zu berichten, und angeblich sollen die Knochen des Dugong tatsächlich einen beinahe metallischen Klang erzeugen, wenn sie aneinanderschlagen.[102] In der arabischen Legende, in den Märchen von Tausendundeiner Nacht, ist Bahamūt ebenfalls ganz aquatisch geworden und erscheint als ein gewaltiger Fisch, der wie eine lebende Insel die ganze Welt auf seinem Rücken trägt.[103] Unbestreitbar ist der Bezug des Behemot, wer oder was auch immer er sein oder gewesen sein mag, zum Wasser.

Ins nasse Element gehört offenbar auch der Leviathan, ein biblisches Tier, das bei Autoren der Neuzeit – so bei Herman Melville[104] und Thomas Hobbes[105] – die Gestalt eines Wals angenommen hat. *Liwjatan* bedeutet im Hebräischen ein Tier, das sich windet und ringelt[106], was auf keinen der majestätischen Meeresriesen so recht passen will. Und tatsächlich ähnelt das im Buch Hiob[107] beschriebene Tier eher einem Krokodil: »Wer kann die Kinnbacken seines Antlitzes auftun? Schrecklich stehen seine Zähne umher. Seine stolzen Schuppen sind wie feste Schilde, fest und eng ineinander ...« Bis ins späte 19. Jahrhundert gab es noch Krokodile in Palästina.[108] Ob Panzerechse oder Riesenschlange, ob Landbewohner oder Wasserwesen, ein großes Reptil wäre auch eine mögliche Identität für den in biblischen Texten mehrfach genannten *Tanniyn*. Waren es vielleicht Meeresschildkröten, in Scharen, wie wir sie heute nur aus den Beschreibungen der Karibikfahrer der frühen Neuzeit kennen? Seinen Namen hat der Tanniyn aber offenbar einem ganz anderen mächtigen Wesen hinterlassen – dem Thunfisch[109] nämlich, der einst in ungeheuren Schwärmen auch im Mittelmeer seiner Wasserwanderwege zog.[110] Dabei mögen sie vielleicht, wenn man von einem Küstenhügel über das Wasser schaute, wie ein einziges Riesenwesen unter der Wellenhaut des Meeres gewirkt und Menschen so beeindruckt haben, dass wir ihn selbst in steinzeitlichen Höhlenmalereien – etwa in Pindal und der Grotta del Genovese – wiederfinden.

Ganz und gar ein Einzelgänger umstrittener Identität ist der *Tahash* der Bibel. Das arabische Wort *Tuhas* bezeichnet Delphine und mitunter auch den Dugong, *Dugong dugon*, der einst im Mittelmeer anzutreffen war und noch in unserer Zeit gelegentlich durch den Suezkanal schwimmt.[111] Einige Autoren sind der Meinung, dass es ein Seehund, eine Giraffe oder sogar ein Dachs[112] gewesen sein müsse, während sich andere sicher sind, den Tahash als Narwal *Monodon monoceros* identifiziert zu haben[113], berichtet doch der babylonische Talmud, dass das Tier ein Horn getragen habe.[114] Dass dieses hocharktische Wesen, die gescheckte Schönheit mit dem Stoßzahn, nur extrem selten in südlichere Gewässer vordringt[115], spricht vordergründig gegen diese Theorie.[116, 117] Tatsächlich sind allerdings auch an deutschen Küsten schon Narwale aufgetaucht[118], haben sich auch in Nebenmeere wie die Nordsee und Ostsee gewagt.[119] 1986 soll sogar ein Exemplar im Nildelta bei Rosetta gestrandet sein, berichteten ägyptische Zeitungen, und so übernahm es die Literatur.[120] Doch Skepsis ist angebracht.[121] Vielleicht war der Narwal der Zeitungsgeschichten ein Entenwal *Hyperoodon ampullatus*, wenn nicht gar die ganze Nachricht vom Wal eine Zeitungsente.

Natürlich ist es aus heutiger Sicht unwahrscheinlich, dass sich ein solches Tier des Nordens bis ins Mittelmeer verirrt haben sollte. Doch was wissen wir schon darüber, wie häufig diese Tiere vor Jahrtausenden in den nördlichen Meeren waren, auf welchen Wegen die Tiere damals durch die Ozeane zogen und wie groß die Wahrscheinlichkeit der Sichtung an außergewöhnlichem Ort gewesen sein mag? In drei Jahrtausenden, in hundert Jubeljahren, könnte es vielleicht doch einmal, ein einziges Mal geschehen sein. Ein einziges Mal nur wurde laut Talmud der *Tahash* gesichtet[122] – und hinterließ einen so tiefen Eindruck, dass noch lange von dem einmaligen Tier erzählt wurde.

Vielleicht sind alle Interpretationen der alten Namen richtig und falsch, und vielleicht verhält es sich so ähnlich wie mit vielen Farbbegriffen der Antike, denen heute kein entsprechender Farbton mehr zuzuordnen ist.[123] Vielleicht bezeichnete der Name gar kein Taxon unseres Verständnisses, sondern Aspekte, die in den verschiedenen Tieren zu finden waren: das Kriechende, das Gewaltig-Große, das Große-und-Ruhige, das Große-und-Wilde, das Schlammige, das Bissige, das Schwimmend-aus-den-Meereswellen-Ragende? Möglicherweise begegnen uns so unter demselben Namen mitunter verschiedene, und unter verschiedenen Namen mitunter dasselbe Wesen – so ähnlich wie ein Vogel auf Taxonomisch *Coturnix coturnix*, auf Hochdeutsch nach ihrem wachsamen, flüchtigen Verhalten Wachtel, auf Niederdeutsch aber nach ihrem Ruf Quackele heißt, womit allerdings im Süddeutschen mitunter der Waldkauz gemeint sein kann.

Während wir manchmal für das im Bild erhaltene Tier keinen Namen haben, und manchmal einem Namen kein entsprechendes Tier mit Sicherheit zuzuordnen vermögen, treten uns Entdeckern und Abenteurern manchmal auch neue Geschöpfe entgegen, die in unserer Sprache noch keinen Namen, noch keine Geschichte haben. Ihnen wird oft der Name eines altbekannten Tieres übergestülpt, wie zum Beispiel der Ende des 15. Jahrhunderts von portugiesischen Seefahrern erstmals erwähnte Pinguin der Südhalbkugel, der den Namen eines mit Flossenflügeln nur unter Wasser fliegenden Vogels des Nordens »erbte«. *Pinguinus impennis*, der Riesenalk der Nordhalbkugel, Bewohner der »Insel der Pinguine« in Anatole Frances' Satire, würde ihn nicht mehr lange tragen. Der Geirfugl, wie er auf Island genannt wurde, starb knappe 250 Jahre nach der Entdeckung des »neuen« Pinguins aus, ausgerottet, aufgefressen, obwohl sein Fleisch miserabel geschmeckt haben soll. Sein englischer Name Garfowl wurde später gelegentlich noch für den Tordalk verwendet. In der weiteren Familie des Riesenalks gab es übrigens mehrere Fälle von Namenstausch. Der Schwarzschnabel-Sturmvogel *Puffinus puffinus* heißt im Englischen Manx Shearwater, weil die größten Populationen dieser Art, soweit historisch greifbar, auf einer kleinen Insel lebten, die Calf of Man hieß, so als hätte sie die Isle of Man ins Meer gekalbt. In den 1770er oder 1780er Jahren gelangten Wanderratten auf das Eiland, und innerhalb von 20 Jahren war die Vogelkolonie so gut wie ausgelöscht.[124] Puffin wurde der Vogel von Seeleuten und englischsprachigen Bewohnern der Insel Man genannt, doch ging dieser weitgehend vakant gewordene Name später auf einen ganz anderen Vogel über, nämlich den Papageientaucher der Gattung Fratercula. Auf den Shetlandinseln nennt man den Schwarzschnabel-Sturmvogel Baakie craa, in Pembrokeshire Cocklolly[125] und auf den Scilly Islands heißt er Crew.[126] Die Onomatologie in der Ornithologie ist komplex – doch wird sie immer simpler, immer einfacher, da einerseits Vogelarten, andererseits Namen, vor allem Lokalnamen, aussterben. Der Ornithologe Michael Brooke, Cambridge, bemerkt in seinem Buch *The Manx Shearwater*[127]: »Der Gebrauch der Lokalnamen schwindet dahin – während wir alle dahin kommen, dass wir alle dieselben Dosengetränke trinken, während wir dieselben Fernsehprogramme anschauen.«

Neu Entdecktes, neu Benanntes

Von Eroberern in ein Land und eine Kultur neu eingeführte Tiere bringen ihren Namen meist mit. Das Kamel heißt auf Xhosa inkamela, auf Zulu ikamela und auf Setswana kamela. Bei den Maori heißt Kuh mit einem dem Englischen entlehnten Wort kau, das Schaf hipi und das Pferd »Hottehü« hōiho. Bei vielen Völkern Amerikas trägt das Pferd einen aus dem Spanischen abgeleiteten Namen.[128] Andere nannten das ihnen noch unbekannte Wesen notgedrungen mit dem Namen eines bereits vertrauten anderen Tieres. Als »Hirsch« bezeichneten es die Nahuatl, Muskogee, Choctaw und Mazateco; ein »Wapiti« war es den Cahuilla, ein »Hund« war es für die Tunica, Chitimacha, Kiowa, Dakota, Athabascan und Tonkawa, und die Kutenai bezeichneten es als einen »Elchhund«[129] – vielleicht weil bis dato der Hund das einzige andere Lebewesen war, dem man Transportaufgaben anvertraut hatte. In Australien erhielt das Pferd bei den meisten Stämmen den Namen Yarraman, und auch das war für beinahe alle ein Fremdwort, eine Verballhornung jenes Wortes, das ein einziger Stamm in der Nähe von Sydney für das fremdartige Tier – »das-mit-den-langen-Zähnen« – erfand und das von den neuen Siedlern anderen einheimischen Stämmen gebracht und beigebracht wurde.[130] Kamele wurden von den Ureinwohnern Australiens als Emu bezeichnet[131], auch dies ein Wort, das nicht aus ihrer eigenen Sprache stammte und in seinem portugiesisch-arabischen Ursprüngen Vogel Strauß bedeutete. Mit der Verwendung des Lehnworts der Weißen stellten sie einen Vergleich des ihnen neuen, fremden *Camelus dromedarius* mit dem einheimischen *Dromaius novaehollandiae* an. Laufvogel und Wüstenschiff tragen beide einen Reservehöcker auf dem Rücken, schreiten beide gravitätisch und bewegen dabei, sachte schaukelnd, ihren Hals.

Interessanterweise heißt der Strauß in vielen Sprachen Kamelvogel, und so nennen auch die Chinesen, wie früher auch die Griechen und Römer, und heute noch die Zoologen im Latein der Wissenschaft den Vogel Strauß *Struthio camelus.*[132]

Die Namensgebung für das in der modernen australischen Landschaft noch viel häufigere, noch viel stärker ökosystemprägende Schaf könnte ebenfalls einen Vergleich mit der bekannten, vertrauten Natur beinhalten. In den meisten australischen Sprachen heißt es Dhimba, Thimba oder Dhimbak. Ist das vom Australisch-Englischen Jumbuck abgeleitet, oder, so eine viel romantischere Vorstellung, beschreibt dieses Wort, jimba, den hellen Nebel, der einem Regen vorausgeht und an den der Anblick einer hellwolligen Schafherde erinnern soll?[133] Bei den Ureinwohnern Patagoniens war das Schaf das weiße Guanako.[134] Wie sonst als im Vergleich mit dem vertrauten Tier hätten sie es benennen sollen? Wie sonst als zusammen mit dem Bild des altbekannten Wesens soll das neue, noch unbekannte in die Sprache eingehen?

Je weniger einheimische Tiere es gibt, umso weniger Vokabular gibt es, mit dem ein neu eingetroffenes Wesen metaphorisch zu benennen wäre, und umso kurioser werden mitunter die Taxonomien.

Auf Hawaii soll zum Beispiel das Wort für Hund auf alle eingeführten Vierfüßer, vor allem Pferde, angewendet worden sein.[135] Andere Autoren behaupten, dass für jedes andere eingeführte und noch unbekannte größere Säugetier das Wort für Schwein Pua'a verwendet worden sei.[136] Schweine gibt es überall auf den von Menschen besiedelten Inseln Polynesiens und Melanesiens, und das wirtschaftlich wichtige Tier spielt dementsprechend auch eine große Rolle in der Kultur. Der französische Ethnologe und Missionar Pater André Dupeyrat wollte seinen Missionsschülern in Papua-Neuguinea das Lamm Gottes erklären – doch wie, wenn ihnen Tier und Bild noch so völlig unbekannt waren? Er behalf sich damit, das Lamm durch ein Ferkel zu ersetzen.[137] Für einen Europäer klingt das beinahe wie Blasphemie, doch in Neuguinea war damit klar auf ein heiliges Tier verwiesen.

Bis neu eingeführte Tiere in der neuen Sprache, in der neuen Umwelt eine echte, eigene Geschichte erzählen, vergeht viel Zeit. Eine eigene Evolution muss hier ablaufen. Wahrscheinlicher ist, dass sie eine bereits vorhandene Rolle übernehmen und deren alte Darsteller verdrängen, doch wirklich ersetzen können sie die Originalbesetzung nicht. Wie auf einem vielfach übermalten Bild wird unscharf, was eigentlich dargestellt werden soll. In den meisten Fällen werden die »neuen Wesen« auch ihre eigene Geschichte mitbringen. Ob diese jedoch im Kontext der neuen Sprache und Kultur plausibel ist, ob sie noch so bunt und lebendig erscheint wie die ursprünglich gewachsene des Lebewesens, das nun verdrängt oder gar ausgestorben ist, ist eine andere Frage. Vor allem wird sie in vielen Gegenden, in denen dieselben Arten, dieselben Naturphänomene eingeführt werden, sehr ähnlich oder dieselbe sein. Eine globalisierte Fauna bringt globalisierte Geschichten mit.

Unser Auge ist müde geworden

Während wir noch zurückblickend kaum verstehen können, welche Auswirkungen das Ersetzen und Ausrotten von Arten und die Veränderung unserer lebenden Umwelt auf uns selbst hatte, geht das Artensterben ungebremst weiter und immer weiter. »Eine nach der anderen, wie Schauspieler, die von der Bühne abtreten, nach einem jahrelang gespielten Stück«[138], so drückt es der amerikanische Dichter Charles Harper Webb aus. *The animals are leaving* – Die Tiere gehen fort, heißt sein Gedicht, und da in der Lyrik starke Bilder gebraucht werden, ist natürlich die Rede von den großen und spektakulären Arten.

Ein großer Teil der aussterbenden Arten ist der Wissenschaft allerdings unbekannt und überdies von eher unauffälliger Erscheinung. »Die meisten Arten, die wir vom Planeten vertilgt haben, die meisten Insekten, die wir verloren haben, verschwanden, ohne dass sie auch nur das leere Grab eines Namens gehabt hätten ...«, fasst der amerikanische Entomologe Robert Dunn[139] die Tragödie der namenlos ausgestorbenen Insektenarten zusammen. Sie hinterließen weder einen Namen in der Sprache der Wissenschaft noch in der allgegenwärtigen Sprache der Globalisierung oder in der heimischen Sprache einzelner Kulturen. Hier einen schmerzlichen Verlust zu verspüren, dürfte vielen Menschen schwerfallen. »Es ist unklar, wie viel politische Unterstützung die Regenwald-Lobby erhalten hätte, wenn die Biologen betont hätten, dass das, was verloren gehen würde, hauptsächlich Insekten, Bakterien und Viren wären«, schreibt der dänische Autor Björn Lomborg.[140] Wie kann denn ein Verlust als solcher wahrgenommen werden, wenn wir zunächst gar nicht wussten, was wir besaßen, wenn wir nicht einmal einen Namen dafür hatten? Wenn die meisten Arten aussterben, ohne dass wir sie je gekannt, je beschrieben hätten – wie können wir da Geschichten oder Wissen verlieren? Wie können wir überhaupt etwas verlieren außer einem Namen in einem wissenschaftlichen Bericht, wenn es sich um ein Tier handelt, das so winzig klein ist, dass es keiner sieht? Anders als bei Mammut und Wollnashorn, Mylodon oder Tasmanischem Tiger gibt es um sie keine Geschichten. *Noch* nicht.

Heute schreiben wir die Geschichte der Entdeckung der Welt, der Abenteuer, der Erforschung des noch Unbekannten mit Mikroskop und DNS-Sequenzen weiter fort. Kroghs Prinzip besagt, dass es für jede, oder zumindest viele, »physiologische« Fragestellungen das richtige Lebewesen gibt, an dem diese bequem untersucht werden kann.[141, 142] Mit jedem neu entdeckten Tier wird also ein »Lehrmeister« gewonnen, auch wenn wir sein Fach vielleicht noch nicht kennen, einer, der hilft, Fragen zu beantworten, und dazu anregt, neue Fragen an die Natur zu stellen. Mit jedem, das ausstirbt, geht Wissen verloren. Welche Fragen, die wir an die Natur haben mögen, werden unbeantwortet bleiben, da möglicherweise dieses Tier ausgestorben ist – oder schlimmer noch: Welche Fragen werden nie gefragt werden, da möglicherweise auch das Lebewesen, das zu einer bestimmten Frage angeregt hätte, ausgestorben sein könnte? Was hätte man von der St.-Kilda-Hausmaus über Evolutionsprozesse bei Nagetieren lernen können? Was hätte man von der Tobias-Köcherfliege am Rhein über die Veränderungen ökologischer Dynamiken lernen können? Was hätte man vom Quagga, das von allen Zebras das am leichtesten zu zähmende war, über die Domestizierung von Tieren lernen können?

Für welche technischen, vor allem biotechnischen Prozesse, die wir uns jetzt nicht einmal vorstellen können, es schon jetzt kein Vorbild in der Natur mehr gibt, das können wir uns natürlich nicht einmal mehr vorstellen.

Wir werden niemals genau wissen, wie die Reproduktionsbiologie der beiden ausgestorbenen Magenbrüterfrösche *Rheobatrachus silus* und *Rheobatrachus vitellinus* funktionierte.[143] Wer weiß schon, was man daraus für die Entwicklungs- und Evolutionsbiologie oder für die Gastroenterologie hätte lernen können? Ohne das Wissen um Geschöpfe, die diesen Kunstgriff beherrschen, wäre es uns nie in den Sinn gekommen, dass es dergleichen überhaupt geben könnte.

»Wir können die Arten, die ausgestorben sind, selbst mit unserer Vorstellungskraft nicht mehr wiedererstehen lassen. Die Dimensionen der möglichen Welt sind reduziert worden«, schreibt der Biologe Robert Dunn in seinem Essay zu ausgestorbenen Insektenarten.[144] Wir können uns das Konzert der ausgestorbenen Laubheuschrecken nicht mehr vorstellen – ebenso wenig wie den Gesang des ausgestorbenen Dodos[145] oder die Stimmen der Magenbrüterfrösche. Wenn eine Art also ausstirbt und wir keine Chance mehr haben, sie kennenzulernen, sind wir intellektueller Möglichkeiten beraubt – und die ausgestorbenen Arten, die verlorenen Formen und Klänge und Farben werden immer mehr und mehr. Wenn man alles, was man sehen kann, peu á peu vernichtet, ist es so, als ob man sich peu á peu die Augen aussticht …

In jedem Lebewesen, ob bekannt oder unbekannt, Winzling oder Gigant, gründlich oder mangelhaft erforscht, liegt ein nicht quantifizierbarer Informationsgehalt, verschlüsselt in den immer komplexeren Strukturen, die es im Schwimmen gegen den Strom der Entropie aufbaut. »Der Schatz des Lebens ist der Reichtum gespeicherter Information in all den verschiedenen Genen aller lebenden Wesen«[146], sagte Gary Snyder. Doch der Informationsgehalt, den die Lebewesen für uns bewahren, geht weit, weit über das, was wir jetzt in den Genen erkennen, hinaus. Da liegt im Leben ein Wert der möglichen Inspiration – ein »Wert«, für den wir gar kein Wort haben.

Mit jedem umgebrachten Wesen gehen Information und Inspiration verloren. Und meistens lange bevor wir auch nur den Schatten einer Ahnung vom Verlorenen haben. Die meisten ausgerotteten Arten verschwanden, lange bevor wir ihre Geheimnisse auch nur im Entferntesten erschließen und in menschliches »Wissen« oder in Elemente unserer »Kultur«, in Lieder, Gedichte oder Geschichten eingehen lassen konnten. Sie wurden totgeschlagen, bevor sie ihre Geschichten erzählen konnten.

»Wären alle Tiere fort, so stürbe der Mensch an großer Einsamkeit des Geistes«[147], soll ein großer Häuptling des Stammes der Duwamish gesagt haben. Die Zerstörung der Natur ist wie der Brand der Bibliothek von Alexandria, und zwar nicht nur bevor das »Buch der Welt« überhaupt gelesen wurde, sondern noch bevor es überhaupt wirklich geschrieben wurde.

Wo sind also all die Geschichten hin, die Abenteuergeschichten, die mit und durch Geschöpfe erzählt wurden, die es heute nicht mehr gibt? Und was wird es niemals geben, weil wir die Entwicklung gegen den Strom der Entropie frühzeitig unterbrochen haben, um das Leben in Rauch und Flammen aufgehen zu lassen?

Die Betrachtung und Beobachtung des ganz Kleinen, dessen, was wir noch übrig gelassen haben, ist eine Fortschreibung der Entwicklung unserer Kultur, die einmal mit den Bildern der ganz Großen, die heute im Nebel der Vergangenheit verschwunden sind, begonnen hat. »Ein Vogel, ein Käfer oder ein Schmetterling laden zu derselben bewundernden Betrachtung ein, die wir Tintoretto oder Rembrandt vorbehalten«, erklärte der französische Anthropologe Claude Levi-Strauss, »aber unser Auge ist müde geworden.« – »Notre oeil a perdu sa fraicheur de regarder.«[148]

Dennoch ist da die unstillbare Neugier auf das, was es zu sehen und zu erzählen gäbe, wenn die Welt noch so bunt wäre, wie sie war, bevor wir sie uns untertan gemacht haben, die Neugier auf all die Geschichten, die vor Urzeiten angefangen haben und von denen wir doch gerne mehr hören möchten – und die vielleicht auch wirklich noch nicht ganz zu Ende sind.

*»Im südlichen Meer, auf einer grünen,
mit Bäumen bewachsenen Insel wohnten einst
Schildkröten. Die Insel war für sie geschaffen.
Hier sollten sie eine sichere Heimat haben …«*

KAPITEL 4

Auf der Schildkröteninsel

Allahs Lächeln liegt über der Schildkröteninsel, begann Scheherazade. Im südlichen Meer, auf einer grünen, mit Bäumen bewachsenen Insel wohnten einst Schildkröten. Die Insel war für sie geschaffen. Hier sollten sie eine sichere Heimat haben. Hier lebten sie in Frieden. Da flog eines Tages ein Rebhuhn vorbei, das einen kühlen Ruheplatz suchte, und ließ sich neben dem Lager der Schildkröten nieder. Es war ein kleiner, lebhafter, neugieriger Vogel in einem braunen Federkleid. Als die Schildkröten von einem Ausflug zurückkehrten und das Rebhuhn sahen, fanden sie es so ausgezeichnet schön, dass sie sich an seiner Gesellschaft freuten und sagten: »Das ist gewiss der Herr aller Vögel.« Sie näherten sich ihm daher so freundlich, dass es jeden Abend, nachdem es den Tag über auf der Insel umhergestreift war und Korn aufgelesen hatte, wieder zu ihnen zurückkehrte. Die Schildkröten gewannen es bald so lieb, dass es ihnen schwerfiel, den ganzen Tag von ihm getrennt zu leben. Sie hielten daher eine Versammlung ab und sagten eine zur anderen: »Wir müssen ein Mittel finden, das Rebhuhn ganz an uns zu fesseln, dass wir auch am Tage uns an ihm ergötzen und nicht zu befürchten haben, dass es einmal auf seinen Ausflügen sich an einen anderen Vogel anschließe und uns ganz verlasse.« Da sagte eine der Schildkröten: »Ich werde euch aus dieser Verlegenheit helfen.«

Die Schildkröte näherte sich des Abends dem Rebhuhn, als es heimkehrte, wünschte ihm guten Abend, küsste die Erde vor ihm und sagte: »Gott hat dir unsere Liebe in vollem Maße geschenkt und uns ebenso mit der deinigen gesegnet. Wir können aus Wohlgefallen an dir dich gar nicht genug sehen und in deiner Abwesenheit gar keine Freude genießen, und doch sind wir so wenig beisammen: Das kränkt uns sehr.« Da sagte das Rebhuhn: »Auch mir ist nur wohl, wenn ich bei euch bin, doch was soll ich mit meinen zwei Flügeln anfangen, die mich immer von euch treiben?« Die Schildkröte antwortete: »Wenn dir deine Flügel alle Ruhe rauben, so lege sie ab, bleibe bei uns und lasse dir es wohl sein in unserem Überfluss.« – »Wie kann ich das?«, fragte das Rebhuhn. Da sagte die Schildkröte: »Reiße einfach alle deine Schwungfedern mit deinem Schnabel aus, bis keine einzige mehr übrig bleibt.« Das Rebhuhn verlor keinen Augenblick, diesen Rat zu befolgen, und riss sich die Schwungfedern aus. Alle. Es blieb keine einzige übrig. »Ja«, sagte es, »nun habe ich überhaupt kein Verlangen mehr, fortzufliegen.«

»Rebhuhn ...!«, knurrte der Sultan auf dem Diwan. »Das ist bestimmt wieder so eine Metapher!« – »Nein, Herr«, antwortete Schehrazade, »es ist ein Vogel – und wie das Schicksal es wollte, geschah es nun, dass es eines Tages einen Marder an die Küste der Insel verschlug. Kaum sah er das Rebhuhn, da sprang er ihm sogleich an die Gurgel. Es schlug vergebens seine federlosen Flügel auf, um zu entfliehen; doch es wurde vom Marder ergriffen und zerrissen. »Lebe wohl, schöne grüne Insel«, flüsterte das Rebhuhn. »Was war ich auch so dumm, mir die Federn auszurei ...«

Die Schildkröten, vor deren Augen dies geschah, weinten vor Mitleid. »Ach«, seufzte eine von ihnen. »Wie sind wir doch dumm gewesen«, und alle nickten traurig mit den Köpfen. »Wir sollten erkennen, dass Gott jedem Tier etwas Besonderes gab: dem einen Flügel, dem anderen einen Panzer. Und was Gott seinen Geschöpfen mitgab, sollte man nicht einfach so wegwerfen.«[1]

So oder so ähnlich stand die Geschichte in unserem gelben Märchenbuch. Später entdeckte ich sie wieder in der Übersetzung Burtons.[2] Sie ist fast nur in den vollständigen, vielbändigen Ausgaben von »Tausendundeiner Nacht« zu finden. In den allermeisten »Auswahlen« fehlt die Geschichte. Aus Persien soll sie ursprünglich stammen, ist schon in einem Ende des zehnten Jahrhunderts verfassten arabischen Werk unter Büchern, die aus dem Sanskrit und dem Persischen ins Arabische übersetzt worden waren, aufgeführt[3] und fand schließlich den Weg in die Sammlung der Märchen aus Tausendundeiner Nacht. »Doch handelt es sich keineswegs um ein ›Märchen‹, sondern eher um ein Exempel, eine Warngeschichte, eine didaktische Erzählung«, so die Auskunft von Professor Ulrich Marzolph, Herausgeber der Enzyklopädie des Märchens an der Universität Göttingen. »Der Geschichte fehlt alles Märchenhafte, wie das selbstverständlich akzeptierte Walten des Übernatürlichen, bestenfalls könne man die Geschichte noch als ›Fabel‹ bezeichnen.« Eine Geschichte, in der Tiere als Lehrmeister auftreten also. Doch ein Märchen ist es nicht.

Warum auch? Die Seefahrer des mittleren Ostens gingen schließlich *wirklich* auf Abenteuer und gerieten in ein wirkliches wildes Leben. Sie erlebten so viel, sahen so viel, dass sie nichts erfinden mussten, um es in den Tavernen zwischen Sansibar und Basra zu erzählen. Sie mögen wohl mitunter etwas Seemannsgarn gesponnen, hier und da mit ein paar Arabesken ausgeschmückt haben – doch so ganz ohne Grundmaterial geht das auch nicht. Sie haben nichts wirklich erfunden.

Arabische und persische Seefahrer fuhren schon zu Zeiten der Sassaniden, zwischen dem dritten und siebten Jahrhundert, weit auf die sieben Meere hinaus, um Handel mit fremden Ländern zu treiben. Im zehnten Jahrhundert erreichten persische Händler die Küste von Mosambik.[4] Sie fuhren von hoch oben im Norden des Indischen Ozeans bis nach Ceylon, tief in den Süden bis nach Sumatra und auch bis Madagaskar, auf der Karte der Weltmeere bis ganz nach unten.

Sie segelten den Fischen des Meeres, den Vögeln des Himmels, den Zeichen der Natur folgend. Die frühen Seeleute des Morgenlandes haben aufgepasst, zugeschaut, beobachtet, wie man es eben als Seemann tun muss, und weitererzählt, wie man es als Reisender bis heute zu tun pflegt, in Häfen und Tavernen, wo sich die Geschichten aus der weiten Welt sammeln und von wo aus sie auch weiterwandern, von Hafen zu Hafen. Die Märchen aus Tausendundeiner Nacht spiegeln noch heute die Wunder wider, die sie gesehen haben, vom Riesenvogel Rokh, dem Abbild des ausgestorbenen madagassischen Elefantenfußstraußes *Aepyornis maximus*, bis zu den Bewohnern der Schildkröteninseln.

Sicher haben sie die Inseln des westlichen Indischen Ozeans als Oasen in der Wasserwüste gekannt. Sie kannten die Seychellen, die Farquarinseln und Aldabra – das »grüne« Atoll, das bis heute einen arabischstämmigen Namen trägt. Sie kannten die Maskarenen, die Inseln Diva Harab, »die Verlassene«, Diva Mashriq, »die Östliche« und Diva Magrebn, »die Westliche«. Mauritius, Rodrigues und Réunion nannten sie die späteren Seefahrer aus Belém, Hoorn oder Marseille und all die anderen, die es später an die Küsten der Inseln verschlug.[5]

Und auf allen diesen Inseln sahen sie Schildkröten, bis ganz nach unten, bis tief im Süden nach Madagaskar und Réunion. Es waren grüne Inseln, auf denen die Schildkröten in Frieden lebten und auf denen sie niemand verfolgte. Hier konnten sie gedeihen, hier ließ die Evolution sie groß werden. Riesengroß. Riesenschildkröten, viel größer als die Vierzehenschildkröte *Testudo horsfieldii*, die es in Persien gibt, viel größer als die Pantherschildkröte *Stigmochelys pardalis*, die ihnen in Ostafrika begegnet sein mochte. Und diese Tiere waren nicht nur größer als ihre Festlandsverwandten, sie fielen auch durch ihre große Zahl auf. Als 1691 französische Hugenotten auf der Insel Rodrigues einen eigenen Staat gründen wollten – er sollte »Eden« heißen –, konnte man noch Versammlungen von zwei- bis dreitausend Riesenschildkröten sehen und über hundert Schritte über ihre Rücken wandern[6] wie über eine Ebene aus lebenden Hügeln. Unmöglich, dass Seefahrer auf diesen Inseln gelandet und nicht von den kolossalen Tiergestalten tief beeindruckt gewesen wären. Sie hätten alle miteinander blind sein müssen. Unmöglich, dass nicht Geschichten von diesen Inseln und diesen Wesen erzählt worden wären, auf See und in den Tavernen von Sansibar bis Basra. Sie hätten alle miteinander stumm sein müssen.

Doch nicht nur Schildkröten, viel größer als die der Kontinente, sahen die Seefahrer auf den Inseln, sondern auch andere ungewöhnliche, abenteuerliche Lebewesen: nämlich Vögel, viele, viele Vögel. Eine wahre Vogelinsel muss beispielsweise Mauritius gewesen sein, und unter den Vögeln waren auch solche, die nicht fliegen konnten.[7] Kleine Vögel, die nicht fliegen können, Winzlinge im Vergleich zum afrikanischen oder dem heute ausgestorbenen asiatischen Strauß, Geflügel ohne Flügel. Beschrieben haben sie diese Tiere, natürlich, im Vergleich, und sie mögen für die Seeleute, in deren Taxonomie solche Wesen noch nicht vorkamen, am ehesten wie Rebhühner ausgesehen haben und am besten in Vergleich mit solchen beschrieben worden sein. Die Aldabra-Weißkehlralle *Dryolimnas cuvieri aldabranus* zum Beispiel. Ein kleiner, lebhafter, hübscher, neugieriger Vogel im braunen Federkleid. Er hüpft und springt, nimmt wohl auch mal mit den Stummelflügelchen etwas Schwung – doch fliegen kann er nicht.[8]

Und da sie aufpassten, zuschauten, beobachteten, wie man es eben als Seemann tut, wussten sie auch, dass die Aldabra-Ralle, die sie für eine Art Rebhuhn hielten, in Freundschaft mit der Aldabra-Riesenschildkröte lebt. Wo die Schildkröten ihre Ruheplätze haben und in der Mittagshitze im Schatten liegen, eine über und unter der anderen, nebeneinander, aufeinander, große und kleine, manchmal beim Schlammbad das Bild eines lebenden Archipels darstellend, da findet auch die Ralle einen kühlen Ruheplatz. Oft wandert der neugierige, freundliche Vogel über die Rücken der Riesenreptilien, hüpft und springt von Schildkröte zu Schildkröte, sucht auch Sämereien und andere leckere Häppchen im Dung, pickt Parasiten vom Rückenpanzer und von anderen unzugänglichen Stellen.[9] Die Schildkröten lassen sich's gern gefallen, ja, werden sie einer Ralle ansichtig, so richten sie sich weit auf, um der Ralle Zugang zu gewähren.[10] Ralle und Reptil sind, wo das Ökosystem Aldabras noch intakt ist, unzertrennlich.[11]

Diese Tierfreundschaft muss die Aufmerksamkeit beobachtender Menschen auf sich gezogen, sie zu Geschichten angeregt haben, wie sie ähnlich von der *liaison dangereuse* zwischen Krokodilen und einem kleinen Vogel erzählt wurden, von *Pluvianus aegypticus*, der dem Nilkrokodil *Crocodilus niloticus* Lästiges selbst aus dem Drachenrachen pickt[12], der es wagen kann, möglicherweise dem Leviathan selbst »zwischen die Zähne zu greifen«. Geschichten, wie sie ähnlich auch vom Kuhreiher und den Rindern erzählt wurden.

Denn selbst wenn sie sonst nicht viel auf den Inseln gefunden haben sollten, so haben sie doch eines von dort mitgebracht: Geschichten, die, gereift in langen Monaten auf See, an Land erzählt werden können, im Heimatdorf oder eben in den Hafentavernen von Sansibar bis Basra. Sie wussten, was jeder Seefahrer weiß und jeder Dichter, jeder Schatzsucher und jeder Forscher: dass Inseln etwas ganz Besonderes sind, denn auf Inseln wachsen Geschichten.[13]

Inselgeschichten

Etwas ganz Besonderes sind Inseln auch in unserer Zeit für die Forscher und Weltentdecker, vor allem für die Erforscher der lebenden Welt, die Biologen, oder jedenfalls für diejenigen unter ihnen, »die, ganz in der echten Entdeckertradition noch heute bis ans Ende der Welt gehen«.[14] Forscher wie Wallace und Darwin haben auf Inseln und von den Inselbewohnern gelernt, oder haben *angefangen* zu lernen, wo die vielen Arten auf der Welt herkommen, wie die Vielfalt entstanden sein könnte und wie sie sich weiterentwickeln mag.[15] Sie haben aufgepasst, zugeschaut, beobachtet, wie man es eben als Forscher, als Wanderer und Seefahrer tut. Sie haben aus dem Einzigartigen, aus dem für sie Ungewöhnlichen gelernt. Auf den Inseln suchten und fanden sie »Lernbilder«, Modelle, die helfen, das Entstehen und

Vergehen von Arten in Gedanken und Worte zu fassen. Sie haben große Mühen auf sich genommen, sind bis ans Ende der Welt gegangen, um sich und uns das Lernen über das Leben leichter zu machen.

Die Inseln, auf der die Tiere uns Grundlegendes aus Ökologie und Ökonomie vorführen, uns ein lebendes Bild makroökonomischer Vorgänge der Natur zeigen, könnten als Metapher, als Modell für alle Ökosysteme und letztlich für die ganze Erde betrachtet werden. In diesen in Ausdehnung und Artenzahl beschränkten, »vereinfachten« Inselökosystemen sind Effekte von Umweltveränderungen und Interaktionen von Arten oft leichter zu beobachten.

Wird Kroghs Prinzip auf ökologische Zusammenhänge angewendet, so sind Inseln diejenigen Orte, diejenigen »Organismen«, »lebenden Systeme« oder »Lebewesen«, anhand derer die Entwicklung von Lebensgemeinschaften am bequemsten untersucht werden kann.

Wenn nicht einzelne Lebensgeschichten und Lebensvorgänge als Beispiel, als *Exemplum – ex amplum*, also aus dem Weiten, aus dem Meer an Einzelfällen, herausgegriffen, aus dem Kontext isoliert wie eine Insel betrachtet werden kann, dann bleiben für uns große Zusammenhänge unter der Fülle von Details verborgen. Auf Inseln begegnet uns eine selektierte Sammlung von Lebensbildern, die einander in weniger Schichten überlagern als auf dem »reicheren« Festland. Evolutionsbiologische Vorgänge auf Inseln werden uns gewissermaßen überhöht und beschleunigt gezeigt. Die Bilder, die die Natur hier zeichnet, sind einfacher, haben weniger Hintergrundrauschen bei stärkerer Vergrößerung und höherer Auflösung, sie sind deutlicher durch eine Selektion der Bildpunkte und durch eine kleinere Auswahl der Linien, die in der Evolutionsgeschichte weitergeführt werden. Es ist ein kontrastreicheres, schärferes Bild, wenn auch kleiner und in weniger Farben. Es ist eher eine schematische Zeichnung als eine Photographie, eher eine Landkarte als ein Luftbild, eher das Schema eines öffentlichen Verkehrsnetzes als ein Stadtplan, eher ein Straßenatlas als ein Satellitenphoto, ein Cartoon in Tusche eher als ein naturalistisches Portrait in Öl, doch ein Cartoon, der die Dinge auf den Punkt bringt, wie die Malereien an Höhlenwänden, die mit wenigen Linien auskommen und damit klar und deutlich bleiben. Solange sie nicht übermalt werden.

Inseln vereinfachen das Lernen und das Leben, denn hier kann man nicht nur beobachten, wie Tiere die Evolution durchlaufen, sich anpassen und neue Eigenschaften gewinnen, sondern auch, wie sie alte, die nicht mehr gebraucht werden, verlieren. Wer braucht schon Augen oder Hautpigmente in der ewigen Finsternis einer Höhle? Höhlenfische sind typischerweise blind und pigmentlos. Wer braucht schon lange Beine und Hufe oder Klauen im Wasser? Robben, Seekühe und Wale haben sie seit Jahrmillionen abgelegt. Und auf Ozeaninseln – wer braucht sich dort schon vor Feinden zu fürchten, wer muss da Fliegen können? Die Insel schützt und macht das Leben einfacher.

Wie auf den Hebrideninseln, auf denen keiner seine Haustür abschließt – wozu auch der Aufwand auf einer Insel? Wie auf den Orkney- und Shetlandinseln, wo keiner seine Schafe einpfercht – wozu auch der Aufwand auf einer Insel? Wie die Städte des minoischen Kreta oder des alten Japan[16], wie Venedig oder die inmitten eines Sees angelegte Aztekenhauptstadt Tenochtitlán keine Stadtmauern hatten – wozu auch der Aufwand auf einer Insel? Oder wie Sparta, das keine Stadtmauern hatte[17] – wozu auch, wenn doch seine Krieger die Stadt verteidigten? Wie Jahrhunderte lang die meisten Seeleute nicht schwimmen konnten[18] – wozu auch der Aufwand, es zu lernen, wenn man einem guten Schiff, einer sicheren Arche und einem guten Steuermann vertrauen konnte? Wozu die Verschwendung von Energie für etwas, das nicht gebraucht wird? Das haben die Menschen von der Natur gelernt. Die Natur ist sparsam, um sich ihren Überfluss leisten zu können. Das zeigt sich besonders deutlich auf Inseln. Hier kann die Evolution, da sie aus dem reißenden Innovationsstrom, vom erbarmungslosen Konkurrenzdruck befreit ist, mit den wenigen auserwählten Insulanern auch neue Wege gehen, kann womöglich Einmaliges neu entwickeln, unkonventionelle Lösungen für bestimmte Probleme »probieren« oder sich ganz besondere Extravaganzen erlauben, zum Beispiel Vögel, die nicht fliegen.

Fliegen ist ein teurer Spaß, und die zum Flug erforderliche Muskelmasse muss nicht nur aufgebaut, sondern auch ernährt und unterhalten werden. Das verbraucht an sich schon Energie – laufende Kosten, die, wenn die Flügel nur selten oder nie benutzt werden müssen, zu hoch sind. Wie der Flug selbst benötigen die Flügel schon in Ruhe große Summen in der Währung der Natur, im chemischen Energieträger ATP. In den Muskelfasern der Flügel verbrennt ein Vermögen, das anderenfalls in die Aufzucht von Nachkommen investiert werden kann und somit dem Überleben des Erbguts des Vogels zugutekommt, ihm also einen Vorteil in der Selektion, im Schwimmen gegen den Strom, gegen den Zerfall der Ordnung der eigenen Erbinformation verschafft. Viele Vögel ozeanischer Inseln haben zurückgebildete Brustmuskeln, zum Beispiel die kleine braune Aldabra-Ralle und viele ihrer Verwandten auf den Inseln der sieben Meere.

Einige Vögel sind gerade im Begriff, ihre Flugfähigkeit zu verlieren, zeigen gewissermaßen den Moment, in dem das Rebhuhn des Märchens seine Schwungfedern abwirft, in Einzelaufnahmen. Die braune Einfarb-Stelzenralle *Mesitornis unicolor* und die Kurzfuß-Stelzenralle *Mesitornis variegata* im östlichen Madagaskar zum Beispiel haben ihrer Anatomie nach noch durchaus funktionsfähige Flügel, doch niemand hat sie jemals fliegen sehen.[19] Auch die Monias-Stelzenralle *Monias benschii* im Süden der Insel Madagaskar[20] soll noch nie im Flug beobachtet worden sein.[21] Vermutlich sind sie in ihrer Evolution auf dem besten Wege in die Flugunfähigkeit. Vielleicht könnten sie noch, so recht und schlecht, über eine Kurzstrecke fliegen, wenn es denn unbedingt sein müsste, doch das ist eigentlich selten der Fall auf einer Insel.

Plünderer

Eigentlich. Inseln erzählen uns schon lange nicht mehr nur Geschichten davon, wie Arten entstehen, wie sich das Leben in Formen und Farben entfalten kann, sondern auch und vor allem davon, wie Arten vergehen. Auch Aussterbevorgänge verlaufen auf Inseln schnell. Also ist auch das Bild, das die Zerstörung zeigt, für uns schärfer und besser zu erkennen. Erst wenn es zu spät ist, wird man schmerzhaft daran erinnert, dass eine Insel von allen Seiten angreifbar ist, dass Piraten, wenn sie ein Schiff entern, dessen Mannschaft, die doch meistens nicht schwimmen kann, ins Meer werfen und eine neue, eine andere Flagge hissen.

Denn irgendwie kommen irgendwann auf jede Insel einmal Piraten, und wie der Marder auf der Schildkröteninsel finden sie Lebewesen, die flugunfähig, fluchtunfähig, flügellos und schutzlos sind. »Inseln sind Fallen«[22], befand der Abenteurer Bruce Chatwin – doch das sind sie erst, wenn sie dazu gemacht werden. Wenn Piraten auf die Inseln kommen, fliegen ihnen die flugunfähigen Vögel wie gebratene

Tauben ins Maul. Das große Fressen beginnt, denn sie sind im Schlaraffenland. Und die Piraten sind überall die gleichen.

Die zur Fabel gewordene Erinnerung an das Schicksal eines flugunfähigen Inselvogels zeigt, dass die frühen Seefahrer des Orients einen ersten Begriff von Invasionsbiologie in Inselökosystemen hatten. Doch konnten sie, was die Naturgeschichte der Inseln der sieben Meere angeht, allenfalls eine Vorschau auf der Tragödie ersten Teil erahnen. Sie blieben Besucher auf Durchreise, haben die Schildkröteninseln des Indischen Ozeans nie besiedelt. Warum, weiß keiner mehr. Gab es auf den Inseln Dschins und Dämonen – was durchaus nützlich ist, wenn eine geschundene Mannschaft zu meutern und zu desertieren droht? Gab es hier einfach zu wenig, nichts, das für einen Handel in größerem Umfang interessant gewesen wäre? Keine Gewürze, keine Sklaven, kein Elfenbein, keine Drogen, keine Perlen, kein Rhinozeroshorn, kein duftendes Sandelholz und kein Gold, und vor allem niemanden, mit dem man hätte Handel treiben können? Die Schätze der Natur ließen sich hier nicht so leicht in Waren verwandeln.

Sofern nicht frühe Veränderungen durch die Spuren der späteren Geschichte bis zur Unkenntlichkeit überlagert wurden, hinterließen die sporadischen Landungen orientalischer Seeleute an den Inselküsten keine bleibenden Schäden an den Inselökosystemen. Es gibt keine archäologisch fassbaren Anzeichen, dass sie die Tierwelt wesentlich dezimiert, dass sie Vögel ausgerottet oder den Riesenschildkröten ein Haar gekrümmt hätten. Waren Reptilien möglicherweise auch in vorislamischer Zeit nicht »halal«, also unrein, nicht »koscher«? Gab es andere, heute lange vergessene, lebensrettende Gebote? So wie auf Madagaskar, wo die Strahlenschildkröte *Astrochelys radiata* mancherorts allein deshalb überlebte, weil sie »fady«[23] ist, »tabu« eben, ein Begriff, für den wir in den europäischen Sprachen gar keine Entsprechung haben und daher das polynesische Lehnwort verwenden. Die kleineren Inseln wurden für ihre Fauna erst dann zur Falle, als andere Menschen auf die Insel kamen, die, was die Natur anging, keine Tabus kannten, denen alles »halal« und nichts heilig war.

Schlimmeres als ein einzelner an den Strand geschwemmter Marder sollte die Schildkröteninsel treffen. Es trafen neue Schiffe ein, Schiffe aus Belém, La Rochelle oder Hoorn, diese übrigens oft aus dem Holz der Wälder rund ums grüne Tal gebaut. Es trafen neue Seefahrer ein, und sie brachten Hunger mit. In der Taxonomie der europäischen Matrosen gab es an Land nur zwei Arten von Tieren: solche, die essbar waren, und solche, die giftig waren. Das Resultat ihrer Begegnung mit diesen war letztlich immer dasselbe. Die essbaren wurden getötet. Die giftigen auch. Denn angstfrei und flügellos sind sie ja alle, die Inseltiere. Die Dodos konnte man einfach mit einem Handgriff fangen. Flugunfähige Vögel, die Rebhuhnern ähnlich sehen, lebten auf beinahe jeder der Inseln des westlichen Indischen Ozeans. Leguats Ralle von Rodrigues *Aphanapteryx leguati*, die rote Ralle von Mauritius *Aphanapterix bonasia* und die Ralle von Assomption *Dryolimnas cuvieri abotti* waren höchst neugierige Tiere. Die Farbe Rot schien irgendwie einen Kämpfergeist zu wecken: *Erythromachus* – »die gegen das Rot kämpft« oder *Miserythru* – »die das Rot hasst« waren alte Namen von *Aphanapteryx leguati*. Man musste also nur mit einem roten Lappen wedeln, und schon kamen sie herbeigelaufen[24] und liefen in ihr Unglück. Schlimmer noch: War ein Vogel verletzt, dann rief er, wie das Rebhuhn der Geschichte der 924. Nacht[25], um Hilfe. Vielleicht war es auch nur ein Schrei voll Unverständnis und Erstaunen. Denn woher hätte es überhaupt wissen sollen, was ein Notruf ist, wozu sollte es dergleichen überhaupt geben, auf einer Insel? Er bewirkte, dass alle Rallen in Hörweite voller Neugier angelaufen kamen, und immer mehr, und immer mehr, und dass immer mehr Schreie durch den Wald hallten und immer mehr – bis irgendwann Stille einkehrte.

Invasion

»Land of Aphanapteryx« nannte ein englischer Autor im 19. Jahrhundert die Insel Mauritius, aber da war die Ralle *Aphanapteryx bonasia* schon lange ausgestorben.[26] Es kamen noch mehr Seeleute, mehr und mehr und immer mehr. Und die Menschen kamen nicht alleine. Die Ersten, die sich niederließen – es sollen Piraten gewesen sein[27] – brachten Tiere mit. Sie brachten Ratten und Mäuse, die blinden Passagiere und Klabautermänner der Schiffe. Sie brachten Hunde, Katzen oder Frettchen, die zur Rattenjagd auf Schiffen Verwendung gefunden haben mochten[28] und die auf den Paradiesinseln desertierten, um diese zu verwüsten. Die Seeleute brachten auch Tiere, die von vorneherein auf den Inseln bleiben sollten: die Schweine, Ziegen und Kaninchen. Sie brachten im Wesentlichen zwei Sorten fremde Tiere: erstens solche, die die Inselfauna fraßen, und zweitens solche, die die Inselflora fraßen, und manche fraßen beides, fraßen überhaupt alles. Aus den Inseln der Schildkröten wurden Inseln der Menschen und ihrer biologischen Entourage, Inseln der Katzen, Ratten, Hunde, Schweine, Ziegen und Hunderter anderer Exoten. Es war ein Kapitel einer alten Geschichte, die bis heute weder zu Ende noch zu Ende erzählt ist. Sie brachten auch zweierlei Sorten fremder Pflanzen auf die Inseln: solche, die die natürliche Vegetation selbst verdrängen und ersetzen konnten, und solche, für deren Gedeihen die natürliche Vegetation zuerst entfernt werden musste, darunter das Zuckerrohr, Quelle der süßen Droge, Geldpflanze, der man, wie einem blutigen Feuerball, über Jahrhunderte Menschen opferte. Es kamen Siedler, um Dörfer zu bauen, es kamen Zuckerrohrpflanzer und Farmer. Sklavenhändler brachten auch fremde, entführte Menschen, für die das Inselparadies zur Hölle, zur Falle wurde, deren Leben für den Profit aus fremden Pflanzen geopfert wurde. Manchmal wurden auch ganze Inseln »getötet«. So wurde zum Guanoabbau und zur Anlage von Kokosplantagen die gesamte Vegetation der Seychelleninsel Assomption entfernt[29], der Insel gewissermaßen bei lebendigem Leibe ihr grünes Fell abgezogen, und alles, was darauf und darin lebte, vernichtet.

Die Tier- und Pflanzenwelt der Inseln des westlichen indischen Ozeans wurde grundlegend verändert und vieler charakteristischer Lebensformen beraubt. Das Maskarenen-Blässhuhn *Fulica newtoni* ist, obwohl es ganz miserabel geschmeckt haben soll, ausgerottet, aufgefressen – ebenso wie die Réunion-Ralle *Dryolimnas augusti*, das Réunion-Sumpfhuhn *Porphyrio coerulescens*, oder Leguats Ralle *Anapteryx leguati* von Rodrigues. Überhaupt sind alle flugunfähigen Vögel der Inseln des westlichen Indischen Ozeans ausgerottet, bis auf eine einzige Ausnahme, die Aldabra-Weißkehlralle. Als »der letzte flugunfähige Vogel des Indischen Ozeans« ist sie Ornithologen ein Begriff[30] und erregt sogar ein gewisses touristisches Interesse.[31] Sie hatte das Glück, dass ihre Insel abseits der Handelswege liegt und es hier für die Weltmärkte wenig zu holen gibt. Als »Inselchen von geringem Wert«[32] galt Aldabra im 19. Jahrhundert. Es hat dem Vogel das Leben gerettet.

Die Riesenschildkröten *Cylindraspis indica* von Réunion, *Cylindraspis peltastes* und *Cylindraspis vosmaeri* von Rodrigues sind ausgerottet. Als Darwin auf Mauritius Station machte, erwähnte er die Tiere, die ihn sicher an Galapagos erinnert hätten, mit keinem Wort. *Cylindraspis inepta* und *Cylindraspis triserrata* waren schon ausgerottet. Überhaupt sind alle Riesenschildkrötenarten der Inseln des Indischen Ozeans ausgerottet, mit einer einzigen Ausnahme, der Art *Aldabrachelys gigantea* von Aldabra. *Dipsochelys hololissa* von den Seychellen ist wahrscheinlich ausgestorben. Die Molekularbiologen, die das letzte Wort hierzu haben könnten, sind sich noch nicht ganz sicher.[33] Vielleicht gibt es irgendwo in menschlicher Obhut, auf der künstlichen, aber sicheren Insel eines Zoogeheges noch Überlebende. Der Ornithologe Carl Jones schrieb in einem Artikel: »In den Wäldern von Mauritius klingt immer noch die Gegenwart von Geistern nach – der Geister all der Tiere und der Pflanzen, die in den vierhundert Jahren, seit der Mensch die Inseln erstmalig besiedelte, ausgerottet worden sind … Heute sind die Wälder auf Mauritius beinahe still, und viele der großen Urwaldbäume sterben.«[34]

Doch die Schildkröteninseln des Indischen Ozeans sind nur ein Beispiel von vielen. Auf der Isla La Tortuga vor Venezuela, auf den Dry Tortugas vor Florida, der Île de la Tortue vor Haiti und auf der Galapagosinsel Tortuga und überhaupt auf allen Inseln, in allen sieben Meeren tauchten irgendwann Piraten am Strand auf. Auf der ganzen Welt starben in den letzten Jahrhunderten flugunfähige Vögel aus, beinahe alle davon auf Inseln, darunter viele Rallen, immer wieder Rallen, die flugunfähigen Vögel, die für den Laien wie ein Rebhuhn aussehen. Im Atlantik verschwanden das Tristan-Moorhuhn *Gallinula nesiotis* von Tristan da Cunha und die Rallen *Porzana astrictocarpus* und *Atlantisia podarcas* von St. Helena. Auch die Ascension-Insel-Ralle *Atlantisia elpenor* verschwand.[35] Aus dieser Familie überlebte allein *Atlantisia rogersi* von der Insel Inaccessible, da diese eben »unzugänglich« und daher verschont blieb.

Die Karibik verlor möglicherweise durch den Einfluss der ersten Siedler die Höhlenralle *Nesotrochis debooyi*[36], doch hielt es der Ornithologe Alexander Wetmore für möglich, dass sie noch bis in die jüngere Vergangenheit überlebt haben könnte, sodass doch einige erzählte Bilder dieses Tiers bis zu uns dringen konnten. Wenn ihre Federn im Morgentau nass und schwer geworden waren, soll sie ganz leicht mit der Hand zu fangen gewesen sein.[37] Der Name, mit dem man das Tier vermutlich zuletzt bezeichnete – Carrao –, ist heute auf eine andere Art, den Rallenkranich, übergegangen.

Im Pazifik verschwanden die Laysan-Ralle *Porzana palmeri*, die Hawaii-Ralle *Porzana sandwichensis*, die Wake-Insel-Ralle *Gallirallus wakensis*, die Iwo-Jima-Ralle *Poliolymus cinerus breviceps* und Kittlitz' Ralle *Porzana monasca* von Ponape. Die Ratten gaben ihnen den Rest. Auf Hawaii verschwanden, seit Menschen auftauchten, unter anderem sieben flugunfähige Rallenarten, mindestens zwei flugunfähige Ibisarten und mehrere flugunfähige Gänse. Die Tahiti-Rotschnabelralle *Gallirallus ecaudatus* und das Marquesas-Moorhuhn *Porphyrio paepae* verschwanden. Letzteres hielt möglicherweise noch bis ins letzte Jahrhundert durch. Vielleicht hat sich sein Bild auf einem der Gemälde Gauguins erhalten.[38] Auf Gauguins Werk »Magier mit dem roten Mantel« erscheint, klein, in einer Ecke und kaum zu erkennen, ein blau-grüner rallenartiger Vogel, ganz so, als hätte er sich ins Bild hineingeschlichen, um sein Portrait an die Nachwelt weiterzureichen. Das Gemälde scheint sogar den Moment des Untergangs der Art festzuhalten, wird der geheimnisvolle Vogel doch von einem Hund angefallen und vermutlich getötet. Niemand wird das Tier je wieder nach dem Leben malen.

Vor die Hunde gingen auch das weiße Moorhuhn *Porphyrio albus* von der Lord-Howe-Insel, und die MacQuarie-Insel-Ralle *Gallirallus phillipenis macquarensis* verschwand. Auf den Chathaminseln verschwanden Dieffenbachs Ralle *Gallirallus dieffenbachia* und die Chatham-Ralle *Gallirallus modestus*. Jeder Versuch, Junge aufzuziehen, war auf diesen Inseln für die Katz'. Auf den Inseln Neuseelands wurden seit Ankunft der Maori sämtliche flugunfähigen Vögel ausgerottet, mit Ausnahme der nachtaktiven Kiwis und der Südinseltakahē *Porphyrio hochstetteri*, eines Vogels, der so selten ist, dass er schon einmal als ausgestorben galt.[39] Der schwarze Emu *Dromaius ater* von der Kinginsel, der kleine Känguruinsel-Emu *Dromaius baudinianus* und *Dromaius novaehollandiae diemenensis*, der Tasmanien-Emu, sind ausgestorben. Auch sie waren ganz leicht zu fangen. So wie dies die Rallen von Rodrigues und Mauritius taten, so wie dies, zu ihrem Verhängnis[40], auch die überlebenden Festland-Emus tun[41], kamen sie, wenn man mit einem roten Lappen wedelte, angerannt – und liefen geradewegs in den Tod.

Flugunfähig, fluchtunfähig

Nun waren es nach Eroberung der Inselparadiese nicht nur die flugunfähigen Vögel, die der feindlichen Übernahme zum Opfer fielen. Wer nicht fliegen kann, ist chancenlos; doch auch diejenigen Inselarten, die noch über Flügel verfügen, sind keineswegs immun. Der Anjouan-Sperber *Accipiter francesii pusillus* von der Komoreninsel Anjouan konnte fliegen – und ist doch ausgestorben. Die Rodrigues-Fruchttaube *Alectroenas rodericana*, der Rodrigues-Sittich *Psittacula exsul*, die Mauritius-Ente *Anas theodori*, die Mauritius-Fruchttaube *Alectroenas nitidissima*[42] mit ihrem Trikolorengefieder, der Mauritius-Grausittich *Psittacula bensoni*, die Mauritius-Gans *Alopochen mauritianus* und die Réunion-Gans *Alopochen kervazoi* konnten fliegen – und dennoch sind sie ausgestorben. Der Réunion-Weber *Foudia delloni* konnte zwar fliegen, doch ist von ihm nichts übrig geblieben, nicht einmal ein einziges Museumsexemplar. Statt des einzigartigen Inselendemiten lebt auf Réunion nun sein Verwandter, der Madagaskar-Weber *Foudia madagascariensis*, den es übrigens inzwischen auch auf den meisten anderen Inseln des westlichen Indischen Ozeans und auch auf St. Helena gibt. Und auch der Aldabra-Buschsänger *Nesillas aldabrana*, Bewohner eines Habitats, das nur zehn Hektar umfasste[43], konnte fliegen – und trotzdem ist er ausgestorben. Auf beinahe allen Inseln in allen sieben Meeren könnte man Beispiele von Vögeln finden, die zwar durchaus über Flügel verfügten, durchaus in der Lage gewesen wären zu fliegen – und doch der Ausrottung nicht entfliehen konnten. Sie konnten fliegen, aber nicht fliehen.

Die Lord-Howe-Insel im Südpazifik, einige Hundert Kilometer vor der Küste von Neusüdwales, ist eine Insel mit zwei Bergen und Heimat zahlreicher Inselendemiten – und ein Lehrbeispiel für die Ausrottung von Inselarten.[44] Infolge der Besiedelung der Insel verschwanden noch vor Beginn des 20. Jahrhunderts unter anderem die vermutlich flugunfähige Lord-Howe-Sumpfhenne *Porphyrio albus* ebenso wie die flugfähige Godmans Weißwangentaube *Columba vitiensis godmanae*, der Lord-Howe-Insel-Laufsittich *Cyanoramphus novaezelandiae subflavescens* – ein grüner Papagei mit roter Federkrone –, der Tasman-Tölpel *Sula tasmani*, die Lord-Howe-Bubuk-Eule *Ninox novaeseelandiae albaria* und auch ein Säugetier, die Lord-Howe-Fledermaus *Nyctophilus howensis*. Doch das war erst der Anfang. 1918 havarierte ein Frachter vor der Insel. Ratten verließen das sinkende Schiff, begaben sich schleunigst an Land und fielen über die Inselfauna her. Die Lord-Howe-Inseldrossel *Turdus poliocephalus vinitinctus*, der Lord-Howe-Brillenvogel *Zosterops strenuus* und der Lord-Howe-Star *Alponis fusca hulliana* – der »Cudgimaruk«, der Lord-Howe-Fächerschwanz *Rhipidura fuliginosa cervina* und die Lord-Howe-Gerygone *Gerygone insularis* verschwanden, auch wenn sie fliegen konnten im Magen der auf der Erde lebenden und auf der *ganzen* Erde lebenden Nagetiere.[45]

Die Chathaminseln sind ein kleiner Archipel östlich von Neuseeland und Schauplatz einer ähnlichen Tragödie der Auslöschung von Arten. Diese Inseln waren schon lange vor Ankunft der Europäer vom heute ausgerotteten polynesischen Stamm der Moriori besiedelt. Unter ihrer Herrschaft verschwanden ein Schwan und ein Gänsesäger, eine Unterart der neuseeländischen Grünohrente, ein Blässhuhn *Fulica chathamensis*, ein Riese, der die doppelte Größe unserer Blässhühner erreichte, und ein Hakensturmtaucher, eine Unterart des Paradieskasarka, eines brandgansähnlichen Vogels, ein endemischer Kākā-Papagei und die Forbes-Riesenschnepfe, ein großer Rabe ebenso wie die große, graue, flugunfähige Chatham-Ente *Pachyanas chathamica* – sie wird für niemanden mehr den Schlüssel zu irgendeiner Frage aus der Tiefe heraufholen. Doch das war erst der Anfang. Welcher europäische Frachter die Ratten auf die Inseln und die Inselendemiten ins Elend brachte, ist unbekannt. Ausgestorben ist zum Beispiel der Chatham-Glockenvogel *Anthornis melanocephala*. Zwerge und Giganten waren gleichermaßen betroffen. Hawkins Chatham-Riesenralle *Diaphorapteryx hawkinsi*[46] ebenso wie die bescheidene Chatham-Ralle *Gallirallus modestus* oder der Chatham-Grassänger *Megalurus rufescens*. 1868 entdeckte der neuseeländische Naturforscher Charles Traill auf Mangare Island das erste Individuum des Chatham-Grassängers und erschlug es mit einem Stein. 1895 wurde das letzte Exemplar für eine Museumskollektion von Lord Rothschild geschossen. Er überlebte seine Entdeckung genauso lange, genauso kurz wie Stellers Seekuh.

Es ist, als wäre ihnen ihre Insel, die für sie geschaffen war, wo sie eine sichere Heimat haben und in Frieden lebten sollten, unter den Füßen, unter den Flügeln weggezogen worden, sodass sie, wie ein

Landvogel, der auf die hohe See abgetrieben wurde, irgendwann untergingen oder wie die Spatzen Chinas, die, als »Mao Tse-tung ganz einfach nebenbei/das unverzüglich zu erfolgende/Ableben alle Spatzen anordnete«[47], mit solch ungeheurem Lärm so lange am Landen gehindert wurden, bis sie tot vom Himmel fielen.[48]

Inselfrieden

Ausschlaggebend für den Verlauf dieser Katastrophen war, dass Arten sich auf sicheren Inseln nicht nur physisch, sondern auch ethologisch weiterentwickeln, und Dinge, die nicht mehr gebraucht werden, abgelegt werden. Man kann eben nur wenige Dinge auf einsame Inseln mitnehmen. Wozu hätten sie schützende Angewohnheiten, Verhaltensmuster »mitnehmen«, wie hätten sie sie in Abwesenheit von Menschen und Ratten und Katzen neu entwickeln sollen?

Woher hätte der Elefantenfußstrauß – an sich wohl durchaus wehrhaft, wie im Bild des Vogels Rokh durchscheint – denn den Menschen kennen und als Räuber seiner Gelege und Feind seiner truthahngroßen Küken erkennen sollen, wenn er allenfalls auf die Auseinandersetzung mit einer Riesenfossa gefasst war? Woher hätte bei Inselpapageien und flugunfähigen Rallen die »Erinnerung« denn stammen sollen, das »Wissen« um die Notwendigkeit, Nester fern von Zähnen und Klauen der Katzen, außer Rattenreichweite zu bauen, sich denn entwickeln sollen, auf der seit Anbeginn rattenfreien, katzenfreien Insel? Und Eier und Küken können nun mal nicht fliegen. Solche angeborenen Verhaltensmuster oder Bewegungsabläufe eines Vogels, etwa während des Bades, beim Bau eines Nestes oder auf der Flucht, begriff der Berliner Biologe Richard Semon[49] als Bestandteil eines Erbgedächtnisses, das er mit dem Name der Muse der Erinnerung als »Mneme« bezeichnete. Mit diesem Wort lässt sich die Analogie zu den in der DNS verschlüsselten Informationen zum Körperbau der Tiere begreifen: Wie einerseits »Gene« verloren gingen, die für die Ausbildung von Flügeln oder Rückenpanzern erforderlich waren, ging andererseits auf den Inseln etwas verloren, das vielleicht nicht physisch greifbar, nicht als DNS-Sequenz zu beschreiben ist, das weitergegeben wird, wenn es denn gebraucht wird, oder ansonsten verloren geht.

Was hätten die Vögel denn anfangen sollen mit jenem Teil der Mneme, der sie zur Flucht befähigt hätte, hier auf einer Insel? Die

Natur ist sparsam, doch in die Zukunft schauen kann sie nicht. Erst wenn wieder die Notwendigkeit besteht, wenn wieder ein evolutionärer Druck entsteht, dann wird das als überflüssig Abgelegte wieder langsam aufgebaut und den Jungen an der Wiege gesungen. Besonders deutlich wird solch ein Wandel der Mneme im Verhalten der Inseltiere gegenüber uns selbst. Überall da, wo der Mensch, wo andere Raubtiere für die längste Zeit der Evolution von der Insel fernblieben, fehlt den Inseltieren die auf dem Festland überlebenswichtige Scheu. Auf jeder Flucht geht viel verloren, und sei es nur Energie. Wozu also brauchte man auf einer Insel Fluchtreaktionen, Verhaltensweisen, die einen im Schreck auffahren und vor einem Nichts flüchten lassen, wo man doch eigentlich vor nichts flüchten muss? »Unnötige Flucht erfordert einen unnötigen Energieaufwand.«[50] Auch Angst ist durch den damit verbundenen Stress energetisch »teuer« und verursacht, wenn unnötig, Energieverschwendung, in der Natur wie im Wirtschaftsleben des Menschen. Unnötige Angst führt zu unnötigen Ausgaben, zu unnötigem Sichverausgaben. So wird auf sicheren Inseln gegen die Wirksamkeit von »Angstgenen« selektiert, und so waren Inseltiere, wenn nicht flugunfähig, so doch häufig fluchtunfähig, an ihr Inselleben angepasst und gebunden, gefesselt an ihr friedliches Inselparadies. *Naïveté* nennt die ökologische Literatur die scheinbare »Zahmheit« von Inseltieren, deren Fluchtdistanz auf null geschrumpft ist. Als naiv und arglos wurden auch viele der eingeborenen, der »nativen« Menschenvölker von Eindringlingen und Eroberern bezeichnet. Wer auf der Insel einheimisch und sicher, wer »nativ« ist, kann es sich leisten, »naiv« zu sein. Wozu auch Stress, wozu auch Angst, wozu ein Fluchtverhalten auf der grünen Insel der Schildkröten. Hier herrscht doch Inselfrieden, Urfrieden. Es ist doch alles sicher, »alles im grünen Bereich«, im grünen Reich, im grünen Inselparadies der friedlichen Tiere ... Solange niemand ins Paradies eindringt, solange es niemand für sich erobert. Solange es keine Piraten an die Küste der Insel verschlägt.

Seit Menschen auf die Inseln kamen, wird die Entwicklung in eine andere Richtung getrieben. Die Tiere »lernen« Angst, werden scheu wie überall sonst auch. Schon Darwin beobachtete, wie die Scheu der Vögel von Galapagos, verglichen mit früheren Berichten, zugenommen hatte.[51] Auf eine Art »gewinnen« nun die Inseltiere so etwas wie ein neues Mnem, oder vielleicht wurde ein zuvor nur unterschwellig vorhandenes – im Jargon der Molekularbiologen »nicht exprimiertes«, nicht zum Ausdruck gebrachtes Mnem aktiviert, eines, dessen Fehlen oder Inaktivität ja dazu beitrug, die Population auf der Insel zu etwas Besonderem zu machen. Vielleicht gewinnen die Inselarten nun ein weiteres Spektrum an Verhaltensweisen, solcher eben, die es überall sonst auch gibt. Sie lernen etwas Neues, aber eben nichts Besonderes. Die Angst wird eingeschleppt wie eine Seuche. Das Bild der friedlichen, furchtlosen Inseltiere verschwindet.

Die Tafel wurde ausgewischt, der Bleistift vom Papier radiert und etwas Neues, anderes gezeichnet, etwas, das auf nahezu allen Inseln nahezu dasselbe ist.

Alles ist Insel oder der Weltarchipel

Inseltiere bewohnen nicht nur Inseln. Inselcharakter – die Eigenschaften eines sicheren, abgegrenzten Lebensraumes – haben nicht nur Festlandsplitter, die vom Wasser umschlossen sind – und welches Festland ist das nicht? –, sondern auch das genaue Gegenteil, vom Land umgebene Gewässer – und welches Gewässer ist das nicht? Inselcharakter haben auch hoch in die Luft aufragende Gebirgsgipfel, Landsplitter im Luftmeer, und auch ihr Gegenteil: Lufttropfen im Fels, Hohlräume, Gasblasen tief unter dem Berg. Überall wo Bäume stehen – ob als »Überhälter« über dem Kronendach oder Einzelbäume im Grasmeer –, gibt es Inseln: als Wipfel hoch in der Luft oder als Luftkammern und Höhlungen tief im Stamm.

Inseln sind Knotenpunkte von Stoff-, Energie- und Informationsströmen, die so gefiltert sind, dass eine einmalige Faktorenkombination über Zeiträume, die zur Entwicklung mindestens einer einmaligen, endemischen Art ausreichen, stabil ist. Diese Definition steht in keinem Lehrbuch und in keiner wissenschaftlichen Publikation. Ich habe sie soeben erfunden, um in Worte fassen zu können, wie eigentlich überall Inseln liegen und Inseltiere leben. Gerade kleinere Lebewesen bewohnen oft »Inseln«, die mit dem Auge des Menschen kaum als solche zu erkennen sind, die überhaupt nur anhand ihrer typischen Inseltiere sichtbar werden. Winzig klein können Inseln sein und hochfragil. Da wir selbst als Lebewesen ja ein Knotenpunkt von Energie, Stoffen und Informationen sind, haben wir oft eine Insel kaum betreten und haben sie auch schon zertreten. Oft nur berührt, schon ist es zerstört – so wie der riesige Fisch Dandan der arabischen Märchen, der stirbt, sobald er mit dem Menschen in Berührung kommt oder auch nur seine Stimme hört.[52]

Oft ist ein Lebewesen selbst eine Insel, auf der ein anderes Geschöpf sein Ökosystem findet, und manchmal gibt es lebende Inseln auf lebenden Inseln, die, wie eine Schildkröte auf der anderen, aufeinanderstehen.

Manche Lebewesen brauchen mehrere Inseln, oder vielmehr: Ihre Insel besteht aus mehreren Teilen, so wie eine Brücke mehrere Pfeiler braucht, oder wie manche lebenswichtige Eiweiße im Lebewesen aus mehreren Einheiten zusammengesetzt sind. Wie ein Rebhuhn oder Rallenvogel, der von Schildkröte zu Schildkröte, von Rücken zu Rücken, vor und zurück springt, wie ein Zugvogel, der auf dem Weg über den Ozean von Insel zu Insel zieht, manchmal dabei auch auf Treibholz oder auf dem Rücken schwimmender Meeresschildkröten ruht.[53] Es gibt lebende Inseln zu Wasser, zu Lande und in der Luft. So sind auch Festländer im ökologischen Sinn dichte Ansammlungen von Inseln, große und kleine. Nebeneinander, aufeinander, untereinander, nacheinander – nicht so »ordentlich«, wie man es sich für ein Modell wünscht, und meistens noch weniger überschaubar als auf den ozeanischen Inseln, auf denen Wallace oder Darwin beobachteten und lernten.

Oft wird so eine Insel ganz erheblich verkleinert, wenn nur ein winziger, aber wesentlicher Bestandteil weggerissen wird, wie ein Eiweiß durch eine einzige Punktmutation seiner Funktionalität beraubt werden kann, wie eine menschliche Inselgemeinschaft untergeht, wenn der einzige Hafen oder die einzige Quelle zerstört wird, wie ein Dorf an Leben verliert, wenn die einzige Kneipe schließt, oder ein Schiff sinkt, wenn nur ein einziges, winziges Loch in den Rumpf geschlagen wird und die treibenden Wrackteile nur die ganz kleinen und leichten Passagiere über Wasser halten können.

Australien war einmal eine Rieseninsel für Beutellöwe, Beuteltiger und Bunyip, für Diprodon und den Dromornis-Riesenvogel, für den Riesenwaran Megalania und die Meiolania-Riesenschildkröten – bis plötzlich Menschen, mit Feuer und Speer in der Hand, den Dingo an der Seite, auf der Insel auftauchten. Südamerika war eine Rieseninsel, eine Insel der Riesen für Macrauchenia, Mapinguari und – wer weiß das schon so genau? – für das Mylodon, bis plötzlich, Feuerbrand und Speer in der Hand, den Hund an der Seite, der Mensch auftauchte – woraufhin ein großes Stück der Insel untertauchte.

Und die Kontinente der Alten Welt, die wir als »Wiege der Menschheit« betrachten, wo wir am längsten gelebt haben? Auch diese Landmassen waren einmal Inseln – für *alle* ihre Bewohner und für die frühen Menschen –, bis ein anderes Wesen auf die Insel kam. Kein Wesen von Fleisch und Blut, und keins, das von Fleisch und Blut lebte, sondern eins, das im Kopf der frühen Menschenwesen heranwuchs. Das Wesen ist schwer zu greifen, es ist nicht zellulär. Es ist – die Kultur der Nutzung von Feuer und Waffen, von Pfeil und Bogen. Langsam genug hat es sich ausgebreitet, dass sich die »Großen«, die Behemots dieser Landmassen, jedes wie eine lebende Insel im Grasmeer, auf »neue Inseln« zurückziehen, das Fliehen und das Kämpfen lernen konnten. Nicht alle schafften den Schritt in die neue Zeit und auf die neuen Inseln: Die Riesenkuhantilope Megalotragus, das Riesenwarzenschwein Metridiochoerus oder das Riesenzebra *Equus capensis* verschwanden, auch wenn sie in Afrika eine gemeinsame Koevolution mit dem Menschen durchlebt hatten. Mit diesem Wesen konnten sie doch nicht Schritt halten. Für die großen Fußgängervögel und einige der großen Pflanzenfresser der Kontinente blieben diese durch die rechtzeitige Entwicklung der eigenen Mneme, die die Flucht ermöglichen, und durch die Gene, die ihnen schnellen Lauf sowie die Kraft ihrer Beine und Schnäbel zur Verteidigung verleihen, Inseln. Die Fluchtdistanz wurde zum neuen Ozean zwischen Mensch und Inseltier.

Doch auch dieser ist im letzten halben Jahrtausend zu klein geworden, da besonders aggressive Eindringlinge auf die Inseln kommen, vor denen man nicht weglaufen, nicht wegfliegen kann, da sie ja überall sind und nun auch über den Ozean der Fluchtdistanz hinwegschießen können. Der Kaplöwe *Panthera leo melanochaita*[54] und der Blaubock *Hippotragus leucophaeus*[55] – ausgestopft zu sehen im Naturkundemuseum in Wien –, das Quagga *Equus quagga quagga* und Burchells Zebra *Equus burchelli burchelli*[56] waren kontinentale »Inseltiere«, die hier und so auf der ganzen Welt bis zum Aussterben gejagt wurden.

Monotonie in der Südsee

Liefen die frühen Seefahrer aus dem Morgenland heute die Seychellen oder die Maskarenen an, dann fänden sie keine Geschichten von Schildkröten und ungeflügeltem Geflügel mehr. Die Tiere, die Abenteuer haben die Bühne verlassen, nein, sie wurden heruntergejagt, bevor sie überhaupt ihre Rolle für uns spielen konnten, bevor ihr Bild überhaupt für uns eine Bedeutung annehmen konnte, sie wurden totgeschlagen, bevor sie ihre Geschichte erzählen konnten. Das Aussterben der Arten macht uns so ärmer an erlebbaren, empfundenen, erzählbaren Abenteuern, und beraubt uns damit der Möglichkeiten, Gefühltes, Gerochenes, Gesehenes, Erlebtes und Ersehntes in Worte oder Bilder zu fassen. Wir werden nicht nur immer ärmer an Metaphern und Bildern, wir verarmen als fühlende, denkende, phantasievolle Wesen. Wir verlieren aber auch wesentliche Teile jener Möglichkeiten, die in den Stoff-, Energie- und Informationsströmen der Inseln als Versprechen für unsere Zukunft geborgen sind. Denn die Verbindungen zu den einstigen Schatzkammern der Natur, den Inseln der evolutionären Phantasie, werden immer dünner.

Kämen die frühen Seefahrer aus dem Morgenland heute zurück auf die Seychellen, dann würden sie keine Geschichten von Schildkröten und ungeflügeltem Geflügel mehr erleben, könnten keine Märchen mehr davon erzählen. Vielleicht könnten sie, in etwa so wie der Amerikaner J. Patrick Lewis, der in Swan Song – *Poems of extinction*[57] einen Nachruf für ausgestorbene Arten aus der ganzen Welt dichtete, vielleicht noch in der Zerstörung der Inseln, in der überwältigenden Zahl der verlorenen Tiere, eine Geschichte finden. Es wäre allerdings keine Geschichte, die für diese Inseln »autochthon« wäre, die wirklich hier allein gewachsen wäre, denn sie könnte von beinahe jeder Insel stammen. Sie wäre erschütternd und quälend durch die grausame Monotonie der Wiederholung und der Aufzählung.

Sie würde geprägt durch die Erzählung der traurigen Ghazal, die von all den Inseltieren berichtet, die mittlerweile ausgerottet sind und von der immer gleichen Antwort des Radif: »und ist ausgerottet«.

Zu leicht zu locken war die silbergraue Ralle von Rodrigues,
Aphanapteryx leguati ist heute ausgerottet.
Pezophapus solitarius steht als Skelett in Cambridge hinter Glas.

Der blonde Solitär von Rodrigues ist ausgerottet.
Die Insel Assomption war Heimat einer braun-bunten Ralle, die nicht fliegen konnte. *Canirallus cuvieri abbotti* ist ausgerottet.
Der Ibis von der Insel Reunion, *Threskiornis solitarius*,
Cousin des Vogelgotts Ägyptens, ist heute ausgerottet.
Den weißen Dodo kennen wir allein aus einem Bild, *Victoriornis imperialis*, das ratselhafte Tier Réunions – ist ausgerottet.
Der braune Riesentaubenvogel *Raphus cucullatus*.
Der Dodo von Mauritius ist heute ausgerottet.
Die rote Ralle *Aphanapterix bonasia*, die auf Mauritius
mit Schildkröten in Freundschaft lebte, – ist heute ausgerottet.
Das blaue Papageienwunder *Lophopsittacus mauritianus*,
der größte aller Papageien – ist heute ausgerottet.
Der braune Maskarenenpapagei, lebte zuletzt allein in München.
Mascarinus mascarinus ist ausgerottet.
Der grüne Papagei, der bunt und laut …

Genug! Der Sultan gähnt. Die Wasserpfeife ist längst ausgebrannt, und Scheherazade ist müde. Die Therapie des Sultans, des mordenden Gewaltherrschers, sollte noch viele Märchen erfordern, auch solche, die eigentlich gar keine sind. Scheherazade hatte Hoffnung in diesem schwierigen Fall, denn immerhin hörte er zu, hatte entschieden, sie nicht totzuschlagen, damit sie ihre Geschichten erzählen konnte. Vielleicht war ja die Lehre, die Scheherazade dem mordenden Diktator nahebringen wollte, dass wir alle auf einer Insel leben, dass wir *alle* einzigartig, dass *jedes* Leben einzigartig ist. Denn die ganze Welt ist eine Insel. Doch liegt auf dieser Insel, wenn sie denn irgendwann keine Schildkröteninsel mehr ist, immer noch das Lächeln Allahs?

»Unzählige Geschöpfe reiten, wie in die Mähne eines großen Tieres gekrallt, auf ihren Grasinseln durch die Zeit.«

KAPITEL 5

Auf grünen Straßen

Mein Haus im Goldland war aus rotem Mammutbaumholz gezimmert. Seit Roosevelts Zeiten hatte man jedoch die Wände, Schicht auf Schicht, wieder und wieder weiß und gelb überstrichen, manchmal deckend, manchmal so unregelmäßig, dass die tieferen Lagen durchschimmerten, und manchmal, wo der Anstrich abblätterte, war auf winzigen Flecken auch noch das Holz in seiner echten, eigenen Farbe zu erahnen.

Für eine Handvoll Dollar vermietete mir ein misstrauischer Einsiedler hier eine Kammer. Es war ein Raum, in dem sich die Balken gegen die seit einem knappen Jahrhundert aufgezwungenen rechten Winkel sträubten, der über den unerhörten Luxus einer eigenen Eingangstür, zum Garten hin, verfügte und an dessen spinnwebgarniertes Fenster die Mandelzweige klopften. Die Badewanne stand auf Löwenfüßen. Die Wasserleitungen pfiffen, fauchten und jaulten. Aus den Wänden drangen in der Hitze der Trockenzeit Moderdüfte. In einer Ecke wohnte eine Schwarze Witwe, ein prächtiges lackschwarzes Tierchen, das das Kenn- und Warnzeichen des roten Stundenglases trug und einen wundervollen Kugelkokon aus Silberseide zu weben verstand.

Morgens weckte mich ein blauer Vogel am Fenster. Sein Weckruf war eine einzige lange Silbe, mit fragender Hebung, beinahe wie ein Vorwurf, etwas Dringendes schien er sagen zu wollen, als wollte er rufen, dass doch endlich einer zuhören sollte. *Jetzt!* schien er mir zu schreien. *Jetzt!* Etwas heiser schon, mit leicht angegriffener, aber immer noch heller, klarer Stimme. *Jetzt!*

Durch die Schattenräume schlich in aller Würde eines biblischen Alters Katzenseniorin Mary, während der graue Katerjüngling Oscar durch den Garten strolchte. Er trug an seinen Ohren die Spuren heftiger Katerkämpfe und brachte grausige Geschenke, kleine Leichen, Fell und Federn, rot von Blut. Einmal war es ein Goldspecht, der wunderschöne Vogel mit dem getupft-scheckigen Bauchgefieder und mit ein paar kleinen roten Federn am Kopf. Ein anderes Mal ein blauer Buschhäher, der blaue Vogel, der mich jeden Morgen geweckt hatte. Jetzt kam ich zu spät.

Irgendwo im Dachgebälk lebte ein Bienenvolk, und ich bildete mir ein, die feinen Schwingungen und Vibrationen durch die Holzwände zu spüren. Alleine in der Innenstadt gab es ein rundes Dutzend Bienennester. Eines davon, in einem Walnussbaum, besuchte ich fast jeden Morgen. Es lag ganz in der Nähe meines Frühstücks- und Schreibcafés. Ein anderes hatte sich im Dach unseres Labors angesiedelt. In den Gärten flatterten Kohlweißlinge – und manchmal auch ein Aristolochienfalter, ein schwarzer Riese, dessen Raupen an der nur hier einheimischen *Aristolochia californica* fraßen.

Ort der vielen Binsen hieß die Gegend einmal in der ausgestorbenen Sprache, die einst hier zu Hause gewesen war.[1] In den Gärten wuchsen Palmen aus aller Welt – Honigpalmen aus Chile, Dattelpalmen vom Mittelmeer und die Hanfpalme Chinas, asiatische Papiermaulbeerbäume mit ihren flaumbehaarten Blättern und orangenen Kugelblütchen und der einheimische, prächtig blau blühende Ceoanothus.

Neben dem Haus stand ein großer Feigenkaktus mit dicken blauen Stachelblättern, ein Riese, der beinahe ein Jahrhundert durchlebt hatte und immer noch alljährlich Frucht trug. Seite an Seite mit den grünen Bajonettspitzen der Yuccapalmen säumten gewaltige Agaven als eine Mauer blauer Samurai-Schwerter den Garten. Die mexikanische Pflanze hatte für mich zuvor Mittelmeerisches bedeutet, war für mich Teil der klassischen Landschaften gewesen, vielleicht weil sie auf dem ersten Bild der Akropolis, das ich je wissentlich sah, den Vordergrund bestimmten, vielleicht weil sie auf den Bildern antiker Bauten in meinem Griechischbuch immer wieder mitabgebildet waren und weil ich so schließlich den Mittelmeerraum selbst erlebt hatte, denn die »Agaven haben hier seit wenigen Jahrhunderten nicht nur eine neue Heimat gefunden, sondern sich geradezu zu den Charakterpflanzen dieser Gegenden entwickelt. Eine Florenfälschung größten Stils! Und würde ein Perikles, ein Plinius heute noch einmal unter den Lebenden erscheinen, sie würden ein ihnen völlig fremdes Bild ihrer Heimat vorfinden, so verändert haben die imposanten Gewächse die klassischen Landschaften.«[2] So wirkten die Pflanzen hier beinahe überraschend, wo sie doch auf ihrem eigentlichen Kontinent wuchsen.

Der Stamm einer Agavenblüte, Höhepunkt und Erfüllung eines Agavenlebens, lag nur einen Katersprung hinter der Stachelblätterbarriere, umgestürzt wie ein gekappter Mast am Bahndamm der Union

Pacific Line. Nur einen Katersprung hinter dem Agavenwall fuhren, seit 1869 die Bahnlinie von Küste zu Küste hier in der Nachbarschaft geschlossen wurde, seit dem großen Kurzschluss in den Warenströmen, die Züge zwischen den Ozeanen hier vorbei. Nach rechts zeigten die Schienen zu den Küstenhügeln und bis zur Bucht von San Francisco, nach links führten sie zu den Bergen jenseits des Tals in die Sierra. Alle halbe Stunde erschütterte ein Erdbeben das Haus, den Garten, den ganzen Talboden, wie es schien. Wie der Bilderablauf in einer optischen Schlitztrommel erschienen zwischen den Agavenblättern die Aufschrift der Container: China shipping – China shipping – *China shipping* – China shipping – *China shipping* – *China*-Shipping – China-*shipping* – Chinashipping, nur dann und wann, wie ein weißer Elefant, ein anderer Schriftzug zwischen China shipping – China shipping: Hamburg Süd. *China shipping* – Chinashipping – China shipping ... und eine durchsichtige, fast unsichtbare Wolke aus Staub, ein Grauschleier wie eine fliegende Schleppe folgte.

Manchmal war nachts ein anderes Rütteln und Donnern zu hören, näher, leiser und nicht weniger durchdringend, ein Rumpeln und Kratzen. Als ich aus der Tür spähte – was für ein Abenteuer mochte da kommen? –, schaute mich mit geballter Impertinenz ein feister Waschbär an, der gerade über die Blechtonnen mit den Katzenfutterreserven, die mein Vermieter hier aufgetürmt hatte, herfiel. Ich hätte schwören können, dass er mir mit seiner Mittelkralle eine üble Geste zeigte – bevor er mit Behendigkeit den Sack Katzenfraß die Treppe herunterzerrte. Ich ließ ihn gewähren.

Drei höfliche Hühner, die jeden Morgen über die Straße flanierten, sammelten tags darauf die verstreuten Reste auf.

Nur wenige Schritte entfernt lag der mexikanisch aussehende Bahnhof – Ausgangspunkt für Exkursionen und Abenteuer, für Eisenbahnreisen in die Sierra, in die Bergwälder aus Sierratanne und Goldkiefer, Jeffreys Kiefer oder Flusszeder, Bäume, die ich bald am Duft zu unterscheiden lernte – oder zur Küste, vorbei an Feldern und Wiesen: Gras, Gras und grasenden Rindern, über den von Feldern bedeckten Talgrund, wo es am Rande noch ein paar der einheimischen Pflanzen und etwas wildes Leben zu entdecken gab. »Kleckse von Kalifornischem Mohn, von brennender Farbe – nicht orange und nicht golden, wenn aber reines Gold flüssig wäre und dann gerönne, dann wäre dieser goldene Schaum vielleicht so wie die Farbe des Mohns«[3], wie es ein Dichter, der nicht weit von hier lebte, einmal ausdrückte.

Ich verbrachte viel Zeit auf dem Wasser, auf dem Kanal, der vom Meer, von der großen Bucht her durch den Talboden bis zum Hafenbecken der Staatshauptstadt führte. Im Hafen ragten Frachtschiffe auf – aus Hongkong, aus Java, aus Chile und Shanghai, bepackt mit Blechcontainern: Chinashipping*Chinashipping*Chinashipping. Vom Boot aus sah man Pelikane und andere Vögel, manchmal auch Biber und Seelöwen. Am Ufer stand eine einsame Dattelpalme als Landmarke im Gras und erweckte den Eindruck einer afrikanischen Savanne. Im Westen konnte man den Gipfel des Mt. Diablo, des heiligen Berges der Ureinwohner, sehen – »Aufgepasst!«, brüllte der Coach in seine Flüstertüte, und schon waren meine Augen wieder nach vorne gerichtet.

Das Land des geheimnisvollen Riesenvogels

Natürlich gehörten zu den größten Abenteuern im Goldland die Vögel. In der Höhe konnte man den Truthahngeier segeln sehen. Am Rand der Straße sah man in den Büschen den Rotschulterstärling *Agelaius phoeniceus californicus*, der ein schwarz-rot-goldenes Hoheitszeichen auf der Flügelschulter zu tragen schien, und manchmal auch den Weißschwanzaar *Elanus leucurus*. Es gab den blauen Buschhäher, der Morgenvogel, der mich früh weckte, und den Goldspecht, uralter Ureinwohner des Landes, und daneben Neubürger wie die europäische Felsentaube, den Haussperling oder den Star. Ein bestimmter Baum beherbergte einen riesigen Schwarm, der sich am Abend lautstark sammelte. Es war der lauteste Baum der Stadt. Morgens patroullierten drei höfliche braune Hühner über die Straße. Auf einer Farm in der Nähe der Stadt an der Bahnlinie wurden Emus gezüchtet. Die Eier wurden auf dem wöchentlichen Bauernmarkt in der Stadt feilgeboten. Man konnte im Arboretum Perlhühner aus Afrika antreffen, und eine Schar Truthühner aus dem Osten des Kontinents wanderten wild durch die Straßen der Stadt. Einmal durfte ich auch das ganz große Abenteuer erleben und den größten, den seltensten Vogel des Landes sehen. Eine buddhistische Priesterin in Big Sur wusste den richtigen Ort und die richtige Zeit und zeigte mir den kalifornischen Kondor.

Goldland wurde dieses Land genannt, weil die Eindringlinge aus Europa nur selten anderes interessierte als das Gold, das Geld, das tote, kalte. Natürlich war es in Wirklichkeit das Land des blauen Hähers und des goldenen Spechts. Das Land der Hasen mit den großen Ohren. Das Land der kleinen Eulen und der kleinen Hirsche. Das Land der Antilopen mit den dicken Hörnern und der Seelöwen, die manchmal weit, weit ins Inland schwammen. Das Land der goldenen Mohnblüten, das Land des geheimnisvollen Riesenvogels. Ein Land, das für seine Bewohner gemacht war. Die frühen Geographen haben es auch tatsächlich als eine Insel gezeichnet.[4] Natürlich lag es in Wirklichkeit auf einer Schildkröteninsel.

Auf grünen Rücken

Wir alle leben auf einer Schildkröteninsel. Das wusste nicht nur Scheherazade, das wussten und wissen Märchenerzähler und Dichter, Schamanen, Medizinmänner, Zauberfrauen, Priester, Wanderer, Hirten und Seefahrer, Buchschreiber und Forscher, Großeltern und Kinder in Kulturen auf der ganzen Welt und erzählen in Jurten und Tipis, Höhlen und Pueblos, in Baumhäusern und Plattenbauten, in Hütten und Palästen in ihren eigenen Worten ihre eigenen Geschichten von der Schildkröteninsel. Im Kinderbuchklassiker *Jäpkes Insel*[5] trifft man die Schildkröte Arimanthe, deren Rücken als Insel aus dem Meer ragt. Kalmücken und Mongolen erzählen von einer die Welt tragenden Schildkröte, und die Hindus wissen, dass ihr Gott Vishnu in seiner zweite Inkarnation zu Kurma wurde, einer Schildkröte, die im Milchmeer schwimmt und auf dem Rücken die Welt trägt. Und worauf steht die Schildkröte? Natürlich, wie eine alte Dame in einer immer wieder zitierten Anekdote[6] einem Astronomieprofessor erklärte, steht sie wiederum auf einer Schildkröte, und diese dann auf »Schildkröten bis ganz nach unten«. Doch sie hat sich die ganze Sache viel zu ordentlich – oder vielmehr in einer viel zu einfachen, viel zu dimensionenarmen Ordnung – vorgestellt. Sie hatte wohl noch nie eine Gruppe Wasserschildkröten beim Sonnenbad gesehen, wie man sie im Wasserlauf in der Stadt an der Eisenbahn oder in einem Teich im Tal in den grünen Bergen sehen konnte: eine über und unter der anderen, nebeneinander, aufeinander, große und kleine, sodass man erst bei genauerem Hinschauen sieht, welcher Kopf zu welchem Panzer, welcher linke Vorderfuß zu welchem rechten Hinterfuß gehört. Und wenn eine sich bewegt, wenn eine von irgendwem gestört oder aus der Balance gebracht wird, dann bewegen sich alle, manchmal mehr, manchmal weniger, manchmal fast gar nicht und manchmal vielleicht nur im Traum. Meistens reicht es, nur eine von ihnen ganz leicht am Fuß zu kitzeln, und schon herrscht heller Aufruhr, und alle stürzen sich ins Wasser, und es dauert lange, bis sie wieder auftauchen – und womöglich ordnen sie sich nie wieder genauso an wie zuvor.

Auf Neuguinea erzählt man die Geschichte, dass diese Insel ihre Existenz einer fleißigen Schildkröte verdankt, die in die Tiefe des Urmeeres tauchte, bis ganz nach unten, und Felsen, Sand und was es eben sonst noch so braucht, um eine Insel zu bauen, aus der Tiefe heraufauchte – bis die Insel selbst »auftauchte«. In ähnlicher Manier wurde auch der Kontinent, den wir heute Nordamerika nennen, erschaffen. So erzählen es die Ojibway und Anishabe, die Iroquois, Haudenosaunee, Apachen und Cherokee, die Wyandotte – »die Leute von der Insel« natürlich – ebenso wie die Wampanoog, die Lenape, die Maidu und die Patwin Kaliforniens[7] und viele andere Völker Nordamerikas, die ihren Kontinent deshalb gerne »die Schildkröteninsel« nennen. Hier war das geschäftige Tier, das die grundlegenden, die zu Grunde, am Grunde liegenden Inselbaustoffe aus der Tiefe heraufbrachte und auf dem Rücken der Schildkröte aufhäufte, mal diese selbst, mal ein anderer Wasserbewohner, ein Biber beispielsweise oder auch ein Wasserkäfer. Tiere *sind* die Insel und *erschaffen* die Insel und bewohnen sie. Alles, was lebt, alles, was auf Füßen oder Flößen, Flossen oder Flügeln wandert, und alles, was atmet, sei es durch Lungen oder Kiemen, durch Tracheen oder durch die Haut, wir alle leben auf einer lebendigen Schildkröteninsel. Das Leben auf der Insel definiert sie; anhand dessen, was auf der Insel lebt, wissen wir, woher wir kommen und wohin wir gehen, was wir sehen, und wovon wir erzählen, und jede Wanderung ist eine Wanderung über die grünen Rücken von Schildkröteninseln.

Zu den Wundern wandern

»Macht euch auf den Weg«, sagte der alte Häuptling. Er streckte den Arm aus, und die jungen Leute des Dorfes folgten mit den Blicken seiner Geste über das trockene Land bis zu den Bergen.

Die Prüfung war, alleine den heißen Wüstengürtel zu durchqueren und auf den Berg zu steigen, den höchsten Berg, der in Glasblau aus der Wüste heraufwuchs. So war es schon immer gewesen. Vielleicht hatten sich die Vorfahren gedacht, jedes Land lasse sich nur von seinen Bergen aus verstehen, und sie wussten, dass man das Land verstehen muss, in dem man lebt. »So weit ihr eben kommt«, sagte der Häuptling und dachte einen Augenblick daran, wie er vor langer Zeit, vor gut fünfhundert Monden, sich selbst durch die Wüstenhitze vorgekämpft hatte, wie der Berg mittags noch erglühte und dann zur Nacht in Kälte starrte, wie er es dennoch geschafft hatte, als Einziger in jenem Jahr, den Gipfel zu erreichen und über Tag und Nacht ins Dorf zurückzukehren. Und noch etwas, sagte er: »Wenn ihr nicht mehr weiter könnt – und das heißt, wirklich nicht mehr weiter könnt – dann schaut euch um an ganz genau dem Punkt, an dem ihr die Entscheidung trefft, zurückzukehren. Brecht euch dort von der nächsten Pflanze – vom nächsten Baum, vom nächsten Kraut einen Zweig ab und bringt ihn mit zurück.« Dann wandte er sich ab, und alle Kandidaten machten sich auf den Weg. Es dauerte nur ein paar Stunden, bis der Erste ins Dorf zurückgeschlichen kam. In seiner Hand schimmerte ein dickes blaues Stachelblatt. *Opuntia basilaris* sah der Häuptling – und sagte nichts. Dieser Junge hatte nicht einmal das Tal ganz durchwandert, hatte sich kaum in die Wüste gewagt und war dann umgekehrt, hatte einfach aufgegeben.

Der nächste Kandidat brachte einen Zweig dunkler, doch silbrig schimmernder Blättchen der Pflanze *Artemisia nova*, die, wie der Häuptling wusste, am Fuße des Berges wuchs. »Ja«, sagte er »es ist anstrengend …«, und versuchte aufmunternd zu klingen. »Es ist anstrengend …«, sagte er und dachte »doch nicht unmöglich«, denn im selben Moment kehrte schon der Nächste zurück und zeigte einen Zweig mit der roten Rinde und den geäderten Blättern des *Rhamnus californica*. »Du bist also bis zum Steilhang mit dem Lawinenfeld gekommen. Das ist doch schon was.«

»Der stammt von der oberen Quelle«, sagte er, als der nächste Ankömmling ihm einen Spross der Balsampappel vorhielt. »Das ist doch schon ganz ordentlich«, sagte er und dachte, »wer hier an der Quelle getrunken, auf der grünen Matte geruht, der müsste es auch weiter schaffen.« Die Sonne stand schon hoch, und die Mittagsvögel kreisten über der Wüste. Als der nächste Wanderer ihm einige der langen Nadeln der Goldkiefer reichte, schüttelte er zufriedener den Kopf, denn er wusste, dass dieser Baum bis auf die halbe Höhe des Berges vorkam. Bis beinahe zum Gipfel war ein Junge, der gegen Sonnenuntergang, zur

Stunde der Abendvögel, eintraf, gelangt. Mit ihm zog das Aroma der Weihrauchzeder ins Zelt. »Fast«, dachte der Häuptling, »aber eben nur fast.« Es wurde dunkel, und noch immer fehlte ein Prüfling. Die Stunde der Nachtvögel kam, und wie jedes Jahr machte sich der Häuptling Gedanken, ob diese Art der Prüfung überhaupt noch zeitgemäß sei, ob nicht ein zu hohes Risiko damit verbunden und ob er einen Suchtrupp zusammenstellen sollte – als er eine Bewegung wahrnahm und tatsächlich der Nachzügler vor ihm stand. Natürlich ließ sich der Häuptling die Erleichterung nicht anmerken. »Lass seh'n, was du gebracht hast.« Der Junge streckte die Hand aus. Sie war staubig und rissig, von Kaktusstacheln zerkratzt – und leer. »Häuptling«, sagte der Bergwanderer, »ganz oben auf dem Berg, da gab es keinen Baum und keinen Strauch, da gab es keine Flechte, kein Gras und kein Moos. Ich habe mich genau umgeschaut, doch keine einzige Pflanze gefunden. Ich habe unser Tal gesehen und auch die Wüste. Ich stand dort auf dem Gipfel wie auf einer Insel über dem Dunst der Waldbrände im Osten, und in der Ferne, wo die Sonne untergeht, da konnte ich den Schein und Lichtstreif des Abends[8] auf dem großen Wasser sehen.«

Ich weiß nicht mehr, wie und woher diese Geschichte – so oder so ähnlich – ihren Weg in mein grünes Notizbuch fand, ein Zufallsfund, nebenher aufgesammelt und aufgeschrieben, bei irgendeiner Recherche, historisch nirgendwo verankert, durch keine Literaturreferenz bestätigt und dazu nicht mal im Stil, in dem die Menschen im Goldland erzählen würden – aber aus irgendeinem Grund war sie in Bleistift und in Stichworten festgehalten. Natürlich waren aus den Pflanzen in meiner Vorstellung meistens Bäume geworden, und natürlich verwendete der »Prüfer« für mich lateinische Pflanzennamen, so als sei es ein Hochschulexamen in Forstbotanik oder Waldbau, eine »Waldprüfung« in der Försterausbildung gewesen.

Auch wenn es möglicherweise bei keinem der Völker Kaliforniens, oder überhaupt Amerikas, eine solche Erzählung gegeben haben sollte, wenn irgendjemand von irgendwoher sie erfunden hat, so spiegelt sich doch darin wider, dass die Begegnung mit der Fauna und Flora für jeden Reisenden, jeden Wanderer auf der Erde Teil des Erlebens ist. Wo wir sind, wissen wir anhand dessen, was wächst – wie man in jedem Reisebüro anhand der Bilder von Palmenstränden, Riesenkakteen oder Kirschblütenhainen auf Reiseprospekten erkennen kann.

Neues Land wird am besten anhand des dort heimischen Lebens definiert und begriffen.

Die Entdeckung einer neuen Pflanze, eines neuen Lebewesens, die Abenteuer der Begegnungen mit dem noch Unbekannten begeistern bis heute. In Reiseberichten von Wissenschaftlern und Künstlern spielen sie eine überragende Rolle. Bis heute färbt die Aufregung der Herren Bonpland und von Humboldt auf uns Leser ab, etwa wenn Letzterer aus Südamerika schreibt: »Welche Bäume! Kokospalmen, fünfzig bis sechzig Fuß hoch, eine Ceiba, aus dem man vier Kanus macht! Und welche Farben der Vögel, der Fische, selbst der Krebse – himmelblau und gelb! Wie die Narren laufen wir bis jetzt umher; in den ersten drei Tagen können wir nichts bestimmen, da man immer einen Gegenstand wegwirft, um einen anderen zu ergreifen. Bonpland versichert, dass er von Sinnen kommen würde, wenn die Wunder nicht bald aufhören.«[9] Er war im Entdeckerrausch.

Pflanzen, die von einer Wanderung nach Hause, ins Dorf zurückgebracht werden, erzählen, wo wir waren, erzählen, was wir entdeckt und erlebt haben. So ist jeder Park, jeder Garten wie ein Buch voller Abenteuer- und Entdeckergeschichten. Irgendwer muss die fremden Pflanzen ja einmal in fernen unerforschten Wäldern entdeckt und über den Ozean hierhergebracht haben, als lebende Illustration der Geschichten von Wald und Wildnis. So erzählen bis heute in den Arboreten Europas die Bäume aus der ganzen Welt Geschichten von Baumsammlern und Pflanzenjägern des Zeitalters der Entdeckungen, manche heroisch, manche tragisch, und manche erzählen auch von Wanderern und Abenteurern, die mit leeren Händen zurückkehrten – und doch viel mitbrachten.

Grüne Fußspuren

Nun sind Pflanzen nicht nur als zurückgebrachtes Stück der weiten Welt mit uns unterwegs. Wie die Ameisen ihre Straßen mit Veilchen säumen, indem sie deren Samen durch den Wald tragen, tragen wir Pflanzen durch die Welt und säumen mit ihnen unsere Straßen.

Wanderer bringen oft Neues mit auf den Rücken der Schildkröteninsel, pflanzen Neues in den Lehm, in den Grundstock, der vom Grund des Ozeans heraufgetaucht wurde, bauen neue Dörfer auf ihrem Rücken, aus Material von anderswo, pflanzen neue Gärten und Weiden mit grünen

Lebewesen, die nicht hier entstanden sind, die nicht mit aus der Tiefe aufgetaucht, sondern die übers Wasser, aus »Übersee« gebracht wurden.

Manchmal bewusst geplant, wie Napoleon entlang der Heeresstraßen Pappelalleen pflanzen ließ, oder wie man zu Anfang des 20. Jahrhunderts die Mittagsblumen Afrikas in Kalifornien einführte, um mit ihnen Bahndämme zu stabilisieren[10]; diese Blumen, die heute die Küsten des Goldlandes in Gelb, Lila und Weiß blühen lassen, die alle anderen Pflanzen überwuchern, aber nichtsdestotrotz weiterhin am Rande von Straßen angepflanzt und deswegen auch Highway Ice Plant genannt werden.[11]

Da gibt es auch Geschichten, die ganz unscheinbar anfingen, mit römischen Soldaten, die an ihrer Kleidung Kletten über die Alpen trugen, oder mit den türkischen Armeen, die im Pferdefutter Samen bis vor die Tore Wiens mitschleppten. In Futter für Vieh, Vögel und Fische wurden und werden Samen um die Welt verschifft. Die meisten der in England auftretenden exotischen Gräser sollen mit Wollimporten von der Südhalbkugel auf die Insel eingeschleppt worden sein.[12] Die kanadische Distel *Cirsium arvense,* die keineswegs aus Kanada stammt, oder das tatsächlich genuin kanadische Berufskraut *Erigeron Canadense* sollen als Samen aus dem Balg eines ausgestopften Vogels auf europäischen Boden gefallen sein.[13]

Vor allem treten solche Pflanzen, natürlich, am Rande der Handelsrouten und -wege auf. Eine »echte Eisenbahnpflanze« nannte Hermann Löns[14] die Nachtkerze *Oenothera biennis*, das Wunder einer Pflanze, der man tatsächlich beim Öffnen ihrer Blüten zusehen kann. »Der Nachtkerze helles/Dampfendes Gelb am/Morgen«[15] säumte auch die Bahnlinie im Tal in den grünen Bergen. Die Wegwarte *Cichorium intybus* ist ebenso wie die Wegdistel *Carduus acanthoides* und der Wegerich seit Urzeiten ein Wegbegleiter der Bewohner der Alten Welt und auch schon lange in Amerika und Australien angesiedelt, immer zuerst entlang der Straßen. Vom Weg abgekommen, aus Gärten entkommen ist neue Botanik auf altem Boden allgegenwärtig, und manchmal verschwinden ganze Länder unter einem neuen Pflanzenteppich – zum Beispiel die Prärien Kaliforniens.

Ein erobertes Land ist die »Schildkröteninsel«, so dichtete »Beatpoet« Gary Snyder[16]: »Nordamerika, Schildkröteninsel,/eingenommen von Eroberern,/die auf der ganzen Welt Krieg führen.« Auch Henry Wadsworth Longfellow[17] zeichnete das Bild des Eroberers, der seinen Fuß auf die neue Insel setzt und dabei auf Schritt und Tritt fremdes Leben aussetzt, nachdem ihn der Naturforscher Louis Agassiz auf das Phänomen der Verbreitung europäischer Kräuter entlang der Straßen und Bahnlinien aufmerksam gemacht hat[18]: »Wohin auch immer sie treten/Bricht eine uns fremde Blume hervor/Bricht des Weißen Fußspur auf in Blüte.«

Globales Grasland

Die »fremde Blume« war *Plantago major*, Mitglied einer Pflanzenfamilie, die uns so treu auf Schritt und Tritt begleitet, das schon ihr Name darauf hinweist: Wegerich. Wegtritt, Wegeblatt und Cart track Plant heißt sie anderenorts. Heute gibt es ihn auch in Australien und Neuseeland, in Südafrika und auf den Maskarenen, in Südamerika und auf Hawaii.[19] »Eroberer, die die ganze Welt bekriegen«, sind auch zwangsläufig auf der ganzen Welt dieselben.

Übrigens folgten nicht alle Pflanzen wie der poetisch gemalte Wegerich »bei Fuß« nach, sondern ebneten, einmal auf einen Kontinent losgelassen, schon, von Wind und Vögeln verbreitet, als Vorhut die grünen Straßen, und diese minderten für alle Zukunft die »Neuheit« des Landes und das Abenteuer der Begegnung mit dem Unbekannten. Entdeckung. Die ersten europäischen Forschungsreisenden, die das Hinterland Kaliforniens erkundeten, sahen in durchaus abgelegenen Gebieten bereits die kleinen lila Blüten des europäischen Reiherschnabels oder die Ähren des europäischen wilden Hafers[20] und anderer Gräser. Das Ursprüngliche, die unveränderte Flora Kaliforniens sollten sie nie zu Gesicht bekommen.

Das Grasland im Central Valley und in den Küstenhügeln war früher einmal ein Meer mit Myriaden kleiner Inseln, Fellwirbel auf dem Rücken des Landes, eine Ebene aus kleinen, lebenden Hügeln, denn die allermeisten der hier einheimischen Gräser wachsen als büschelförmige Klumpen. Zum Beispiel das kalifornische Schwingelgras *Festuca californica* oder der kalifornische Strandroggen *Leymus condensatus*, der auf trockenen Standorten im Central Valley wuchs, bevor diese ganz und gar verändert wurden, oder das purpurrote Nadelgras *Nassella pulchra*, das seine Fellbüschel in den Küstenhügeln und der Vorbergzone der Sierra zeigt, oder *Muhlenbergia rigens*, ein Gras, das in Kalifornien als Hirschgras bezeichnet wird und aus dem die Wintun- und Miwokfrauen feine, mit den roten Federkielen des Goldspechts oder den blauen Federchen des Buschhähers verzierte Körbe zu flechten wussten, so dicht, dass man selbst Wasser darin tragen konnte. Ob es auch eines der Gräser war, deren Samen man brauchte, um in einer geheimen Zeremonie in einer Schwitzhütte Regen zu machen und so wiederum das Gras, von dem die wilden Herden lebten, wachsen zu lassen?[21]

Das kalifornische Perlgras *Melica californica* kann meterhoch werden, sodass aus seinen Halmbüschelhainen allenfalls Geweih und Gehörn weidender Wapitis und grasender Gabelböcke hervorragen würden. Doch wo früher Antilopen mit dicken Hörnern und kleine Hirsche heimische Schopfgräser weideten, wo unzählige Geschöpfe, wie in die Mähne eines großen Tieres gekrallt, auf ihrer Grasinsel durch die Zeit ritten, da grast heute globales Weidevieh an globalen Weidepflanzen, an *Anthoxanthum odoratum* zum Beispiel, dem Ruchgras Europas und Asiens, dem Gras, dem wir den berauschenden Heuduft gemähter Sommerwiesen verdanken. Ein Allerweltsgras nennen es manche Botaniker[22], und das ist es auch, denn man findet es zusammen mit einer ganzen Schar von Süßgräsern Europas, Asiens und des Mittelmeerraumes auch in Australien, Neuseeland und Südamerika. Das Wollige Honiggras *Holcus lanatus* nennt man in England nach der nebelreichen Grafschaft im Norden »Yorkshire fog«.[23] Heute wird es in Kalifornien vom San-Francisco-Fog, dem feuchtkühlen Dunst der Bay Area, getränkt. Es bildet einen dichten Rasen, ganz ähnlich dem deutschen Weidelgras *Lolium perenne,* das ein besonders effizienter Konkurrent für andere Pflanzen ist. Es kann ganze Landstriche mit einem dicken, gleichförmigen Teppich bedecken, und deshalb eignet es sich auch so gut für Rasen, für diese grüne Ödnis, auf der man auch in der Wüste in der ganzen Welt Golf, Cricket oder American Football spielt. In Kalifornien ist der Rasen in Vorgärten oder entlang von Straßen oft auch aus südamerikanischem Bahiagras *Paspalum notatum*, das es heute ebenso in Australien und Afrika gibt, oder aus dem Hundszahngras, das eigentlich aus der Alten Welt kommt. Da wäre auch noch die Flaum-Trespe *Bromus mollis*, auch so ein »Allerweltsgras«, heute ebenfalls in Nord- und Südamerika und Australien zu Hause. Seine Blätter vergilben im Sommer besonders früh und leiten die Transformation der grünen Hügel in die goldenen ein. *Wenn der Juni kam, dann vergingen die Gräser und verfärbten sich braun, die Hügel verfärbten sich braun, und es war eigentlich kein Braun, sondern*

Gold und Safrangelb und Rot – eine ganz unbeschreibliche Farbe[24], so beschreibt John Steinbeck das dann entstehende Bild.

Die Flut globaler Gräser erinnert mich an den wunderbar verrückten Science-Fiction-Roman *Greener than you think*[25], in dem eine diabolische Grasmutante – offenbar ein Hundszahngras – ganz Amerika und zuletzt die ganze Welt überwuchert und unbewohnbar macht. Mit einem grünen Gletscher vergleicht der Autor die heranrückende Wand des Riesengrases, und genau dieses Bild bietet ein anderes heute globales Gras, *Arundo donax*, das ich als undurchdringliches Dickicht auf den maltesischen Inseln, in Italien, Portugal, Brasilien und Kalifornien erlebte: eine grüne Gletscherfront, die ganze Täler ausfüllen und abriegeln kann.

Gräser sind schließlich auch das Welschkorn, der Mais, der im grünen Tal ebenso wie im Goldland oder in den früheren Prärieweiten der Schildkröteninsel und anderer Kontinente heute riesige Flächen bedeckt, oder das Zuckerrohr, das ganze Inselwelten verschlungen hat und Länder an entgegengesetzten Seiten des Globus nun erschreckend ähnlich erscheinen lässt: Mauritius wurde zur »Zuckerinsel«, zu »Zuckerinseln« wurden auch die Antillen. Martinique, einst Madinina, das Land der Blumen, Montserrat, einst Alliouagana, das Land des Dornbuschs, hießen nun nach dem Gras aus Melanesien.

Nicht nur die Gräser haben bewirkt, dass sich unterschiedliche Gegenden der Welt ganz und gar verändert und sich ökologisch wie optisch über Weltmeere und Erdteile hinweg einander angeglichen haben. Ein Baum von den Molukken machte eine »Muskatinsel« aus Grenada, welches sich diesen Übernamen mit dem indonesischen Eiland Banda Besar teilt. Zur »Nelkeninsel«, der Insel eines indonesischen Gewürzes, wurde Sansibar[26] und teilt sich diesen Namen mit der Molukkeninsel Ambon. Die »Zimtinsel«, das ist Ceylon ebenso wie die japanische Insel Katsura Shima. Zur »Vanilleinsel« wurde Réunion ebenso wie Madagaskar, und auch die Gesellschaftsinsel Tahaa wurde zu einer Insel der mexikanischen Orchidee.[27] Innerhalb gewisser klimatischer Grenzen könnten Inseln dieser Namen beinahe überall liegen.

Déjà vu

»Bem te vi!«, rief der gelbe Vogel, der Vogel, der mich im Land der roten Bäume jeden Morgen aufweckte. »Bem te vi!« – *schön dich zu sehen.* Schwefeltyrann wird er auf Deutsch genannt, und dabei hat er etwas durchaus Freundliches in seinem Begrüßungsruf. Drei Silben, deren letzte eine melodische Schwingung hatte, singend, wie die Sprache der Menschen hier. »Bem te vi!«, schön dich zu sehen, so als wollte er sagen: Willkommen in meinem Land, willkommen auf meiner Insel. Er saß auf einem tiefen Zweig eines afrikanischen Geigenfeigenbaums, an dessen Stamm eine Vanillepflanze wuchs. Es war ein mir noch fremdes Land, neu und aufregend, und natürlich betrachtete ich zuerst, was denn da wuchs, in den Gärten und an den Straßen.

Da gab es die Königspalme *Roystonea regia*, eigentlich nur auf Kuba heimisch, die heute aber überall in den Tropen gepflanzt wird; auch *Hibiscus tiliaceus* aus Asien und dem Pazifik ist in den Neuwelttropen eingebürgert, vielleicht schon mit polynesischen Booten nach Hawaii gelangt. Wann mochte er hier eingeführt worden sein? Da wuchs das weiße Liliengewächs *Hymenocallis speciosa* von den Westindischen Inseln und verbreitete einen wunderbaren Vanilleduft.

Hier wuchs *Casuarina equisetifolia*, der Kängurubaum aus dem Indopazifik, und *Ficus benghalensis* aus Indien – das erste Mal habe ich diesen Baum im alten Botanischen Garten in Lissabon gesehen und bewundert, später in Südspanien, und habe dann festgestellt, dass er, wo es das Klima zulässt, beinahe überall steht. Aus Madagaskar stammen *Delonix regia*, der Flammenbaum, und *Ravenala madagascariensis*, der Baum der Reisenden, der für mich in unserem Botanischen Garten etwas ungeheuer Geheimnisvolles hatte, den man aber tatsächlich überall in den Tropen angepflanzt sieht. Auch die mexikanischen Feigenkakteen gibt es hier und den, ebenfalls mexikanischen, Weihnachtsstern, die Wachsblume *Plumeria alba* aus der Karibik, die weißen Blüten innen gelb überfärbt, und natürlich die Bougainvillea *Bougainvillea glabra* mit ihren rot und intensiv lilafarbenen Scheinblüten, die überall in warmen Gegenden, wie etwa dem Süden Kaliforniens, gepflanzt wird.

Schließlich entdeckte ich auch ein paar einheimische Arten des tropischen Amerikas. Das Wandelröschen *Lantana camara* zum Beispiel. Inzwischen ist es überall in den Tropen verbreitet, und selbst im Mittelmeerraum habe ich diese Pflanze gesehen. Oder die Wasserhyazinthe mit ihren wie Schwimmflügel aufgeblasenen Stielen, die beim Rudertraining im Goldland über den Kanal trieb, habe ich auch in Florida und in Brasilien und überhaupt überall in warmen Gegenden gesehen. Mancherorts ist sie eine Zierpflanze, anderswo ein gefürchtetes Unkraut. Es gab auch die herrliche blaue Prunkwinde *Ipomoea purpurea*. Sie umrankt mein Fenster im grünen Tal.

Natürlich war die wunderbare Tropenflora nicht mehr das, was dieses Land in Jahrmillionen hervorgebracht hatte. Seit Jahrhunderten werden die Pflanzen der Tropenregionen untereinander hemmungslos ausgetauscht. Es hätte in beinahe jedem Land der feuchten Tropen sein können, zum Beispiel auf Mauritius, deren Vegetation überwiegend aus eingeführten Arten besteht, die aus dem gesamten Tropengürtel zusammengesammelt sind. Einheimische Pflanzen sind an ihren eigenen Standorten oft extrem selten – so sind zum Beispiel alle Angehörigen der auf den Maskarenen endemischen Palmengattung Hyophorbe an ihren natürlichen Standorten nahezu ausgerottet. Ihre Früchte gaben offenbar ein gutes Schweinefutter ab. Als globalisierte Zierpflanzen haben sie überlebt – in Südafrika, Florida oder hier in Brasilien.

Bem te vi! rief der gelbe Vogel, und ich wusste wieder, auf welchem Kontinent ich mich befand. Es war das Land des gelben Vogels und der roten Bäume.

In früheren Jahrhunderten mochte solch eine Begegnung mit dem zwar Bekannten, aber Unerwarteten, den Reiz eines sonderbaren Déjà-vu-Erlebnisses gehabt haben. So berichtet zum Beispiel in den dreißiger Jahren der deutsche Journalist Friedrich Schnack auf Madagaskar über ein sonderbares Ensemble nördlicher Arten dort auf der Südhalbkugel: »Der Gouverneur hat sein Gedächtnis in Pflanzen und Blumen zurückgelassen: Er hat eine üppig mittelländische und paläarktische Flora hierher gezogen, und es mutet einen wunderlich an, im kurzen Rasen blühende Gänseblümchen zu entdecken. Auch Veilchen und Margeriten, wachsen sie doch unter dem 22. Grad südlich, Pappeln und Rosen in den Gärten, in den Anlagen Jasmin und Ginsterbüsche, in denen die netten bunt gescheckten Chamäleons herumklettern.«[28]

Oder Charles Darwin beschrieb, ein rundes Jahrhundert früher, in Neuseeland ein englisches Farmhaus mit europäischen Pflanzen im Garten. »In den Gärten schienen alle englischen Gemüse zu gedeihen. Der Bauerngarten war durch und durch englisch.[29] – Nachdem wir so viele Meilen eines unbewohnten, nutzlosen Landes überquert hatten, war das plötzliche Auftauchen eines englischen Bauernhauses und seiner wohlgepflegten Felder, so als wären sie durch Zauberei hierher versetzt, überaus erfreulich.«[30] Und weiter: »Auf einem nahem Hang trugen schöne Gersten- und Weizenfelder Frucht, und an anderer Stelle Kartoffeläcker und Kleefelder. Ich kann gar nicht beschreiben, was ich alles sah, da gab es große Gärten, mit allen Früchten und Gemüsen, die England hervorbringt, und viele aus wärmerem Klima, erwähnen darf ich nur als Beispiel Spargel, rote Bohnen, Gurken, Rhabarber, Äpfel, Birnen, Feigen, Pfirsiche, Aprikosen, Trauben, Oliven, Stachelbeeren, Johannisbeeren, Hopfen, Stechginster als Abzäunung und englische Eichen und auch viele Blumenarten … Und mittendrin war jene fröhliche Mischung von Schweinen und Federvieh, die friedlich dort zusammen lagerten, so wie auf jedem Bauernhof in England.«[31]

Darwins Beschreibung der »englischen« Farm könnte sich bei der Beschreibung jeder Farm in Kalifornien wiederholen. Das Goldland hat heute Obstbaumplantagen wie am Bodensee, Weinberge wie der Kaiserstuhl, Olivenhaine wie Umbrien, Mandelbäume wie die Algarve, Reisfelder wie Oberitalien. Die Küsten Kaliforniens sind von Eispflanzen aus Südafrika bedeckt – ein herrlich bunter Anblick, der an die Küsten am Kap der Guten Hoffnung erinnert – *the labyrinth/of ice plant's juicy starburst flesh of leaves.*[32] Auch in Malta und anderen Mittelmeerländern sind die Eispflanzen an einigen Küsten schon allgegenwärtig geworden. In Kalifornien stehen herrliche Eukalyptusbäume, Eukalyptuswälder, in denen der ölig-terpentinartige Duft der Bäume, die Blauschattierungen der Blätter und die bunt gescheckten und gefleckten Stämme eine Illusion australischer Buschwälder vorspielen. Einige von ihnen sind ehrfurchtgebietende Baumgiganten. Einmal war ich Zeuge, wie ein solcher blauer Riese, der in der Stadt an der Eisenbahn am Radweg und nun plötzlich im Weg stand, gefällt wurde. Ein kleiner Mensch saß ihm hoch oben im Genick, wie ein böser Kobold, und setzte mit der Motorsäge bedächtig den Enthauptungsschnitt. Das rote Sägemehl spritzte auf wie eine Blutfontäne, und später lag der Riese mit der blauen Haut zerstückelt am Wegesrand, wie ein zerhacktes Meerestier am Strand der Walfänger. Es war wie eine nachgestellte Szene aus der Geschichte der Plünderung des australischen Kontinents. Die Schönheit der blauen Giganten lässt leicht vergessen, dass, wo Eukalyptusarten großflächig angepflanzt werden und sich verwildert ausbreiten, doch verdeckt und unterdrückt wird, was hier eigentlich wachsen und blühen würde, dass überlagert wird, wie es eigentlich hier, und nirgendwo sonst, duften würde. Eukalyptus blüht heute überall in den tropischen und subtropischen Zonen. Eine große Biotechnologie-Firma arbeitet zurzeit an der Entwicklung kälteresistenter Eukalyptuslinien, die das Bild in weitere, kühlere Gegenden der Welt hineinkopieren werden.

Auch die Namen sagen übrigens nichts mehr über die Herkunft: *Psidium littorale* – die chinesische Guave, kommt aus Brasilien. Das Agavengewächs *Furcraea foetida* heißt heute Mauritiushanf, dabei stammt es aus dem tropischen Amerika. *Chromolaena odorata*, das »Siam weed« oder »Herbe du Laos«, kommt aus Florida, und *Arundo donax*, das Spanische oder auch Italienische Rohr, kommt vermutlich aus Asien. Die Kapstachelbeere wird zwar am Kap viel angebaut, stammt aber, wie nur der lateinische Name *Physalis peruviana* verrät, aus Südamerika. *Cynodon dactylon* wird Bahamagrass oder Bermudagrass genannt, und *Poa pratensis*, das Wiesen-Rispengras, heißt in der englischsprachigen Welt Kentucky Bluegrass, und dabei sind doch beide durchaus eurasisch-nordafrikanischer Herkunft. Die bläulichviolett blühende Ackerkratzdistel *Cirsium arvense* wird mancherorts als Californian Thistle bezeichnet, auch wenn sie aus Südeuropa und Vorderasien stammt. Man findet sie heute auch in Australien, Neuseeland und Brasilien, überall in den Vereinigten Staaten und in Kanada. Sie wird manchmal auch als kanadische Distel bezeichnet. Way Thistle ist ein treffenderer Namen, da sie ja überall unseren Straßen folgt. Von vielen Pflanzen weiß man gar nicht mehr, woher sie eigentlich kommen: zum Beispiel *Hibiscus rosa-sinensis*, beheimatet irgendwo in Ostasien, *Acalypha hispida*, der Katzenschwanz, zu Hause irgendwo im pazifischen Raum, *Nerium oleander*, irgendwo aus dem Mittelmeergebiet oder Vorderasien, *Clitoria ternatea*, vermutlich aus Ostafrika. Papyrus kam prähistorisch vermutlich aus Zentralafrika. Heute kann man sie alle nahezu überall in den warmen Klimaten antreffen.

Sind nun die Länder durch den globalen Austausch ihrer Vegetation schöner oder reicher geworden? Auf St. Helena soll es zum Zeitpunkt der Entdeckung der Insel, 1501, etwa sechzig krautige Arten gegeben haben, von denen nur drei oder vier auch anderswo, etwa auf dem afrikanischen Festland, vorkamen. Im 19. Jahrhundert hatte die Flora bereits 750 Arten[33], die nun beinahe alle importiert, beinahe alle auch anderswo zu finden waren. Heute sind es sicher noch viel mehr.

Auf Ascension kamen zu den etwa 25 einheimischen Pflanzen im Laufe der Jahrhunderte etwa 300 eingeführte hinzu.[34] Auf den Galapagosinseln stehen heute rund 750 eingeführte Pflanzenarten etwa 500 einheimischen gegenüber. In Neuseeland sollen rund 45 Prozent der Vegetationsdecke »neu« sein.[35] Für Hawaii wurde der Anteil der »neuen« Pflanzen auf 47 Prozent berechnet.[36] Eine andere Schätzung geht von 900 einheimischen und 4.000 eingeführten Pflanzen aus – wobei selbstverständlich nicht alle Arten invasiv und landschaftsbeherrschend werden.[37] Im südöstlichen Pazifik stieg auf den Desventuradasinseln – den »Inseln der Unglücklichen« – die Artenzahl der Landpflanzen von 21 auf 44, auf der Osterinsel von 44 auf 121 und auf den Juan-Fernandez-Inseln, dem Archipel, zu dem Robinsons Insel gehört, von 201 auf 413.[38]

Ein scheinbarer Gewinn an Vielfalt – doch dieser Irrtum beruht nur auf der Perspektive. Das echte, ursprüngliche St. Helena, Galapagos oder Kalifornien verschwinden unter fremder Vegetation.

Ein Hawaiianer, der seine Inseln noch in einem früheren Zustand der Veränderung kannte, würde sie heute nicht mehr wiedererkennen, schreibt der Ökologe Gary Paul Nabhan.[39] »Würde ein Perikles, ein Plinius heute noch einmal unter den Lebenden erscheinen, sie würden ein ihnen völlig fremdes Bild ihrer Heimat vorfinden«, meinte der österreichische Sachbuchautor Alexander Niklitschek. Ich glaube, ein Seemann des alten Orients, der heute wieder auf die Maskarenen käme, würde sie nicht mehr wiedererkennen. Ein Kalifornier aus der Zeit der Mammute, der Zeit der großen Antilopenherden, würde sein Land nicht mehr wiedererkennen.

Auch ein früher Bewohner des grünen Tals würde sein Land unter den duften Douglasien und den Welschkornfeldern nicht wiedererkennen.

Doch heutige Reisende erkennen etwas wieder, und zwar überall. Reisende machen seit der europäischen Expansion in der ganzen Welt Beobachtungen, die eben nur weitere Beobachtungen des ohnehin Vertrauten sind. Das Echte, Ursprüngliche, Authentische, das Neue, das zu beobachten das eigentliche Abenteuer wäre, bleibt auf der Strecke.

Vielleicht wollten die Menschen irgendwann das Abenteuer nicht mehr? Waren ihre Augen des Entdeckens müde geworden, und sie wollten stattdessen nur noch das Bekannte, Vertraute sehen?

Als die Wissenschaft der Botanik aufblühte, gerade als bekannt wurde, als erkannt wurde, wie wichtig der Ort, die Barrieren für die Artentwicklung sind, als schon genügend Beispiele vorhanden waren, die schwerwiegende Folgen des Transfers lebender Organismen in neue Ökosysteme zeigten, wurde es für manche Menschen geradezu ein Spaß, neue Pflanzen an neuen Orten anzusiedeln, »anzusalben«, wie es damals in Anlehnung an einen zuvor für Krankheitskeime verwendeten Begriff genannt wurde.[40] Einer dieser selbst ernannten, selbstbekennenden »Florafälscher« war der Berliner Ingenieur und Schriftsteller Heinrich Seidel, der im späten 19. Jahrhundert auf seinen Spaziergängen in und um Berlin das Zimbelkraut *Linaria cymbalaria*, eine kleine, weißlich-violett blühende Spezies aus dem Mittelmeerraum, ansäte[41] und das Ergebnis in seinen Schriften dokumentierte. Herr Seidel wusste um den Zorn der Botaniker, deren Studienobjekt er verfälschte, war aber gleichwohl unbeirrt bei der Sache, auch wenn sein Vorhaben nicht auf Anhieb glückte. 1889 noch waren seine ersten Versuche mit einer kleinen Menge ausgestreuter Linaria-Samen erfolglos, doch dann ließ sich Seidel »im nächsten Frühjahr einen tüchtigen Posten kommen. Dies war im Jahre 1890, und seit dieser Zeit ergießt sich unablässig den ganzen Frühling und Sommer hindurch ein feiner Regen von Linaria-Samen über Berlin und Umgegend … Die Folgen sind nicht ausgeblieben, und ich kann wohl sagen, dass die Pflanze jetzt an manchen Stellen in und bei Berlin heimisch ist«, schreibt er stolz. An anderer Stelle notiert er, »er wolle eine kleine grüne Spur hinterlassen auf dieser Erde« – was ihm durchaus gelungen ist, denn noch heute findet man Linaria in Berlins Stadtflora. Manchmal strahlt an einem der Kanäle die kleine Blüte aus der grauen Wand heraus, ein leuchtendes Stück Leben zwischen Stein und Asphalt und Beton. Nun war Herr Seidel nicht der Einzige, der sich vorsätzlich und zum Selbstzweck ins floristische Gedächtnis einer Landschaft einpflanzte. Er hatte überall in Europa Vorläufer, Mittäter oder Nachahmer.

In der Gegend des savoyischen Thermalkurorts Aix-les-Bains fanden Anfang des 20. Jahrhunderts Botaniker zunehmend fremde Pflanzen, besonders Arten aus Nordamerika. Es soll das Werk einer nicht näher bekannten Dame aus Amerika gewesen sein, die sich hier offenbar während ihrer Kuraufenthalte floristisch verewigen wollte.[42] Vielleicht war sie Kanadierin, stammten doch viele der hier nun neu auftretenden Gewächse aus dem Norden des Kontinents. Doch führen die mitgebrachten »grünen Fußspuren« nicht sicher in die Heimat des aussäenden Wanderers zurück – denn der könnte das Saatgut ja von überall und nirgends mitgebracht haben. War die mysteriöse Spaziergängerin von Aix-les-Bains womöglich dieselbe Dame, die etwa um dieselbe Zeit ausgerechnet in den »Heiligen Hallen« des Forêt de Fontainebleau in der Île-de-France amerikanische Arten ausgesät und angesiedelt haben soll?[43]

Hatte sie Heimweh – oder den Ehrgeiz hier in der Alten Welt einen floristischen Schmelztiegel zu erzeugen? Ob sie wie die Menschen, die die alten Felsenmalereien überschrieben und übermalten, wie der säende Herr Seidel in Berlin, auf dem Kontinent eine Spur hinterlassen wollte? Heute verschwindet ihre Spur unter vielen, die absichtlich oder unabsichtlich hinterlassen wurden. Die Spur führt jetzt von überall nach überall – oder von nirgendwo nirgendwohin –, und die Pflanzen zeigen keine Wege mehr.

Wie würde die Prüfung, die der alte Häuptling der Stammesjugend auferlegte, heute verlaufen? Sicher würden die Kandidaten immer noch Pflanzen finden und zurück in ihr Dorf bringen. Er würde die Pflanze betrachten, würde die Brille aufsetzen und beispielsweise sagen: *Carpobrotus edulis* – aus Südafrika, oder *Melilotus albus* – aus Europa, oder *Eucalyptus globulus* – aus Australien, *Centaurea solstitialis* – aus dem Mittelmeerraum. Man würde ihm Mandelzweige, Walnüsse, Tomaten und Äpfel bringen, Feigen, Lotuspflaumen und Oliven; Gräser aus Europa, Asien und Südamerika, und einige Pflanzen, von denen niemand weiß, wo sie ursprünglich herkommen. Er würde den Kopf schütteln und sich wundern, was für ein neues Land aus der Schildkröteninsel geworden ist, wo sie überhaupt geblieben ist. Und was übrig bleiben wird, wenn immer neue Invasionswellen über den Rücken der Schildkröteninsel hinwegschwappen? Wenn aus den alten Lebensräumen neue, fremde werden, für neue, fremde Wesen, die es überall geben könnte und die ihrerseits neu und anders, so wie überall eben, an der Insel weiterbauen, umbauen, verdrängen, weiterwandern, den Spuren anderer, früherer Eroberer folgend – und immer weitere der vielen unterschiedlichen Bilder der Natur zusammen mit dem alten Insulaner über Bord stoßen.

Und die eingeführten Blumen sind erst ein Teil der Geschichte.

»Die Stimmen und das Flügelrauschen verstummten, als plötzlich andere den Ton angaben.«

KAPITEL 6

Auf grünen Flügeln

Im Frühjahr muss es gewesen sein, als alles blühte, alles lebte, alles energiegeladen und grün war. Der grüne Papagei stand unter Strom bis in die Federspitzen – und war am Rande der Erschöpfung. Frühjahr. Es war Zeit, höchste, *aller*höchste Zeit. Frühjahr. Da musste doch ein Nest gebaut werden, mit dem auch eine sehr anspruchsvolle grüne Papageienfrau *überzeugt* werden konnte. Jetzt! Und da musste doch *unbedingt* ein Nistplatz gefunden werden, wie bei den meisten Papageien eine Baumhöhle, eine Höhle in einem der alten Urwaldbäume, derer es in den Wäldern des östlichen Nordamerika so viele gab – oder gegeben hatte, als diese Wälder eben noch Urwälder waren, als es noch einen wirklichen Frühling gab.

Seit vielen Tagen flatterte er schon durch den Wald, viele Tage der vergeblichen Suche, der Versuche, eine solche Höhle zu finden. Doch wo waren die Bäume, die dicken, alten, großen, in denen man nisten konnte? Alle Bäume hier waren jung und glatt und gleichförmig. Und wo waren alle anderen? Wo war der Schwarm? Wo waren die Stimmen, das Flügelrauschen? Wo waren Schein und Schimmer grüner Flügel, wo die gleitenden Schatten über dem Kronendach? Warum war er hier allein und dieser Wald so wüst und leer? Es war, als flöge er über ein weites Wasser, wie ausgeschickt von einer Arche, um Land, um eine Insel zu finden. Aber da war keine Insel und auch keine Arche, auf die er hätte zurückkehren können.

Doch dann, ganz plötzlich sah er ihn: den Baum, den richtigen Baum, einen alten Baum, wie eine Felseninsel im Blattgrünmeer, eine Ulme oder amerikanische Edelkastanie vielleicht, und, kaum zu glauben, sie hatte ein Astloch, hoch über der Erde, sicher, einladend. Er landete, steckte den Kopf in den Wohnungseingang – und schnellte mit einem Ruck zurück. Da war es wieder. Da waren *sie* wieder, und sie waren überall. *Was* es war, wer *sie* waren, wusste er nicht. Was er hier vorfand, hier und in allen Höhlen, die er zuvor entdeckt und angeflogen hatte, war etwas Neues und Fremdes. Sein Gehirn konnte

nicht erfassen, was passierte. Er hatte kein »Mnem« für das, was da passierte. Wozu auch? Auf der Schildkröteninsel ... doch dies war eben keine Insel mehr. Auf das, was da auf und über die Insel, die keine mehr war, gekommen war, hatte ihn die Natur nicht vorbereitet. Hier ließen ihn seine Nerven und seine ökologische Intelligenz im Stich. Stich auf Stich und Schmerz spürte er, hörte einen surrenden Chor fremder Stimmen – und floh. Etwas Neues und Unbekanntes hatte die Wälder der Schildkröteninsel besetzt. Vor rund einem Jahrhundert muss es gewesen sein, im Frühjahr, und dieses Frühjahr sollte es nichts mehr werden mit dem Brüten, und im nächsten Jahr auch nicht und im übernächsten Jahr auch nicht. Vielleicht ist er gestorben, ohne je eine Bruthöhle oder eine grüne Papageienfrau gefunden zu haben. Es war das Drama einer verfehlten Lebensgeschichte, das sich im 18., 19. Jahrhundert immer wieder und wieder und wieder abspielte. 1918 war, soweit bekannt, der Karolinasittich *Conuropsis carolinensis*, der grüne Papagei von Nordamerika, verschwunden.
Der grüne Papagei, der bunt und laut durch Wälder
der Schildkröteninsel schwärmte, ist heute ausgerottet ...

Nur zwei Menschengenerationen früher war der grüne Vogel noch häufig zu sehen gewesen. Es gab zwei Unterarten namens »carolinensis« und »ludovicianus«. Letzterer wurde mitunter auch als Louisianasittich bezeichnet. Das Verbreitungsgebiet der beiden Unterarten war durch die Appalachenkette getrennt. Zwei Inseln, Seite an Seite, zwei Papageien, und heute keiner mehr. Durch die Schriften einiger Zeitzeugen scheint noch ein Bild aus der Vergangenheit in unsere Zeit herüber. »Es war eine kleine Art; sie waren von der Größe einer Taube (...), ihre Farbe war ein schönes Hellgrün, und sie hatten orangegelbe Köpfe«, notierte 1877 rückblickend ein deutscher Auswanderer namens Gert Göbel, der sich in Missouri niederließ.[1] »Ein schöner Vogel«, befand auch James Fenimore Coopers Tochter Susan Augusta[2], »und der einzige seiner Familie, den man im gemäßigten Klima der nördlichen Hemisphäre antrifft. Man findet sie in großer Zahl bis nach Virginia, an der Atlantikküste; jenseits der Alleghenies reicht ihr Verbreitungsgebiet viel weiter nach Norden. Sie sind häufig an den Ufern des Ohioflusses und in der Umgebung von St. Louis. Man findet sie sogar in Illinois und im Norden bis fast an die Ufer des Michigansees. Sie fliegen in kleinen Schwärmen, lärmend und ruhelos, wie alle ihre Brüder; ihre Farbgebung ist grün und orange, mit einer roten Schattierung über den Kopf.« In großer Zahl müssen sie einen höchst spektakulären Anblick geboten haben. »Die satte Farbe ihres Federkleids, ihr schöner Flugstil und sogar ihre Schreie verleihen selbst unseren dunkelsten Wäldern und unzugänglichsten Sümpfen Zauber«[3], schrieb der Ornithologe und Künstler John James Audubon, und Gert Göbel bestätigt: »Diese Papageienschwärme waren eine wirkliche Zierde für die entlaubten Wälder im Winter … vorzüglich gewährte es einen prachtvollen Anblick, wenn sich ein Schwarm von mehreren Hunderten auf einer der großen Sykamoren niedergelassen hatte, wo die grüne Farbe der Vögel durch die blendend weiße Rinde des Baumes noch mehr hervorgehoben wurde; und wenn die Sonne hell gegen einen so bevölkerten Baumgipfel schien, sahen die vielen goldgelben Köpfe aus wie ebenso viele Lichter.

Dieser Anblick erinnert mich immer lebhaft an eine Art Christbäume, wie sie in manchen Bürgerfamilien in meiner Vaterstadt gebräuchlich waren; man setzte dort einige Wochen vor dem Weihnachtsfest ein junges Birkenstämmchen in einen Kübel mit Wasser, und in der warmen Stube trieb dieses Stämmchen nach einiger Zeit schwaches zartes Laub; wenn es dann am Christabend mit vergoldeten und versilberten Aepfeln und Nüssen und Lichtern geschmückt war, so sah es einem mit Papageien bevölkerten Baumgipfel gar nicht unähnlich, nur sahen diese colossalen Christbäume im Walde imposanter aus als die kleinen Birkenstämmchen in den engen Stuben.«

Doch dann, wie wenn die Festzeit zu Ende geht und zu Dreikönig der Schmuck vom Baum genommen wird, waren sie auf einmal alle fort. Weniger als ein Menschenleben, nachdem Susan Augusta Cooper und Gert Göbel ihre Eindrücke festgehalten hatten, war der letzte seiner Art gestorben, und niemand sah je wieder einen solchen Papageienweihnachtsbaum.

Herr Audubon bemerkte bereits in der ersten Hälfte des 19. Jahrhunderts einen Rückgang der Art. 1844 schrieb er, es gäbe nur noch halb so viele wie vor 15 Jahren. Es wären vermutlich immer noch genug gewesen, um das Überleben der Art zu gewährleisten. »Angesichts des sehr beschränkten Gebietes und des schnellen Rückgangs ihrer Zahl gibt es wenig Zweifel, dass ihr vollständiges Aussterben nur eine Frage von Jahren ist und vielleicht noch zu Lebzeiten von Personen, die heute leben, erreicht sein wird«, prophezeiten die Ornithiologen Ridgeway, Baird und Brewer 1874.[4] »Die vollständige Ausrottung des Karolinasittichs ist nur eine Frage von einigen weiteren Jahren, und das Ende des gegenwärtigen Jahrhunderts wird wahrscheinlich ihr Verschwinden markieren«, schrieb der Deutschamerikaner Charles Bendire[5] 1895. »Die Zivilisation verträgt sich nicht mit diesen Vögeln, und da sie in den Gegenden, wo es sie noch gibt, sicher einigen Schaden an der Ernte anrichten, kann man nur die vollständige Vernichtung vorhersehen. Ihre Tage sind wie die des Bisons und der Wandertaube gezählt.«

»Die übliche Vorhersage«, kommentiert 1900 der Ornithologe Robert Wilson Shufeldt[6] diese Textpassage, so sonnenklar war, was geschehen würde. Und er setzt noch hinzu: »Man kann mit Sicherheit vorhersagen, dass alle Vögel überall auf der Welt auf dem Weg ins Aussterben sind, aber einige sind viel näher an diesem Schicksal als andere.«

Dann ging alles sehr schnell. Vielleicht war der Niedergang schon lange, unbemerkt, vorangeschritten. Vielleicht bestanden die letzten noch scheinbar gesunden großen Schwärme schon aus alten Tieren. Papageien sind langlebig – Captain Flint in der »Schatzinsel« erreichte immerhin zweihundert Jahre –, ihr Alter ist schwer festzustellen.[7] Die Reduzierung der Populationen mancher Arten, die als natürliche Feinde des Vogels infrage kamen, wie etwa verschiedene Raubvögel, und der Anbau leicht zu erschnäbelnder Feldfrüchte mochte die Lebenserwartung des einzelnen Tieres durchaus erhöht und so zur Illusion einer gesunden Population beigetragen haben.

Auch Incas, der letzte Karolinasittich in menschlicher Obhut, muss ein Methusalemalter erreicht haben. Ein halbes Jahr nach dem Tod seiner grünen Papageienfrau Lady Jane, mit der er 32 Jahre den Käfig geteilt hatte und für die er keine Baumhöhle mehr suchen musste, beschloss er 1918 im Zoo von Cincinnati seine Tage und die Geschichte seiner Spezies.[8]

Bunte Neubürger

Hin und wieder war in den folgenden Jahrzehnten von angeblichen Sichtungen zu hören. Sie bleiben alle unbestätigt oder erwiesen sich als Fehlmeldungen. Nicht dass sich die Beobachter etwas ausgedacht hätten. Sie haben durchaus grüne Vögel, grüne Papageien gesehen, doch handelte es sich im vorangeschrittenen 20. Jahrhundert um fremde Vögel, den Mönchssittich *Myiopsitta monachus* zum Beispiel. Er stammt aus dem gemäßigten und subtropischen Südamerika, ist ein Fremder im Norden des Doppelkontinents, und doch gehört er heute in vielen Städten der USA längst zum Straßenbild.[9] In Brooklyn habe ich seine Nester gesehen. Auf Straßenlaternen und Strommasten saßen die Bauten, die an Krähennester erinnern. Wunderbar anarchisch nahmen sie den Raum, den der Mensch besetzt und besiedelt glaubte, in Anspruch und steckten mit ihren Stimmen ihre Claims ab. In der Winterkälte Chicagos und in der Tropenhitze Miamis habe ich den Mönchssittich gesehen. Oft ist er nicht der einzige Sittich, der anstelle des Karolinasittichs – oder anderenorts anstelle anderer ausgestorbener Verwandter – Papageienfarben und Tropentöne verbreitet.

In Florida, zum Beispiel in Miami, brütet der Mönchssittich neben anderen südamerikanischen Arten wie der Venezuela-Amazone *Amazona amazonica*, dem Kanarienflügelsittich *Brotogeris chiriri*, dem Weißflügelsittich *Brotogeris versicolurus*, dem Rotbugara *Ara severa*[10] und einem besonders erfolgreichen Neubürger, dem Nandaysittich *Nandayus nenday*. Auf Puerto Rico, der Insel, die ihren einheimischen Keilschwanzsittich *Aratinga chloroptera maugeri* verlor, auf der die Puerto-Rico-Amazone *Amazona vittata* ums Überleben kämpft, brütet der Mönchssittich neben Nandaysittich, Weißflügelsittich, der Grünwangenamazone *Amazona viridigenalis* und der Surinam-Amazone *Amazona ochrocephala*.[11] Auf Guadeloupe, wo der endemische Guadeloupe-Sittich *Aratinga labati* ausstarb, findet man heute den Halsbandsittich *Psittacula krameri* und – erneut – den Nandaysittich. Sie alle erzählen wohl eine Geschichte, doch eine ganz andere als der einheimische Sittich, eine ganz andere auch, als sie selbst in ihrer Heimat.

An der amerikanischen Westküste, an Orten, wo es eigentlich keine einheimischen Papageien gab, brüten heute mehrere Arten. In Malibu leben Nandaysittiche, in Seattle Chapmans Sittich und der Kolumbiasittich – sie wirken in der kalten regnerischen Stadt ähnlich verfroren wie die Papageien auf der Regeninsel. In San Diego sah ich Grünwangenamazonen, in Bakersfield den Halsbandsittich, in San Francisco den Weißflügelsittich und den Guayaquilsittich. Unvergessen ist das Erlebnis, über Treppen durch wilde Gärten mit Sicht auf die Bucht auf den Telegraph Hill zu steigen und plötzlich die, wenn auch fremden, doch wilden Stimmen zu hören, wie eine Symphonie aus grellen Grüntönen mit einzelnen roten und gelben Klängen. Wieder und wieder stieg ich der Papageien wegen auf den Hügel, auf dem man spüren konnte, wie das Meer und die Stadt atmeten.

Das Phänomen der neuen Tropenfarben in der Vogelwelt der gemäßigten Breiten ist nicht auf Amerika beschränkt. An der Küste Andalusiens habe ich frei lebende Papageien gesehen, welche Art konnte ich nicht genau erkennen, so schnell schossen sie durch die dichten Kronen der indischen Feigen- und amerikanischen Kapokbäume. Vielleicht war es der Mönchssittich, den ich auch im Brüsseler Park Tenbosch sah, oder der Halsbandsittich, den es auch in Hannover und Wiesbaden[12], in Stuttgart[13], in London, Rom, Rotterdam, in einigen Städten Japans[14] und auch auf Mauritius[15] gibt, auf der Insel, wo sein naher Verwandter *Psittacula eques* am Rande des Artentods überlebt.

An einem Spätsommerabend habe ich den Halsbandsittich in Wiesbaden gefunden. Ganz in der Nähe des Bahnhofs stehen die bevorzugten Schlafplatanen eines Schwarms. Die Zweige sehen etwas gerupft aus – und unter den Bäumen fand ich schließlich auch eine grüne Feder.

An einem sonnigen Herbsttag begegnete mir ein Schwarm des kleinen Alexandersittichs *Psittacula eupatria* in der Nähe des Heidelberger Bahnhofs. Natürlich habe ich die Vögel zunächst gehört und sah dann erst ihre grünen Flügel zwischen karamellgoldenem Platanenlaub über mich hinwegschießen – und fand ein winziges, hellgrünes Federchen auf dem Asphalt.

Kurz darauf beobachtete ich, am Bahnsteig wartend, einen Krähenschwarm, und mir war auf einmal so, als enthielte selbst das wilde Jazzkonzert der schwarzen heimischen Vögel mit ein paar Tropenklängen eine Hommage an den Gesang der bunten Neubürger.

Auch diese Arten erzählen Geschichten, doch ganz andere als die anderen, hier einheimischen Vögel, draußen vor den globalen Dörfern. Die Geschichte der »globalisierten Papageien« zeigt, dass, wenn einzigartige Naturbilder verschwinden, diese auch dann, wenn scheinbar ähnliches Leben aus anderen Erdteilen eingeführt wird, keineswegs das Verlorene ersetzen können. Papageien sind nicht mehr das Symbol für fremde Länder voller Wunder und Abenteuer, da es sie heute eben beinahe überall geben kann.

Ein Feuerwerk aus Grün und Gelb – und Blut

Amerika hatte mit dem Aussterben des Karolinasittichs eine weitere Art verloren, eine von Hunderten seit Ankunft europäischer Siedler, eine von Tausenden, seit Menschen zu Mammutzeiten über die Beringbrücke auf den Doppelkontinent wanderten.

Aus Vitrinen schauen sie jetzt, stumm und starr, Museumsbesucher aus Glasaugen an. Gerade in Deutschland gibt es als Erbe der Jäger und Sammler des 19. Jahrhunderts besonders viele Präparate des Sittichs. Im Museum Schloss Rosenstein in Stuttgart, in Wiesbaden, im Museum Heineanum in Halberstadt und im Dresdner Tierkundemuseum ist er zu sehen. In Braunschweig findet man ihn im Naturhistorischen Museum unter einem Dach mit dem Skelett der Stellerschen Seekuh und mit Präparaten von Riesenalk und Wandertaube. Die immer noch strahlend bunten Bälge lassen erahnen, mit welchen Farben diese Vögel auf den Beobachter eingewirkt haben mögen, ein Feuerwerk aus Grün und Gelb – und Blut, auch das, denn das Feuerwerk kam oft aus Feuerwaffen. Der Sittich wurde intensiv bejagt, machte er sich doch bei Farmern durch Überfälle auf Obstgärten und Getreidefelder unbeliebt. Auch die Neigung des Menschen, sich gerne mit fremden Federn zu schmücken, kostete ungezählte Schwärme das Leben.

Als er selten wurde, fielen auf einmal nicht mehr nur Farmer und Federhändler und Menschen, die ihn – auch wenn er scheußlich geschmeckt haben soll – wegen seines Fleisches jagten, über die letzten Populationen her, sondern auch die Wissenschaftler. »Ich schütze keine Vögel, ich töte sie«[16], ist ein Ausspruch des Ornithologen Charles B. Cory, und dieser Devise folgten die meisten Ornithologen des 19. Jahrhunderts, konnte man doch nur den toten Vogel sezieren, ausstopfen oder problemlos zeichnen. So war Audubon, Schöpfer wunderbarer Vogelporträts, »der größte Schlächter von Vögeln, der jemals lebte: er zerstörte Schönheit, um Schönheit zu schaffen«; so drückte es der amerikanische Dichter Robert Penn Warren aus.[17] Doch die Schönheit der Audubonschen Bilder kann niemals an die der um ihretwillen getöteten lebenden Vorbilder heranreichen. Könnten wir sie doch nur zurücktauschen …

Auch der schottisch-amerikanische Ornithologe Alexander Wilson[18] hat eine große Zahl der Vögel – Artgenossen seines zahmen Karolinasittichs – auf dem Gewissen. In seinen Schriften berichtet er, dass er einen Schwarm der Vögel beobachtete, wie sie beim Sammeln von Minerallehm aus der Erde den Boden einem bunten Teppich gleich bedeckten. Wie sie sich anschließend auf einem Baum niederließen, ganz so wie es auch Göbel beschrieb. Wie er dieses Bild bewunderte. Und wie er dann – unfassbar – anfing zu schießen und zu schießen und zu schießen.[19] Während ein »Regen von ihnen niederfiel«[20], machte er eine für die Ausrottung des Vogels wichtige Beobachtung. Waren einige der Vögel verletzt, so flogen die Übrigen nicht etwa fort, sondern umschwärmten die Toten und Verletzten mit viel Geschrei – so lange bis sie selbst getroffen wurden. Die Landwirte konnten auf diese Weise, so berichtet Audubon, so lange auf die Vögel schießen, bis nur noch so wenige übrig waren, dass sich der Einsatz der Munition nicht mehr lohnte – oder Stille einkehrte.

Als der Vogel seltener wurde und das Kopfgeld also stieg, da lohnte sich oft auch noch der nächste Schuss, da wurde auch dann noch immer weitergeschossen, wenn nur noch wenige fielen, und immer weiter, bis schließlich überall Stille einkehrte …

Durch Bejagung hat der Mensch noch keiner Art geholfen[21], doch wahrscheinlich waren Blei und Pulver nicht die einzige Todesursache. Wie überall dürfte die Veränderung der Umwelt einen großen Einfluss gehabt haben. Der Sittich war ein Vogel der Wälder, und seit der Ankunft europäischer Siedler haben sich die Waldbilder Nordamerikas stark verändert.[22,23] Zum einen war die Geschichte der Vereinigten Staaten von Anfang an eine Geschichte der Entwaldung[24], was zweifellos zur Zerstörung vieler Lebensräume des Vogels führte. Als sich im Verlauf des 19. Jahrhunderts die Forstwirtschaft entwickelte, als besonders in den Staaten der Ostküste neue Waldbautechniken Einzug hielten und großflächig Wiederaufforstungen durchgeführt wurden, konnte dies dem Vogel wenig helfen. Über weite Strecken verwandelten sich der abgeholzte Wald und die letzten Baumbestände in große, aufgeräumte Forstplantagen, grüne Wüsten aus Bäumen, alle nach allen Seiten gleich. Conuropsis aber brauchte Wald, keine Plantagen, er brauchte Baumstämme, kein Stammholz. Wo allzu intensive, allzu geordnete Forstwirtschaft betrieben wird, gibt es keinen Lebensraum mehr für einen Vogel, der zum Nisten auf alte, hohle Bäume angewiesen ist. Diese Erklärung ist auf den ersten Blick nicht befriedigend, starb der Papagei doch in Gegenden aus, die kaum forstlich genutzt wurden, verschwand er doch auch aus den »dunkelsten Wäldern und unzugänglichsten Sümpfen«. Es ist gut möglich, dass derart große zusammenhängende Flächen ursprünglicher, alter, nicht in Aufforstungen entstandener Wälder zum Überleben erforderlich gewesen wären, dass die verbleibenden, nur nach menschlichem Maßstab großen Flächen dem Sittich nur so viel helfen konnten, wie ein Strohhalm dem ertrinkenden Schiffbrüchigen, der doch eine Insel braucht. Die »Insel« der Restwälder und Rückzugsgebiete, aus Menschenperspektive riesig, war aus der Vogelperspektive eben winzig, und dies umso mehr, als der Vogel nicht alleine sein konnte. Er brauchte den Schwarm, und der Schwarm musste wandern, sodass die »Insel« in Wirklichkeit vielmehr ein weit gestreuter Archipel war, Knotenpunkte im Netzwerk der Wanderungswege, ein Netzwerk, das zusammenbrechen musste, wenn auch nur einige wenige strategische Punkte herausgerissen wurden, so wie ein Blutkreislauf zusammenbricht, wenn auch nur eine einzige wichtige Vene durchtrennt wird.

Möglicherweise gibt es noch eine weitere Erklärung, wie es dazu kam, dass, selbst wenn es noch in einigen Gegenden vereinzelt große – *wirklich* große – alte Wälder mit großen alten Bäumen gegeben haben mag, diese dem Sittich keine Heimat mehr bieten konnten, eine weitere Erklärung, was dazu kam, um die Wälder des Sittichs zu zerstören – oder vielmehr, *wer* dazu kam.

Es könnte jemand gewesen sein, der *auch* in Schwärmen, in riesigen Kolonien lebte. Jemand, der *viele* war. Jemand mit Flügeln. Jemand, der einen neuen Klang in die Wälder einführte und bald den Ton angab. Jemand, der bewaffnet war und sich seinen Lebensraum erobern konnte – und der mit dem grünen Papagei um eine überlebenswichtige Ressource konkurrieren und ihn von der Schildkröteninsel herunterdrängen konnte

Goldrausch

Wann die europäische Honigbiene nach Amerika kam, wissen wir nicht. Vielleicht überquerte *Apis mellifera* den Atlantik bereits Anfang des 16. Jahrhunderts auf einem spanischen Schiff und war aus der Karibik auf das amerikanische Festland gelangt. 1536 werden die Wälder Floridas als *abounding in honey* – überaus reich an Honig beschrieben[25]. Ob es sich dabei tatsächlich um Honig der *Apis mellifera* handelte, ist allerdings unklar. Spätestens 1617 müssen Honigbienen aus England auf die Bermudainseln eingeführt worden sein.[26] Für das Jahr 1621 ist dokumentiert, dass auf einem englischen Schiff Bienenvölker nach Virginia importiert wurden.[27] Wo immer sich Europäer niederließen, taten sie dies nie alleine, nie ohne ihren Schwarm von Nutztieren und Nutzpflanzen, nie ohne ein Stück ihres alten, eigenen Kontinents, der alten Insel, und die Biene war immer an Bord. Das Einpflanzen neuer Arten war ebenso wie das Aufpflanzen der Flagge ein Akt der Inbesitznahme neuen Landes.

Präsident Jefferson hegte nicht nur ein intensives Interesse am Staatswesen, sondern auch am Wesen der staatenbildenden Insekten. 1781 notiert er in seinem Buch *Notes on the State of Virginia*[28]: »Die Honigbiene ist kein Eingeborener unseres Landes ... Die Indianer stimmen darin mit der Überlieferung überein, dass sie aus Europa gebracht wurde, aber wann und von wem, das wissen wir nicht. Die Bienen haben sich allgemein etwas vor den Siedlern im Land ausgebreitet. Die Indianer nannten sie daher die Fliege des weißen Mannes, und betrachten ihr Auftreten als Anzeichen, dass die Siedlungen der Weißen näher rücken.«

Die *Fliege* des weißen Mannes – wie sonst hätten sie das fremde Tier benennen sollen als durch einen Vergleich mit einem altbekannten Insekt –, Ahmo wurde sie auf Chippewa oder O-jeb-way[29] genannt. Auf Cheyenne heißt sie Hahnoma[30], auf Lenape[31] Amoe, und in all diesen Sprachen bedeutet das Wort ursprünglich Wespe oder bezeichnet einheimische Bienenarten.

Der Dichter Henry Wadsworth Longfellow widmete dem stechenden Begleiter und Vorreiter der neuen Siedler ein paar Zeilen.[32] »Wohin auch immer sie ziehen, vor ihnen/Schwärmt die stechende Fliege Ahmo,/ schwärmt die honigmachende Biene.« Sie ging den europäischstämmigen Siedlern als Vorhut auf dem Weg nach Westen voraus – und immer weiter in den Westen zog die Biene: »Nach Westen in die Nachbarwälder/Dringt in goldenen Schwärmen Ahmo,/dringen Bienen, Honigmacher vor,/brennend, in der Sonne singend ...«[33]

Longfellows Zeitgenosse und Landsmann William Cullent Bryant folgt in seinem Buch *The Prairies* dem Weg der Bienen weiter, über die Wälder des Ostens hinaus: »Die Biene, kühnerer Siedler als der Mensch/ mit dem sie über die Tiefe im Osten kam/füllt die Savannen mit ihrem

Murmeln/und sie verstecket, so wie im Goldenen Zeitalter/die Süßigkeiten in der hohlen Eiche ...«[34] Ausgedacht haben sich die Dichter, die die unglaubliche Fülle dieses »Wimmelbildes« in glühenden Farben beschrieben, nichts. Dies belegen die Schriften eher prosaisch ausgerichteter Autoren. Der amerikanische Schriftsteller Washington Irving[35] bemerkte 1832 auf einer Expedition durch Missouri, Kansas und Oklahoma: »Der schöne Wald, in dem wir lagerten, war überreich an Bienenbäumen, das heißt an Bäumen, in deren verrotteten Stämmen wilde Bienen ihre Nester eingerichtet hatten. Es überrascht, in welch zahllosen Schwärmen sich Bienen über den weiten Westen ausgebreitet haben, und das innerhalb nur einiger weniger Jahre. Die Indianer betrachten sie als Vorboten des weißen Mannes, so wie der Büffel zum roten Mann gehört; und sie sagen, dass im selben Maß wie die Biene vorrückt, sich Indianer und Büffel zurückziehen.« Entsprechendes berichtet auch ein anderer Reisender, der Franzose St. John de Crèvecoeur: »Wenn sie nun die Bienen entdecken, so verbreitet sich diese Nachricht umgehend und versetzt alle in Traurigkeit und Betroffenheit.«[36]

Das Bild der den Siedlern als biologische Vorhut vorauseilenden Biene ist beeindruckend und ging in Dichtung, Romanliteratur und Naturgeschichte Nordamerikas ein.[37] Was Jefferson, Crèvecoeur oder Irving in eindrucksvollen Bildern dokumentierten, was Longfellow und Bryant poetisch verarbeiteten, war allerdings kein uramerikanisches, kein *nur*-amerikanisches Phänomen, sondern muss im Lauf der letzten drei Jahrhunderte weltweit zu beobachten gewesen sein. Wo auch immer sich europäische Siedler niederließen, auf der Schildkröteninsel, auf *den* Schildkröteninseln[38], auf den Südkontinenten oder in den Ländern des Stillen Ozeans, taten sie dies nie ohne ein biologisches Stück des alten Kontinents. Und die Biene war immer an Bord.

Vielleicht war der Erste, der diesen Beispielfall der biologischen Globalisierung kritisch betrachtete, der Mecklenburger Forscher Heinrich Friese.[39] Er untersuchte die Bienen der damaligen deutschen Kolonie Papua-Neuguinea und wunderte sich über ein Exemplar einer Bienenart namens *Halictus quadrinotatus*, »das nicht von europäischen Arten abweicht; also vielleicht eine importierte Art?« Dergleichen war ihm schon zuvor begegnet, als er die in Deutschland heimische Große Wollbiene in einer Sammlung aus Brasilien oder eine deutsche Holzbiene in einer Sammlung aus Argentinien fand. »Bei dem lebhaften

Verkehr, besonders in Naturproducten, wie er in den letzten Jahrzehnten stattgefunden hat, müssen die Systematiker und Biologen sich unbedingt mit dem Gedanken vertraut machen, dass auch niedere Tiere unbeabsichtigte Verschleppung erfahren«, notierte Friese. »Hier würden auch die mit Absicht importierten Rassen von Apis mellifica L. zu erwähnen sein, die zur Zeit überall vom 60° nördl. Breite (Norwegen) bis nach Neuseeland ca. 45° südl. Breite vorkommen (...). Auch die mit Baumstämmen absichtlich oder unabsichtlich transportierten Melipona-und Trigona-Arten (Bremen, Hamburg, Böhmen u. A.) dürften hier Erwähnung finden müssen, wenn die Tropenformen in Europa auch schwerlich Fuß fassen können.« Melipona und Trigona sind stachellose Bienen der Tropen, die heute in vielen Gebieten der Erde an Boden verloren haben. Mit den anpassungsfähigen, hocheffizienten Staatenwesen der *Apis mellifera* können sie nicht mithalten.

Ist die »Tatsache, dass auch niedere Tiere unbeabsichtigte Verschleppung erfahren«, für Systematiker und Biologen allenfalls lästig, weil verwirrend, so ist das Auftauchen der falschen Art am falschen Ort für die einheimische Fauna und Flora der Zielgebiete lebensbedrohlich. Sie werden allzu leicht durch eine erfolgreich angesiedelte fremde Konkurrenz an den Rand gedrängt, an den Rand ihrer Insel, und darüber hinausgeschoben oder durch fremde Fressfeinde in den Artentod gejagt. Auch die Biene als Neuankömmling machte sich in den Lebensräumen anderer Arten breit, besetzte Nischen neu, nahm anderen Arten die Lebensgrundlage, verdrängte sie, drängte sie manchmal bis an den Rand des Aussterbens und auch darüber hinaus. Eines der Opfer war ein grüner Papagei, eben jener, der verzweifelt nach einer Nisthöhle suchte, die nicht schon von einem übermächtigen Konkurrenten besetzt war – der Honigbiene. Doch die war überall. Wie die Märchenameisen alle Perlen finden, die Ente zielsicher den Schlüssel im Schlamm erschnäbelt, so finden wilde oder verwilderte Honigbienen, wo ihre Populationsdichte nicht durch Wassermangel, Krankheiten oder Parasiten limitiert wird, einfach jeden geeigneten Nistplatz. Einzelne Berichte beschreiben Wälder, in denen es kaum einen Baum gab, in dem nicht ein Bienennest zu finden war.

»Heute schwärmt die Honigbiene zu Myriaden durch die edlen Haine und Wälder, die die Prärien einrahmen und durchsetzen und sich entlang des Schwemmlandes der Flüsse ausbreiten«, schrieb Washington Irving.[40] Von *vast numbers*, »riesigen Zahlen«, ist 1838 noch in einer populärwissenschaftlichen Publikation die Rede.[41] In einem Land, in dem es zuvor kaum Süßes gab außer Früchten, Ahornsirup und einigen Tropfen Hummelhonig, mühsam mit einem hohlen Grashalm aus den Zellen gesaugt, stellte der Inhalt der Bienennester einen wahren Nibelungenhort dar. Es gibt Berichte wie den von 1832 aus Pennsylvania über einen Baum, der über eine Stammlänge von beinahe acht Metern mit Honig gefüllt war wie ein gigantisches Fass, das über hundert Kilogramm Honig enthielt.[42] Doch diesen neuen Schatz zu bergen, brachte zwangsläufig Zerstörung und Tod mit sich – unter anderem für den grünen Papagei. Jefferson, der die Ausbreitung der Biene in Amerika so anschaulich beschrieb, konnte noch nicht um den Zusammenhang der Ausbreitung der Biene mit dem Aussterben des Vogels, den er in seinen *Notes on the State of Virginia*[43] erwähnte und von dem er ein Exemplar als zahmes Haustier hielt, wissen.

Honigjagd

Der amerikanische Ornithologe Daniel McKinley identifizierte in den sechziger Jahren das Zusammenspiel der beiden Akteure *Homo sapiens* und *Apis mellifera* als möglichen Grund für das Aussterben des Karolinasittichs. Schon immer haben die Nester der Bienen in hohlen Bäumen die menschliche Gier auf Süßes geweckt, und schon immer hat dies zu Zerstörung geführt. »Die Indianer fanden überrascht, dass ihnen aus den modernden Bäumen ihrer Wälder plötzlich ein süßes Himmelsbrot entgegendrang, und nichts, so sagte man mir, kann den gierigen Genuss übertreffen, mit dem sie erstmals von diesem geschenkten Luxusgut der Natur speisen«[44], notierte Irving.

Die Überfülle reizte zu Überfällen. Das Verfahren, dieses Genusses habhaft zu werden, ist bereits im Märchen von der Bienenkönigin bestens illustriert. Fanden Menschen ein »Bienennest, darin war so viel Honig, dass er am Stamm herunterlief«, so wollten sie unweigerlich »Feuer unter den Baum legen und die Bienen ersticken, damit sie den Honig wegnehmen könnten«.[45] Was hier nur in knappen Worten beschrieben ist, das Ausnehmen von Bienennestern oder »Honey Hunting«, die Jagd nach Wildhonig in den Wäldern, war in Amerika seit dem 17. Jahrhundert ein äußerst beliebter Zeitvertreib. Es erforderte ohne Zweifel eine gewisse Abenteuerlust, denn ganz ungefährlich war die Sache sicher nicht – wobei allerdings der von Melville[46] erwähnte bizarre Tod eines Honigsuchers durch Ertrinken im Honig ein extrem ungewöhnlicher Unfall gewesen sein dürfte.

Es war eine abenteuerliche Beschäftigung mit und in der Natur, ähnlich wie Jagd und Fischen und Goldsuchen, erwachsen aus der Verpflanzung einer Art und einer Art der Nutzung der Wälder Europas[47] nach Amerika. Sie ist in Anekdoten und Briefen, Erzählungen und Romanen dokumentiert.[48] In James Fenimore Coopers *Bienenjäger*[49] zeigt der Honigsammler Buzzing Ben den eleganten Weg, den Bienen folgend den Nestbaum ausfindig zu machen – und die brutale Methode, des Honigs habhaft zu werden: Der Baum wird kurzerhand gefällt oder abgebrannt und ausgeräuchert. Eine erfolgreiche Honigjagd führte also unweigerlich zur Zerstörung des alten Baumes mit Axt oder Feuer, mit der Folge, dass viel Leben an oder im Baum getötet oder verjagt wurde. Da Coopers Buzzing Ben »einer der ersten, der sein Handwerk in diesem Teil des Landes ausübt«, war, gab es zu seiner Zeit sicher noch genügend hohle Honigbäume. Mit steigender Siedlungsdichte, mit wachsender Zahl der Siedler und Rückgang der Bewaldung müssen sich die Jagdgründe der Honigjäger immer weiter nach Westen und Süden verlagert haben. Ende des 17. Jahrhunderts gab es beispielsweise in Pennsylvania noch viele Bienenbäume. Rund ein halbes Jahrhundert später waren beinahe alle verschwunden.[50] »Die Tätigkeit als Bienenjäger ist nichts Ungewöhnliches in den Randgebieten der amerikanischen Gesellschaft«, notierte James Fenimoore Cooper[51] – und tatsächlich stammen die eindrücklichsten Berichte immer aus den jüngeren Siedlungsgebieten. Der New Yorker Washington Irving[52] fand auf seinen Reisen die Häufigkeit der Bienen und Bienenbäume in den Präriestaaten bemerkenswert, da er dergleichen aus seiner Heimat an der Ostküste nicht mehr kannte.

Eine Pastorenfrau namens Mary Phelps schrieb im Dezember 1831 in einem Brief aus Texas: »In Gesprächen wurden häufig Honigbäume erwähnt. In Kentucky hört man von Zuckerbäumen. Auf meine Nachfrage, was für eine Art von Baum denn mit Honigbaum gemeint sei, erfuhr ich, dass hohle Bäume, in denen die Bienen ihren Honig lagern, so genannt werden. Diese Bäume gibt es in großer Zahl, und Unmengen von Honig ausgezeichneter Qualität können aus ihnen gewonnen werden. Es gibt Leute, die mit besonderem Feingefühl den Bienen nachzujagen verstehen und so diese Lagerstätten des köstlichen Vorrats finden. Diese Tätigkeit ist kein reiner Zeitvertreib, sondern durchaus gewinnbringend.«[53] Sie stammte aus Connecticut, das seit Jahrhunderten von europäischstämmigen Menschen besiedelt und dessen Waldlandschaften schon lange gründlich verändert waren. Hier gab es zu ihren Lebzeiten vermutlich kaum noch alte, hohle Urwaldbäume. Zur selben Zeit wird in einer Zeitung aus Vermont Texas als »das Land der wilden Pferde und der Honigbäume« bezeichnet. Auch in Vermont muss der große Reichtum an Bienen schon damals der Vergangenheit angehört haben.[54]

Auch wenn der extreme Bienenreichtum möglicherweise recht kurzlebig war und wie eine Welle über das Land rollte und dann abebbte, wurde die Honigjagd vielerorts bis in die jüngste Zeit betrieben. In manchen Gegenden ist es nur zwei Generationen her, dass das Honigsuchen aus dem Alltag der Landbevölkerung verschwand. Heute fände man kaum noch Honigbäume, überhaupt kaum noch hohle alte Bäume. Die Honigjäger fänden sie nicht und auch die Bienen nicht und andere Geschöpfe, die doch sonst im Finden von Dingen und Orten, im Orten und Finden von Dingen so effizient sind, auch nicht.

»Da Papageien hohle Bäume als Ruheplatz und zum Nisten verwendeten, mag ein Zusammenhang zwischen dem Verschwinden der Vögel und dem Fällen von Bienenbäumen im großen Stil bestanden haben«, schrieb Daniel McKinley 1960. »Ich bin davon überzeugt, dass das Ausmaß der Zerstörung hohler Bäume durch Bienenjäger auf der Suche nach Honig und Wachs zu wenig anerkannt wird.«[55]

Wohnungsnot im Wald

Selbst wenn ein Bienenbaum, ein Papageienbaum irgendwo »in den dunkelsten Wäldern und unzugänglichsten Sümpfen« von Menschen unentdeckt blieb und nicht mit Feuer und Axt angegriffen wurde, so machte dies möglicherweise für den Papagei kaum einen Unterschied. »Vielleicht haben die Bienen selbst auch nistende und rastende Schwärme von Papageien abgeschreckt«, schreibt Daniel McKinley. Die Entdeckung und Inspektion einer Höhle, die schon von dem Neueindringling aus Europa besetzt war, hätte in Stichen und Schmerz, einem Chor surrender Insektenstimmen, in Flucht oder Tod des Vogels geendet.

Waren die menschlichen Ureinwohner »überrascht, dass ihnen aus den modernden Bäumen ihrer Wälder plötzlich ein süßes Himmelsbrot entgegendrang«[56], so war erst recht der Vogel, dem solch »eine stechende Höllenbrut entgegensprang«, überrascht, überwältigt und schlichtweg überfordert mit der neuen, fremden Situation. Lockten die Bienenvölker die Menschen an, so schreckten sie Vögel ab. Selbst wenn ein brütendes Vogelpaar auf der Suche nach der »Wohnung« als Erstes das Rennen gemacht hatte, so waren sie doch mit großer Sicherheit anrückenden Bienenvölkern, die ihnen den Platz streitig machten, nicht gewachsen. Auch aus jüngerer Zeit gibt es immer wieder Berichte, wie andere Vogelarten – vom Zaunkönig[57] bis zum Geier[58] – durch Bienenvölker, die Nistgelegenheiten »erobern«, zu Tode kommen. Selbst wenn erwachsene Vögel eine solche Konfrontation überstanden, wäre dabei doch unweigerlich die Brut verloren gegangen und somit längerfristig komplette Populationen.

Ein mehrfach in der wissenschaftlichen Literatur vorgebrachter Einwand gegen diese »Bienentheorie« ist, dass die alten Spechthöhlen, die der Papagei gerne verwendete, meistens zu klein für ein Bienennest gewesen seien.[59] Doch dabei liegt möglicherweise ein Attributionsfehler vor. Wenn der Vogel in Gegenwart der Bienen in kleinen Höhlen nistete und die Bienen auch in Abwesenheit des Vogels in großen, ist unmöglich festzustellen, ob nicht vielleicht gerade dies das Ergebnis der Konkurrenz war, eine neue Einnischung, bei der der Papagei in solche Höhlen abgedrängt wurde, die für Bienen ungeeignet waren, aber eben auch für den Papagei nicht mehr als ein Notbehelf. Schließlich haben Forscher niemals die Brutbiologie des Papageis in Abwesenheit der Bienen wissenschaftlich studieren können. Als diese Seite im Buch der Natur noch lesbar war, noch nicht ausradiert und mit neuem Text überschrieben, da hat niemand für uns eine Abschrift oder Übersetzung angefertigt.

Auch scheint der Vergleich angeblich bevorzugter Größen der Baumhöhlen in diesem Zusammenhang fragwürdig. Kolonien wilder Bienen sind oft viel kleiner als domestizierte Völker, *weil* sie sich eben an die Größe der verfügbaren Höhlen anpassen müssen. Dass wilde Bienen auch in recht kleinen Höhlen nisten können, wenn sie denn müssen, ist buchstäblich seit Jahrtausenden bekannt – illustriert durch Herodots Anekdote von Bienen, die in einem Totenkopf nisteten.[60]

Manchmal wächst solch eine Kolonie übrigens auch aus den beengten Verhältnissen der vorhandenen Höhle hinaus in eine Felswand oder eine offene Baumkrone.[61] In der *Stadt an der Bahnlinie* kannte ich ein großes Bienennest, das frei in den Zweigen eines Baumes hing, und auch im grünen Tal kannte ich einen Baum, dessen Höhle für die Bienen offenbar nicht groß genug war, sodass die Waben von unten deutlich sichtbar über die Höhle hinausgebaut worden waren. Eine neuere Studie[62] fand heraus, dass Bienen durchaus auch künstliche Nesthöhlen mit einem Volumen unter zehn Litern annahmen – und diese Daten wurden übrigens ausgerechnet in Alabama, genau im früheren Verbreitungsgebiet des Papageis, erhoben.

Um wählerisch sein zu können, muss man eine Wahl haben – und die war angesichts der Veränderungen der Wälder Nordamerikas sicher stark eingeschränkt. Selbst wenn die ideale Wohnung für Vogel und Insekt sehr unterschiedlich ausgesehen haben sollte, so mag die »Wohnungsnot« aus den am Rande der ökologischen Nischen zusammengedrängten Geschöpfen erbitterte Konkurrenten gemacht haben. Und es waren nun nicht nur Papageien, nicht nur Vögel, die die neue Konkurrenz zu spüren bekamen. In einer Geschichte, die um 1905 von einem Yuba-Häuptling[63] in Kalifornien erzählt wurde, tritt ein Eichhörnchen auf der Suche nach einer Nisthöhle im Baum in Konkurrenz mit dem Specht und den Honigbienen. »Plenty honey bee he lives in hole. Honey bee he comes out, he very mad now.« Tatsächlich wurde für Eichhörnchen ebenfalls Konkurrenz mit Honigbienen nachgewiesen.[64] Auch künstliche Behausungen für verschiedene baumhöhlenbewohnende Tierarten werden heute häufig von verwilderten Bienen besetzt.[65, 66]

Am Beispiel des heute ebenfalls bedrohten Kokardenspechts Nordamerikas lässt sich zeigen, dass Bienen tatsächlich Spechte von der Nutzung ihrer eigenen Nisthöhlen abhalten können.[67] Sind möglicherweise auch der Kaiserspecht *Campephilus imperialis* und der Elfenbeinspecht *Campephilus principalis*, der große symbolträchtige schwarzweiße Vogel mit dem elfenbeinfarbenen Schnabel, ohnehin schon bedrängt durch die Zerstörung ihrer Wälder, noch zusätzlich in ihren Nistmöglichkeiten durch die europäische Bieneninvasion eingeschränkt worden? Möglicherweise gingen mit dem Niedergang des Elfenbeinspechts zwangsläufig auch Brutmöglichkeiten für den Karolinasittich als »Nachmieter« verloren. Übrigens nisten in Europa Halsbandsittiche auch in den Höhlen von Buntspecht und Grünspecht.[68] Wir werden es kaum mehr herausfinden können, denn auch der Elfenbeinspecht ist inzwischen trotz kürzlich erfolgten Meldungen zu seiner Wiederentdeckung mit an Sicherheit grenzender Wahrscheinlichkeit ausgestorben.[69]

Vielleicht führte schon ein geringfügiger Rückgang der Nistmöglichkeiten für den Papagei zu erheblich verringertem Bruterfolg. In der Biologie wird die Zahl der überlebenden Nachkommen als Indikator für die sogenannte reproduktive Fitness verwendet. Fit bedeutet »passen«. Wer am besten in seine Umwelt »passt«, ist »angepasst« und kann diese Anpassung an eine zum Überleben der Art ausreichende Zahl von Kindern und Kindeskindern weitergeben. Wenn eine, wenn viele Nisthöhlen schon besetzt sind, dann passt eben niemand mehr hinein. Dann wird die »Fitness«, das Passen in die – nun veränderte – Umwelt des Zu-spät- oder Zu-kurz-Gekommenen oder des »von Haus und Hof Verjagten« schlechter und schlechter. Es folgt ein Aussterben auf Raten, ein über Generationen hinweg vollstrecktes demografisches Todesurteil. Auch das Argument, dass der Papagei mitunter in offenen Baumkronen nistete und dadurch durchaus auch in Ermangelung von Höhlen eine Chance zum Nisten gehabt habe[70], überzeugt nicht. Wahrscheinlich waren diese Nistplätze nur eine Notlösung des aus seinem Habitat abgedrängten Vogels, Ausweichquartiere, Notbehausungen. Wer weiß schon, wie der Bruterfolg in solchen alternativen Nistplätzen war?

»Es ist doppelt schwierig, die Gründe ihres Niederganges auszuwerten durch den Mangel an Wissen um ihre Brutbiologie und die Anforderungen der Art hinsichtlich des Habitats und der Gemeinschaft«, schrieb McKinley.[71] Einen hieb- und stichfesten wissenschaftlichen Nachweis solcher Zusammenhänge zu erbringen, ist heute nicht nur schwierig, sondern unmöglich. Die Interaktionen zwischen dem Karolinasittich und verwilderten Honigbienen sind heute nicht mehr zu untersuchen, ebenso wenig wie die möglichen Auswirkungen auf andere höhlenbewohnende Vögel. Neue Schichten wurden bald über das damalige, noch relativ neue Bild der Umwelt gemalt. Die große Bevölkerungsdichte, oder vielmehr Völkerdichte der Bienen nahm infolge der ihnen nachgereisten Krankheitserreger wieder ab, und dies ganz besonders in den letzten Jahren, und macht es so schwer, das zwischenzeitliche, zwischenzeitlich auch wieder verlorene Bild nachzuvollziehen.

Wir können lediglich versuchen, uns im Vergleich mit anderen, lebenden und toten Arten anderer Ökosysteme – wie sonst? – ein Bild zu machen. Es gibt nämlich einige andere Fälle, in denen die Konkurrenz von Honigbienen nistenden Vögeln zu schaffen macht. Die gleiche Geschichte wird, in Variationen, auch anderswo erzählt. Denn was Jefferson berichtete und Longfellow bedichtete, geschah nicht nur auf dem nordamerikanischen Festland.

Ein schillernder Artenschwarm ausgestorbener Papageien wird für die Karibik beschrieben – Inseln, auf die die europäische Biene möglicherweise schon eingeführt wurde, bevor sie das amerikanische Festland erreichte. Seit dem 18. Jahrhundert verschwanden der Guadeloupe-Sittich *Aratinga labati* und der prachtvolle rote Guadeloupe-Ara *Ara guadeloupensis*[72], die Guadeloupe-Amazone *Amazona violacea*, die Martinique-Amazone *Amazona martinica* und der Kuba-Ara *Ara tricolor*. Ich habe ihn im Wiener Naturkundemuseum und in Berlin besucht und versucht, mir die Farben und die Stimme des lebenden Vogels vorzustellen.

Alle ausgestorbenen Papageien der Karibik dürften in Baumhöhlen genistet haben. Hatten also verwilderte Bienen mit dem Verschwinden der Vögel zu tun – oder war es die Zerstörung der karibischen Wälder oder eine Kombination von Entwaldung und Bejagung und der Einflüsse all der vielen unterschiedlichen importierten Arten?

Repetitio ad nauseam

Da wir, als die Biene nach Amerika gebracht wurde, nicht so richtig mitbekommen haben, was geschehen ist, hat sich die Geschichte wiederholt, gewissermaßen »noch mal zum Mitschreiben«, und das gleich mehrere Male. Wo immer sich europäische Siedler seit Beginn des 16. Jahrhunderts niederließen, ob in Australien, Südamerika, Neuseeland oder auf den weit gestreuten Ozeaninseln, war immer die Biene mit an Bord. Und nicht nur das. Wie in einem gigantischen, weltumspannenden Versuchsaufbau, sind als positive und negative Kontrollen auch noch einige Varianten mit eingebaut. Dieselbe Bienenart auf einem anderen Kontinent. Eine ähnliche, doch andere Bienenart auf einem anderen Kontinent. Eine etwas andere Bienenart auf demselben Kontinent. Und immer sind auch Baumhöhlen bewohnende Tiere, immer sind auch Vögel betroffen, zum Beispiel Papageien, zum Beispiel in Australien.

1822, über zwanzig Jahre nach de Crévecoeurs Beobachtungen in Nordamerika, landeten im Hafen von Sydney, an Bord eines Sträflingsschiffs, acht nach Australien deportierte Bienenkolonien.

»Die englische Biene wurde so erfolgreich eingeführt, dass sie nun verwildert sehr häufig im Busch vorkommt und sich über den gesamten australischen Kontinent ausbreitet«, schrieb 1860 der Arzt und Naturkundler George Bennet.[73] Er muss die Schriften Jeffersons oder Longfellows gekannt haben und scheint eine Parallele zur Geschichte Amerikas zu ziehen: »Die ausländische Biene vertreibt rasch das eingeborene Insekt, so wie der Europäer den Schwarzen aus den besiedelten Gebieten vertreibt, sodass die australische Biene nun sehr selten wird.«

Heute sollen auf dem Inselkontinent ungefähr 680.000 Bienenvölker bei über 10.000 Imkern registriert sein. Die wirkliche Zahl ist ebenso unbekannt wie die Zahl der in Eukalyptuswäldern im Outback verwilderten Völker. Überall in Australien, mit Ausnahme der trockensten Wüstengebiete und der feuchtesten Tropenwälder, ist heute die europäische Honigbiene zu finden. In Klüften und Felsspalten roter Berge und in den hohlen Stämmen blauer Riesenbäume baut sie ihre Waben. Sie sammeln ihren Nektar von endemischen Myrtaceen, Proteaceen, Fabaceen, von Pflanzen, auf die bis vor zweihundert Jahren noch nie ein europäisches Insekt einen Fuß gesetzt hatte. Es geht ihnen ausgezeichnet in der neuen Heimat. Sie haben sich gut eingelebt, und für die einheimische Tier- und Pflanzenwelt ist hiermit eine neue, höchst aggressive Konkurrenz aufgelebt. Die Blüten der einheimischen Flora *hatten* schon vor zweihundert Jahren Besucher und Bestäuber – ihre eigenen; und die Eukalyptushöhlen hatten Bewohner – ihre eigenen; und die Australier *hatten* andere Bienen – ihre eigenen.

Wo sind die Bienen, die auf diesen Ebenen wuchsen?
Die Geister haben sie entfernt. Sie sind zornig auf uns.
Sie lassen uns ohne Feuerholz, wenn sie voll Zorn sind.
Sie werden niemals wieder wachsen …

Dies ist der Text eines Lieds australischer Ureinwohner[74], das um 1840, knappe zwanzig Jahre nach der Ankunft der importierten, deportierten Bienen, in der Gegend um Sydney aufgezeichnet wurde. »Die Bienen, die auf diesen Ebenen wuchsen«, sind, natürlich, einheimische stachellose Bienen, Melipona-Arten, die selbst ein eigenes, aromatisches Nektarprodukt erzeugen und speichern. Ebenso wie die »neue Biene« auch die alten Bienenweiden übernommen hatte und nun die Blüten, die zuvor Melipona-Arten ernährten, aussaugte, so ging auch der Name des süßen Produkts der alten stachellosen Bienen auf das Erzeugnis der »neuen« stechenden Biene über, ganz so wie ein Maori-Wort für ursprünglich direkt aus Blütenkelchen gesammelten Nektar[75] oder das Wort, mit dem nordamerikanische Stämme die aus Hummelnestern gesaugten Honigtropfen bezeichneten, an das Produkt des neuen Insektes überging.

In Westaustralien gibt es einen Tanz der Ureinwohner, der die Honigsuche auf dem alten roten Kontinent, als dieser noch ein Kontinent der stachellosen Bienen war, beschreibt. Ganz plötzlich müssen die Honigsucher ihr Vorhaben abbrechen, als auf einmal aus dem hohlen Stamm etwas Fremdes auf sie einstürmt, als plötzlich fremde Insektenstimmen erklingen und Stich auf Stich folgt, sodass nur die Flucht bleibt.[76]

Mittlerweile hat das Thema um die fremden Bienen und die einheimischen Blumen auch die Aufmerksamkeit der Medien auf sich gezogen. Schon vor einem guten Jahrzehnt war in der Zeitung *The Australian* zu lesen[77]: »Verwilderte Honigbienen erobern den Buschwald und stehlen Nahrung und Lebensraum von vielen einheimischen Tieren. Die Bienen nehmen Pollen und Nektar, der normalerweise von einheimischen Vögeln, wie dem Honigfresser und Sittichen, Säugetieren wie der Blütenfledermaus, dem Zwerg- und dem Honigopossum und einigen Insekten geerntet wird.«

Doch es geht in diesem Kampf nicht nur ums Fressen. Auch in Australien bewohnen Honigbienen hohle Bäume und konkurrieren – zusammen mit anderen exotischen Tieren – um diese knappe Ressource mit einheimischen Arten. Auf der Känguruinsel vor der Küste Südaustraliens zum Beispiel nisten eigentlich der Braunkopfkakadu[78] *Calyptorhynchus lathami*, ein großer schwarzer, breitschnäbeliger Vogel, und eine bunte Gesellschaft von Baumbewohnern und Baumhöhlenbrütern wie die Pinselschwanz-Beutelmaus *Phascogale tapoatafa*, die Gleithörnchenbeutler *Petaurus norfolcensis* und *Petaurus aust-*

ralis, Inka-Kakadu *Cacatua leadbeateri*, Schildsittich *Polytelis swainsonii* oder der Bergsittich *Polytelis anthopeplus*. Auch diese Insel ist keine Insel mehr für ihre ursprünglichen Bewohner.[79] Die Känguruinsel gilt der Imkerei als besonders wichtiger Wirtschaftszweig.

Die ökologischen Zusammenhänge können bei Papageien und anderen Vögeln Australiens posthum ebenso wenig untersucht werden wie im Fall des Karolinasittichs. Bereits in den zwanziger Jahren des letzten Jahrhunderts starb auf dem Inselkontinent der Paradiessittich *Psephotus pulcherrimus*[80] aus. Der Nachtsittich *Pezoporus occidentalis* tauchte in eine obskure Existenz ab, wurde jahrzehntelang für ausgestorben gehalten und nur anhand eines von einem Auto überfahrenen Exemplars Anfang der neunziger Jahre *post mortem* wiederentdeckt. Ein Verkehrstoter – aber sind das nicht alle Arten, die letzten Endes dem explosiven Anwachsen des Güter- und Personenverkehrs, »dem lebhaften Verkehr, besonders in Naturproducten, wie er in den letzten Jahrzehnten stattgefunden hat«[81], und den damit weltweit verschleppten Lebensformen zum Opfer fielen?

Der Ruf des Kurrugu-Vogels findet seine Melodie am Morgen,
der Ruf des Kurrugu-Vogels findet seine Melodie in der Baumhöhle.

So lautet ein Gedicht des Geschichtenerzählers Robert Churnside-Parraruru vom westaustralischen Volk der Ngaluma.[82] Doch der Kurrugu-Vogel *Cracticus nigrogularis* »findet seine Melodie in der Baumhöhle« schon lange nicht mehr. Was er findet, ist ein surrender Choral fremder Insektenstimmen … Kurrugu nennt ihn übrigens auch kaum einer mehr. *Pied Butcherbird* – fleckiger Metzgervogel sagen die englischsprachigen Australier zu dem prächtigen schwarzweißen Tier. Deutsche Ornithologen haben ihn, nicht minder scheußlich, Schwarzkehl-Krähenwürger oder Schwarzkehl-Krähenatzel getauft …

Während die Frage nach der Todesursache der Art des Karolinasittichs heute eher akademischer Natur ist, bleibt das Problem in Australien durchaus aktuell. Seit Anfang des Jahrtausends können verwilderte europäische Honigbienen zum Schädling erklärt werden.[83] Für viele Menschen ist es schwer zu verstehen, dass Imkerei als traditionell umweltfreundliche Nutzung der Natur nun zum Schaden der Fauna und Flora beitragen soll. Zudem ist es inzwischen ein politisches Thema geworden. Es geht um Geld und um Verdienstmöglichkeiten im strukturschwachen Raum und um die ewige Jagd nach Wählerstimmen in ländlichen Bezirken.

Der Umfang der Honigindustrie Australiens wurde 2001 mit 65 Millionen, 2010 mit 80 Millionen australischen Dollar beziffert.[84] Australischer Honig ist ein profitables Exportgut, das man überall auf der Welt kaufen kann. Aus dieser Position heraus weigern sich viele australische Imker vehement, anzuerkennen, dass es überhaupt ein Problem gibt, und Vertreter ihres Wirtschaftszweigs machen in ländlichen Gegenden gegen das angebliche Verteufeln ihres Nutztieres mobil. Auf meine Nachfrage legte mir ein Funktionsträger des australischen Imkerverbandes die Haltung seiner Organisation zu dieser Frage dar: »Die Bienen sind eingeführt worden, um die europäischen Nutzpflanzen zu bestäuben, und sind bis auf den heutigen Tag die wichtigsten Bestäuber in der Landwirtschaft. Die Flora Australiens besteht hauptsächlich aus Eukalyptus, und diese Art hat bis heute jede Menge Baumlöcher.« Er weist auch auf eine Studie von Wissenschaftlern der Universität Sydney hin.[85] Die zeigte in einem diesbezüglich untersuchten Gebiet des Staates Victoria, dass es mehr als zweitausend Baumlöcher pro Quadratkilometer gab, von denen nur zwei Prozent von Honigbienen besetzt waren. Viele der von den Bienen besetzten Höhlen waren ungeeignet für Vögel, weil der Eingang zu eng war. Doch wirklich sichere Resultate lieferte auch diese Untersuchung nicht. Wer weiß denn schon, welche Umstände eine Höhle für den Vogel geeignet oder ungeeignet machen? Es bleibt uns ja auch unklar, warum manche Nistkästen im eigenen Garten partout nicht von Vögeln angenommen werden. Wer kann denn schon »die Insel« im Wald so genau sehen wie der Vogel selbst? »Jede Menge« ist eben nicht genug.

In wie vielen Aussterbegeschichten von Papageien der Pazifikinseln mag die Honigbiene eine Rolle gespielt haben? Im März 1838 brachte die Engländerin Miss Mary Anna Bumby aus Yorkshire ihrem Bruder, der als Missionar in Neuseeland lebte, ein Geschenk mit. Es waren zwei Bienenvölker. Zwei Jahre später wurden zwei weitere Kolonien über die Tasmansee aus Australien gebracht, und bald gab es überall auf den Inseln Neuseelands das neue Insekt.

Nur eine gute Menschengeneration später war ein Zusammenhang zwischen dem Verschwinden einheimischer Vögel und der Ausbreitung des neuen Insektes offenbar schon weithin bekannt, und interessierte

Laien beobachteten die Veränderungen der Natur. In einem 1873 erschienenen ornithologischen Werk[86] und in verschiedenen Zeitungsartikeln finden sich Hinweise darauf, dass die Maori bereits die Biene als Ursache des Aussterbens höhlenbewohnender Vögel identifiziert hatten. Im folgenden Jahr notierte ein britischer Besucher Neuseelands, der Abgeordnete Sir David Wedderburn: »Die Honigbiene Europas hat sich auf der Südhalbkugel als sehr erfolgreicher Siedler erwiesen und hat nicht nur die schwachen Insektenrivalen, die sie dort vorfand, überwältigt, sondern scheint in manchen Gegenden auch eine merkliche Verringerung der Zahl honigsaugender Vögel verursacht zu habe.«[87]

Der Neuseeländer Herbert Guthrie-Smith hielt folgende, nur wenige Jahre später angestellten Beobachtungen fest: »In den Achtzigern und frühen Neunzigern enthielt jeder hohle Baum und jeder trockene, vom Wasser ausgespülte Felsen eine Kolonie. Da gab es außerdem auch jede Menge Schwärme, die ungeschützt an niedrigen Manuka- und Tutu-Büschen hingen. Das Land war zu dieser Zeit tatsächlich grau von den weißen Kleeblüten, und die Bienen gediehen dementsprechend.« Ausgedacht hat sich der Landwirt, der die Natur genau beobachtete, das bestimmt nicht. »Es gab keinen hohlen Baum oder löchrigen Kalksteinfelsen, der in den Achtzigern kein Bienennest enthielt; Kolonien wurden sogar im Freien gebildet«, wiederholt er an anderer Stelle.[88]

»Doch immer weiter in die Nachbarwälder drang in goldnen Schwärmen« die Honigbiene. Wenig später dehnte sich das Verbreitungsgebiet von *Apis mellifera* über den gesamten Pazifik aus. Es gibt aus unserer Zeit Hinweise auf die Auswirkung, die Bienen auf die Ökosysteme kleinerer Inseln des Pazifiks gehabt haben mochten. So drangen in den letzten Jahrzehnten regelmäßig Bienen in die Nistkästen für Papageien auf der Norfolkinsel ein und sollen auf dieser Insel auch zum Aussterben der Eule *Ninox novaeseelandiae undulata* beigetragen haben. Gab es Interaktionen zwischen dem Mitte des 20. Jahrhunderts ausgestorbenen Diademlori *Charmosyna diadema* auf Neukaledonien und den eingeschleppten Honigbienen, die heute die Bestäubungssysteme der empfindlichen endemischen Pflanzen der Insel durcheinanderbringen?

Hatten Bienen um die Mitte des 19. Jahrhunderts Tahiti erreicht, als dort der Tahiti-Laufsittich *Cyanoramphus zealandicus* ausstarb?

Waren die Bienen um dieselbe Zeit bereits auf der Norfolkinsel zugegen, als dort der Dünnschnabelnestor *Nestor productus* für immer verschwand? Noch heute sind Bienen im Wettbewerb um Nisthöhlen ein ernsthafter Konkurrent für den Norfolk-Ziegensittich.[89] Übrigens sollen Bienenstiche schon mehrfach selbst bei in Pflege gehaltenen Exemplaren des seltenen Papageis zu Verletzungen und Todesfällen geführt haben.[90]

»Hawaii ist vielleicht der beste Ort der Welt, um Bienen zu halten, wahrhaftig ein Imkerparadies.« Diesen Satz fand ich in einer hawaiianischen Imkerzeitschrift.[91] 1857 trafen die ersten vier Völker ein.[92] 1858 wurde in der Zeitung *The Polynesian* vom ersten Schwärmen, vom Entstehen des fünften Honigbienenvolks des Archipels berichtet.[93] Welche Auswirkung mögen Bienen nach weiterem und immer weiterem Schwärmen auf die Vogelfauna Hawaiis gehabt haben?

Nur einige Jahre zuvor war jenseits des Nordostpazifiks, an der kalifornischen Küste, Ähnliches berichtet worden. »Die ersten braunen Honigbienen sollen im März 1853 in San Francisco eingetroffen sein«, schreibt John Muir.[94] Ein Professor Shelton soll es gewesen sein, so ist Zeitungsartikeln zu entnehmen, der am 14. März 1853 die Bienen per Schiff nach Kalifornien brachte.[95] Von zwölf[96] oder fünfzehn[97] Schwärmen überlebte nur ein einziger, doch dieser erwies sich als äußerst fruchtbar. »Die kleinen Einwanderer blühten und gediehen auf den reichen Weiden des Santa Clara Tals und schickten schon in der ersten Saison drei Schwärme aus.«[98] 1857 wurde bereits der erste verwilderte Schwarm von Honigbienen in einer Eiche im Santa Clara Valley und somit der erste dokumentierte »Bienenbaum« Kaliforniens entdeckt. Eine Lokalzeitung meldete das Ereignis und prophezeite, dass es in nur wenigen Jahren einen guten Bestand davon in den Wäldern geben werde.[99] Sie sollte recht behalten.

Stammte »Honig« bisher in Kalifornien aus der Erde, aus den Nestern einheimischer Hummeln, so gab es seit dieser Zeit einen völlig neuen Ausdruck in manchen Sprachen des Landes, so im heute beinahe ausgestorbenen Wintu: *hubi mi 'kupa hara'da* – ich werde einen Honigbaum fällen.[100] In Kalifornien bewohnen Bienen heute mitunter die dunklen Kamine ausgebrannter Mammutbäume, Baumhöhlen in Küstensequoien oder Eichen – und auch das Dach des Holzhauses an der Eisenbahn.

Auf den Inseln des westlichen Indischen Ozeans wurde die Honigbiene im späten 18. Jahrhundert eingeführt – europäische Bienen, afrikanische Bienen und Bienen einer Unterart von Madagaskar. Wo es zuvor vermutlich gar keine Honigbiene gab, lebten nun Völker all dieser Unterarten und aller Zwischenstufen der Hybridisierung, für die wir nicht einmal einen Namen haben.

Es gibt Hinweise darauf, dass verwilderte Bienen auf Mauritius als Blütenbesucher eine Konkurrenz für einheimische Nektarvögel darstellen.[101] Wie die Bienenkönigin des Märchens auch noch den leisesten Hauch des Honigdufts im Atem der Prinzessin erwittert, so finden Bienen, natürlich, auch jeden noch so kleinen Nektartropfen.

Zudem besiedeln jedes Jahr einige Völker Nistkästen, die für den bedrohten Mauritiussittich oder den Mauritiusfalken aufgehängt wurden. »Kein größeres Problem«, sagt der walisische Ornithologe Carl Jones.[102] In behüteten und vom Menschen gepflegten Ökosystemen können diese Schwärme entfernt werden. Doch wie sieht diese Konkurrenz in der Natur ohne Eingreifen des Menschen aus? Wie sah diese Interaktion auf den Inseln des Indischen Ozeans gegen Ende des 18. Jahrhunderts aus? Als es noch den Rodrigues-Papagei *Necropsittacus rodericanus* gab? Vor 1834, als es noch den Maskarenen-Papagei *Mascarinus mascarinus* gab?[103] Vor 1875, als es noch den Rodrigues-Sittich *Psittacula exsul* gab? Vor 1883, als es noch den Seychellen-Sittich *Psittacula wardi* gab? Ob Zusammenhänge bestanden, ist nicht mehr zu ermitteln. Können Bienen mit dem Rückgang des Schwarzen-Vasa-Papageien *Coracopsis nigra* der Seychellen zu tun haben? Das erste je entdeckte Nest dieses seltenen Vogels befand sich in einem hohlen Stamm der endemischen Coco-de-Mer-Palme.[104]

Am Fluss der schwarzen Zuckerbäume

Doch der Versuch, das »diabolische« Bienenexperiment geht immer noch weiter. Es wurde in Variationen, mit einer anderen Biene und auf einem anderen Kontinent, »durchgeführt«, die Biene in weitere neue Lebensräume eingeführt. Bienensorten aus Europa und aus dem Mittelmeerraum fühlen sich in den ariden Buschwäldern Australiens genauso wohl wie im ozeanischen Neuseeland oder im gemäßigten Amerika. Andere Klimate, wie die heißen, regenreichen Neuwelttropen, behagen ihnen offenbar weniger.[105] Die Bienenzucht stieß vielerorts an klimatische Grenzen, die offenbar auch die Verbreitung verwilderter Völker beschränkten. Eine Herausforderung für Bienenzüchter. Und wie üblich wurde das Problem durch Import neuen »Zuchtmaterials« angegangen. Wieder musste etwas Neues her, wieder eine neue Art, wieder eine neue Biene.

1956 wurde eine Afrikanerin nach Brasilien gebracht. Sie stammte aus Tansania, vom Indischen Ozean. Sie war eine Königin und machte Geschichte. Ein paar Völker, die aus der Kreuzung europäischer Drohnen und afrikanischer Königinnen entstanden waren, entkamen aus einer Versuchsimkerei in Rio Claro im Staat São Paulo. Eigentlich war schon klar, was geschehen könnte, was geschehen würde, als die ersten Schwärme ausbrachen und sich in den Bäumen festsetzten. Sie setzten eine Bienenvölkerwanderung in Gang.

Innerhalb weniger Jahre tauchten die »afrikanisierten Bienen« überall in den Tropen der Neuen Welt auf. 1966 entstand der erste Horrorfilm zum Thema, 1976 ein weiterer: *The savage bees* – Die Mörderbienen greifen an, in dem die »Killerbienen« mit einem führerlosen Boot voller Toter an die Küste Louisianas gelangen.[106] Tatsächlich waren Frachtschiffe ein äußerst beliebtes Transportmittel der Bienen. Per Schiff erreichten sie über kurz oder lang auch beinahe alle Inseln der Karibik.

Während die europäische Biene die Tropen offenbar zu scheuen schien, hat sich ihre afrikanische Halbschwester umgekehrt aus dem Tropengürtel hinaus bis weit in die höheren Breiten hinaufgewagt. 1986 erreichte sie Nicaragua[107], 1987 Nordmexiko. 1988 fanden sich bereits Zeitungsberichte über den Fund eines Schwarms afrikanisierter Bienen auf einem Schiff, das in einen Hafen in Florida eingelaufen war.[108] 1990 erreichten sie Texas, 1994 Kalifornien, 1995 Nord Carolina, 2009 Utah, 2010 Georgia. Im Süden der Vereinigten Staaten nistet sie heute in den Stämmen australischer Eukalyptusbäume und europäisch-ostamerikanischer Hybridplatanen und hat auch, wie die Honigbienen Afrikas, die Angewohnheit, sich in Felsnischen oder in deren Ersatz – den Nischen und Löchern in den Betonfelsen der Menschenstädte – anzusiedeln. Sie ist flexibler, anpassungsfähiger und weniger wählerisch, was das »Baugrundstück« angeht, als ihre Vorfahren. Sie schwärmt häufig[109] und verteidigt ihre Nester heftig. Mit ihrer Gegenwart muss man beinahe überall rechnen. In Dachstühlen von Wohnhäusern oder in Industrieanlagen müssen Handwerker oder Bauarbeiter auf die unangenehme Begegnung gefasst sein. Sogar in Motoren oder Laderäumen von Flugzeugen nisten sich afrikanisierte Bienen gerne ein.[110] Auch im Wald können sie zu finden sein. Ein Feuerwehrhauptmann in Kalifornien erzählte mir, dass bei der Waldbrandbekämpfung afrikanisierte Bienen ein großes Problem darstellen können. Sie können eben einfach überall sein.

Sie ist eine »Superbiene« und ihr Erscheinen ein Super-GAU für ihre Konkurrenten.

In Brasilien fielen mir zwei Sorten europäischer Honigbienen auf: eine etwas kleinere dunklere, die eher der *Apis mellifera carnica* ähnlich sah, und eine heller gefärbte – etwa wie die *Apis mellifera ligustica* –, die zudem auch noch etwas größer erschien. Vielleicht war diese die afrikanisierte Biene? Afrikanisierte und europäische Bienen sollen normalerweise anhand ihres Aussehens nicht zu unterscheiden sein.

Beide waren wesentlich häufiger zu sehen als die häufigste stachellose Biene – ein deutlich kleineres schwarzes Insekt, das eine besondere Vorliebe für zuckerfreie Cola zu hegen schien und sich dagegen für das brasilientypische Sodagetränk Guarana überhaupt nicht interessierte.

»Wenn einer kommt, muss einer gehen«, hätte man früher im Tal in den grünen Bergen gesagt – und in der Natur sind es oft viele, die durch eine einzige Art verdrängt werden. Zunächst waren einheimische Bienenarten betroffen, die einheimischen stachellosen Bienen, deren Verdrängung durch afrikanisierte Bienen in Französisch-Guyana und auf Yucatan schon seit Jahrzehnten dokumentiert ist.[111]

In Brasilien muss es vor der Einführung von Honigbiene und Zuckerrohr viel Süßes gegeben haben. Am Rio Buranhém in Bahia erzählte mir ein Förster von einem Baum, der dem Fluss seinen Namen gegeben hatte. Eine schwarze Rinde soll er gehabt haben, die süß schmeckte. Ich hatte gelesen, dass *Chrysophyllum glyciphloeum* eine »dicke, schwere, saftige Rinde von anfangs süßem, später adstringierendem Geschmacke« bildet, und wollte diesen Geschmack erleben; doch mir wurde erzählt, dass diese Art aus der Gegend und von den Ufern des Flusses, dem sie einmal seinen Namen gab, verschwunden sei.[112]

Natürlich hatte Brasilien auch Bienen. Seine eigenen, einheimischen.

Reisende des 19. Jahrhunderts beschrieben den Honig der schwarzen, weißen und gelben stachellosen Bienen. Jede Sorte muss einen unverwechselbaren Geschmack gehabt haben[113], einige davon höchst aromatisch[114], anders, einzigartig, vielleicht mit Geschmacksnuancen, wie sie nur ein Sommelier, ein Rosenzüchter oder Parfumeur überhaupt in Worten beschreiben könnte. Man kann in Brasilien überall den Honig der afrikanisierten Bienen kaufen, doch nach Honig der einheimischen stachellosen Bienen suchte ich vergebens.

Wie in Nordamerika, wie in Australien und auf den ozeanischen Inseln nach der Expansion der europäischen Honigbiene, so bekamen auch bald Vögel und andere höhlenbewohnende Geschöpfe die Ankunft eines neuen Konkurrenten zu spüren. Der große apfelgrüne Bechsteinara *Ara ambigua* zum Beispiel. Dieser Vogel Zentralamerikas und der Karibik nistet in Baumhöhlen – und konkurriert um diese mit der afrikanisierten Biene.[115] Oder der Blaukehlara[116], der mit dergleichen Konkurrenz zu kämpfen hat. Nistkästen, die für ihn aufgehängt werden, werden auch von afrikanisierten Bienen angenommen.[117] Oder der Hyazinthara. Auch seine Nistkästen werden immer wieder von afrikanisierten Bienen besetzt.[118] Oder der grüne Soldatenara, »der mit den grünen Federn, der mit den langen grünen Federn«, königlich geschmückt wie der Maya-Herrscher im Untergang – *el de las plumas verdes, el de las largas plumas verdes, verdes, el de las plumas verdes, verdes, verdes*[119] …

Oder der blaue Lears-Ara[120]. Eine Biologin, die sich dem Schutz dieser Art widmet, spricht in einem Interview von »Höhlen, denen wir uns wegen der großen Zahl afrikanisierter Bienen gar nicht nähern konnten. Ich konnte auch sehen, dass die Gegenwart der Bienen das Besetzen der Nester durch die Aras stört. Ein Nest, in dem erfolgreiche Nachzucht bis zurück in die achtziger Jahre nachgewiesen war, war wegen der Bienen seit 2006 nicht genutzt worden (…) 2009 entfernten wir die Bienen, und seitdem sind die Aras wieder in die Höhle eingezogen und haben erfolgreich drei Küken großgezogen.«[121]

Oder der hellrote Ara *Ara macao*, dessen Junge an Nistplätzen in Mittelamerika mitunter von afrikanisierten Bienen totgestochen werden sollen[122,123].

Oder der mattblaue Spix-Ara *Cyanopsitta spixii*, der als einer der seltensten Vögel der Welt gilt.[124] Er ist im Norden Brasiliens zu Hause, oder war es jedenfalls. In der freien Wildbahn ist er seit Beginn des 21. Jahrhunderts mit ziemlicher Sicherheit ausgestorben. Wilderei und Fänge für den Tierhandel haben den ohnehin schon seltenen Vogel an den Rand der Ausrottung getrieben. Über die letzten fielen die Sammler her. Das einzige natürliche Vorkommen umfasst ein paar Quadratkilometer Galeriewälder am Rio São Francisco im Norden Brasiliens, die durch Siedlung und Rodung für die Landwirtschaft gefährdet sind. Vierzig Prozent der Baumhöhlen, die als Nisthöhlen infrage kämen, sind laut einer Erhebung von afrikanisierten Bienen besetzt. Bienenschwärme auf der Suche nach Baumhöhlen sollen auch einzelne brütende Vögel getötet haben.[125] Schlechte Aussichten für den Ara. Zurzeit überlebt er einzig in Obhut des Menschen, als lebendes blaues Juwel in der Sammlung eines arabischen Scheichs und in Privathaltung einiger Vogelfreunde in Europa, als Rarität im Vogelpark Walsrode und im Loro-Park auf Teneriffa. Anfang des Jahrtausends gab es noch 60 Exemplare, von denen 54 in Obhut des Menschen aus dem Ei schlüpften. Jüngst erblickte auch in Deutschland ein kleiner Spix-Ara das Licht der Welt.[126]

Nachgewiesen ist die Konkurrenz zwischen Vogel und Biene auch im Fall der extrem selten gewordenen Puerto-Rico-Amazone *Amazona vittata*. Seit 1994 werden die Wälder, in denen der grüne Papagei mit roter Stirn und blauen Schwungfedern noch überlebt, von afrikanisierten Bienen heimgesucht und ihre Nisthöhlen von dem neuen Hybridinsekt besetzt.[127] So müssen im Karibiknationalforst die Schwärme einzeln aus den Nisthöhlen entfernt werden. Auch werden Nisthöhlen unmittelbar nach Ende der Brutzeit mit feinem Maschendraht abgeschlossen, sodass der Platz zur Brut der Vögel im nächsten Jahr reserviert wird. Unter diesen kontrollierten Bedingungen sind die Bienen momentan eher lästig als eine unmittelbare Bedrohung. Doch in welchem anderen Tropenwald bestehen solche Möglichkeiten des Schutzes wie in dem kleinen Stück USA in der Karibik? Wo sonst wird in diesem Teil der Welt der Natur eine solche *pax americana* gewährt?

Wird mit der weiteren Ausbreitung der afrikanisierten Biene eine neue Gefahr auf andere Vögel des nordamerikanischen Kontinents zukommen? Zum Beispiel auf den Kiefernsittich *Rhynchopsitta pachyrhyncha* des nordwestlichen Mexikos? Dieser Vogel – ein grüner Papagei mit roten Flecken auf Kopf und Flügeln – ist bereits jetzt durch Zerstörung seines Habitats stark bedroht. Wird Nordamerika zum zweiten, und zum letzten Mal, einen einheimischen grünen Papagei verlieren? Ich habe den kleinen Schwarm in einer Voliere im Zoo von Sacramento gelegentlich besucht, als ich im Goldland lebte. Meistens waren die dunkelgrünen Tiere lebhaft und laut. Einmal stand ich abends, als sich der Zoo schon von Besuchern leerte, noch lange vor dem Käfig. Es war die Stunde, zu der die Wirkung der von Eugène Nielen Marais[128] beschriebenen *Hesperian depression* zu erleben ist. Ich versuche jeden Zoobesuch bis zu dieser Stunde des melancholischen Zwielichts auszudehnen. Die Vögel drückten sich bald aneinander, bald gaben sie leise munkelnd Knurrlaute von sich. Ein kühler Abendwind raschelte in den Eukalyptuskronen und ein Luftzug wehte ein winziges grünes Federchen mit einem rot angehauchten Rand durch das Gitter auf den Asphalt.

Das Nest am Mast

Aufgrund ihrer kulturellen und ökonomischen Bedeutung ist bei kaum einem anderen Insekt die Geschichte der weltweiten Verschleppung und Verbreitung so gut nachvollziehbar wie bei der Honigbiene, und dennoch sind die ökologischen Zusammenhänge weitgehend unbekannt. Die Geschichte um Bienen, Bäume und Vögel ist noch lange nicht zu Ende. Unterdessen werden heute mehr Insekten denn je von Kontinent zu Kontinent, von Insel zu Insel verschleppt. In vielen Fällen ist die Biologie dieser Arten kaum untersucht. Gelegentlich werden Arten auch überhaupt erst dann für die Wissenschaft entdeckt, wenn sie in ein neues Habitat verschleppt wurden. Ihre eigentliche ökologische Bedeutung kann in solchen Fällen nicht einmal ansatzweise erfasst werden.

Mit der Verbreitung exotischer staatenbildender Insekten, wie Bienen, Ameisen oder Termiten, ist dabei aufgrund ihrer enormen Effizienz der Ressourcennutzung eine besondere Gefahr für einheimische Arten verbunden. Solitär lebende Arten, Einzelkämpfer, können mit der Übermacht der »Großkonzerne« wie *Apis mellifera*, der Formosatermite *Coptotermes formosanus*, der Argentinischen Ameise *Line-*

pithema humile, der Roten Feuerameise *Solenopsis invicta*, dem »unbesiegbaren« Eindringling aus Südamerika, und der ebenfalls neotropischen kleinen Feuerameise *Wasmannia auropunctata*, der asiatischen Pharaoameise *Monomorium pharaonis*, der Gelben Spinnerameise *Anoplolepis gracilipes* – wo sie eigentlich herstammt, wissen wir nicht – nicht mithalten.

Einige dieser Fälle erscheinen wie eine Fortsetzung des weltum spannenden »Honigbienen-Experiments«. Da es noch eine ganze Reihe Honigbienenarten gibt, ist zu befürchten, dass sich die Geschichte wieder und wieder wiederholen wird, zum Beispiel mit *Apis cerana*, einer anderen tropischen Verwandten der europäischen Honigbiene. Sie stammt aus Asien. In den siebziger Jahren wurde die Art aus Java nach Neuguinea eingeführt und breitet sich seitdem über die Inseln des Indopazifiks aus. 1993 zeigte sich *Apis cerana* erstmals auf den Inseln der Torresstraße.[129] Dieser Meeresarm zwischen Australien und Neuguinea ist nur etwa 150 Kilometer breit und mit Inseln und Inselchen wie mit Trittsteinen durchsetzt. *Apis cerana* wandert und schwärmt auch über See, und lässt sich auch gerne auf Schiffen nieder, als ob sie eine Arche auf dem Weg zur nächsten Insel suchte. Immer wieder erreichen daher Schwärme von *Apis cerana* auf dem Seeweg Australien. 1995 wurde sie im Hafen von Brisbane in Queensland angetroffen[130], 1996 in einem Hafen in Südaustralien, 1998 in Darwin im Nordterritorium. Ein ortsansässiger Imker soll das Nest eher zufällig entdeckt haben. 2002 gelangte sie auf einem Containerschiff von Neuguinea bis nach Melbourne. Und immer wieder und wieder werden sie auch in den Häfen von Queensland gefunden. In Brisbane entdeckte man die blinden Passagiere erneut 2002 und 2004 und im selben Jahr auch in Cairns.[131] Hier zeigten sie sich 2007 ein weiteres Mal. Ein Nest hing am Mast eines Fischerboots, ein zweites in einer Kabelrolle am Kai.[132]

Da wäre auch noch *Apis dorsata*, die asiatische Riesenhonigbiene. Im Hafen von Fremantle in Westaustralien wurde bereits in den siebziger Jahren in einem asiatischen Schiff ein Nest dieser Art entdeckt. Sie ist möglicherweise jedoch eine der weniger wanderlustigen Arten, schlugen doch Versuche, sie in Europa und den USA anzusiedeln, fehl.[133]

Da gibt es auch noch *Apis scutella* aus Afrika – eben die Art, aus deren vom Menschen arrangierter Mesalliance mit *Apis mellifera* das

»Monster« der afrikanisierten Biene hervorging. 1994 fand sich, wiederum im Hafen von Fremantle, ein Nest in einem Schiff aus Südafrika. 1997 wurde ein weiteres Nest dieser Art gefunden. Es war verlassen. Ob der Schwarm bereits in Australien gelandet war?

Bis heute erfolgen Einführungen neuer Insektenarten in alte Ökosysteme übrigens nicht nur als unbeabsichtigter Nebeneffekt globaler Handelsströme. Vielmehr werden bis heute immer noch vielerorts gezielt exotische Insekten angesiedelt.

Einheimische Insektenarten Australiens, Amerikas oder anderer »Inseln« sind, da sie mit den aus anderen Kontinenten eingeführten Nutzpflanzen oft wenig anzufangen wissen, als Bestäuber nicht »effizient« genug. Die Honigbiene ist heute vielerorts, nachdem ihr ihre Krankheiten in die neuen Lebensräume nachgereist sind, auf dem Rückzug. Also müssen im Interesse der Wirtschaftlichkeit wieder neue Arten her, oft wieder neue, andere Vertreter verschiedener Gattungen der Familie der Apidae, der Bienen, zum Beispiel die Luzerne-Blattschneiderbiene *Megachile rotundata*, die Feldhummel *Bombus ruderatus*, oder *Bombus terrestris*, die europäische Dunkle Hummel, die von Landwirten und Obstbauern wegen ihrer »Leistung« als Blütenbestäuber besonders geschätzt wird.

In Europa erfüllen die dickwolligen, samtfelligen, pummelig, brummelig, durch die Blüten bummelnden, sich summelig tummelnden Hummeln eine wichtige Aufgabe im Naturhaushalt, indem sie ökologische Nischen und Marktnischen ausfüllen, die der Honigbiene verschlossen sind. Sie können auch solche Blüten besuchen, die der europäischen Honigbiene nicht zugänglich sind. Da sie sich auch bei niedrigeren Temperaturen wohlfühlen, können sie ihre Bestäubungsrunden früher am Tag beginnen und bis später in den Abend »arbeiten«. Was die Ansprüche an ihre Umwelt angeht, sind sie flexibler. Wo nun zusätzlich zur Honigbiene auch noch Hummeln angesiedelt werden, muss sich also zwangsläufig auch die Konkurrenz um die bisher einheimischen Arten vorbehaltenen Nektarquellen verschärfen.[134] Dessen ungeachtet ist die weltweite Ausbreitung der Erdhummel bereits in vollem Gange. Seit den frühen neunziger Jahren haben sich die Zucht und der Handel von Hummelkolonien als eigenständige Industrie entwickelt. Bereits 1875 trafen zwei Nester englischer Hummeln in Neuseeland ein.[135] In den folgenden Jahrzehnten gab es weitere »Importe«.[136] 1992 wurden Hummeln von Neuseeland aus illegal nach Tasmanien gebracht. Sie haben sich innerhalb weniger Jahre rasant von der Küste bis zu den Berggipfeln der neuen Inseln ausgebreitet.[137] Inzwischen ist die Verdrängung einheimischer Bienen Tasmaniens durch die exotische Erdhummel nachgewiesen.[138] Nichtsdestotrotz wachsen die Industrie, der Hummelhandel und das Verbreitungsgebiet der Art weiter. Aus der Türkei wurde 1993 berichtet, dass seit 1989 jährlich bis zu 4.000 Erdhummelköniginnen gefangen wurden.[139] Neuseeländische Firmen boten aus der »Wildnis« gefangene Königinnen im 200er-Pack an. Bereits 1997 sollen weltweit eine viertel Million Kolonien pro Jahr erzeugt und in über dreißig Ländern der Erde zum Einsatz gebracht worden sein. 2001 führte zum Beispiel Japan etwa 40.000 Hummelkolonien auf seine Inseln ein.[140]

Vertreter der australischen Obstbauindustrie bemühten sich in den letzten Jahrzehnten intensiv um die Erlaubnis zur Einführung der europäischen Erdhummel auf den Inselkontinent[141], ein Vorhaben, das von Naturschutzorganisationen wegen der möglichen katastrophalen Folgen[142] für die einheimische Bienenfauna bekämpft wurde.[143] Im Jahr 2008 wurde das Vorhaben durch das Umweltministerium bis auf Weiteres unterbunden.

Es gibt weltweit über 250 Hummelarten und zahlreiche weitere Bienenarten, die im Pflanzenanbau zur Bestäubung eingesetzt werden können, und das Potenzial weiterer Arten wird erforscht. Der Bedarf an bestäubenden Insekten ist groß. Wie viele werden noch aus ihren ursprünglichen Habitaten weltweit verfrachtet werden, damit die Bienen- und Hummelfauna und die von ihnen abhängige Vegetation nach und nach weltweit ein und dieselbe wird? Und wie so manche Geschichte fängt auch diese mit den Bienen und Blumen erst an.

»Der Maori-Anis hatte einen höchst angenehmen Duft, und die Schafe mochten ihn sehr ...«

KAPITEL 7

Shanghait und deportiert

Seit zum ersten Mal ein Mensch Tiere auf ein Schiff lud, wurde viel Leben zwischen den Kontinenten hin- und hergebracht und wurden damit viele Leben zerstört. Auch heute noch fahren auf den Ozeanen Totenschiffe voller Leben, so wie jenes Geisterschiff, das vor einigen Jahren herrenlos in der chinesischen See entdeckt wurde. An Bord dieses grausamsten Zerrbildes einer Arche Noah befanden sich rund 5.000 seltene Tiere. Hätte das Schiff keinen Motorschaden erlitten, wären sie in den Küchen von Guangdong zu grausigem Fraß zerkocht und vielleicht sogar *vorher* getötet worden.[1] Wir wissen nicht, wie viele solcher Schiffe heute, in diesem Moment, unterwegs sein mögen. Solche Transporte zeugen von unfassbarer Brutalität, so maßlos, dass das Handeln an Rohheit nur noch durch Verbrechen gegen den Menschen selbst zu übertreffen ist, und auch dort schließen die grausamsten Taten oft das Verschleppen und Deportieren ein. Blackbirding nannte man die Mischung aus Sklaverei und Zwangsarbeit, durch die unzählige Menschen in Ozeanien aus ihrer Heimat herausgerissen wurden, um in Zuckerrohrplantagen zu arbeiten. Wie »schwarze Vögel« behandelte man sie, nicht höher schätzte man ihr Leben als das eines Tieres, das einfach zu ergreifen und verschleppen war.

Und viele dieser Untaten durch Verschleppen von Leben begannen unauffällig, mit Menschen, denen jede Grausamkeit ferngelegen haben mochte und die in bester Absicht Lebewesen auf ein Schiff luden.

Fünfzehn Bienenkörbe und Kap Hoorn

Vielleicht war es ein echtes Abenteuer für die ersten Auswanderer des 16. oder 17. Jahrhunderts, die ersten Bienenvölker über den Ozean zu bringen, die kostbare Fracht sorgfältig zu verstauen und immer wieder und wieder während Wochen der Überfahrt mit Spannung am Korb zu horchen, ob sich etwas regte. Vielleicht gab es auch Unfälle, wenn sich im Seegang die Ladung verschob und die stechenden Passagiere aus ihrer geflochtenen Kajüte entkamen. Vielleicht gab es kritische Situationen, in denen abergläubische Seeleute die Schuld an Sturm und Unwetter den Insekten gaben, und nur mit viel Überredungskunst daran gehindert werden konnten, die Körbe über Bord gehe zu lassen. Vielleicht war noch etwas von dem Abenteuer übrig, als Miss Mary Bumby aus Yorkshire 1838 mit Koffer und Hutschachtel und zwei Bienenkörben unerschrocken um die Welt reiste oder als Professor Christopher A. Shelton 1857 per Schiff Bienen nach Kalifornien brachte. Um die Tiere nicht den Strapazen einer Passage um Kap Hoorn auszusetzen, wurden sie nach einer Karibikfahrt über den Isthmus von Panama an den Pazifik transportiert.[2] Vielleicht war es ein Abenteuer zu sehen, wie sich nach langer Reise das Leben im Korb wieder rührte, wie die erste Biene auf dem neuen Kontinent, der neuen Insel den Stock verließ. Vielleicht sogar zum ersten Mal eine europäische Biene auf neuweltlichem Blütenboden landen zu sehen.

Aus den Berichten zum ersten Schwärmen der Bienen auf Hawaii oder in Kalifornien klingt noch heute Begeisterung hindurch, eine Begeisterung vielleicht, die Menschen auch bei anderen Einführungen und Umsiedlungen empfanden, wenn sie irgendwo in der Fremde ein Stück lebende Heimat gedeihen sahen. Es war so etwas wie ein Abenteuer, etwas aufzubauen, an einer Entwicklung teilzuhaben, den Fuß auf neues Terrain zu setzen. Dieses Abenteuer, erlebt mit mitgeführten Lebewesen, ist so alt wie das Leben des Menschen auf Wanderschaft.

Paläogenetik und Archäologie erzählen von den Menschen, die, den wilden Herden folgend, den Hund an der Seite, über die Beringbrücke und, über Generationen hinweg, jagend, vom Land des Eises über die große Schildkröteninsel, über den grünen Kontinent bis ganz nach unten, nach Feuerland zogen. Wie sie Hutias und Papageienarten zwischen den Inseln des amerikanischen Mittelmeers oder die Höhlenralle *Nesotrochis debooyi* von Puerto Rico bis auf die Jungferninseln verschleppten. Der Vogel ist heute ausgestorben. Er war eben zu leicht zu fangen.

Knochen von Mensch und Tier erzählen, wie am anderen Ende der Welt in einer Zeit, als auf der Insel Flores noch ein geheimnisvolles Volk kleiner Menschen wohnte und auf Komodo noch Zwergelefanten den Komododrachen fürchteten, Menschen Hirsche zwischen den Inseln Indonesiens austauschten, gefesselt mit einem Rotangtau, damit sie nicht von Bord der Einbäume und Flöße sprangen und davonschwammen, zurückschwammen auf die eigene Insel.

Mit Einbäumen und Flößen kamen mutige, neugierige Abenteurer der Urzeit von einer Insel, die einst von einer Schildkröte gebaut worden war, über Mangrovenwälder, Inselchen und über brackige Meeresarme auf den noch namenlosen roten Kontinent, wanderten ins Land des großen Beutellöwen, den Dingo an der Seite.

Lautes und stilles Sterben

Wir glauben aus Funden zu sehen, wie die ersten Menschen von den Küsten und vorgelagerten Inseln des gelben Kontinents lossegelten, um den blauen Erdteil zu besiedeln, mit Hund und Huhn, Ratte und Schwein an Bord, bis irgendwann der Schrei des ersten flugunfähigen Vogels, dessen Insel von den Piraten überfallen worden war, über das Meer oder den Wald hallte.

Ich stelle mir vor, wie dieser Schrei immer wieder und wieder, millionenfach über dem Pazifik hallte, wie Hühner und Hunde, Ratten und Schweine auf immer mehr und immer mehr Inseln gebracht wurden und wie manchmal auch andere Tiere an Bord waren, lebende Papageien zum Beispiel, die zwischen den Inseln des Pazifik transportiert wurden, ihrer roten Federn wegen.

Aus alten Legenden scheinen noch Seefahrtsbilder durch, die erzählen, wie sich Jahrtausende später das erste Boot polynesischer Entdecker, noch auf hoher See, den großen Inseln, dem Land der Vögel, dem Moaland näherte. Wie Meeresströmungen, Treibgut und Vogelschwärme den Seefahrern die Nähe von Land anzeigten und wie schließlich die grünen Berge des noch immer namenlosen Landes unter weißen Wolken ins Blickfeld aufstiegen.

Wie die Seefahrer fremde Düfte, vom Wind übers Wasser getragen, wahrnahmen, wie sie Vogelstimmen schon auf See hörten, *die vielleicht wohlklingendste wilde Musik*, die sie je gehört hatten. Wie sie sich am Strand niederließen und einer fluchte, als eine der kostbaren, zum Verzehr bestimmten Kiore-Ratten plötzlich entfloh und für immer in den Wald der Insel verschwand.

Wie sie vielleicht den Schatten eines großen Vogels, den sie später Hakuai nannten, gegen den Mond sahen.[3] Wie sich schließlich die mutigsten, die abenteuerlustigsten der Seeleute, denen so viel Wald und so viel Land doch etwas unheimlich sein mussten, doch langsam in den Wald vorpirschten. Wie sie sich plötzlich den ungeheuren Riesenvögeln gegenübersahen, den Riesen, die nicht angriffen, nicht flüchteten, vielleicht nur aufmerksam schauten. Vielleicht wurde auch nachts ein Moa vom Schein des Lagerfeuers angelockt, und sie sahen für einen Moment große glänzende Augen, bevor etwas Riesenhaftes ins Dunkel von dannen schritt.

Vielleicht hörten sie zuerst den Schrei eines Moakükens, das von einem Hund ergriffen worden war, ein Schrei voller Unverständnis … Wie hätten die Küken auch wissen sollen, was ihnen plötzlich vom Boden her drohen konnte, wo doch immer schon alle Gefahr nur aus der Luft kam, von Klauen und Schnäbeln des Haast-Seeadlers?

Vielleicht fanden sie zuerst ein Gelege, eine Mulde mit nur einem einzigen riesigen Ei, und natürlich taten sie genau das, was Sindbads Mannschaft mit dem Gelege des Vogels Rokh tat: Sie schlugen es kaputt.

Überhaupt wurde immer und überall im Verlauf dieser Abenteuergeschichten irgendetwas kaputt geschlagen, manchmal mit einem Schlag, manchmal ganz langsam und unauffällig. Grausamkeiten können ganz nebenher verübt werden, sodass man schon genau aufpassen muss, genau hinschauen, genau hinhören, um zu erfassen, was eigentlich geschieht.

Wenn man sie nur lange genug betrachtet, dann klingt aus den Scherben im Museum noch das leise, verzweifelte Kratzen der Haselmäuse, die in tönernen Gefängnissen, in getöpferten Mastkäfigen nach Britannien geschafft wurden, um in den dortigen Kolonien als Delikatessen aufgefressen zu werden. Vielleicht kratzte und klopfte es zur selben Zeit auf einem anderen Schiff in Transportkisten, in denen Kaninchen auf die Balearen gebracht wurden, aus Spanien, dem »Land des Klippschliefers«, wie die Phönizier es nannten, weil sie die Hoppeltiere der Halbinsel noch nie gesehen hatten und sie eben nach einem vertrauten Tier benannten. Einen Hilferuf schickten die Bewohner der Balearen zur Zeit Augustus' nach Rom.[4] Die Kaninchen hatten einfach alles gefressen. Wieder und wieder wiederholte sich die Szene, wie in einem in unzähligen Wiederholungen durchgeführten globalen Versuch. Im hohen Mittelalter zum Beispiel, als die ersten Kaninchen aus Spanien nach England gebracht wurden oder aus der Obhut von Klostergärten auf die Insel Amrum entlassen wurden. Oder zu Beginn des Zeitalters der Entdeckungen, als 1418 Kaninchen auf die Insel Porto Santo gebracht wurden.[5] Die Kolonie auf dem Eiland musste wenige

Jahre nach der Einführung des Nagetiers aufgegeben werden. Die Kaninchen hatten einfach alles gefressen. Wie viele einheimische Inselarten dabei auf der Strecke geblieben waren, ist unbekannt.

Und schließlich wurden sie auf die Südkontinente und Südseeinseln gebracht. 1777 wurden die Nagetiere, so nebenher, in Neuseeland[6], 1788 in Australien und im Verlauf der folgenden hundert Jahre auf vielen anderen Inseln des Pazifiks eingeführt.[7] Eigentlich hätte man das, was geschehen würde, anhand der Geschichte vorhersagen können. Es begann das große Fressen. Ein amerikanischer Journalist schrieb aus Australien: »Das ganze Land scheint eine einzige bewegte Masse von Kaninchen zu sein. Ihr Geruch, ob lebendig oder tot, ist mehr als deutlich wahrnehmbar.«[8] Und auch die von der Vegetation ausgeatmeten Düfte müssen sich geändert haben. Ob aufmerksame Seeleute nun andere Duftbotschaften von den Küsten wahrnehmen konnten? Ob die Erinnerungsbilder der Reisenden von nun an von anderen Düften untermalt waren? Ein Mann, der gegen Anfang der 1860er Jahre – also noch bevor die Kaninchen hier allgegenwärtig waren – in der Region Southland auf der Südinsel Neuseelands Schafe hütete, berichtet von »endloser Vielfalt einheimischer Vegetation, die ein Paradies für jeden Botaniker gewesen wäre, wenn es damals dort welche gegeben hätte« – und nicht nur für Botaniker: »Eine Pflanze, die sehr vermisst wird, ist der Anis. Er hatte einen höchst angenehmen Duft, und die Schafe mochten ihn sehr«. Er beschreibt somit also auch den Untergang einer mit allen Sinnen erfahrbaren Umwelt[9], an der er übrigens selbst mit seinen Schafen, die den Wildanis so mochten, auch beteiligt war.

Und es begann das Aussterben von Tieren, die der Konkurrenz nicht gewachsen waren, Tieren, die doch das Gras und die Kräuter und alles, was darin lebte, gebraucht hätten.

Wir wissen nicht, welche Arten in der Antike auf den Inseln des Mittelmeers oder auf den makaronesischen Inseln des Atlantiks infolge der Einführung der Kaninchen ausstarben. Auch auf den Festländern, die erst in den letzten Jahrhunderten Kaninchenland wurden, sind die Zusammenhänge unter der Vielfalt ökologischer Veränderungen schwer zu erkennen. Waren Kaninchen ausschlaggebend für das Aussterben des Paradiessittiches[10] – er ernährte sich fast ausschließlich von den Samen einheimischer Gräser – oder des Nachtpapageis, der im hohen Gras lebte?

Auf Inseln, die in jüngerer Zeit betroffen waren, ist das Geschehene leichter nachzuvollziehen. Auf den Inseln Neuselands müssen sie ganz erheblich zum Aussterben bodenbewohnender Arten beigetragen haben. Vom *New Zealand rabbit and its prey* – vom Kaninchen und seiner Beute sprach ein 1878 publizierter Aufsatz.[11]

Seit 1879 gab es Kaninchen auf der Macquarieinsel, einer Insel der Papageien und der Pinguine nahe der unsichtbaren Grenze von Tasmansee und südlichem Ozean. Noch etwa ein Jahrzehnt überlebten die einheimische Rallenart und der endemische Papagei *Cyanoramphus erythrotis.*[12] Ihr Lebensraum aus dichten Grasinseln war einfach weggefressen worden.

Das letzte Refugium des Dünnschnabelnestors *Nestor productus* war das winzige Inselchen Philipp Island unweit der Norfolkinsel. 1849 berichtet ein Besucher noch, dass es auf dem Eiland reichlich Gehölze gab, die jedoch klein und wertlos seien. Er beobachtete auch noch ein paar kleine Vögel und einige Papageien. Vor allem aber gab es eine »riesige Menge von Kaninchen«. »Kaninchen, junge und alte, in allen Größen und in jeder Farbe flitzten in alle Richtungen: Nicht ein einziger Halm von irgendetwas, das als Gras bezeichnet werden könnte, ist zu sehen, sodass Blätter und Schösslinge von jungen Bäumen ihre Nahrung sein müssen.«[13] Wegen der »vast quantity of rabbits« war Philip Island vierzig Jahre später »ein derart kahler Hügel, dass ihr Überleben darauf ein Wunder war« – wie ein späterer Besucher bemerkte. Er schloss aus seinen Beobachtungen richtig: Die Kaninchen hatten den Platz des Papageis eingenommen.[14]

Auf der Insel Laysan, Hawaii, starben der Laysanrohrsänger *Acrocephalus familiaris familiaris* und die Ralle *Porzanula palmeri* aus, da ihnen und ihrer Beute, dem Nachtfalter *Agrotis laysanensis*, der in den Büscheln der Horstgräser lebte, Nahrung und Deckung weggefressen wurden.

Hin und her flitzen sah ich die Kaninchen auf den San Juan Islands im Nordpazifik vor Kanadas Westküste. Hier wurden sie vermutlich Anfang des 20. Jahrhunderts ausgewildert. 1895 soll beispielsweise ein Leuchtturmwächter Kaninchen auf die Hauptinsel San Juan gebracht haben. Der Erfolg war überwältigend. Die Erde wurde so untergraben, dass der Leuchtturm beinahe zusammenfiel.[15] Trotz fataler Schäden wurde das Experiment immer wieder und wieder auf immer neuen Inseln wiederholt.[16, 17] Anfang des 20. Jahrhunderts ließ ein Leuchtturmwärter auf Smith Island die Kaninchen seines Amtsvorgängers auf die Insel los. Bald gab es die Tiere überall auf der Insel.[18] Noch 1970 soll wiederum ein Leuchtturmwärter Kaninchen auf einer kleinen Insel ausgewildert haben.[19] Der Name der Insel war Programm: *Destruction Island* – die Insel der Zerstörung. Dabei hätte man die Geschichte doch vorhersehen können.

Man hätte nicht nur die Geschichte der Kaninchen vorhersagen können. Auch als Kapitän Cook den Ratten eine Brücke bauen ließ, die lästigen Nagetiere »über die Planke schickte«, um sie dazu zu bewegen, das Schiff zu verlassen und doch lieber die Landratten zu belästigen, hätte man absehen können, welche Geschichte damit begann.[20]

Schließlich gab es doch schon genügend historische Beispiele, die ein Kapitän des 18. Jahrhunderts hätte kennen können. Etwa das von der Kykladeninsel Gyaros, die in der Antike von einer derartigen Plage von Nagetieren heimgesucht wurde, dass alle Bewohner die Insel verlassen mussten und diese forthin nur noch als Gefängnisinsel diente.[21] Oder das Beispiel von Mauritius, das für die ersten Siedler im 16. Jahrhundert durch Ratten nahezu unbewohnbar wurde.[22] Oder das der Bermudainseln, deren Bewohner durch eingeführte Ratten Anfang des 17. Jahrhunderts in eine schwere Hungersnot gerieten.[23] Jetzt war die Insel Raiatea dran.

Innerhalb einiger Jahrzehnte, nachdem sie durch den Brückenschlag in eine Insel der Ratten verwandelt worden war, starben der endemische Star *Aplonis ulietensis* und der Papagei *Cyanoramphus ulietanus* aus. Diese winzige historische Momentaufnahme ist eine schlichte, aber doch nicht weniger drastische Illustration davon, wie die Welt durch das Bauen von Brücken eben nicht nur reicher, sondern auch um vieles ärmer werden kann.

Sir Charles hielt auch das Schicksal, das Neuseelands einziges flugunfähiges Säugetier ereilte, schriftlich fest: »Die einheimische Ratte, das einzige erdbewohnende Säugetier, das europäische Entdecker in Neuseeland vorfanden, verschwand so vollständig, dass manche Naturkundler ihre Zweifel daran haben, ob sie je existierte, und die kleine Insel im Taupo See soll der einzige ihr verbliebene Lebensraum sein. Andererseits hat die gewöhnliche Wanderratte, der treue Gefährte des weißen Mannes auf all seinen Wegen, das Land vollständig in Besitz genommen, und man trifft sie schon weitab jeder Niederlassung ihrer menschlichen Mit-Siedler, nahe den Gletschern der neuseeländischen Alpen an.«[24]

Übrigens hatte der Forschungsreisende Johann Karl Ernst Dieffenbach schon 1844 keine polynesischen Ratten mehr finden können.[25] Doch die Ratten waren erst der Anfang, eine erste Vorhut fremder Säugetiere, die das Gesicht der Inselländer zerfraßen.

Immer wieder wird das gleiche Bild neu aufgelegt, so auch beim Schaf, dem Nachkommen der Mufflons des Nahen Ostens, die irgendwann in vorgeschichtlichen Zeiten übers Meer nach Spanien oder Britannien gekommen sein mussten, und von dort Jahrtausende später nach Amerika und Ozeanien. Schafe wurden 1833, womöglich schon früher, nach Neuseeland eingeführt. Aus dem Land der großen weißen Wolke machten die Weißen ein *großes Land der Wolle*, das doch eigentlich beinahe überall hätte liegen können. In Seeland grasen die gleichen Schafe wie in Neuseeland. In Wales grasen die gleichen Schafe wie in Neusüdwales, *Land of the ornithorhynchus, Land of the kangaroo*, Land des Schnabeltiers, Land des Kängurus hieß Australien bei Mark Twain[26], aber da war der Inselkontinent längst ein Land der Schafe geworden, und sie weideten hier auch schon längst an den gleichen europäischen Gräsern wie in Kalifornien, Südafrika oder Patagonien, wo Schafe den Andenhirschen die Weidegründe streitig machen: »Hier herrscht in der uferlosen Pampa nur noch ein König: das Schaf, und die weißen Männer, die ihm folgen, es scheren und schließlich schlachten, sind im Grunde nur seine Untertanen.«[27]

Und das Schaf ist nur ein Beispiel. »Riesige Zahlen von Rindern, Schafen, Schweinen, Pferden und anderen Haustierarten bewohnen nun die neue Welt, wo sie vor 500 Jahren noch unbekannt waren. Gleichzeitig sind viele von den Tieren, die einmal so charakteristisch für Nord- und Südamerika waren – Bison, Gabelböcke, Bären, Pumas, Wölfe, Pekaries und andere – jetzt auf bloße Restbestände zusammengeschrumpft oder sind am Rande der Ausrottung«, schreibt der Paläontologe E. H. Colbert.[28]

Abenteuer, Raub und Schmuggel

Vielleicht waren es noch echte Abenteuer, als die ersten Tier- und Pflanzenarten als kostbare Fracht über den Ozean gebracht wurden.

Da gibt es botanische Kriminalgeschichten von Raub und Biopiraterie, wie die von der Einführung der Vanille nach Réunion[29] oder des Muskatbaums von den Molukken nach Mauritius[30], vom riskanten Unternehmen, den Gummibaum nach Malaya[31] oder den Kakaobaum nach Westafrika[32] zu schmuggeln. Da gibt es Geschichten wie die um den Brotfruchtbaum, der auf der *Bounty* in die Karibik gebracht werden sollte. An manchen Pflanzen klebt mehr Blut als man sich vorstellen kann.

Auf eine Art sind es Neuauflagen uralter Geschichten wie der des Weihrauchbaums, der als Geschenk der Königin von Saba nach Palästina kam[33], oder der von der chinesischen Prinzessin, die Seidenraupen und Samen des Maulbeerbaums in ihrer Hochsteckfrisur außer Landes schmuggelte.

Abenteuerliches haben auch die jüngeren Geschichten um einige der Einführungen nach Europa – wie die um den französischen Diplomaten Monsieur de Montigny. Er soll einen Ritt über einige Tausend Kilometer auf dem Rücken eines Yaks bewältigt haben, um den »Grunzochsen« aus Tibet und schließlich per Schiff nach Frankreich zu bringen. Sein Versuch, die Tiere in den Alpen anzusiedeln, in der Hoffnung, die französische Viehwirtschaft zu revolutionieren, schlug indes kläglich fehl. Ich stelle mir die savoyischen Bergbauern vor, die diesen ungewöhnlichen Almauftrieb erstmals beobachteten, und die chinesischen Hirten, die zusammen mit den Tieren nach Europa gebracht wurden. Inzwischen kann man übrigens tatsächlich Yaks in den Alpen sehen, auf dem Besitz eines anderen Abenteurers in Südtirol.

Da gab es Abenteurer wie den Engländer Charles Ledger, der 1859 gegen ein strenges Exportverbot verstoßend, mehrere hundert Alpakas aus Südamerika nach Australien brachte – und einige Jahre später Samen des Chininbaums *Chinchona ledgeriana* aus Bolivien nach London schmuggelte[34] oder vielmehr schmuggeln ließ: Er schickte sie mit der Post. Der Transport von Arten um die Welt war so unglaublich einfach geworden. Man musste das fremde Leben nicht mehr unter großen Strapazen selbst ins neue Land begleiten, sondern konnte es leicht über das im 19. Jahrhundert sich schnell verdichtende Netzwerk der Ströme von Waren und Nachrichten mitschicken.

Dass im Verlauf des 19. Jahrhunderts aus einzelnen Ereignissen der Einführung einzelner Arten ein lebhafter Verkehr multilateralen Artenaustauschs geworden war, wird durch solch merkwürdige Szenen illustriert wie die Begegnung zweier Schiffe auf dem Atlantik, von denen eines Kamele aus Algerien nach Brasilien schaffte[35], das andere aber Alpakas aus Südamerika nach Frankreich brachte.

Leicht war es geworden, und leichtfertig wurde damit umgegangen. Der Reiz des Abenteuerlichen muss immer mehr verschwunden sein. Lediglich den Reiz des Kuriosen haben noch Geschichten um illustre Gestalten wie die Infantin Luisa Fernanda, die in Spanien Riesenkängurus hielt, oder Fürst Demidoff, der in der Nähe von Florenz die ersten Strauße Europas züchtete.

Weniger kurios als vielmehr dekadent wirkten Gestalten wie Francis Trevelyan Buckland, ein Akademiker, der in der *Stadt an der Furt der Stiere* lebte und Mitgründer der britischen Akklimatisationsgesellschaft war.[36] Buckland war »zoophag«. Wie der geisteskranke Renfield in *Dracula* fraß Buckland Stubenfliegen[37], Mollusken und überhaupt alles Getier, dem das Unglück widerfuhr, seinen Weg zu kreuzen. Ebenso endeten Kängurus und Krokodile, Elenantilopen, Elefanten, Giraffen und andere Zootiere, derer er sich bemächtigen konnte, in seinem Magen. Buckland verbrachte sein Leben damit, zu fressen und zu fressen und zu fressen.[38] Er erscheint als widerwärtiger Charakter am Rande der Wissenschaftsgeschichte und lieferte dabei ein Bild, wie die Vielfalt des Lebens zerkocht, gefressen und verdaut wird. Allzu leicht konnten sich Personen wie Buckland ihre Opfer aus der ganzen Welt kommen lassen.

Zudem gab es inzwischen eine entsprechende organisatorische Infrastruktur, mit deren Hilfe die Einführungen im großen Stil bewerkstelligt werden konnten.

Im 19. Jahrhundert blühten vielerorts in der westlichen Welt sogenannte Akklimatisationsgesellschaften, Vereine, deren Ziel es war, Pflanzen und Tiere aus anderen Kontinenten einzuführen – nicht im Dienste der wissenschaftlichen Erforschung und des damit verbundenen Bildungsauftrags botanischer und zoologischer Gärten, sondern mit dem Ziel, die heimische Fauna und Flora gründlich zu verändern. Durch konzertierte Aktionen sollte überall alles anders werden, und so gab es bald überall Akklimationsgesellschaften, wie die Kaiserlich Russische Akklimatisationsgesellschaft, die Akklimatisationsgesellschaft von Antwerpen und die Akklimatisationsgesellschaft in Berlin, wie die

Société Zoologique d'Acclimatation in Paris, die alle die Fauna und Flora Europas bereichern wollten, oder die American Acclimatization Society in New York, die Acclimatisation Society of Victoria in Melbourne, die Acclimatisation Society of New South Wales in Sydney, das Acclimatization Committee of Western Australia oder die Otago Acclimatisation Society und die Nelson Acclimatization Society in Neuseeland.

Sie arbeiteten daran, aus anderen Kontinenten ein biologisches Spiegelbild, einen floristischen und faunistischen Klon Europas zu machen, so wie ja auch neuen Orten in den »neuen« Ländern keine eigenen Namen zugestanden wurden, sondern ihnen nur ein alter, fremder mit neuer Vorsilbe verpasst wurde. Sie waren eben »Neu« wie Neu England, Neu York, Neu Hampshire, Neu Hannover, Neu Kurland, Neu Braunschweig, Neu Schottland – dieses mit Neukaledonien sogar in doppelter Ausführung, ganz zu schweigen von den Neuen Hebriden, Neu Shetland und Neu Orkney. Manchmal wurde aus dem einen neuen Land ein anderes neues Land, wenn eben eine neue fremde Kultur die vorangegangene fremde Kultur auslöschen wollte – Neu Pommern wurde zu Neu Britannien, Neu Mecklenburg zu Neu Irland, Neu Amsterdam zu Neu York, Neu Niederland und Neu Schweden zu Neu Jersey … Neu, neu, alles neu. Neu und nichtssagend – oder zumindest nichts Neues sagend, und einige der besten Beispiele liefern Neuseeland und Neuholland, Letzteres übrigens heute zumindest teilweise Neusüdwales.

Unter den neu eingeführten Arten waren bald immer mehr, die für Luxusbedürfnisse herhalten sollten. Ein Beispiel liefert die Einfuhr zahlreicher Hochwildarten nach Neuseeland, um die europäische Jagd, mit allen ihren gesellschaftlichen und ökologischen Begleiterscheinungen, auf der Südhalbkugel zu etablieren. Zu diesem Zweck wurde 1851 erstmals Rotwild *Cervus elaphus* eingeführt. Seitdem ist diese Art überaus häufig geworden und befrisst Nord- und Südinsel in großer Zahl.

Seit 1860 gibt es, dank eines Geschenks von Prinz Albert, dem Ehemann von Queen Victoria, den europäischen Rothirsch auch in Australien. Rothirsche leben auch in Chile und Argentinien.

1864 kam der ursprünglich aus Kleinasien stammende und heute weit in Europa verbreitete Damhirsch *Dama dama* nach Neuseeland, 1867 der Axishirsch *Axis axis* und der Sambar *Rusa unicolor*, der

»Pferdehirsch«, aus Ceylon. Das Pferd selbst verwilderte hier übrigens im selben Zeitraum und lastet, wie in Australien, auf der Osterinsel und an anderen Orten als »Hippothek« auf den Ökosystemen.

Bis weit ins 20. Jahrhundert wurde die Einfuhr von Wild fortgesetzt. 1900 wurde der Wapiti *Cervus canadensis*, den es jetzt auch in Chile, Argentinien, Australien und Irland gibt, eingeführt. *Cervus elaphus nelsoni* kam als ein Geschenk Roosevelts.[39] 1901 folgte der Weißwedelhirsch *Odocoileus virginianus*, eingeführt auch in Kuba, Skandinavien und Tschechien; er ist durch Darstellung in Trickfilmen für Millionen Menschen der Inbegriff eines Hirschs.

1904 wurde der Himalaja-Tahr *Hemitragus jemlahicus* angesiedelt, eine Art, die es heute auch in Kanada, den USA und Südafrika gibt, 1905 der japanische Sikahirsch *Cervus nippon*, heute in Deutschland, Österreich, Japan, auf den Philippinen, in Australien, in den USA zu finden. 1907 schenkte Kaiser Franz Joseph von Österreich Neuseeland die Gams. 1909 wurden Elche aus der kanadischen Provinz Saskatchewan in die Fjordland-Region gebracht.[40]

Dass durch die Veränderungen der Vegetation die Ökologie einer Insel ganz erheblich verändert werden kann und somit manche Tiere einfach verschwinden, ist nichts Neues. Jeder Förster weiß um die Veränderungen in einem Wald mit überhohen Wilddichten[41] und kann auf den ersten Blick sehen, wenn an der Naturverjüngung und der Struktur des Unterholzes etwas nicht stimmt. So wie in der nordischen Mythologie die Hirsche an den Knospen der Weltesche fressen, können sie, wenn das Waldökosystem aus der Balance gebracht ist, an der Welt, am Lebensraum unzähliger Waldtiere fressen und fressen, bis das Unterholz und alle seine Bewohner verschwunden sind. Eine frühe dahingehende Beobachtung klingt heute noch in einem Mythos aus dem Mittelmeerraum nach, einer Erzählung von einem Seefahrerhelden, den es an die Küste einer Insel verschlagen hatte, die gerade unter einer Schlangenplage litt. Dem Orakelspruch folgend brachte er Hirsche aus Kleinasien, woraufhin aus der Schlangeninsel die Insel der Rosen wurde, Rhodos.[42] Welche Arten außer Schlangen verschwanden, hat die Überlieferung verloren, doch ist heute in Studien aus verschiedenen Ökosystemen[43] einwandfrei nachgewiesen, dass unnatürlich hoher Verbiss des Waldes Tiere von der Spitzmaus[44] bis zur Nachtigall beeinträchtigt.[45]

Wohlklingendste wilde Musik

Vermutlich hätten detaillierte Berichte zum Offensichtlichen die Entscheidungen der Akklimatisierungsgesellschaften nicht beeinflusst, sollten doch ohnehin auch nicht waidmännische, unblutige Naturerlebnisse dem europäischen Vorbild angeglichen werden – akustische Naturerfahrungen zum Beispiel. Joseph Banks beschreibt auf der ersten Reise Cooks ein morgendliches Vogelkonzert, dem er im Queen Charlotte Sound lauschte[46]: »Ich wurde vom Gesang der Vögel an Land, nur eine knappe Viertelmeile entfernt, geweckt. Ihre Zahl ist gewiss sehr groß. Sie schienen ihre Kehlen einander nachahmend anzustrengen und machten die vielleicht wohlklingendste wilde Musik, die ich je hörte, fast so als imitierten sie kleine Glocken vom feinst gestimmten Silberklang, den man sich vorstellen kann …« Doch so richtig vorstellen können wir uns das heute nicht mehr. Ein gutes Jahrhundert später bezeugt ein anderer britischer Besucher ein gänzlich anderes Erlebnis: »Rund um Christchurch und Nelson ist die Luft vom Gesang der Feldlerchen und Amseln erfüllt.« Den Gesang der Feldlerche hört man heute übrigens auch in Australien, auf den San Juan Islands nahe Vancouver[47] und auf Hawaii.[48]

Ungleich erfolgreicher als die Feldlerche war jedoch der europäische Star. Bereits 1857 hatte man ihn in einem Versuch der biologischen Schädlingsbekämpfung nach Australien und 1862 nach Neuseeland eingeführt.[49] Heute gibt es den Star überall, auch in Nordamerika, wo seine Auswilderung ein gut publiziertes Beispiel der Faunenveränderung ist. Ein besonders eifriges Mitglied der American Acclimatization Society in New York war ein Apotheker namens Eugen Schieffelin, der gleichzeitig ein großer Verehrer Shakespeares war. Alle Vögel, die in den Werken des Engländers erwähnt werden, sollten, so der Wunsch Schieffelins, in Nordamerika angesiedelt werden. Im Geschichtsdrama *Heinrich IV.* wird der Star kurz erwähnt[50] – Grund genug für Herrn Schieffelin, sich 1890 achtzig europäische Stare aus Europa schicken zu lassen, um diese im Central Park auszuwildern.[51] Leider war der belesene Apotheker zwar mit den Geschichtsdramen Shakespeares vertraut, nicht aber mit den nur eine Generation zuvor erschienenen ökologischen Klassikern, Darwins *Origin of Species* oder George Perkin Marshs *Man and Nature*, und verursachte so ein umweltgeschichtliches Drama. Im selben Jahr, in dem der Apotheker die Vögel im Central Park auf die amerikanische Natur losließ, wurde die Art in Südafrika angesiedelt.[52] Der Star mit seinem Gefieder, das so herrlich »wie Motorenöl auf einer Pfütze«[53] schimmert, ist beinahe ebenso sehr wie die Felsentaube zum Inbegriff des allgegenwärtigen Vogels der globalisierten Welt geworden.

Gleichzeitig sind endemische Starenarten auf der ganzen Welt ausgestorben. *Aplonis diluvialis* von der Insel Huahine zum Beispiel, wurde schon von der ersten Siedlungswelle weggeschwemmt. Der Kosrae-Singstar *Aplonis corvina* von der Karolineninsel Kosrae beispielsweise. Irgendwann im Verlauf des 19. Jahrhunderts wurde das letzte Gelege von Ratten aufgefressen. War er wirklich ein begnadeter Sänger, wie sein Name nahelegt? Oder der schwarzweiße Hopfstar *Fregilupus varius* von Réunion, ein spektakuläres Tier, das zu seinem Verhängnis ein Bodenbrüter war und irgendwann im Verlauf des 19. Jahrhunderts ausgestorben ist. Oder *Aplonis ulietensis* von der Insel Raiatea. Wie den weißen Dodo oder die Tanna-Erdtaube kennen wir ihn nur von einem einzigen Gemälde, wissen nicht einmal mit Sicherheit, ob er überhaupt noch bis ins 19. Jahrhundert überlebte.

Oder der mysteriöse Star *Aplonis mavornata* von der Cookinsel Mauke.[54] Ob auch er auf seiner Insel einmal fröhlich lärmende Schwärme bildete?

Oder der Pohnpei-Star *Aplonis pelzelni* von der mikronesischen Insel Pohnpei. Seit 1956 soll er nur ein einziges Mal gesichtet worden sein. Das war 1995. Seitdem hat man von ihm nichts mehr gehört und nichts mehr gesehen.

Oder der Tasman-Star *Aplonis fusca*. Wie der Carolinasittich hatte er zwei Unterarten, *A. f. fusca* von der Norfolkinsel, bis 1923 noch zu hören, und *A. fusca hulliana* von der Lord-Howe-Insel. Bis etwa 1919 konnte man wohl seinen Ruf noch vernehmen, nach dem ihn die Howe-Insulaner benannten: Cudgimaruk – ein »Nachruf« ist es geworden, und seine Stimme überlebt nur in dieser Wiedergabe in einer Menschensprache.[55]

Der Brite Sir David Wedderburn, der uns bereits im Zusammenhang mit den Honigbienen begegnet ist, notierte auf seiner Reise in Neuseeland 1874: »Nirgendwo war die zerstörerische Wirkung selbst einer friedlichen Invasion aus Europa so deutlich wie in Polynesien; nirgendwo haben sich die kräftigen Eindringlinge so rasch eingerichtet, mit der Folge des Aussterbens der schwächeren, wenn nicht sogar unterlegenen Arten. Das Endergebnis hätte man vorhersehen können, aber die Geschwindigkeit, mit der es herbeigeführt wurde, ist erstaunlich. In bestimmten Gegenden Neuseelands, die vor etlichen Jahren besiedelt wurden, sind die einheimischen Pflanzen und Tiere, bis auf ein paar Ausnahmen, bereits verschwunden und werden ersetzt durch solche aus Europa. Insbesondere unter den Vögeln fallen nur diejenigen auf, die auch unsere Felder und Heckenwege bunt und fröhlich machen, während einheimische Exemplare umständlich gesucht werden müssen, wenn man überhaupt welche finden möchte. Rund um Christchurch und Nelson ist die Luft vom Gesang der Feldlerchen und Amseln erfüllt, und duftet nach Weißdorn und Weinrosen. Der einzige in Neuseeland einheimische Hühnervogel ist eine Wachtelart, die vor Kurzem noch vielerorts häufig war. Jetzt ist es schwierig, auch nur ein einziges lebendes Exemplar zu erhalten, obwohl der Vogel nicht übermäßig verfolgt wurde und Versuche unternommen wurden, ihn zu schützen. Unterdessen wurde die kalifornische Wachtel eingeführt und gedeiht, und chinesische Fasanen haben sich über das ganze Land verbreitet.«[56]

Das war 1874. Im Jahr darauf galt die neuseeländische Schwarzbrustwachtel, die Koreke *Coturnix novaezelandiae* als ausgestorben. Die kalifornische Schopfwachtel *Callipepla californica* ist immer noch häufig in Neuseeland. Außerhalb ihrer eigentlichen Heimat im Westen Nordamerikas ist sie auch noch auf Hawaii, in Chile und in Argentinien eingebürgert. Auch einige der Australien vorgelagerten Inseln haben Populationen der kalifornischen Schopfwachtel, so Norfolk Island und King Island. Kumu', wie ihr alter Name in der ausgestorbenen kalifornischen Sprache Esselen lautete, nennt sie schon lange niemand mehr.

Auch der Fasan liefert so eine Geschichte, war er doch nach Britannien gebracht worden, um die Jagd- und Fressgelüste dekadenter römischer Kolonialherren zu befriedigen. Diese wollten sich natürlich keinesfalls auf die Lebensweise der einheimischen Völker einlassen. Jahrhunderte später wurde er nun in neue und immer wieder neue Länder gebracht, die meisten waren Inseln. Bereits 1513 traf er in St. Helena ein, 1667 auf Madeira. Außer nach Neuseeland wurde er auch nach Chile und Hawaii und Tasmanien gebracht. Ab 1857 bevölkerte er Nordamerika – in Montana, Kalifornien und Wyoming habe ich ihn auf Feldern zwischen skandinavisch anmutenden Häusern gesehen, ein merkwürdiges Déjà-vu-Erlebnis, denn genauso konnte man den bunten Vogel auch im grünen Tal sehen, am Wiesenrain und auf den Stoppelfeldern, wenn die Novemberschafe über Land zogen.

Verlorene »abgedeckte« Kontinente

Weite Teile Neuseelands, deren größte und markanteste Tiergestalten nun Hirsche, Rinder und Schafe sind, wären auf den ersten Blick kaum von den kahl gefressenen, hier und da mit Ginster bewachsenen Hügeln der britischen Inseln zu unterscheiden – und das entsprach offenbar auch ganz dem Ziel der Akklimationsgesellschaften. Die von Kaninchen kurz geknabberten Flächen aus Rasen europäischer Grasarten in Australien wirken auf den ersten Blick wie ein vertrocknetes Stück England in einem heißen Sommer. Kängurus hoppeln – ein Verb, das gar nicht passen will, aber unsere Sprache hat eben kein anderes – heute auch durch den Nebel von East Anglia. Eines Morgens, als ich noch in der *Stadt an der Flussbrücke* lebte, erschien eine Labortechnikerin etwas derangiert zur Arbeit und berichtete, sie habe unterwegs ein *Känguru* gesehen. Ein Känguru, wild, auf der nasskalten Regeninsel! Natürlich wurde sie lächerlich gemacht, doch das Symboltier Australiens gibt es tatsächlich in einer verwilderten Population in England. Die Wege der Kängurus und Kaninchen kreuzen sich sowohl auf der Nordseeinsel als auch auf dem Südseekontinent. Da Kaninchen ja ursprünglich aus Spanien kamen, trafen die Kängurus der Königstochter die Kaninchen auf deren Heimatrasen. Doch diese Begegnung findet nun auch in anderen Teilen der Welt statt – in England und auf Hawaii.

Überhaupt ist das Bild der abgefressenen Erde überall zu finden. Man sieht sie überall wieder, die abgeweideten, ausgeweideten Landschaften, die unter den Hufen europäischer Nutztiere entstehen, bewachsen von den Allerweltsgräsern aus der Alten Welt. Ein Abbild der alten »pastoralen« Kulturlandschaften wie des schon so lange entwaldeten Mittelmeerraums. »Wie eine abgebälgte Katze«[57] sieht Griechenland in den Worten des von Erhart Kästner zitierten Fliegergenerals aus, wie ein abgebälgtes, abgehäutetes Tier sehen für mich, da ich ja aus den grünen Bergen komme, die Landschaften in vielen Ländern der Welt aus.

Sie haben auch nicht den geheimnisvollen Zauber der Wüste, denn solche geschundenen Inseln und Länder scheinen tatsächlich ganz und gar »entdeckt«, abgedeckt wie ein totes Tier, das man seiner Haut beraubt hat, und man muss lange warten oder ganz genau nachsuchen, ob sich irgendwo noch etwas vom ursprünglichen Leben regt ...

Nur wo es genug regnet, gibt es das Gleiche in Grün, dann erinnert der Anblick nicht an Griechenland oder Italien, sondern zum Beispiel an die Britischen Inseln. Arm an Wald, voller Schafe, Kühe, Kaninchen und Gras. So beherbergt – in den Worten von Edwin H. Colbert – »heute Neuseeland, wo es einst fast gar keine Säugetiere gab, Millionen von grasenden Schafen und hat die Erscheinung eines zweiten England angenommen«.[58] – »Neuseeland wird eine genaue Kopie von England werden«, hatte bereits um die Mitte des 19. Jahrhunderts ein britisch-neuseeländischer Autor prophezeit.[59] »Junior Englands« nannte Mark Twain Neuseeland und andere Gegenden, die der Hauptinsel der Kolonialmacht, wenn auch noch nicht zum Verwechseln, so doch erschreckend ähnlich gemacht worden waren[60], und dieser Vergleich findet sich immer wieder und wieder in Reisebüchern und den Reisebeilagen der Zeitungen. »Eine an Schottland erinnernde Landschaft in den Tropen«, soll man auf Rodrigues finden.[61] »Ihr Grün, ihr Charakter als beweidete Landschaft und ihre friedliche Atmosphäre erinnern an England«, wird über die Norfolkinsel gesagt.[62] Mauritius zeigt dem Besucher aus der Luft »die Vielfalt seiner Landschaft, die manchmal an die Berge des Jura erinnert, manchmal an Schottland und an manchen Stellen an die Region Beauce in Frankreich, nur mit Zuckerrohr statt Mais«.[63] »Aussichten auf eine nebelverhangene Landschaft, die oft mehr an Schottlands Moore als an Kaliforniens goldene Hügel erinnern«, ist eine Beschreibung der Gegend nördlich von San Francisco[64], und genau das war auch mein eigener Eindruck von der Gegend um Bodega Bay oder Mendocino zu Fuß und aus der Luft. Der Blick aus dem Flugzeug auf die küstenferneren Gegenden Kaliforniens erinnerte mich manchmal an das Bild, das Sizilien oder Spanien aus der Vogelperspektive bieten.

Übrigens kopiert die Kulturlandschaft auch dort, wo mit Aufforstungen der Entwaldung begegnet wird, das Bild der europäischen Landschaften. Der Blick aus dem Flugzeug auf das südliche Brasilien erinnerte mich manchmal fast an den Schwarzwald, die Weiden grün und durchsetzt von dunklen, ordentlich zugeschnittenen Waldblöcken.

Auch einige Gegenden der östlichen USA haben dieses Muster von Waldparzellen und Weideland.

»Ich bin in der ganzen Welt herumgeflogen«, schreibt Antoine de Saint-Exupéry, »und kann auf den ersten Blick Arizona von China unterscheiden.« Doch ich glaube, dass auch dies immer schwerer wird, weil das Leben auf diesem Planeten so verändert, verschoben und durcheinandergeworfen wurde. »Der Mensch hat in den letzten ein oder zwei Jahrhunderten die Oberfläche der Erde gründlich verändert, und in keiner Hinsicht war diese Veränderung so drastisch wie hinsichtlich der Veränderung der Verteilung der ursprünglichen Bewohner der Kontinente«[65], schrieb Edwin H. Colbert und der amerikanische Schriftsteller und Landwirt Wendell Berry bemerkt in Betrachtungen zu einer amerikanischen Landschaft, »dass es nicht mehr möglich ist, sich vorzustellen, wie dieses Land zu Anfang ausgesehen hat, bevor die weißen Menschen ihre Pflüge hineintrieben. Die ursprüngliche Oberfläche (…) ist ausgelöscht wie die Wandertaube. Das unberührte Amerika, das der erste weiße Mann sah, ist ein verlorener Kontinent, untergegangen, wie Atlantis im Meer versank«[66], – und mit ihm versanken ungezählte, unerzählte Abenteuer und Geschichten.

In den 80er Jahren des 19. Jahrhunderts griff man zur Bekämpfung der Kaninchenplage auf eine Methode zurück, die bereits unter Kaiser Augustus eingesetzt wurde, um der eingeführten Kaninchen auf den Balearen Herr zu werden: Wiesel, Hermeline und Frettchen wurden auf die Inseln gebracht. Allein im Jahr 1885 sollen etwa 3.000 Wiesel und Hermeline aus England eingetroffen sein.[67] Da war Sir Charles' Buch gerade erschienen; und überdies muss das, was er als seine Beobachtungen auf einem relativ kurzen Aufenthalt im Land festhielt, vor Ort allgemein bekannt gewesen sein. Er muss mit Siedlern gesprochen haben, mit Menschen, die die Veränderungen über Jahre hinweg beobachtet hatten. Vielleicht hat man ihm in irgendeiner Taverne von der Geschichte erzählt. Die Bewohner Neuseelands müssen gewusst haben, was vor sich ging. Sie hätten vorhersehen können, wohin auch diese neuen Importe führen würden. Doch es ging immer weiter mit der Einfuhr, der Akklimatisierung fremder, entführter Arten.

Erst gegen Mitte des 20. Jahrhunderts lässt der Strom der aktiven Neueinführungen nach Neuseeland nach. Da war es für viele der einheimischen Arten bereits zu spät.

»Tatsächlich kann man wohl sagen, dass die einheimischen Tiere und Pflanzen Neuseelands ohne jeden Kampf den domestizierten Arten, die der weiße Mann zu seinem Nutzen eingeführt hat, oder jenen schädlichen Geschöpfen und Unkräutern, die er unwillentlich eingeführt hat, unterliegen«, schrieb David Wedderburn.

Die Liste weltweit verschleppter und in anderen Ökosystemen neu eingebürgerter Pflanzen und Tiere umfasst Zehntausende von Arten und wird immer länger – und ein Ende ist nicht abzusehen. Die biologische Globalisierung, die mit der Auslöschung der einheimischen Riesen der Kontinente, der Rieseninseln der Erdoberfläche begann und mit der Ausrottung der charakteristischen Inseltiere weitergeführt wurde, ist heute in vollem Gang. – Und alles spielt sich in immer feinerem, immer kleinerem Maßstab ab.

Viel wurde inzwischen dazugelernt, aber noch lange nicht genug. Das Ziel der globalen biologischen »Angleichung« der Natur wird zumindest offiziell nicht mehr angestrebt – vielleicht weil es ja auch zu einem guten Teil erreicht ist, vielleicht, weil die Wahrnehmung der Natur überhaupt bei vielen Menschen aus dem Bewusstsein schwindet. Oder ist das doch ein Erfolg des Umwelt- und Naturschutzes?

Dessen ungeachtet geht die Geschichte weiter.

Heute, ein Jahrhundert und ein halbes nach Darwins *Origin of Species*, ein halbes Jahrhundert nach Eltons *The Ecology of Invasions by Animals and Plants*, wird der globale Vertrieb von Lebewesen, die eben beinahe überall Exoten sind, immer noch von Wirtschaftsunternehmen angestrebt – wie am Beispiel der Hummel oder der Entwicklung von frostresistentem Eukalyptus deutlich wird – oder zumindest toleriert. Zierpflanzen werden zum Zweck des Lohndumpings auf grotesk verschlungenen Wegen um den Globus verschickt – aus Kenia nach Deutschland, um ihnen das Lügenetikett einer in Europa gezüchteten Pflanze zu verschaffen, und dann nach Marokko, um für wenig Geld umgetopft zu werden. Nur ein winziger Prozentsatz der in Mogelpackungen gesperrten »lebenden Waren« kann überhaupt kontrolliert werden. Die Geschichten von eingeschleppten Vogelspinnen in der Yuccapalme[68] gelten als urbane Mythen – doch so ganz ohne Vorbild wurden sie nicht erdacht, vielleicht mit etwas Exotik ausgeschmückt, aber eben nicht komplett erfunden. Den Beweis trat kürzlich eine brasilianische Bananenspinne durch einen öffentlichkeitswirksamen Auftritt in einem Supermarkt im saarländischen Bexbach an.[69]

Nicht nur der Warentransport, auch die Ströme von Reisenden um die Welt reißen dauernd andere Lebewesen mit. Ich habe immer wieder Insekten in Flugzeugen angetroffen. Einmal konnte ich dies genau beobachten, als im selben Moment, in dem ich einstieg, ein großes moskitoähnliches Insekt neben mir durch die Flugzeugtür schwirrte.

In jeder Tageszeitung tauchen mit einer gewissen Regelmäßigkeit Nachrichten von neuen, erstmals aufgefundenen exotischen Arten auf. Asiatische Hornissen[70], Buchsbaumzünsler[71], Büffelzikaden, Feuerlibellen oder der Signalkrebs[72] scheinen auf den ersten Blick die Fauna zu bereichern, doch in Wirklichkeit wird das typische und einmalige Bild der einheimischen Flora und Fauna Schritt für Schritt verändert, übermalt und mit den in anderen Teilen der Erde zu findenden Ökosystemen aus weltweit zusammengesammelten Arten nivelliert.

Die beiden entgegengesetzten Enden der Welt wurden in ihrer Fauna ähnlicher. Die in Deutschland angesiedelten Neozoen und Neophyten sind beinahe allesamt »Weltbürger« – die Damhirsche und Ochsenfrösche, die Waschbären und Marderhunde, die Douglasien und Hybridplatanen, das japanische Springkraut und der japanische Knöterich, die Nachtkerze und die asiatischen Hornissen –, sie alle könnte man beinahe in jedem Land mit ähnlichem Klima sehen.

Es wurden zwei Sorten Tiere eingeführt: solche, die die einheimische Fauna fraßen, und solche, die die einheimische Flora fraßen.

Herr Henry und ein Igel im Exil

Selten gibt es einen Fall, dass das »Exil« außerhalb von zoologischen oder botanischen Gärten die Überlebenschancen einer Art erhöht. Auf den Hawaii-Inseln Maui und Oahu gibt es den Coqui-Frosch *Eleutherodactylus coqui* und seinen Verwandten *Eleutherodactylus planirostris*. Auf ihren karibischen Heimatinseln sind die Frösche jedoch bedroht. Die Monterreykiefer, deren natürliches Habitat winzig klein ist, wird überall in Gegenden mit subtropischem Klima in Forstplantagen angepflanzt.

In einigen Fällen hat Europa Arten exportiert, in neue Ökosysteme deportiert, bevor ihnen in der Heimat das Überleben schwer gemacht wurde. Das Bizetschaf ist auf den Kergueleninseln, wo es ursprünglich gar keine Landsäugetiere gab, eingeführt, aber in seiner Heimat Frankreich nun selten. Der europäische Igel, eingeführt in Neuseeland und auf den Äußeren Hebriden[73], ist in Europa durch Straßenverkehr und Pestizide gefährdet. Während der Biber in Europa lange Zeit bedroht war, entwickelte er sich in Patagonien, wohin er zur Gewinnung seines Pelzes verschleppt worden war, zur Plage. Die schwarze Biene Europas ist in Tasmanien zwar ein Exot, ist aber anderswo selten geworden und wird daher auch hier vor möglicher Hybridisierung mit anderen Stämmen und damit vor dem Untergang geschützt. Der Steinkauz, der in Deutschland als gefährdet gilt, ist in Neuseeland eingeführt und weitverbreitet.[74] Ausgestorben ist dagegen der neuseeländische Lachkauz *Sceloglaux albifacies*, zwei Unterarten auf zwei Inseln, und jetzt keine mehr.[75]

Der Rubinlori *Vini kuhlii*, in bunter Vorzeit von den Cookinseln bis nach Französisch-Polynesien verbreitet und seiner roten Federn wegen weitgehend ausgerottet, überlebte außer auf einer einzigen seiner Heimatinseln, Rimatara, auch in zwei kleinen, auf historische »Umsiedlung« zurückgehenden Populationen auf den Linieninseln Teraina und Tabuaeran.[76]

Der Laysan-Gimpel *Telespyza cantans cantans* soll in einer auf eingeführte Tiere zurückgehenden Population auf dem Midway-Atoll überlebt haben. Von dort wurde der Sänger wieder auf seine Heimatinsel zurückgebracht.[77] In seinem zeitweiligen Exil ist er mittlerweile wieder ausgestorben. Der Halsbandsittich, heute in Indien bedroht, ist in vielen tropischen Ökosystemen eine invasive Art. Das Sandflughuhn aus Indien wurde nach Nevada und Hawaii verschleppt.[78] Seine ägyptische Unterart ist dagegen ausgestorben. Sie verschwand erst im späten 20. Jahrhundert.[79]

Beinahe hätte übrigens der Karolinasittich in Deutschland fern der Heimat, *ex situ* überlebt, als in Thüringen einige der Vögel, halbfrei gehalten, möglicherweise eben mit der Gründung einer verwilderten Population hätten beginnen können.[80] »Die herrlich grünen Vögel mit gelbem und rotem Kopf, von der Größe und Gestalt, auch Flug des Turmfalken, bewohnten einen früheren Taubenschlag. Mit zwei Paar beginnend, hatten sie sich allmählich auf einige 20 Stück vermehrt. Des Taubenschlages entwöhnten sie sich mehr und mehr. Sie suchten ihn nur noch als Futterstelle auf. Sie brüteten in natürlichen Höhlen zweier alten Linden«, berichtet der Ornithologe Freiherr von Berlepsch. Leider wurde ein Gastwirt aus der Gegend der ungewöhnlichen Vögel, die »in geschlossenen Flügen meilenweit das Land durchreisten«, ansichtig. Es war um Weihnachten herum, und die Vögel hatten sich auf einem Baum in seinem Hof niedergelassen, und er begann sofort zu schießen. Zwei Tage lang schoss er auf jeden der bunten Vögel und erschoss sie alle. Es blieb kein einziger übrig. Als wäre es ein Echo der Beschreibungen der Massaker in der Heimat des Vogels, ist von dieser blutigen Szene überliefert, »daß um die zuletzt gefallenen die andern immer erneut herumgeflattert seien und sich so bis zum letzten hätten vernichten lassen«.[81]

Überhaupt sind die Überlebenschancen seltener Arten fern der Heimat nur in Ausnahmefällen gut – eben weil sich die Lebensbedingungen, die Ökosysteme immer mehr aneinander angleichen. Wo sollten beispielsweise die flugunfähigen Vögel der Ozeaninseln überleben, da es Ratten ja inzwischen beinahe überall gibt.

Die alten Inselfaunen wurden vielerorts durch eine auf der ganzen Welt im Wesentlichen gleiche, künstliche Fauna aus anpassungsfähigen, exotischen Lebewesen ersetzt, wie auf allen anderen Inseln, in allen Ozeanen und auf allen Kontinenten.

»Die zoogeographischen Regionen, so wie sie üblicherweise auf einer Weltkarte eingezeichnet werden, sind zu einem wesentlichen Teil etwas, das der Erinnerung angehört und keinen wirklichen Regionen mehr. Der Reisende kann viel Zeit und Mühe darin investieren, auch nur einen schwachen Eindruck der neoarktischen Fauna der Vereinigten Staaten zu gewinnen, der Orientalis in Indien oder der Aethiopis in Südafrika. Und wenn keine Nationalparks und Wildschutzgebiete und Wildparks ausgewiesen und streng bewacht würden, dann wäre selbst dieser Eindruck unmöglich«, notiert Colbert.

Der kalifornische Historiker Richard G. Lillard schrieb Anfang der siebziger Jahre in einem Aufsatz: »Da nun Stellers Seekuh ausgestorben, verschwunden ist, und der Riesenalk, der Dodo, der Zwergelefant, der Eskimobrachvogel, da hundert Arten auf weniger als hundert Individuen reduziert sind und sich andererseits alles Beliebige vermehrt wie Fruchtfliegen, wird die Erde langweilig und immer langweiliger, monotoner und weniger abwechslungsreich.«[82]

Kämen die frühen Seefahrer aus dem Morgenland heute zurück auf die Seychellen oder die Maskarenen – sie fänden keine Geschichten von Schildkröten und ungeflügeltem Geflügel mehr. Sie fänden allenfalls Geschichten von Katzen, Ratten, Hunden und Schweinen. Doch die könnten sie von überall mitbringen, von allen Inseln auf allen sieben Meeren, von allen Kontinenten, aus dem Abendland wie aus dem Morgenland. Doch erzählen würde die niemand in den Tavernen von Sansibar bis Basra, da jeder sie schon kennt, da es ja überall dasselbe ist. Tatsächlich findet man in der Literatur im Kreol der Seychellen oder von Mauritius, in Märchen und Volkserzählungen von den Inseln des Indischen Ozeans, wenn Tiere auftauchen, vor allem Geschichten von eingeschleppten Arten – Geschichten von Katzen, Ratten, Hunden und Schweinen, vielleicht auch von einem Vogel, von dem erzählt wird, seit zum allerersten Mal ein Mensch Tiere auf ein Schiff lud.

Jedes der Schiffe, die im Auftrag einer der Akklimatisationsgesellschaften Lebewesen gleich woher gleich wohin verschifften, ist ein Zerrbild der Arche Noah. Innerhalb der akklimatisierten, homogenisierten Faunenreiche bleiben nur noch kleine und immer kleinere Inseln, die für die selteneren endemischen Arten immer schwerer und schwerer zu finden sind, selbst wenn der Mensch versucht zu helfen.

Herr Richard Henry war ein Insulaner, ein Seefahrer und Wanderer, ausgewandert aus Irland nach Australien und schließlich auf die Inseln Neuseelands, Pigeon Island hieß seine Wohninsel. Aus seinen Schriften geht hervor, dass er einer war, der ganz genau hinschaute, viele, feine Details erkannte, dauernd beobachtete, auf Veränderungen, auch auf die winzigen, unauffälligen achtete. Einer, der das Seltene und Besondere suchte, das wilde Leben, wo es noch Echtes, Authentisches, Ursprüngliches zu entdecken gab. Übrigens war er auch der Autor des auf Seite 161 erwähnten Aufsatzes zum »Kaninchen und seiner Beute«, in dem er sich unter anderem vehement gegen die Einführung von Wieseln zur Bekämpfung der Kaninchenplage ausgesprochen hatte, und stattdessen für die Verwendung kaninchendichter Zäune plädierte. Er wusste, dass Inseln Inseln bleiben sollten.

Er war ein Einzelgänger und Sonderling, ein Inseleinsiedler und begabter Schriftsteller, der Geschichten von der einheimischen Tierwelt erzählte. Zum Beispiel vom Moa, den er sich als ein Nutztier in der Farmhaltung der Maori vorstellte.[83] Wo sonst sollten sie die Riesentiere denn hergehabt haben, dachte er sich, als von der anderen

Insel der ausgestorbenen Riesenvögel, von Madagaskar.[84] Wie auf der Arche Noah, so stellte er es sich vor.

Ein Bild, zu schön, um es durch die allerleiseste Berührung mit harten Fakten kaputt zu schlagen. Die Vorstellung vom Boot voller großer flugunfähiger Vögel auf Abenteuerfahrt inselwärts mag Herrn Henry selbst zu seiner eigenen Heldenreise angeregt haben. Gegen Ende des 19. Jahrhunderts durchstreifte er Hügel und Buschland der Südinsel auf der Suche, auf einer unblutigen Jagd nach großen, flugunfähigen Vögeln: nach Kaka und Takahe und Kakapo, dem graugrünen Papagei, der einen starken Duft auf seinen Federn trug, sodass ihn der Hund des freundlichen Jägers über weite Distanzen wittern konnte. Die Gefangenen brachte Herr Henry auf sein Boot. Welch ein Bild! Die Küstenhügel und das Segelboot, der Duft der Vögel und des Tangs, der Seegang, das Donnern der Brandung in den Höhlen der Felsenküste wie der Herzschlag eines großen flüssigen Lebewesens, die Stimmen der Wellen, des Windes und der graugrünen gefiederten Passagiere, ein Bootsgesang der Passage zur neuen Insel.[85] Resolution Island hieß das Inselchen im südlichen Meer. Hunderte von Kakapos sollen Herr Henry und sein Hund gefangen und auf die Schutzinsel geleitet haben. *Hier sollten sie eine sichere Heimat haben.* Hier sollten sie in Frieden leben …

Vielleicht sollte man, um das schöne Bild nicht zu zerstören, die Geschichte nicht zu Ende erzählen, die harten Fakten verschweigen, nämlich dass es eines Tages Wiesel an die Küste der Insel verschlug. Sie fielen über die großen, dicken Vögel her. Es blieb nicht ein einziger übrig.

*»Sie stürmten hinaus auf das Wasser,
wo es nichts mehr gab, worauf sie sich hätten
niederlassen können.«*

KAPITEL 8

Weltbürgerin im feinen Zwirn

Es war ein wunderschöner Vogel. Er trug feinen grauen Zwirn in einem Federmuster, das die Schattierungen von Naturwolle und Travertin, Granit und Büttenpapier und eines Gewitterhimmels im September miteinander verwob. Seine Flügel waren hell wie Platin und Buchenrinde in der Sonne, wie Nickel und sonnengebleichtes Fichtenholz. Darauf waren die Ränder der Federn wie mit einem japanischen Tuschepinsel in elegantem Schwung gezeichnet. Am Kopf trug er Rosenkäfergoldglanz auf Graphitgrund gehaucht und ein violettmetallisches Cape, schillernd wie Öl auf einer Pfütze. Auf den Schuppen seiner Füße waren die Töne von Karneol und Rosenquarz gemischt. Aufrecht trippelte er auf seinem Aussichtsplatz ein paar Schritte vor, vollführte eine Kehrtwende zurück, um seine Schönheit in einer neuen Promenade vorzuführen. Dann plötzlich durchfuhr ihn ein Ruck. Die Flügel sprangen auf und in ein, zwei Flatterschlägen katapultierte er sich, *un grand jeté*, vom Plateau der Mülltonne hinunter auf den Asphalt.

Wo genau ich den Vogel beobachtete, weiß ich nicht mehr. Es hätte im Goldland gewesen sein können oder im grünen Tal, auf der Schatzinsel, auf der Schildkröteninsel, im Land der roten Bäume, im Zuckerland oder auf der Insel der Schwäne oder auch sonstwo, denn Tauben gibt es ja überall.

Tauben gibt es überall. Vermutlich müssen Sie nur aus dem Fenster schauen, allenfalls einen kurzen Gang durch die Stadt unternehmen, um seine grauen Federn auf dem Asphalt zu finden oder ihn sich im Leben anschauen zu können, den Vogel nämlich, den man sich unter »Taube« meistens vorstellt, *Columba livia* nämlich, die Stadttaube, Straßentaube, eigentlich Felsentaube, den schiefergrauen, weißen oder braunbunten, schillernden Vogel eben, den es überall gibt.

Tauben gibt es überall. Wer eine Weltreise machen wollte, mit dem einzigen Zweck, eine Taube zu sehen, dem würde man den Vogel zeigen, die Taube nämlich, die *anderen* Tauben nämlich, die dem schiefergrauen Vogel an Ihrem Fensterbrett oft nur entfernt ähnlich sehen, die Farben und Formen zeigen, von denen die Straßentaube und der örtliche Taubenzüchterverein nur träumen können. Rund dreihundert Arten der Columbiformes, der Taubenfamilie, gibt es rund um den Globus, ein bunter Schwarm, in allen Regenbogenfarben, allen Erdfarbtönen. Erdtauben, Flaumfußtauben und die bunten Fruchttauben, deren überwältigende Farbenpracht sich von Afrika ausgehend in einem Spektrum nach Osten hin entfaltet, und sich von Inselindien über die Inseln des Stillen Ozeans zu einer gewaltigen Palette an Formen und Farben auffächert. Hier, auf Inseln und in inselartigen Lebensräumen, entwickelten sie über Tausende von Taubengenerationen solch unterschiedliche und einzigartige Erscheinungen wie die große blaue Krontaube mit der blauen Haubenkrone und die zierliche taudiamantverzierte Diamanttaube *Geopelia cuneata*, und solche Farben wie das Kirschrot der Fidschi-Flaumfußtaube *Chrysoenas victor*, das feine Feigenblau von Madagaskars blauer Taube *Alectroenas madagascariensies,* das Zitronengelb und Limonengrün der gelbfüßigen Grüntaube *Treron phoenicoptera* oder das Olivgrün, Apfelgrün der afrikanischen Grünen Fruchttaube *Treron calva* …

Die toten Tauben

So bunt die Tauben der Welt sind, so *war* die Welt der Tauben doch noch um einiges bunter. Eine Reise durch den westlichen Pazifik, von Japan und vom Philippinenbecken bis hinunter zu den Salomonen, den Neuen Hebriden und bis ganz nach unten zur Norfolkinsel, über die Zone, in der sich die größte Artenvielfalt der Tauben zeigt, ist auch eine Reise durch eine Zone toter Tauben.

Die Silberbandtaube *Columba jouyi* von Okinawa und den Daitō-Inseln im Nordwestpazifik zum Beispiel wurde 1936 zum letzten Mal gesehen.[1] Sie war glänzend schwarz mit weißer Nackenzeichnung und hatte einen dunkelblauen Schnabel. Das Yanashina-Institut für Ornithologie im japanischen Chiba verwahrt noch ein paar Bälge. Das ist alles, was geblieben ist. Auf dem benachbarten Ogasawara-Archipel gab es die Bonin-Taube *Columba versicolor*. Sie war grauschwarz und grünmetallisch schimmernd. 1889 wurde das letzte von nur vier dokumentierten Exemplaren getötet, eines davon wird im Senckenberg-Museum in Frankfurt aufbewahrt.[2, 3]

Die Salomonentaube *Microgoura meeki*, ein lakritz- und karamellfarbener Vogel mit blauer Federkrone, beheimatet auf der nördlichen Salomoneninsel Choiseul, wurde 1904 letztmalig gesehen[4] – und die möglicherweise letzten sechs Exemplare sofort totgeschossen. Alle. Es blieb keine einzige Taube übrig. Im New Yorker Naturkundemuseum kann man die Präparate besichtigen.

Die Mauke-Fruchttaube *Ptilinopus rarotongensis byronensis* lebte noch um 1825 auf ihrem nur 18 Quadratkilometer großen Heimatinselchen im Cookarchipel. Aus der ersten wissenschaftlichen Beschreibung geht hervor, dass es ein atemberaubend schönes Tier gewesen sein muss: »Stirn und Kopf von einem schönen tiefen, sich ans Rosa annähernden Violett. Hinterkopf und Hals und Brust von einem pudrigen Grau. Oberseite der Flügel, Schwanz und Rücken waren grün in verschiedenen schönen Tönen und Schattierungen. An der Schwanzspitze ein dämmrig-bleicher, leicht grünlich angehauchter weißer Querstreifen. Die Unterseite von Flügel und Schwanz in einem bleichen Aschgrau. Der Bauch unten gelb und oben gelblich mit einem leichten Hauch von Rosa oder dunklem Violett in der Mitte. In seinem Magen fanden wir rote Beeren«, schrieb sein Entdecker.[5] Die Mauke-Fruchttaube wurde nie wieder gesehen.

Auch die Norfolkinsel hatte einmal mindestens zwei eigene, einheimische Inseltauben. Die Norfolk-Fruchttaube *Gallicolumba norfolciensis* muss eine ganz besondere Erscheinung gewesen sein, waren doch Rücken und Flügel dunkelpurpurfarben, der Bauch schwarz, Brust, Kopf und Hals aber leuchtend weiß.[6] Um 1800 ist sie ausgestorben. Als »Riesentaube« wird die Norfolk-Erdtaube *Hemiphaga novaeseelandiae spadicea* mitunter bezeichnet.[7] Kopf und Hals trugen ein tiefes Grün mit reichem metallischem Glanz, übergehend in Oliv und rötlich überhauchtes Grünbraun. Rücken und Rumpf waren von »veränderlicher Farbe, rötlich-kupferfarben, in strahlende und regenbogenartig schillernde Farbtöne übergehend«, weiß ein Lexikon des 19. Jahrhunderts zu vermitteln.[8] Nach Angaben eines deutschen Naturkundebuches »enthaltend eine angenehme Sammlung von Thieren«[9] waren die »mittleren Deckfedern goldgrün; der Oberrücken braunroth mit Metallblicken«. Auch die ursprüngliche Beschreibung der Art[10] erwähnt »reiche metallische Reflexionen, je nachdem, in welchem Lichte sie betrachtet werden«. Doch es wird sie niemand mehr in irgendeinem, geschweige denn dem richtigen Licht ihrer Insel sehen.

Die San-Cristobal-Dickschnabel-Taube *Gallicolumba salamonis* von der südlichen Salomoneninsel Makira und dem Inselchen Ramos ist von nur zwei dokumentierten Exemplaren bekannt. Sie trug »am Kopf ein rötliches Braun, Kehle und Brust in Zimtbraun und zum Rücken hin ein Braun mit glänzendem Purpurschimmer. Schultern und Deckfedern des Rückens waren in metallischem Violettpurpur, der Unterleib in dunklem rötlichem Schokoladenbraun gefärbt«.[11] Die einzigen der Wissenschaft bekannten Exemplare wurden 1882 und 1927 gesichtet und alle beide sofort totgeschossen.[12] Im Australischen Museum Sydney ist ein Präparat zu sehen, das andere im Naturkundemuseum in New York.[13]

Als Tanna-Erdtaube wird ihre Verwandte *Gallicolumba ferruginea* bezeichnet, dabei wissen wir nicht einmal, ob sie wirklich von der Insel Tanna, Vanuatu stammte. Sie starb vermutlich zu Anfang des 19. Jahrhunderts aus. Es ist nichts von ihr übrig geblieben, kein einziges Präparat, kein einziger Knochen, keine einzige Feder. Wir kennen den Vogel nur von einer einzigen Abbildung, einem Aquarell des deutschen Forschungsreisenden Georg Forster. Auf dem Bild – zu bewundern in London im Britischen Museum für Naturgeschichte – erscheint der Vogel schlicht rostbraun. Nur noch anhand überlebender Verwandter können wir uns ein ungefähres Bild machen, wie prachtvoll dieser Vogel wirklich war.

Auch außerhalb dieser Zone der toten Tauben verschwanden Arten – zum Beispiel im Indischen Ozean, zum Beispiel auf den Maskareneninseln. Die Überreste der blaue Mauritiustaube *Alectroenas nitidissima* findet man heute in den Naturkundemuseen in Paris und Edinburgh[14], die des Dodos *Raphus cucullatus*, auch er ein gewaltiger Taubenvogel, in Oxford, das Skelett seines Verwandten, des Solitaire *Pezophaps solitaria*, steht einsam im zoologischen Museum Cambridge. Immer wieder besuchte ich hier in der *Stadt an der Stierfurt* und in der *Stadt an der Flussbrücke* diese stummen Zeugen einer Zeit, in der man noch das Abenteuer erleben konnte diesen Tieren zu begegnen, einer Zeit, als die Bemühungen, das Leben der Welt zu homogenisieren, noch am Anfang standen. Die Taubenriesen wurden in den Tod gejagt, zu Tode geknüppelt, auch wenn sie miserabel geschmeckt haben sollen. Auch die anderen ausgestorbenen Taubenarten der Welt lebten auf Inseln, auf ihren Inseln, die ihnen nach Besiedlung durch Menschen und deren mitgebrachte Tiere keinen Schutz und keine Heimat mehr boten.

Auf beiden Seiten des Atlantischen Ozeans starben Tauben aus. Auf der kleinen Insel Madeira verschwand zu Anfang des 20. Jahrhunderts die große endemische Unterart der Ringeltaube *Columba palumbus maderensis.*[15] Auf dem amerikanischen Kontinent, der großen Schildkröteninsel, verschwand in etwa zur selben Zeit die Wandertaube. Ich fand sie ausgestopft, ausgestellt in einer Glasvitrine im Field Museum von Chicago inmitten anderer Vogelpräparate, umringt von toten Vögeln, die alle in jüngerer Zeit auf diesem Kontinent ausstarben. Die letzte ihrer Art, Martha, starb im Zoo von Cincinnati, im selben Haus, in dem nur wenig später Incas, der letzte Karolinasittich, starb. Das Museum ist nun eine Toteninsel dieser Art, alle Museen weltweit Toteninseln der untergegangenen Arten.

Im New Yorker Naturkundemuseum, am Rand des Central Parks, habe ich eine kleine Schar gesehen. Ein Dutzend Exemplare in einem Glaskasten, dekoriert mit toten Blättern. Wären all die toten Vögel in diesem einen Kasten, in diesem einen Museum lebendig – vielleicht könnte man sie irgendwie noch züchten, vielleicht irgendwie ihren Genotyp am Leben erhalten. Vielleicht könnte man sie mit Hormongaben und anderen biochemischen Raffinessen zur Vermehrung bewegen oder ihnen mit einem geschickten Täuschungsmanöver die Gegenwart des so lebenswichtigen Schwarms simulieren – wie man in manchen Zoos bei Flamingos, die auch einen Schwarm benötigen, durch ein Arrangement von Spiegeln das Brutgemeinschaftsgefühl erzeugt.[16]

Vielleicht wäre diese Rettungsaktion auch gar nicht so schwer gewesen, gelang doch in der ersten Hälfte des 19. Jahrhunderts in England dem Earl of Derby, dem Audubon einige Wandertauben geschenkt hatte, die Zucht. Vielleicht hätte die Art sogar verwildert auf einer neuen Insel überleben können. Einige der Tauben entkamen nämlich aus der Haltung des Earls und anderer Züchter[17], doch sie wurden, kaum entdeckt, sofort erschossen.

Vielleicht hätte man einzelne Elemente des Verhaltens der Wandertaube, unter den künstlichen Bedingungen der künstlichen Schutzinsel einer Zoovoliere, weiterleben lassen und untersuchen können, doch selbst dann wäre die wesentliche Eigenschaft des Lebens in milliardengroßen Schwärmen verloren. Ein Schwarm war so etwas wie ein einziges Wesen, wie ein Bienenschwarm als »der Bien«, als Einzelwesen betrachtet werden kann. Im Schwarm zu leben, das war eben Teil der »Insel« dieses Vogels, sein Absturz in den Artentod ist, auch wenn dieser Vogel einen Kontinent bewohnte, ein Lehrstück der Inselökologie. Was für den einen ein Kontinent ist, ist dem anderen eine Insel und dem nächsten ein Kieselstein. Es ist eine Frage der Perspektive, und aus der Vogelperspektive, aus dem Blickwinkel der Wandertaube war Nordamerika eine Insel, gerade eben groß genug, um die Population in eben der Individuenzahl, die diese Art zum Überleben brauchte, in diesem Fall millionengroße Schwärme, aufrechtzuerhalten. Wenn man Flügel hat und zahlreich ist, wird auch eine große Insel leicht klein. Die weiten Wälder und Prärien und die Riesenschwärme, all das zusammen bildete die »Insel« dieser Art, die Insel, auf der sie nisten konnte und ihr eines, einziges Ei ausbrüten konnte, die Insel, von deren Rücken sie durch die Besiedlung und Entwicklung des Landes heruntergeschoben, heruntergeschlagen wurde.

In den Erinnerungen einiger Zeitzeugen sind Horrorbilder des Infernos der Vernichtungswut überliefert. Wie bösartige Kobolde fielen die Menschen mit ihren Keulen und Stiefeln über die Tiere her, schlugen und trampelten sie zu Hunderttausenden tot. Sie trieben Schweine über die Berge von toten und sterbenden Vögeln.[18] Die Lüster der Taubenfedern verschwanden in Lehm und Kot und Blut. Obwohl der Vogel sonst vermied, über weite Wasserflächen zu fliegen[19], stürmten immer wieder Schwärme, die in solchen Massakern aufgescheucht worden waren, hinaus über das Wasser, wo es nichts mehr gab, worauf sie sich, erschöpft, hätten niederlassen können. Buchten und Strände waren mitunter meilenweit von toten Tauben bedeckt.[20] Beim Durchzug eines Riesenschwarms war die Luft von einem merkwürdigen Geruch erfüllt[21], doch nun muss es infernalisch gestunken haben. Meilenweit war der Schlachtlärm, das Quieken der Schweine und das Todesgeschrei der verängstigten Tauben zu hören.[22] Natürlich war es laut, denn da wurde ja eine ganze Insel abgeschlachtet.

Eine Insel, das bedeutet eben nicht nur ein vom Wasser umschlossenes Stück Erde, ein Stück Weltscholle aus dem Urozean aufgetaucht, sondern vor allem auch die spezifischen Lebensumstände, die eine Art braucht. Ein Nordamerika ohne Kanonen und Gewehre, ein hundeloses St. Helena und mausfreie Maskareneninseln, ein Okinawa ohne Katzen und ein Rodrigues ohne Ratten … Alle diese Inseln, diese Inselökosysteme gingen in ihrer ursprünglichen und einzigartigen Form unter und mit ihnen auch Tauben.

Falsche Heimat

Wo immer der Mensch erschien, folgte gewissermaßen eine Sintflut, in der alte Inseln untergingen, und als ganz andere, ganz neue und untereinander ganz ähnliche Inseln wieder aufstiegen. Und was mit aufstieg, das waren, unter anderem auch – Tauben. Tauben, die durch den Einfluss des Menschen nicht ausgerottet, sondern ganz im Gegenteil häufig, sehr häufig waren oder sogar zur Plage wurden. Denn das meiste, was da aus dem Wald und der Steppe auftauchte, das, was am höchsten aufragte, sich am deutlichsten von der Naturlandschaft abhob, das waren graue Steine. »Jedes Gebäude ist ein Fels, jedes Dorf eine Felsgruppe, jede Stadt ein Gebirge«[23], so etwas Ähnliches jedenfalls, aus Beton, mit etwas Eingewöhnung genau das Richtige für die Felsentaube, und diese neuen künstlichen Inseln sind beinahe überall gleich.

Die Felsentaube ist allgegenwärtig, und liefert in der Betonwüste noch ein Naturerlebnis, einen Nachklang von Wildnis. Über Wochen hinweg beobachtete ich in Cambridge auf dem Weg ins Institut das Nest einer Taube, die exakt über der Tür eines Feinkostgeschäfts nistete und deren Jungen im Heranwachsen die Ähnlichkeit zum Dodo besonders gut vor Augen führten. Ich kannte auch ein Taubennest, das sich hoch oben im vierten oder fünften Stock der Universitätsbibliothek, in diesem finsteren Turm, der Cambridge überragt, befand. Jedes Mal, wenn ich ein Buch aus der Bibliothek benötigte, machte ich den Umweg über das »Taubenstockwerk«, um zu sehen, wie es der Familie ging. Die Tauben hatten ihre Eier direkt vor einem winzigen Fensterchen mit fantastischem Blick über die Stadt abgelegt, und man konnte das Brutgeschäft so nahe beobachten, als läge da hinter Glas ein aufgeschlagenes Buch, dessen Bilder auf einmal zum Leben erwacht waren.

Natürlich ist die Felsentaube nicht die einzige einheimische Taube, die einem in Europa und in den Städten begegnen kann. Zum Beispiel die Ringeltaube *Columba palumbus*, ein Vogel, der in manchen Städten ebenfalls als Kulturfolger zum Stadtbewohner geworden ist – im Pariser Bois du Boulogne ist sie ebenso anzutreffen wie im Berliner Tiergarten oder in Hampstead Heath in London. Da wäre außerdem die Hohltaube *Columba oenas* – eigentlich ein Vogel, der Waldgebiete braucht, der großen alten Bäume und der Spechthöhlen wegen. Manchmal findet sie genau dies auch in Stadtparks und Gärten. Da wäre die Turteltaube *Streptopelia turtus*, ein zierlicher Zugvogel, der sich in den Grünanlagen vieler Metropolen Europas wohlfühlt. Noch wesentlich häufiger trifft man ihre Verwandte, die Türkentaube *Streptopelia decaocto*, ein Neueinwanderer, der erst im letzten Jahrhundert aus der Levante nach Mittel- und Westeuropa hineindrängte. Sie sind nun Vögel der Dörfer und Vorstädte, der künstlichen Lebensräume in Siedlungsnähe, der halbnatürlichen Randzone der Asphaltwüsten und Großstadtdschungel, der Uferhalden des Betonmeers.

Alle Taubenarten Europas haben sich bis zu einem gewissen Grad an den Menschen gewöhnt, oder haben in der Kulturlandschaft einen Ersatz ihrer alten Inseln wiedergefunden, eine »Scheinwelt«, oft wesentlich vergrößert, oft wesentlich günstiger für ihr Überleben als die freie Natur. Sie gedeihen in Gärten mit ihrer Fülle an Früchten und Samen, die überdüngter Boden hervorbringt, mit den Insekten aus aller Welt, und wärmer ist es in der Stadt auch, und überall liegen Reste verschwendeter Lebensmittel. Einen solchen Ort, der sich deutlich von der Umwelt abhebt, der bestimmte die Flora und Fauna prägende Eigenschaften unabhängig von der Klimazone aufweist, nennen Förster einen »Sonderstandort«, einen Standort, an dem auch besondere Arten zu finden sind. Derartige Standorte unterscheiden sich stark vom weiteren Umfeld, doch untereinander nur wenig. Die Stadtfloren Berlins, Kölns oder Münchens sind artenreich und differieren in ihrer Zusammensetzung erheblich von der Flora des jeweiligen Umlandes, doch untereinander sind sie ähnlich. Auch die Lebenswelt der Städte und Stadtrandzonen, der städtischen Sonderstandorte verschiedener Kontinente ist untereinander ähnlich – und wird immer ähnlicher, und einer ihrer typischen Bewohner ist weltweit die Felsentaube.

In den letzten vierhundert Jahren wurde die Kulturlandschaft europäischer Prägung um und über die Welt ausgebreitet – und damit auch europäische Tauben. Sie drangen dabei mitunter in Gebiete vor, in denen gleichzeitig oder kurz zuvor andere Arten ausgerottet worden waren, darunter natürlich auch Tauben.

Auf dem nordamerikanischen Kontinent, damals noch Heimat der Wandertaube, wurde vor rund 400 Jahren die Felsentaube eingeführt. *Columba* entdeckte Amerika. Auch hier kam sie an ein neues Ufer, auf eine neue Insel oder vielmehr auf einen Archipel, der wie aus einem grünen Meer aus der Naturlandschaft der Wälder und Steppen Nordamerikas auftauchte und dies mit rasanter Geschwindigkeit: die neuen Städte der Neuen Welt, mit ihren künstlichen Inseln aus künstlichen Felsen. Die eine Taube ging, die andere kam, die eine wurde totgeschlagen, die andere eingeführt. Ein typisches Muster, das sich auch anderswo wiederholt, denn die Felsentaube gibt es heute ja überall.

Das Paradox der Felsentaube

Auf der Norfolkinsel im Südwestpazifik, wo die Norfolk-Fruchttaube und die Norfolk-Erdtaube ausstarben, lebt heute die Felsentaube. Auf Okinawa, wo die Silberbandtaube *Columba jouyi* ausstarb, lebt heute die Felsentaube. Auf Neukaledonien, wo es die neukaledonische Erdtaube *Gallicolumba longitarsus* und die Kanaka-Taube *Caloenas canacorum* gab – beide schon in prähistorischer Zeit ausgestorben –, lebt heute die Felsentaube. *Caloenas canacorum* lebte auch tausend Seemeilen weiter östlich auf den Tonga-Inseln, wo es heute statt ihrer die Felsentaube gibt. An manchen Orten sind es neben – selten auch anstelle – der Felsentaube einige wenige andere Arten, die eingeschleppt und angesiedelt wurden. Auf Réunion im Indischen Ozean, wo früher die rosa Taube *Streptopelia duboisi* lebte, gibt es heute die eingeführte madagassische Turteltaube *Streptopelia picturata* und die aus Südostasien stammende Zebrataube *Geopelia striata*. Auf Mauritius, wo einmal die trikolorenartig rot-weiß-blaue Mauritius-Fruchttaube *Alectroenas nitidissima* lebte, gibt es heute die madagassische Turteltaube, die Zebrataube sowie die asiatische Perlhalstaube *Streptopelia chinensis* – und natürlich auch die Felsentaube.[24] *Streptopelia chinensis* gibt es außerdem auch in Australien und Neuseeland, und das Bild dieses Vogels, auf einem Eukalyptuszweig sitzend, kann man im südlichen Kalifornien sehen. Auf St. Helena, wo ebenfalls einst die – flugunfähige – St.-Helena-Taube *Dysmoropelia dekarchiskos* lebte, trifft man heute auf die Zebrataube – und natürlich auf die Felsentaube. Auf Rodrigues, wo es einmal die graue Rodrigues-Fruchttaube *Alectroenas rodericana* und die geheimnisvolle Rodrigues-Turteltaube

Nesoenas rodericana gab, lebt heute die Zebrataube – und natürlich die Felsentaube.

Auf Galapagos, einzige Heimat einer einzigen Taube, der kupfermetallisch-braun schimmernden Galapagostaube *Zenaida galapagoensis*, gibt es seit Anfang der 1970er Jahre die Felsentaube.[25] Die Anzahl der hier vorkommenden Taubenarten hat sich also verdoppelt. Die Lebensräume, die für Vögel der Familie der Tauben geeignet wären, jedoch nicht.

Auf Hawaii und auf der Osterinsel, wo es zumindest in historischer Zeit keine einheimische Taubenart gab, lebt heute die Felsentaube, und auf Hawaii noch zusätzlich Perlshalstaube, Zebrataube, Lachtaube *Streptopelia roseogrisea* und die Carolinataube *Zenaida macroura*. So ist die Vogelfauna dieser Inseln scheinbar reicher geworden, die der Welt jedoch nicht.

Die Inseln Réunion, St. Helena und Galapagos haben heute je eine, Mauritius hat zwei und der nordamerikanische Kontinent drei Taubenarten mehr, als sie vor menschlichen Eingriffen hatten. Die Artenzahl dieser Inseln ist damit eindeutig gestiegen. Die Familie der Columbiden ist mit mehr Arten vertreten als zu der Zeit, als die Inseln noch unberührt waren. Die Biodiversität der Welt ist aber auf ewig verringert, sind doch gleichzeitig alleine in den in dieses Rechenbeispiel einbezogenen Gebieten mindestens fünf endemische Taubenarten unwiederbringlich verloren. Die ursprünglich so einzigartigen Ökosysteme sind über Ozeane und Kontinente hinweg einander ähnlicher geworden.

Wer eine Weltreise machen wollte, um sich den Vogel zeigen zu lassen, die Taube nämlich, die anderen Tauben, der würde immer noch viel Einzigartiges sehen, aber auch immer wieder und wieder die gleichen Vögel, die allgegenwärtigen globalisierten Tauben, vor allem die Felsentaube.

Die Lachtaube *Streptopelia Streptopelia roseogrisea* aus Afrika verwilderte außer in Neuseeland auch in den Vereinigten Staaten. Doch so häufig wie die Felsentaube ist sie noch lange nicht. 1974 entkamen auf den Bahamas einige Türkentauben aus Käfighaltung und begannen bald, auf den Inseln zu nisten. In den achtziger Jahren überquerten die ersten die Floridastraße und fanden neuen Lebensraum auf dem amerikanischen Festland.[26] Inzwischen reicht das Verbreitungsgebiet der

Türkentaube in der westlichen Hemisphäre von den kleinen Antillen[27] bis an die großen Seen[28] und nach Kanada.

Ich habe auch in Kalifornien Türkentauben beobachtet. Vielleicht übernimmt diese Art teilweise die ökologische Nische der ausgestorbenen Wandertaube. Zumindest im Winter kann sie Schwärme bilden. Die lebenden Wolkenformationen der Wandertaube wird sie jedoch nicht zurückbringen. Das Bild der amerikanischen Landschaft mit Wandertaube wird durch sie nicht mehr restauriert werden, und erst recht nicht als etwas Einzigartiges, da es diese Taube nun auch in Europa und Korea und Japan und Neuseeland gibt. Sie wird das Bild, das die Megaschwärme an den Himmel malten, nicht wiedererstehen lassen, zumal sie noch lange nicht so häufig ist, wie es die ausgestorbene Verwandte war oder es die Jahrhunderte früher eingeschleppte Felsentaube jetzt ist.

Mit der Felsentaube kann eben keiner mithalten, nicht einmal sie selbst – ein Paradoxon, das zustande kommt, weil sie, seitdem sie sich auf den Pakt mit dem Menschen eingelassen hat, in mancher Hinsicht nicht mehr sie selbst ist. Im Verlauf der vielleicht sechseinhalb Jahrtausende der Geschichte der Felsentaube als Mitbewohner menschlicher Siedlungen haben sich die Populationen der Felsentaube verändert und im Rahmen der neuen Umwelt entwickelt.

Aus der ursprünglichen Art, die auf vergleichsweise kleine Felseninseln innerhalb der Wälder Europas und der Waldsteppen Vorderasiens beschränkt war, wurde der allgegenwärtige Vogel der Städte, die Stadttaube, Straßentaube, der schiefergraue, bunte Vogel eben, den es überall gibt. »Feral Rock Dove«, verwilderte Felsentaube, nennen angelsächsische – und inzwischen auch andere – Zoologen die Stadttaube, dabei beinhaltet ihre Geschichte ja genau das Gegenteil der Verwilderung – einen Vorgang der Verstädterung. Wenn von Tieren die Rede ist, haben wir kein richtiges Wort für diesen Vorgang, wenn ein Lebewesen die fließende Grenze zwischen Wildnis und unserer, der vom Menschen gemachten Biosphäre überschreitet, unbeabsichtigt angelockt oder vom Menschen in seine Sphäre geholt wird, und dort auch ohne weiteres Zutun gut, oft *zu* gut, gedeiht.

Gleichzeitig fand noch eine andere, von Menschenhand geleitete Entwicklung statt. Es entstand über Jahrtausende hinweg die gewaltige Vielfalt an Zuchtformen, an Haustauben und Brieftauben. Es entstanden Hühnertauben, Pfauentauben, Eistauben und noch viele, viele mehr – und zur Vielfalt der Formen kommt noch ein ebenso großes Spektrum an schillernden Farbbegriffen, wunderbar farbigen Fachbegriffen, mit denen die Färbung des Federkleids erfasst und beschrieben wird. Aschrot, rotfahl, dominantrot, brieftaubenrot, wenn nicht gar rotfahl gehämmert sind manche, oder zeigen Rotschimmel. Andere sind gelbfahl gehammert, gelbfahlschildig oder schlicht gelbfahl, erbsgelb oder dominantgelb. Wieder andere sind blaubronze geschuppt, blaufahl oder blaufahlsulphur geschuppt ...

Überraschend fand auch Darwin, dass der Ursprung all dieser Formen in einer einzigen Art liegen sollte und führte ihr Entstehen durch Zucht und gezielte Selektion als erstes größeres Beispiel in *The Origin of Species* an.[29] Da nicht nur Noah eine Taube für Botendienste verwandte, sondern Menschen das Orientierungstalent des Vogels seit Jahrtausenden nutzten, gab es reichlich Gelegenheit für Tauben, aus der Zucht und aus der Ordnung des Taubenschlags zu entweichen, und »vogelfrei« neue Populationen zu begründen – mit anderen Worten: in Großstadtdschungel und Betonwüste zu verwildern. Auf Abwege geratene Brieftauben, verlorene, verflogene Haustauben trafen in Städten auf Felsentauben, die ihnen auf dem Weg aus der Wildnis in die Betonwelt entgegengekommen waren, hinterließen ihre Gene im Erbgut und ihre Farben im Federkleid der Stadttauben. Bei der Beobachtung eines Taubenschwarms auf dem Marktplatz – auf *jedem* Marktplatz – fällt eine große Vielfalt an Farbschattierungen – von Dunkelgrau bis Weiß oder Rotbraun, und alle mehr oder weniger gefleckten und gepunkteten Schattierungen dazwischen – auf. Durch die Vermischung mit Haustauben verschiedenster Herkunft und verschiedensten Aussehens besitzt die Straßentaube heute ein Erbgut von hoher genetischer Variabilität. Sie ist außerordentlich anpassungsfähig, krankheitsresistent und fruchtbar. In manchen Publikationen wurde die Straßentaube als »Superorganismus«, als »Supertaube«[30] bezeichnet.

Sturm im Genpool

Und die Felsentaube selbst, die ursprüngliche Art? Die Taube, wie sie war, bevor sie durch Züchter verändert wurde, bevor sie in die Städte gelockt wurde, bevor sie mit dem Menschen »Karriere machte«? Die ist beinahe ausgestorben. »Echte« wilde Felsentauben leben nur noch in wenigen kleinen Kolonien auf einigen Inseln und an weitgehend isolierten, inselartigen Küstenabschnitten. Auf den Äußeren Hebriden, auf Orkney, Shetland und den Färöern und auch im Mittelmeerraum, auf Sardinien zum Beispiel, sollen sich noch »echte« Bestände finden.[31] Von einem Boot aus sah ich an den Steilküsten der Insel der Kalypso vor der Küste Afrikas gelegentlich in einer der zum Meer offenen Höhlen noch eine Felsentaube nisten – vielleicht auch sie noch Angehörige der ursprünglichen Art? Es ist eine Insel, auf der heute beinahe alles Vogelleben totgeschossen ist. Zwischen Asphodelospflanzen wanderte man über einen Teppich von Patronenhülsen, vorbei an kleinen Geschützständen, die überall auf der Insel von Menschen, die einer Sucht nach Blut und Pulverdampf anheimgefallen zu sein scheinen, für den Vernichtungskrieg gegen das gefiederte Leben aufgebaut werden. Die einzigen Orte, wo Vögel überleben können, sind mitten in den Siedlungen, wo aus Rücksicht auf die Glasfenster nicht geschossen wird.

Doch im großen Stil erfolgt die Ausrottung der »eigentlichen« Art auf weitaus friedlichere Weise, als es die schießwütige Inselnation vor Augen führt. Die ursprüngliche Art mit ihren – je nach Autor – acht bis fünfzehn Unterarten[32] ist vom Untergang bedroht, nicht weil sie bejagt würde, weil sie keine Nistplätze mehr fände oder ein eingeschleppter Fressfeind drohte. Ganz im Gegenteil. Die wilde Felsentaube ist gewissermaßen ein Opfer ihres eigenen Erfolges. Weil ihre überaus erfolgreiche »Wiedergeburt«, die allgegenwärtige Stadttaube, in Kontakt mit wilden Populationen geraten kann, ist die genetische Identität der Ursprungsart bedroht. Die letzten wilden Felsentauben sind in Gefahr, im Genpool der Stadttauben unterzugehen, im Schmelztiegel aufzugehen, so beobachtet zum Beispiel an der Felsenküste der Englischen Grafschaft Norfolk.[33] Auch auf Sardinien wurde eine Vermischung eines wilden Bestandes mit Tauben aus einer nahen Stadt beobachtet.[34] Der Prozess ist übrigens schon seit Jahrhunderten im Gange. Bereits Darwin musste sich, als er ganz sichergehen wollte, auch tatsächlich mit einer »echten« Felsentaube zu arbeiten, ein Tier von den Shetlandinseln schicken lassen.[35]

Die Felsentaube ist nicht die einzige ihrer Familie, die unter dieser Art der Zusammenführung dessen, was nicht zusammengehört, leidet. Die auf ihrer Inselgruppe endemische Seychellenturteltaube *Streptopelia picturata rostrata* hat sich so gründlich mit Populationen der aus Madagaskar eingeführten Unterart *Streptopelia picturata picturata* vermischt, dass auf den Seychellen nun ein Hybridschwarm vorherrscht, eine Querbeetsammlung durch alle Stufen der Hybridisierung. Die Individuen zeigen dabei meistens viel stärker die Eigenschaften der eingeführten als die der kleineren einheimischen Unterart. Diese zeichnet sich durch ein braunrötliches Gefieder aus. In den siebziger Jahren war das Inselchen Cousin einer der letzten Orte, an dem man die Art in dieser Form noch sehen konnte. Überall sonst waren bereits damals »die Bestände mit der eingeführten Madagaskar-Turteltaube weitgehend vermischt und grau gefärbt«.[36]

Auch auf dem afrikanischen Festland haben Turteltaubenarten endemische Formen hervorgebracht. So ist zum Beispiel die Halbmondtaube *Streptopelia semitorguata* in Südafrika durch die endemische Form *Streptopelia semitorguata australis* vertreten. Die Einfuhr von Individuen der Unterart *Streptopelia semitorguata semitorguata* aus dem benachbarten Mosambik hatte zur Folge, dass auch hier die Eigenschaften der einzelnen Unterarten verschwimmen und verschwinden.[37] Da ihre Insel keine Insel mehr ist, ertrinken die Eigenarten und Besonderheiten dieser Arten und Unterarten im allzu stürmisch aufgewühlten Genpool.

Ebenso wie den Tauben ergeht es vielen anderen Tiergruppen. Kurz nachdem der tasmanische Emu *Dromaius novae-hollandiae Diemenensis* ausgerottet war – 1838 wird als Todesdatum angegeben –, wurden Exemplare der Festland-Emus auf der Insel ausgewildert.[38] 1845 soll beispielsweise ein Emu-Paar aus dem Gebiet des heutigen Bundesstaates Victoria nach Tasmanien gebracht worden sein. Möglicherweise waren jedoch immer noch, unentdeckt im Inseloutback, einige letzte Überlebende der Inselvögel zugegen. So können die eingeführten Vögel durch Hybridisierung zum Untergang der endemischen Unterart beigetragen haben. 1861 hielt angeblich noch ein Privatmann einige echte Tasmanien-Emus, die von ihm »viele Jahre lang sorgfältig in einem Schutzgebiet aufgezogen worden waren, wobei das Zuchtmaterial ursprünglich von Eiern stammte, die im Busch gefunden wurden«.[39] Ob das nun stimmt oder nicht, so waren zu diesem Zeitpunkt jedenfalls schon Individuen der Festlandart auf die Insel gebracht worden. Auch die eingeführten Emus wurden übrigens später wieder ausgerottet und mit ihnen womöglich die letzen Reste des Erbguts des einheimischen Vogels.[40]

Italien besaß eine eigene Unterart des Rebhuhns *Perdix perdix italica.*[41] Zu Jagdzwecken wurden offenbar über Jahrzehnte hinweg Vögel aus Skandinavien oder Osteuropa – woher genau ist nicht mehr nachzuvollziehen – importiert. Nach und nach ging die einheimische Form in der künstlichen Population auf und war gegen Ende der achtziger Jahre verschwunden.[42]

Marokko besaß eine eigene endemische Unterart des Perlhuhns, *Numida meleagris sabyi*[43], die in Buschwäldern und in bewaldeten Tälern und Schluchten von der Küste bis zum Hochland lebte.[44] Seit den vierziger Jahren wurde das marokkanische Perlhuhn selten. Es wird von nur wenigen, inselartigen Vorkommen berichtet.[45] Aus den frühen siebziger Jahren sind noch einige wenige Sichtungen dokumentiert[46]. Inzwischen gilt der Vogel als ausgestorben.[47]

Gerüchten zufolge sollen noch bis in die neunziger Jahre einzelne Individuen in Obhut des Menschen überlebt haben.

Möglicherweise hybridisierte die marokkanische Unterart mit eingeführten Perlhühnern, verschmolz, verschwand, versank im Genpool. Alle Eigenheiten und Eigenarten der Unterart sind nun verstreut wie die Perlen der Märchenprinzessin im Moos.

Ein einziger See auf Madagaskar war zuletzt die Heimat des Delacour-Zwergtauchers *Tachybaptus rufolavatus*, der so gewissermaßen eine Insel auf der Insel bewohnte. In den achtziger Jahren wurde der Vogel noch gesehen. Die Zerstörung seines Lebensraums in Verbindung mit fortlaufender Hybridisierung mit dem Zwergtaucher *Tachybaptus ruficollis* ließen ihn in den folgenden Jahren verschwinden.[48] Seit 2010 gilt der Vogel als ausgestorben. Der Delacour-Zwergtaucher teilte sein Habitat mit der Madagaskar-Ente, deren Überleben als eigenständige Art heute durch Hybridisierung mit der eingeführten Stockente *Anas platyrhynchos* bedroht ist.[49]

Stockenten wurden als »Federwild« für Jagdzwecke auf alle Kontinente verschleppt und kreuzen sich überall in ihren neuen Lebensräumen mit verwandten einheimischen Arten, sodass es nur eine Frage der Zeit ist, bis in Nordamerika die Dunkelente *Anas rubripes* und die Florida-Ente *A. fulvigula*, in Neuseeland die Augenbrauenente

A. superciliosa superciliosa oder in Südafrika die Gelbschnabelente *Anas undulata* im neu entstehenden Hybridschwarm untergehen.[50]

Bei der Hawaii-Ente *A. wyvilliana* ist der Prozess schon so weit fortgeschritten, dass es die ursprüngliche Art nur noch auf einer einzigen Insel, Kaui, gibt.[51] Während die europäische Stockente sich weltweit ausbreitet, verschwindet in Europa die Weißkopfruderente *Oxyura leucocephala*, ein Vogel mit rotbraunem Gefieder und leuchtend blauem Schnabel, durch Hybridisierung mit der 1948 aus Nordamerika eingeführten Schwarzkopfruderente *Oxyura jamaicensis*.

In Indonesien verschwand in den neunziger Jahren der Diademlori vom Sangir-Archipel *Eos histrio histrio* durch Hybridisierung mit der Unterart *Eos histrio talautensis* von den Talaudinseln. Ihre Anwesenheit auf den Inseln ist auf Individuen zurückzuführen, die, von Tierhändlern verschleppt, hier einen Weg in die Freiheit fanden. Die ursprüngliche Inselart scheint für immer verloren.

Die »Mehr-Schwein« ist kein Nagetier, dem ein orthographisches und grammatikalisches Unglück widerfuhr, sondern die Übersetzung des lautmalerischen englischen Namens der »Morepork«-Eule Neuseelands *Ninox novaeseelandiae*. Auf der Norfolkinsel hatte die Natur eine endemische Unterart – *Ninox novaeseelandiae undulata* – hervorgebracht. Um die moribunde, auf wenige Individuen reduzierte Art auf der Insel zu erhalten, wurden Tiere der Nominatart eingeführt, mit der Folge, dass heute ausschließlich Hybridvögel existieren. 1996 starb das letzte Individuum der echten, ursprünglichen Inselform.[52]

Das Problem betrifft nicht nur Vögel. Wildkatzen in Europa verschwinden durch Hybridisierung mit Hauskatzen, den Nachfahren der afrikanischen Falbkatze, die ihrerseits in ihrer genetischen Struktur, in den geographischen Besonderheiten, die ihre Art hervorgebracht hat, durch Vermischung mit ihren allgegenwärtigen »Nachfahren« bedroht ist.[53] Populationen von Rothirsch und Sikahirsch in Schottland, beides Exoten, verschmelzen[54] ebenso wie Schakale und Haushunde in Afrika und Asien. In manchen Gegenden in Nordamerika haben sich Bisons mit domestizierten Rindern vermischt. Ein paralleler Prozess ist auf dem Dach der Welt zu beobachten. Nach und nach wurden die Wildyaks, die einst in großen Herden über Tibets Hochebenen galoppierten[55], domestiziert oder getötet, und die letzten freien Überlebenden verlieren ihre genetische Identität durch Hybridisierung mit Hausrindern.[56] Während das Yak in vielen Teilen der Welt als Haustier gehalten wird, ist es also gleichzeitig in seiner Wildform vom Aussterben bedroht.[57]

Es mag sich in diesen Fällen zwar eine durch das Auftreten verschiedener Kombinationen einzelner Erbmerkmale interessante Zone der Übergänge bilden, eine Vielfalt von Formen vor Ort, ein scheinbarer lokaler Gewinn an genetischem Reichtum, bei Betrachtung der einzelnen beteiligten Population. Doch gleichzeitig gehen die typischen genetischen Strukturen eben dieser einzelnen Populationen verloren. Die Welt insgesamt verliert in der Summe an genetischen Möglichkeiten. Ein einzelner Mosaikstein wird bunter, doch das Gesamtbild wird dadurch verschwommener, grauer.

Blauer Luchs und bunter Rabe

Wenn die Träger einer seltenen Erbinformation im Vergleich zur Gesamtpopulation selten sind, wird auch der von ihnen zur Schau getragene Phänotyp immer seltener erscheinen. Geradezu ein Luxusproblem ist dies allerdings bei einigen Arten, die derart selten sind, dass sie insgesamt ums Überleben kämpfen, und dabei zwangsläufig die Variabilität in der Erscheinung in einer extrem verringerten Gesamtpopulation auf der Strecke bleibt.

Als Raben in ganz Europa stark verfolgt wurden, wurde zwangsläufig auch die genetische Vielfalt der verbleibenden Population reduziert. Vielleicht ist noch etwas da vom einzigartigen genetischen Erbe des weiß gefleckten Raben der Färöerinseln. Doch gesehen hat man ihn schon lange nicht mehr. Zu oft wurde er totgeschossen und sein Beitrag zum Erscheinungsbild der färingischen Raben zunichtegemacht.

Mit schrumpfenden Populationen des asiatischen Elefants werden auch die seltenen weißen Tiere immer seltener, und ihr Erbgut wird schließlich ganz verschwinden.

So sehr ist das Areal des Malaysischen Tapirs eingeschränkt, dass auch die seltene schwarze Farbmorphe kaum mehr beobachtet wird.[58] Die Wahrscheinlichkeit, dass ein neugeborenes Tier Nachkomme von Eltern ist, die beide das entsprechende Erbgut tragen, und dann auch selbst die ungewöhnliche Färbung trägt, ist extrem gering.

So selten sind nun die Tiger in Asien geworden, dass die Chance, dass einmal noch jene Gene, die das Fell weiß, dunkelbraun-schwarz, schwarz oder blau erscheinen lassen, wirksam werden, extrem gering ist. Nur die »weißen« Tiger wurden gezüchtet und verkamen zur Showsensation in Las Vegas.

Auch Luchse können eine blaue Variante hervorbringen, die gelegentlich in Kanada gesichtet wird. In Europa ist das Tier so selten geworden, dass das Auftreten dieser Fellfarbe nahezu ausgeschlossen sein muss. Ob vor Jahrhunderten, als es noch genügend Tiere gab, dass in ihrem Erbgut diese seltenen Besonderheiten erhalten bleiben konnten, vielleicht, alle Jubeljahr einmal, ein blauer Luchs auch durch mein Tal in den grünen Bergen schlich?

In der Literatur wird, wenn die Rede von Tierarten ist, die besonders stark verbreitet wurden, die in der globalen Landschaft, im globalen Dorf überall zu finden sind, oft das Wort »Erfolg« verwendet. Doch dieser Erfolg kann manchmal ein Pyrrhussieg sein, denn die ökologischen Eigenschaften und Besonderheiten der Art können auf der Strecke bleiben, eben weil die Arten so »erfolgreich« sind, weil sie nicht mehr auf ihre eigenen Inseln beschränkt sind, weil ihre Inseln keine Inseln mehr sind. Zum Beispiel im Fall der Felsentaube. Die Chance, dass in diesem neuen Genpool das Seltene aus den einzelnen Populationen schlicht verschluckt wird, ist extrem groß, wird doch das Einzigartige an der Taube gleich in zweifacher Hinsicht »in die Zange genommen« und erdrückt: zum einen durch die Allgegenwärtigkeit der Straßentaube, zum anderen durch das Schrumpfen der Wildpopulationen als Reservoire seltener Gene.

Im globalen Schmelztiegel der Arten wird eben, bevor Neues entsteht, Altes eingeschmolzen. Wenn Arten per Schiff oder Flugzeug eingeführt werden, wird gewissermaßen Energie in das global geordnete System zugeführt. Wenn die ökologischen Barrieren fallen, steigt die Entropie. Strukturen werden aufgebrochen, aufgeschmolzen und verschwinden.

Sein und Schein

In Geschichten um das Aussterben von Arten oder Unterarten oder Lokalrassen einer Art sieht man im Geiste den ausgestopften Vogel im Schaukasten, die Analyse einiger Knochensplitter, die Beschreibung in einem alten Expeditionsbericht oder eine handkolorierte Zeichnung auf brüchigen Buchseiten – man sieht eben das, was man sehen kann, was man möglicherweise in einem Experiment zeigen, was man unter dem Mikroskop betrachten kann, die »Erscheinung« des Vogels – das, was die Biologen als den *Phänotyp*, das, was uns sichtbar ist, was uns »erscheint« und uns etwas zu sein scheint bezeichnen. Doch Aussterbeprozesse sind wesentlich komplizierter, und die Verluste gehen weit über das hinaus, was man mit den Augen, mit oder ohne Hilfsmittel, sehen kann. Es geht heute nicht nur darum, Arten »so, wie sie ausgesehen haben«, das heißt: *für uns* ausgesehen haben, zu erhalten, sondern besonders auch die genetische Information, die Erbanlagen, die sie in jeder ihrer Zellen tragen, vor der Vernichtung zu bewahren. Das Aussterben von Populationen, von Gruppen einer Art, die sich durch ganz besondere Erbanlagen auszeichnen, wird als *genotypic extinction*, als das Aussterben bestimmter *Genotypen* bezeichnet. Das, was wir sehen können, ist ja nur ein Teil der Vorgänge, nur ein Teil der Geschichte.

Darwin berichtet in *The Origin of Species* von seinen Kreuzungsversuchen. In der gemeinsamen Nachkommenschaft zweier extrem unterschiedlich aussehender Zuchttauben tauchte in der dritten Generation wieder ein Exemplar auf, das in seiner Erscheinung an die wilde Felsentaube erinnerte. Eine »echte« wilde Felsentaube hatte er jedoch damit noch nicht. Die musste er von einer fernen Insel kommen lassen. Er hat gewissermaßen den Versuch wiederholt, den Natur und Mensch bereits unternommen hatten – in jeder Kreuzung von entflogenen Brieftauben mit eingeflogenen Wildtauben, von Vögeln, die auf dem Wege der Verwilderung und solchen, die auf dem Wege der Verstädterung waren.

Vielleicht ist in diesen Versuchen ein Phänotyp, zumindest scheinbar, wiedererstanden, doch der eigentliche Reichtum liegt im Genotyp, der in jeder Zelle festgehaltenen Beschreibung aller Lebensvorgänge und der genetischen Erinnerung an die Evolution, ob für uns sichtbar oder nicht. Das gilt auch für Tauben.

Auch wenn das äußere Erscheinungsbild einer Population von Tauben nach einer massiven Einkreuzung von Stadttauben für das Auge des unvoreingenommenen Betrachters noch im Wesentlichen das gleiche sein sollte wie das wilder Felsentauben, so ist doch der Genotyp für immer verändert. Die äußere Erscheinung ist eben nur äußerer Schein. Die Population wird an genetischer Variabilität gewonnen haben, doch die Welt hat an genetischem Reichtum verloren.

Gewonnen wird eine höhere genetische Vielfalt – nur vordergründig ein Vorteil. Doch ohne Berücksichtigung sowohl des genetischen Reichtums der gesamten Art als auch der einzelnen Vorkommen ist das Schlagwort »Diversität« bedeutungslos.

Auf den Straßen und Plätzen von Berlin oder New York, Rom, São Paulo – die ersten, allerersten Tiere, die ich in Südamerika sah, waren zwei Felsentauben, die in São Paulo übers Rollfeld tippelten – oder San Francisco erscheinen die Felsentauben als eine bunte Schar, mit dominantroten und gelbfahl gehämmerten, blausulphur geschuppten, vor allem aber grauen Vögeln. Diese bunt gemischte Schar, polychrom, doch monoton ist auf der ganzen Welt nahezu die gleiche.

Die Existenz einzelner, isolierter Populationen mit womöglich geringerem Reichtum an unterschiedlichen Erbanlagen bedeutet auch, dass hier seltene Eigenschaften, die rezessiv sind, die von anderen Erbanlagen leicht »verdrängt« werden können, eine Chance haben, erhalten zu bleiben. Wegen des Spiels dominanter und rezessiver Anlagen tauchen manche Eigenschaften eben nur aus dem Genpool auf, wenn sie von Inseln über Wasser gehalten werden.

Und es können ganz unsichtbare Eigenschaften sein, die verloren gehen. Etwas, das man erst in einem wissenschaftlichen Abenteuer im Labor entdecken kann.

Bei anderen Arten mag es die Fähigkeit zur Formulierung einer Immunantwort auf diese oder jene oder eine ganz andere, uns noch gar nicht vorstellbare Art und Weise sein oder eine Mutation, die die Chronobiologie beeinflusst, den Takt des Lebens; doch nur wenn die Mutation in fernen Nachkommen gehäuft auftritt, sodass sie – am Anfang eines Stammbaums, nur mehr ein vages Versprechen – eine Chance auf eine zukünftige Entwicklung darstellt.

So trägt eine solche Population, auch wenn sie selbst einen geringeren Reichtum an unterschiedlichen Genen aufweist, mit den wenigen in ihr erhaltenen seltenen Genen doch zu höherer Diversität in größerem Maßstab bei.

Wenn sich ein Verständnis der Bedeutung abgeschiedener, isolierter Populationen entwickelt, ein Begreifen, dass es nicht nur wichtig ist, dass einzelne Arten überleben, sondern dass sowohl auf ökologischer wie auch auf der Ebene der Genetik Strukturen erhalten bleiben – Strukturen von Ökosystemen, die Struktur innerhalb der Verbreitung einer Art, durch die die genetische Identität einzelner Populationen gesichert ist. Erkannt wurde dieses Problem bei den wilden Verwandten unserer Nutzpflanzen, die möglicherweise noch Gene in sich tragen, die in Zukunft wichtig sein könnten, doch über Jahrtausende der Zucht unwissentlich ausgemerzt wurden.

Aber in dieser Geschichte geht es nicht nur um die kommerziell wichtigen Eigenschaften von Arten, sondern um viel, viel mehr. Wegen der von Zerstörung bedrohten Bilder, die wir vielleicht jetzt noch gar nicht sehen können, ist es wichtig, solche Inseln zu erhalten, Inseln, die zunächst gar nicht wie Inseln aussehen, und solche Arten zu erhalten, die auf den ersten Blick gar nicht selten erscheinen.

Auch wenn wir die Inseln selbst nicht sehen, nicht finden können, dann können das die Tiere; schließlich führen sie uns auch zu unsichtbaren Inseln – wenn wir es denn zulassen.

Verlorene Inseln, versunkene Arche

Seine Insel, die konnte der grüne Papagei nicht mehr finden. Seine Oase in der neuen Wüste der veränderten Landschaft aus Feldern und Forsten konnte er nicht mehr finden, die flugunfähigen Rallen des Indischen Ozeans konnten ihre Inseln, die ihnen wie ein Teppich unter den Füßen weggezogen wurden, nicht mehr finden, sodass sie in den Artentod abstürzten; der Eskimobrachvogel konnte seine Inseln, die Trittsteine seiner jährlichen Wanderungen – ob nun die Galvestoninsel oder Barbados, die Baffininsel oder Feuerland, oder ganz Nordamerika – nicht mehr finden; die Wandertaube konnte ihre Insel, die fliegende Insel ihrer Schwärme, und die Schildkröteninsel auf der Erde nicht mehr finden, und das obwohl doch gerade Vögel, gerade Tauben am besten darauf eingerichtet sind, Oasen und Inseln zu finden.

Um die Zeit, als die letzten großen Schwärme der Wandertaube verschwanden, trafen Seereisende vor der Ostküste Amerikas auf riesige Taubenschwärme, die die Schiffe auf See anflogen, so als ob sie verzweifelt eine rettende Arche zu erreichen suchten. Im Volksglauben westlicher Seeleute durften Vögel, die sich auf Deck niederließen, niemals verletzt werden.[59] Auf gar keinen Fall. Doch angesichts der Schwärme, die hier auf die Schiffe einstürmten, sollen die Passagiere es mit der Angst bekommen und die eingeflogenen Gäste mit Knüppeln von Bord heruntergeprügelt haben.[60]

Andere Reisende berichten, dass sich ihre Schiffe vor dem Einlaufen in die Häfen von New York oder Philadelphia einen Weg durch einen gewaltigen treibenden Teppich Tausender, Hunderttausender Taubenleichen bahnen mussten.[61, 62] Diese Reise durch eine Zone toter Tauben dauerte mitunter tagelang. Vor der Küste des ganz und gar veränderten Landes, das eben nicht mehr ihr Land, ihre Insel war, lag das Seegrab der Vögel, die auf der Schildkröteninsel keinen Platz mehr gefunden hatten, die auch keine Arche mehr gefunden hatten und die verirrt, verwirrt aufs Meer hinausgetrieben worden waren.[63]

»Über den Inseln lagen Wolken von Vogelstimmen,
und die geflügelten Schatten der Schwärme waren
wie Rauchzeichen weithin sichtbar über der See.«

KAPITEL 9

Unter Seefahrern und Seevögeln

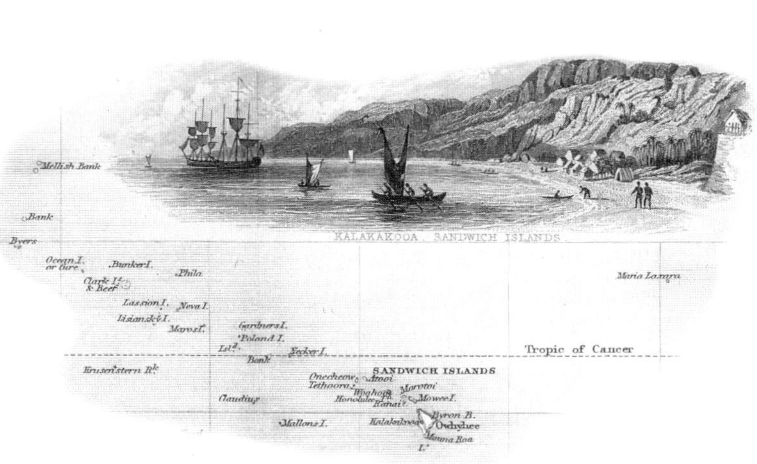

Ich erinnere mich, wie ich aus der *Stadt an der Brücke* mit der Eisenbahn nach Norden fuhr, immer nach Norden, auf der Suche nach Wildnis, nach Licht und Luft, bis ich hörte, wie die Möwen das Meer ankündigten. Ich erinnere mich, wie ich auf eine Fähre stieg, auf der Suche nach Inseln und um die Bewegung des Meeres zu spüren, den Herzschlag dieses kühlblütigen Riesentieres, auf dessen flüssigem Rücken die Schiffe um die Welt fahren und die Seevögel Nahrung und Rast finden. Ich erinnere mich an Möwengeschwader, die das Schiff, das einen keltischen Namen trug, umschwärmten, lärmend und schreiend, als wollten sie das Schiff aus dem Hafen geleiten, hinaus auf die See.

Wegweiser aus Licht, Duft und Geschmack

Inseln haben immer Vorboten. Als der Wind vom Meer her wehte, war da auf einmal ein Duft wie von Gras und feuchter Erde, der aus dem Nebel herangeweht zu werden schien. Da waren auch wieder die Möwen, von irgendwoher, als wollten sie sich vergewissern, dass das Schiff auch wirklich den rechten Hafen fände. Als ob die Wolken auskristallisiert wären und dabei durch andere Lichtbrechung einen dunkleren, ins Rötliche verschobenen Farbeindruck erzeugen wollten – so sublimierte sich die Insel am Rand Europas aus dem Dunst. Mehr und immer mehr Möwen schwärmten um die Fähre. Und plötzlich, als der Hafen beinahe erreicht war, die Mole zum Greifen nah, erschien zwischen den weißen Vögeln ein anderes Tier, ein graues flatterndes, das die schreiend segelnde weiße Luftherde durchkreuzte, um an Deck zu gelangen, um zu sehen, was es zu finden gab. Ein Landvogel, ungeduldiger Inselbote, der hier, fern vom Festland und von dem Schmelztiegel der Städte, vielleicht noch einiges Wildblut in sich trug. Natürlich war es eine Felsentaube.

Auf jeder der Inseln fand ich neben den Grundmotiven – Gras und Himmel und Meer – etwas anderes: Stille, so tief, dass man das Blut in den Ohren rauschen hören konnte; den Klang einer fremden, wunderbar melodisch singenden Sprache; die psychedelischen Schwarmflüge der goldenen Blüten, als ich, berauscht von der Seeluft, über das kurze Gras einer heiligen Insel rannte. Unendliche Vogelwolken, die Schattenbilder ins Gras malten. Starenschwärme mit lärmenden Flügeln, die mit Schwung eine Luftwelle über den Boden rissen. Seeotter, zwischen Tang und Felsen spielend. Seehunde mit runden Köpfen und runden Augen wachend. Der Duft von Gras und Tang und die Stimmen der Vögel und der kleinen, schwarzen Schafe.

Solche Abenteuer wie die Entdeckung einer Insel kündigen sich an. Nur wenn man schon weiß, woher man kommt und wohin man fährt, kann man nach den Sternen segeln, sich nach Karte und Kompass oder nach einem Navigationssystem richten. Um das Unbekannte zu entdecken, muss man besondere Zeichen zu lesen wissen, ungeheuer viele, ungeheuer feine Details im Gesamtbild des Meeres. Ein dauerndes Spurenlesen und Zusammenlesen von Information ist nötig, um die Fährte der Insel im Meer zu finden.

Da wäre die Wolkenbildung über Land, die Polynesier nach Aotearoa, dem Land der großen weißen Wolke, oder die Portugiesen von Porto Santo nach Madeira führte.[1] Auch Meeresströmungen und der Salzgehalt des Wassers hatten Bedeutung als lokale Wegweiser. Der Körper des Meeres ist durchzogen von brackigen Adern und Wasserwolken, die die Richtung zu Süßwasserströmen weisen können. Bis in die Neuzeit hinein »erschmeckten« Entdecker die Nähe von Flussmündungen. Geschmack und Geruch des Ozeans halfen Seefahrern des Pazifiks, ihren Weg zu finden.[2] Die allerfeinsten Nuancen im Bouquet stammen dabei, wie überhaupt die wichtigsten Botschaften der Inseln, von den Lebewesen. Pflanzen und die Lebewelt der Böden parfümieren Meerwasser und – wichtig für uns luftatmende Geschöpfe – den Wind, der zum Beispiel den Duft der Gräser über die See weht.

Vor den Inseln hoch im Norden war es nur eine vergleichsweise geringe Distanz, über die der Duft getragen wurde, doch der australische Seefahrer und Pilot Harold Gatty bemerkte das berauschende Aroma des Ruchgrases fast siebzig Seemeilen vor der neuseeländischen Küste.[3] Der Autor Simon Winchester berichtet, dass er die Insel St. Helena riechen konnte, bevor sie in Sicht kam.[4] Eine vielgereiste Botanikerin beschrieb mir ein ähnliches Erlebnis bei der Annäherung an die Azoren, wo der süße Duft der Lilien schon lange wahrnehmbar sei, bevor die Inseln sichtbar werden. Auch die Inseln des Mittelmeerraumes waren von ihrem Duft umgeben wie von einem unsichtbaren Garten. In der Erinnerung Napoleons hatte Korsika ihr eigenes Aroma und bei Ivan Bunin[5] hat in Italien »jede der Inseln ihren eigenen besonderen Geruch«. Mikis Theodorakis erinnert sich, dass er die Insel Kreta riechen konnte, bevor sie vom Schiff aus zu sehen war, eindeutig »wegen ihrer merkwürdigen Zitrusnote«.[6]

Je reicher die Vegetation der Küste, je unberührter, umso stärker scheint der Geruchseindruck zu sein. Wegen an- und ablandiger Winde und der Duftphasen der Blüten muss die Tageszeit eine Rolle gespielt haben. Eine Quelle des 19. Jahrhunderts spricht vom überwältigenden Duft, den Hawaii den Seeleuten am frühen Morgen entgegenschickte.[7] Besonders tief muss der Eindruck gewesen sein, wenn die Pflanzen Düfte verströmten, die den Seeleuten noch unbekannt waren. Vielleicht war dies der Grund, dass die Berichte umso farbiger sind, je älter sie sind, je mehr Neues und Unbekanntes man auf Reisen noch erriechen konnte. Oder hatten die damaligen Reisenden, deren Sinne noch nicht durch Geschmacksverstärker und künstliche Aromastoffe abgestumpft waren, eine größere Wahrnehmungsfähigkeit? »Man kann die Insel riechen, ehe man sie sieht. Über fünfzehn Kilometer weit aufs Meer schwebt der Duft über dem Wasser«, wird die Annäherung an die Muskatinsel Run um Weihnachten 1616 beschrieben.[8] Frühe Transatlantikfahrer erlebten vor den Küsten Amerikas die vom Land herangetragenen Düfte als erste Begegnung mit dem neuen Kontinent.[9] Verrazono erwähnt »arbori incogniti nella nostra Europa, i quali da lontano mandano soavissimi odori«[10]: *Bäume, die in unserem Europa unbekannt sind und die schon auf weite Distanz die allersüßesten Düfte abgaben.* Als Kolumbus durch die Karibik fuhr, strömten die blühenden Bäume Kubas »süße Düfte zum Meer hin aus«.[11] Die venezolanische Küste zog die Seefahrer wie magisch an. »Sie rochen nämlich den angenehmen Duft, der ihnen von den Pflanzen des Landes entgegenströmte.«[12] Vor der Insel Trinidad wehte »ihnen von Gräsern und Bäumen, die vom Morgentau erfrischt waren … süß-duftende Luft entgegen«.[13] Französische Entdecker erlebten 1606 Ähnliches vor der kanadischen Küste. »Da kamen vom Land Düfte, die in ihrer Süße unvergleichbar waren, herangetragen von einem warmen

Wind, so reich, dass sie der gesamte Orient nicht in größerer Fülle hätte liefern können. Wir streckten unsere Hände aus, um sie zu fassen, so greifbar waren sie«[14] – welch wunderbares Erlebnis muss das gewesen sein.

François Leguat berichtet vom köstlichen Duft, der von Réunion aufstieg und über das Meer drang. Er soll so stark gewesen sein, dass er manche Seeleute am Schlafen hinderte.[15] Natürlich. Wie soll man auch schlafen, wenn es so stark nach Insel und Abenteuer riecht?

Seascape – das Meer ist eine Landschaft

Oft schickte das Inselleben leichter greifbare Zeugnisse über die Wellen, Treibholz etwa, wie der Zweig mit den roten Beeren, den Kolumbus fand, oder die Tiere des Meeres selbst wiesen auf die Küste hin.

Prähistorische Seefahrer müssen den Walen und Thunfischschwärmen oder den schwimmenden Herden der Riesenalke gefolgt sein. Für die Menschen müssen sie auf See wie Wegweiser und Ortsschilder gewirkt haben. Durch tropische Ozeane, wo heute endlose Abfallinseln rotieren, zogen riesige Schwärme von Meeresschildkröten auf dem Weg zu ihrem Niststrand. Manchmal rasteten Zugvögel auf den schwimmenden Schildkröteninseln.[16, 17, 18] In der Nacht muss das Geräusch des Atmens Tausender und Abertausender Tiere über das Wasser geklungen haben. Noch in der Neuzeit konnten sich in der Karibik vom Weg abgekommene Freibeuter an dem geheimnisvollen akustischen Signal orientieren.[19]

Die wichtigsten lebenden Orientierungshilfen auf See müssen jedoch schon immer die Vögel gewesen sein. Entdeckungsgeschichten im Mittelmeerraum liegen in mythischer Ferne, und nur in manchen Sagen ist noch eine Erinnerung an die Vögel erhalten. Erst in jüngerer Zeit erfolgte die Entdeckung der Inseln und Kontinentalküsten des Nordatlantiks. So erreichten irische Mönche noch vor den Wikingern – möglicherweise »geführt« durch die Wanderzüge der Gänse[20] – Island. Auch zu den Kanarischen und Kapverdischen Inseln sollen die Vögel geleitet haben. Die Portugiesen sollen, wie häufig in der Seefahrtsliteratur zitiert[21], die Azoren entdeckt haben, indem sie ihren Kurs nach den Vögeln richteten.[22] Einer, der diese Geschichte kannte, war Christoph Kolumbus. Die Insel Flores, so notierte er, sei schließlich entdeckt worden, weil man den Vögeln gefolgt sei. Und er selbst richtete am Wendepunkt der Reise und der Weltgeschichte seinen Kurs nach den Vögeln.

Da viele Zugvögel nachts fliegen, mag ihre Wirkung als »Sichtzeichen« eingeschränkt sein. Allerdings beobachten noch heute Ornithologen den Flug der Vögel vor der Scheibe des Mondes.[23] Doch auch in völliger Finsternis können Vögel auf See leiten. Manche, wie Fregattvögel und Tropikvögel, schweigen zwar über dem Meer[24], doch andere machen Seefahrten zu einem akustischen Erlebnis. »Toda la noche oyeron pasar pajaros«, notierte Kolumbus. Die ganze Nacht hörte man Vögel vorüberziehen. Der Eskimobrachvogel und sein »Wanderkamerad«, der amerikanische Goldregenpfeifer, dürften die unfreiwilligen Wegweiser gewesen sein.[25] »Das gedehnte, traurig-melancholische Pfeifen (des Eskimobrachvogels), das mehr an das Pfeifen des Windes als an die Stimme eines Vogels erinnert, kann sogar nachts gehört werden und ist einer der merkwürdigsten und unvergesslichen Klänge der Natur«[26], berichtet ein amerikanisches Ornithologiebuch des 19. Jahrhunderts. Heute ist die Stimme des Eskimobrachvogels aus dem gemischten Chor der Zugvögel verschwunden. Der Vogel, der einmal in Riesenschwärmen über Amerika zog, ist vermutlich ausgestorben.

Bei Annäherung an die Küste kann nachts und bei schlechter Sicht auch der Gesang der Landvögel – und übrigens auch der Insekten[27] – zur Orientierung dienen, werden die Klänge doch von der Wasseroberfläche weit getragen. Dies illustriert das von Joseph Banks vor der Küste Neuseelands belauschte Vogelkonzert anschaulich.[28] Portugiesische Seefahrer fanden – so geht die Geschichte – die Stadt Galle im Süden Ceylons durch den Ruf eines Hahns, der über das Wasser zu ihren Schiffen drang. Jeder kann diesen Eindruck nachvollziehen, der an einem nebeligen Berliner Morgen die Stimme eines Pfaus über das Wannseewasser wehen hört oder im Herbst den Stimmen der Wildgänse auf Reisen jenseits der Nebel nachträumt.

Vögel und auch andere Tiere übersetzen somit die noch unsichtbare Rauminformation in ein Klangbild, das auch die sonst so kurzsichtigen Menschen mithören können und das von Menschenstimmen weiterverarbeitet werden kann.

Nicht zufällig sind viele Küsten und Inseln nach Vögeln benannt. In Kalifornien zum Beispiel Alcatraz, Bird Island und Bird Rock bei San Francisco oder Gull Island nahe Santa Barbara. Im Norden der

Hawaii-Inseln liegt Tern Island, die Insel der Seeschwalben, und das Hawaii-Inselchen Nihoa wurde in den Karten einmal als Bird Island – die Vogelinsel – geführt. Farallon de Pajaros, die Felsenklippe der Vögel, wurde die nördlichste Insel der Marianenkette von spanischen Seefahrern genannt – oder auch Urracas, die Insel der Elstern. Da gibt es die Seychelleninsel Bird Island, die Aleuteninsel Bird Island oder Bird Island bei Neuseeland. Da wäre auch Boatswain Bird Island bei Ascension, nach den Rotschnabel-Tropikvögeln benannt, und nicht zu vergessen die Pfaueninsel oder Schwanenwerder. Mitunter klingen in den Namen noch größere Bilder der alten Lebenswelten durch. Eine Ilha do Cerne wurde Schwaneninsel benannt von Seeleuten, für die ein großer, flugunfähiger Taubenvogel noch am ehesten wie ein Schwan aussah. Die Insel wurde später in Mauritius umbenannt. Die Azoren heißen nach den Acores, den Falken, und das möglicherweise nicht, weil es derer so viele gab, sondern weil die noch nie mit Menschen konfrontierten Vögel hier ebenso wenig wie die von klein auf an den Menschen gewöhnten Vögel der Falkner Furcht zeigten.[29]

Bis lange in die Neuzeit hinein spielten die Vögel eine wichtige Rolle in der Seefahrt. Die Kapitäne des Zeitalters der Entdeckungen vermerkten mit großer Sorgfalt in ihren Logbüchern alle Sichtungen von Meeressäugetieren, Schildkröten, fliegenden Fischen oder Vögeln, die Hoffnung auf die Nähe einer Küste machten. Der niederländische Kapitän Jacob Roggeveen notiert am 3. April 1722 auf einer Fahrt im südöstlichen Pazifik das Erscheinen vieler Arten von Vögeln, dann am 5. April die Sichtung von Meeresschildkröten, im Meer treibender Pflanzen und vieler Vögel.[30] Am selben Tag wurde die Osterinsel entdeckt.

George Robertson, Deckoffizier auf jener Expedition, durch die Tahiti für Europa entdeckt wurde, schrieb:

»Weil ich noch nie Vogelschwärme weiter als 60 Stadien vom Land entfernt gesehen habe, vermute ich immer sehr nahe am Land zu sein, wenn ich eine Anzahl von Vögeln sehe, die an der Küste rasten, wie das Noddyseeschwalben und Fregatvögel beinahe jede Nacht tun, außer es gibt sehr viele kleine Fische, was sie dann längere Zeit auf See hält.« Ornithologische Kenntnisse müssen geradezu essenziell gewesen sein, notiert doch der portugiesische Seefahrer Pedro Fernandez de Quiros: »Handelt es sich bei den Vögeln, die einem begegnen können, um Guanotölpel, Enten, Pfeifenten, Möwen, Seeschwalben, Sperber oder Flamingos, so ist dies ein Zeichen, dass Land sehr nahe ist; wenn es aber Rotfußtölpel sind, muss man dem keine Aufmerksamkeit schenken, weil man diese Vögel schon in großer Entfernung vom Land findet, das Gleiche gilt für Tropikvögel, die fliegen, wohin sie wollen.«[31] Nach wie vor brauchte man die Beobachtung der Natur als zusätzliche Informationsquelle zu Sternbildern, Kompass und Karte, die erst nach und nach, da ja nun jede Küste entdeckt war, die alten Wegweiser überflüssig machten.

Noahs Taube

Vielleicht hat sich solch ein Wandel in der Geschichte um Menschen und Boote und Vögel schon einmal, Jahrtausende früher, abgespielt. Damals, als wir noch neu auf dem Meer waren. Damals, als wir ungeduldig wurden und nicht mehr auf die großen Vogelzüge warten mochten. Damals, als wir lernten, gezielt auf die an Wunder grenzenden sensorischen Fähigkeiten anderer Lebewesen zurückzugreifen, lernten, sie zu zwingen, uns den Weg zu zeigen. Seit undenklichen Zeiten wussten europäische Seefahrer[32] und auch die Ureinwohner Amerikas[33], dass ihre Hunde auf weitaus größere Distanzen als sie selbst Land zu erriechen vermochten. Polynesier hatten oft Schweine an Bord, die selbst winzige Inseln wie Trüffeln erschnüffeln konnten.[34] Auch Schiffskatzen sollen diese Fähigkeit bewiesen haben.[35] Und natürlich eigneten wir uns die Fähigkeiten der Vögel an, zum Beispiel der Tauben.

Schiffe, Tauben und Inseln sind Urelemente der ältesten Seefahrtsgeschichten, vorsintflutlicher, längst vergessener Erzählungen sogar. Denn als Noah eine Taube ausschickte[36], um eine Insel in der Sintflut zu finden, da muss er mit der Technik bereits vertraut gewesen sein. Der Ölzweig im Schnabel der Taube war das Zeichen, dass die Flut zurückging, ihr Fernbleiben jedoch die Bestätigung, dass Land, das eigentliche Element des aufs Meer verschleppten Vogels, nahe war, denn Tauben brauchen eigentlich auch beim Fliegen Boden unter den Füßen. Im Gilgamesch-Epos schickt der sumerische Held Utnapishtim eine Taube aus, dann eine Schwalbe und zuletzt einen Raben, der nicht mehr zurückkehrt. Er hatte Land gefunden. Tauben zur Sichtung von Land wurden auch auf dem Indischen Ozean eingesetzt[37] und mögen geholfen haben, Inseln, wie das flache Aldabra-Atoll zu finden. Plinius[38] erwähnt, dass sich im ersten Jahrhundert die Singhalesen in Ermangelung nautischer Astronomie ihrer bedienten. Ein als *Cosmas Idiocopleustes*, der »Indiensegler«, bekannter griechischer Autor berichtet um 550 n. Chr. aus Ceylon, dass Vögel von dortigen Seefahrern als »Kopiloten« verwendet wurden.[39] Eine chinesische Quelle des neunten Jahrhunderts[40] dokumentiert ihren Einsatz auf persischen Schiffen. Und wenn eines der Völker des Indischen Ozeans die Technik kannte, dann kannten sie alle. Wenn es hier funktionierte, dann funktionierte es überall. Auch den nordischen Seeleuten muss das Verfahren mit dem Vogel bekannt gewesen sein. So nahm im Jahr 846 Flóki Vilgerðarson, der Entdecker Islands, Raben mit auf die Reise.[41] Sie stammten von den Färöer Inseln. Ob sie wohl ein weiß-bunt geschecktes Gefieder trugen?

Wenn Vögel Land ankündigen, so ist dies übrigens nicht nur Verheißung, sondern auch Warnung, vor tückischen Klippen und gefährlichen Winden, vor unberechenbaren Strudeln und Strömungen, vor all den Gefahren einer fremden Küste. Die Phöniker sollen für diese Spezialaufgabe Krähen angeheuert haben.[42] Auch dies schlug sich in Mythen des Mittelmeerraums nieder. So schickte der griechische Held Jason eine Taube aus, um zu erfahren, ob die *Argo* unbeschadet die Meerenge der Symplegaden, zwei Felseninseln, die alles, was zwischen ihnen hindurchzog, zermalmten, passieren könnte. Die Taube büßte im zuschlagenden Felsentor ein paar Schwanzfedern und das Schiff sein Steuerruder ein, und das Abenteuer war mit geringen Blessuren, wie sie eben zu einem Abenteuer gehören, bestanden. »Mitunter ist nicht mehr klar zu erkennen, ob sich der Einsatz eines Landfindevogels oder das Nachsegeln eines von wilden Vögeln vorgegebenen Kurses in Mythos und Legende niedergeschlagen hat. So wurde von einem griechischen Handelsschiff erzählt, das durch einen Sturm im Schwarzen Meer vom Kurs abkam und dessen Besatzung, einem Schwan nachsegelnd, den Weg zur rettenden Küste fand.

Schließlich soll auch die Römische Flotte unter Scipio auf dem Weg nach Afrika einem Adler gefolgt sein. Der Vogel soll offenbar wie eine lebendige Flagge vorausgeflogen sein. Diese antiken Geschichten um Vögel und Seefahrer fanden einen Niederschlag in der bildenden Kunst, sind doch auf unzähligen Keramiken Schiffe in Verbindung mit Vögeln abgebildet.«[43]

So häufig sind die Hinweise auf den Einsatz der Vögel, dass es fraglich scheint, ob sich überhaupt eine Schiffsbesatzung der Antike ohne Vögel zum Auffinden von Land auf die hohe See wagte. Doch alle Risiken konnten auch die mitgeführten Vögel nicht ausräumen. Zum Beispiel muss regelmäßig der Augenblick erreicht worden sein, an dem die letzten »Findevögel« das Land gesehen und sich in die »richtige« Richtung abgesetzt hatten, aber hierfür eben jenen kritischen Moment wählten, als das Land noch hinter dem Horizont versteckt und für Menschen nicht sichtbar war.

Die Geschichte um Seefahrer und Vögel ist ein illustratives Kapitel der Geschichte des Menschen als Wanderer und Abenteurer auf den Spuren anderer Lebewesen. Sie ist vielschichtig und komplex wie alle biologischen Zusammenhänge. Am deutlichsten zu erkennen ist sie daher nicht dort, wo sich die Kontinente um die Mittelmeere der Alten oder Neuen Welt scharen, sondern dort, wo sich auch die Evolutionsgeschichte in einem besonders kontrastreichen, scharfen Bild darstellt: auf den ozeanischen Inseln. Und je kleiner, je entlegener und je isolierter die Insel, umso deutlicher ist alles, umso schärfer ist der Fokus.

So liefert der Pazifische Ozean, der »blaue Kontinent«, ein besonders eindrucksvolles Bild der Abenteuer von Inselfahrern und Inselentdeckern. Bodenfunde und erhaltenes Kulturerbe belegen den Austausch von Steinwerkzeugen und Kunsthandwerk, von Muschelschalen und roten Federn zwischen entfernten Inseln. Zu der Zeit, als Leif Erikson erstmals in der Neuen Welt überwinterte, hatten polynesische Seeleute bereits ein Netzwerk des Austauschs von Waren und Informationen über das wässrige Viertel des Globus gespannt. Die Großleistung, den Pazifischen Ozean von Hawaii bis Neuseeland, von den Osterinseln bis zu den Salomonen zu besegeln und zu besiedeln, war den frühen Seefahrern nur durch die Beobachtung der Natur möglich. Es gibt eine große Zahl natürlicher Phänomene, die Seglern ohne Karte und Kompass den Weg gewiesen haben könnten. Sterne erzählen nichts vom Land jenseits des Horizontes. Die eigentlichen Wegweiser müssen auch im Pazifik die lebenden Geschöpfe gewesen sein. Den Fischen des Meeres, den Walen, Seelöwen und Meeresschildkröten, den Zeichen der lebenden Natur folgend, entdeckten die Seefahrer neue und immer neue Inseln. Da es sich um ungeheure Distanzen und kleine Inseln handelte, waren auch die allerfeinst gezeichneten Wegmarken wichtig: die mikroskopisch kleinen Algen und Planktonwesen, die jene geheimnisvolle Fluoreszenz verursachen, die nach Regenfällen über viele Seemeilen hinweg auf eine Insel hindeuten und hinführen soll, feinste Geschmacksnuancen im Wasser, der Duft der Inseln oder der Widerschein der grünen Inselwälder am fernen Wolkenhimmel.

Kolea-a-me-kah – Raum- und Klangbilder

Ganz wesentlichen Anteil am Inselfinden im Pazifik, am Überqueren der allerweitesten Distanzen hatten jedoch ganz sicher seit jeher die Vögel. In der Geschichte Ozeaniens sollen Fregattvögel dieselbe Funktion erfüllt haben, wie die per Schiff über den Indischen Ozean und den Nordatlantik mitreisenden Tauben, Raben und Krähen. Es überrascht daher nicht, dass der Fregattvogel in polynesischen Mythen und Gesängen zum Beispiel auf den Marquesas[44] häufig die Rolle eines Nachrichtenträgers spielt. Im Südseeroman des um die vorletzte Jahrhundertwende in San Francisco lebenden Schriftstellers Henry Milner Rideout *The Far Cry*[45] dient eine Taube zur Orientierung, nachdem einem Mitglied der Besatzung einfällt, dass er bei Bewohnern der Ellice Islands die Verwendung von Fregattvögeln zur Nachrichtenübermittlung zwischen Inseln gesehen habe. Hat der Autor irgendein Seemannsgarn weitergesponnen, oder ist es die literarische Verarbeitung von einer tatsächlich angewendeten Kommunikationstechnik, die er vielleicht tatsächlich im pazifischen Raum beobachtet haben mochte, von der er vielleicht gelesen hatte[46] oder von der man ihm in irgendeiner Hafentaverne erzählt hatte?

Auf See zeigen auch wilde, freie Vögel an, in welche Richtung Land liegt – Seeschwalben und Tropikvögel, und überhaupt alle Vögel, die an Land nisten und auf See fischen. Wie im Nordatlantik lieferte zudem der Vogelzug den Hinweis auf die Existenz ferner Küsten, die Information in welcher Richtung nach Land gesucht werden konnte. Der Bronzekuckuck *Chalcites lucidus* zum Beispiel, ein Vogel mit metallischgrünen Flügeln und zebragestreiftem Bauch, verbindet auf seiner Flugroute Neuseeland mit den Salomoninseln. Der Borstenbrachvogel *Numenius tahitiensis* wechselt im Jahresrhythmus zwischen Alaska und Tahiti oder anderen ozeanischen Tropenländern. Der Langschwanzkoel *Eudynamys taitensis*, ein Vogel aus der Verwandtschaft der Kuckucke, und der Kurzschwanz-Sturmtaucher *Puffinus tenuirostris*[47], Verwandter des nordatlantischen Schwarzschnabel-Sturmvogels *Puffinus puffinus*, zieht von Neuseeland zu den Gesellschaftsinseln und retour, Tausende Kilometer, Jahr um Jahr. Ein anderer Vielflieger, der pazifische Goldregenpfeifer *Pluvialis fulva*, sammelt Tausende von Flugmeilen, indem er Jahr um Jahr zwischen arktischem Brutrevier und tropischem Winterquartier auf Hawaii und anderen Inseln des tropischen Pazifiks pendelt. Jahr um Jahr. Hin und her. Jahr um Jahr.

Die frühen Siedler und Inselfinder müssen über viele Jahre hinweg die Vögel beobachtet haben. Ihr regelmäßiger Abflug zur entsprechenden Jahreszeit Jahr um Jahr, wenn sie immer in die gleiche Richtung, in die Weite der unbekannten Wasserwüste verschwanden, und ihre ebenso regelmäßige Rückkehr aus derselben Richtung muss ihren Beobachtern einen Hinweis auf noch unbekanntes Land jenseits des Horizonts geliefert haben.[48] Sind sie ihrer Flugroute Insel für Insel, Schritt für Schritt, Trittstein für Trittstein, und so auf Schritt und Tritt gefolgt? In heute nahezu vergessenen hawaiianischen Legenden[49] taucht der Regenpfeifer als Kolea-a-me-kahiki, der Vogel aus Kahiki, auf, ein Fernwanderer, der aus dem mythischen Land der Vorfahren über den Ozean geflogen kommt.[50] Überlebende Legenden und Überlieferungen illustrieren, dass sich die frühen Polynesier genau mit den Flugmustern der Vögel auskannten. Sie wussten, dass bestimmte Zugvögel, darunter der Goldregenpfeifer, auf See weder Nahrung finden noch ruhen konnten. Sie wussten auch, dass diese Vögel Jahr für Jahr am selben Platz erschienen, und kannten ihre Ankunftszeit beinahe auf den Tag genau – so wie man im Tal in den grünen Bergen damit rechnen konnte, dass die Mauersegler so um den vierten Mai herum erschienen.

Wenn auch unbekannt war, von wie weit her diese Vögel gekommen sein mochten, so war eines sicher: dass es *irgendwo* auf ihrer Route – wohin auch immer sie flogen, woher auch immer sie kamen – Land geben musste. Um über weite Distanzen die Richtung einzuhalten, musste die Flugrichtung der Vögel mit den statischen Sternbildern in Beziehung gesetzt werden. Über lange Strecken offenen Ozeans hinweg ist die Astronavigation ein unentbehrliches, aber doch relativ unpräzises Instrument. Bei Annäherung an eine unsichtbare Insel mussten daher zwangsläufig die lebenden Seezeichen wieder an

Bedeutung gewonnen haben. Einige Autoren zweifeln an der Verlässlichkeit der Vögel, da diese ja in der Nacht nicht wahrzunehmen seien – und unterschätzen damit die sensorischen Fähigkeiten von Menschen, die es gewohnt sind sich in natürlicher Umwelt zu bewegen und sich an Signalen zu orientieren, an denen wir, desensibilisiert von allgegenwärtigem Lärm, Gestank und groben Navigationshilfen, achtlos vorübergehen. »Vögel konnen auch durch die Dunkelheit führen. So wie Kolumbus die Schwärme des Eskimobrachvogels und des atlantischen Goldregenpfeifers akustisch erlebte, so mag, wenn Borstenbrachvögel und pazifische Goldregenpfeifer[51] nachts ihre Stimmen über die Wasser des Stillenen Ozeans warfen und wenn Millionen Flügel in der Luft rauschten, dieser herrliche Lärm den polynesischen Seglern richtungsweisend gewesen sein. Auch Sie mochten mitunter auf großer Fahrt die ganze Nacht Vögel vorbeiziehen gehört haben – wer hätte dieses Erlebnis verschlafen können?«

Songlines der Meere

Vögel und auch andere Tiere übersetzen die noch unsichtbare Rauminformation in ein Klangbild, das auch die sonst so kurzsichtigen Menschen mithören können und das von Menschenstimmen weiterverarbeitet werden kann.

Überhaupt werden Reisen, Wanderungen ja in vielen Kulturen vokalisiert, verbalisiert, der Weg in Klang und Wort gefasst.[52] Auch in manchen Gegenden in Deutschland, so auch im grünen Tal, gab es bis vor Kurzem auf die Frage nach einer Entfernung noch eine in Wort- und Textlängen ausgedrückte Angabe zur Antwort: »Drei Vaterunser, dann bisch glei do.« Selbst heute sind Wege mit Melodien verbunden – vom Autoradio bis zum Musikknopf im Ohr; doch das Abgespielte hat nichts mehr mit dem Land, dem Weg und mit den Menschen zu tun. Es könnten überall, in jedem Ohr und auf jeder Straße dieselben Klänge sein, und zur Orientierung taugen sie schon lange nicht mehr.

Weitere Details liefern Funde, die wir nicht aus dem Korallensand, sondern aus den Mythen und Geschichten, aus den Gesängen und Erzählungen »ausgraben« können. Die Überlieferungen der Polynesier berichten von den großen Kanus, kultisch verehrten Booten, die Familien oder Dorfgemeinschaften über Generationen hinweg dienten und mit denen die großen Reisen über den Ozean unternommen wurden. Es waren prächtige Schiffe, von denen das Boot von der Insel Luf[53] im Dahlemer Völkerkundemusem einen Eindruck vermittelt. Die Reisen mit solchen Schiffen wurden in Gesängen festgehalten, einer Art Fahrtenschreiber im Gedächtnis der Reisenden, denn auf großer Fahrt zwischen Hawaii und Rapa Nui war ja genug Zeit zu erzählen und auswendig zu lernen.

Songlines des Meeres, Meeresstraßen als Echo und Nachhall von Meereswellen und Vogelstimmen, Straßen, die man nicht durch Asphaltieren, sondern durch Rezitieren festhält, muss es auch in anderen Kulturen gegeben haben. Ihre Zerstörung liegt jedoch noch weiter zurück. Ihr Nachhall ist noch schwächer. Waren möglicherweise die Mythen der alten Griechen, der Seefahrer, die wie die Frösche am Teich ums Mittelmeer saßen, so etwas wie »Songlines«? Waren darin die Naturphänomene personifiziert, deifiziert, dämonifiziert, damit man besser von ihnen erzählen konnte? Um im Gesang und im Leben zwischen Skylla und Charybdis hindurch zu finden oder die Flaute bei Calypsos Insel zu überstehen? Brachten die Sirenen den Bootsgesang der Mannschaft des Odysseus durcheinander, brachten sie eine tödliche, »diabolische« Verwirrung in die Ordnung der Klänge und Silben, die den Weg bezeichneten? Um nicht mit ihrem Schiff an den Klippen zu zerschellen, mussten die Steuerleute des Odysseus mit Wachs in den Ohren den inneren Stimmen folgen. Nur ein großer Sänger wie Orpheus, einer, der den Weg bis in die Unterwelt und zurück schaffte und dessen Stimme bis heute nachhallt, konnte die diabolischen, verwirrenden, verstörenden, betörenden und verführenden Gesänge übertönen und Jasons *Argo* sicher an den Klippen der Sirenen vorbeileiten.[54]

Da die Sirenen vogelartig dargestellt werden, könnte ihr Gesang auch an die verwirrenden Lieder solcher Vögel erinnern, die eben *keinen* Hinweis auf die Nähe von Land geben und so den verwirrten Segler auflaufen lassen. Tatsächlich ist es bei einigen Vogelstimmen – zum Beispiel bei der Stimme des Kakapo – sehr schwierig, die Richtung zu bestimmen.[55] Zu wissen, auf welche Stimmen man hört, wessen Lied man mitsingt, ist lebenswichtig. War es das »Unerhörte«, sich abseits der überlieferten Pfade, unabhängig von den Songlines zu bewegen, um neue Geschichte(n) zu (er)finden?

Aus der pazifischen Welt sind Fragmente der Songlines des Meeres erhalten, einzelne Legenden und Lieder und Bootsgesänge, konserviert in Bibliotheken, wie die Boote in den Museen »stillgelegt«. Niemand wird mehr mit diesen Booten fahren und niemand mehr mit diesen Liedern steuern, doch wie aus einer überschwemmten archäologischen Fundstätte kann aus den erhaltenen Texten ein Bild der alten Welt Ur-Ozeaniens heraustauchen – so in einer Erzählung von den Marshallinseln, die der deutsche Missionsgeistliche Augustin Erdland[56] 1914 dokumentierte. Sie berichtet von zwei Männern von der Insel Kwajalein, die eine von einem Monster bewohnte Insel entdecken, indem sie einem Reiher folgen, nachdem sie dessen Flugrichtung detailliert beobachtet und diskutiert haben. Tatsächlich trägt dieser Vogel im Schnabel den Zweig einer Mangrove, unverkennbar ist die Parallele zu Noahs Taube mit dem Ölzweig. Offenbar ist der Zweig hier, genauso wie das oft in Logbüchern erwähnte grün beblätterte Treibholz, ein wichtiges Zeichen für die Nähe von Land, und unterstreicht die Bedeutung des Vogels als »Bote« von der Küste. Nachdem das Ungeheuer im Feuer getötet worden ist, so geht die Legende weiter, wird die Insel besiedelt. Die Abfolge der Ereignisse – dem Vogel folgen, die Ausrottung einheimischer Geschöpfe mit Feuer und der Bau von Siedlungen – ist gewissermaßen die Kurzfassung der Siedlungsgeschichte jeder beliebigen Insel Polynesiens, ein Prozess, der immer und überall ähnlich ablief – und alle Inseln nach und nach im Laufe der Jahrtausende einander immer ähnlicher machte, immer wieder neu, bis keine einzige mehr unberührt übrig blieb.

Dennoch wuchs in den Jahrtausenden polynesischer Expansion das Netz von Legenden und Bootsgesängen, verwob sich mit dem Netz der Vogelzüge und ergänzte das vieldimensionale Mosaik der Naturerscheinungen. Die Landschaft des Meeres und der Inseln wurde mit überraschender Präzision abgebildet. Pater Augustin dokumentiert darüber hinaus eine ausführliche Liste von Seezeichen in Verbindung mit mythologischen Bezügen, darunter viele Vögel wie Gänse und Reiher, von denen jeder einen bestimmten Winkel der Annäherung an eine Insel und oft einen bestimmten Strand oder eine bestimmte Bucht bezeichnet. Das Netz der gesungenen Zeichen und Wege muss einer präzisen Seekarte entsprochen haben.

Wie ein aus Traumpfaden oder Songlines gewebter Teppich entsteht ein buntes Bild des biologischen und kulturellen Reichtums, ein Bild, das für ein paar Jahrhunderte wie eine flimmernde Meeresspiegelung über Ozeanien schimmert, wie ein Regenbogen, an einem Ende noch am stärksten leuchtend und am anderen schon verblassend – und das dann verschwand.

Vineta oder das Rätsel des Verstummens

Im 14. Jahrhundert, während am anderen Ende der Welt Europas Ritter ins Morgenland zogen, als das Schwarzpulver die Welt veränderte, als der berberische Abenteurer Abu Ibn Battuta auf über 100.000 Kilometern die islamische Welt bereiste, verödeten und versanken die ozeanischen Traumpfade.[57] Die Bootsgesänge verstummten. Ferne Inseln vereinsamten. Etwa im selben Zeitraum, in dem am entgegengesetzten Ende der Erde die Verbindung zwischen Island, Grönland und Vinland schwächer und schwächer wurde, erfolgte im Pazifik ein großräumiger Zusammenbruch der Verbindungen zwischen den Inselgemeinschaften, von denen einige untergingen. Die einst so hochauflösende gesungene Seekarte löste sich bis zur Unkenntlichkeit auf.

Grabungen auf Inseln Polynesiens liefern einige Einblicke in diese Zeit des Umbruchs, des Einbruchs, des Zusammenbruchs. Sie zeigen, welche Güter nicht mehr benutzt und welche Waren nicht mehr gehandelt wurden, und lassen darauf schließen, dass auch kein kultureller Austausch mehr bestand. Warum dies so war, ist den Steinen, Knochen und Muschelschalen nicht zu entlocken.

Trat in dieser Phase irgendetwas auf oder ein, das die Fahrten zu riskant machte? Klimaveränderungen sind im Gespräch. »Archäoklimatologen haben festgestellt, dass ein warmes und insgesamt stabiles Klima zwischen 900 und 1300 nach Christus den Erdball bestimmte. In der Folge begannen große klimatische Schwankungen, die Phase der sogenannten Kleinen Eiszeit einzuleiten, und weite Gebiete des Globus' aus dem Gleichgewicht zu bringen. Große Regionen des Pazifik scheinen von dieser Veränderung nachteilig beeinflusst worden zu sein«, schreibt der amerikanische Autor Steven Roger Fischer.[58] Doch es bleibt unklar, warum es bei allen Verschiebungen keine Gebiete gegeben zu haben scheint, die von den Veränderungen profitierten. Wenn sich Meeresströmungen änderten, warum führte dies nicht dazu, dass andere Routen leichter zu besegeln wurden, dass sich andere Wege öffneten, neu entdeckt und in den Kontext der alten Bootsgesänge neu eingewoben wurden? War es vielleicht vielmehr ein ökonomisches, als ein klimatisches Problem? Mangelte es einigen der Inselgemeinschaften zu dieser Zeit an Handelsware und Tauschgütern? Dies ist wenig plausibel, was mineralische Rohstoffe angeht, denn ihr Abbau führte bei damaliger Montantechnik kaum zur Vernichtung der Ressource. Noch heute findet man beispielsweise auf Pitcairn das Gestein, das für Äxte verwendet und nach Mangareva und Henderson exportiert wurde.[59] Leichter vorstellbar ist, dass lebende Ressourcen ausgerottet und zerstört wurden und die ökonomische Krise so auch eine ökologische war: Muscheln, Holz oder das Fleisch von Vögeln oder Echsen. Doch diese Waren dürften einen eher geringen Anteil des Handelsvolumens zwischen weit entfernten Inselgemeinschaften ausgemacht haben, da sie entweder im tropischen Klima rasch verderben oder zu voluminös sind, um in größeren Mengen auf schlanken Auslegerbooten mitgeführt zu werden. Der Transport von Tier- und Pflanzenprodukten ist am besten vorstellbar, wenn es sich um Waren von kleinem Volumen und niedrigem Gewicht, hohem Wert und geringer Verderblichkeit handelte – Drogen und Duftstoffe, technisch nutzbare Muschelschalen, Schneckengehäuse und Knochen oder Vogelfedern.

Die Inseln der roten Vögel

Auf den Marquesas erzählt man die Legende vom Seefahrer Aka, der sich auf große Fahrt begab, um seiner Tochter Federn für einen Kopfschmuck zu besorgen.[60] Rot sollten sie sein, natürlich. Natürlich sollten sie eine Farbe zeigen, die auf den Marquesas, und überhaupt im Pazifik, selten war. »Die Pracht der tropischen Inseln in ihrem Naturzustand besteht – abgesehen von den neutralen Tönen von Gräsern, Holz und Sand aus drei in ermüdender Weise immer wiederkehrenden Farben: Blau, Grün und Weiß. Es gibt tatsächlich auch einige rote Blumen, vergängliche Erscheinungen, die rasch welken. Außer ihnen gibt es die Sonnenuntergänge und das Morgenrot – und das Blut …«, schreibt der Autor Antony Alpers und regt seine Leser an, sich eine Welt aus »ermüdenden Blau- und Grüntönen und dem flimmernden Weiß der Riffe und der Pfade aus Korallenschotter vorzustellen. Die Federn des kleinen Vini-Papageis werden dann so erscheinen, wie sie wirklich waren: so wertvoll wie Juwelen in Europa.«[61]

So ist es leicht nachzuvollziehen, dass man nachts steile Küstenklippen erkletterte, um der wenigen roten Steuerschwanzfedern der Tropikvögel habhaft zu werden[62], oder so weite Seereisen unternahm wie Aka der Seefahrer. Jede Insel, die die Segler sichteten, hatte ihre eigenen, speziellen Produkte, ihre eigenen Pflanzen, Duftstoffe oder Material für Spiele, deretwegen man sie eigens ansteuern würde – die Insel Motani oder Mohutane für den Duftstoff *Meie* oder die Insel Moutona für das flechtbare Gras *Mouomatito no te tahia*. Doch diesmal wollte man rote Federn, *Huukua* oder *Kula* – und die erforderten eine besonders weite Reise, von den Marquesas bis zu den Cookinseln, von Hiva bis nach Rarotonga, runde tausendfünfhundert Seemeilen über den Ozean. War man einmal auf der Insel der roten Vögel, der Insel der roten Federn, angelangt, so die Legende, waren die Vögel leicht zu fangen. Der Duft brennender Kokosnüsse soll sie in Scharen angelockt haben. Bei lebendigem Leib wurden sie gerupft. Auch die Heuer der Mannschaft wurde, natürlich, in roten Federn ausbezahlt.[63] Die Leidenschaft für rote Federn muss von den polynesischen Siedlern aus dem tropischen Norden bis in die gemäßigten Breiten Neuseelands mitgebracht worden sein, stellten doch die Maori über Jahrhunderte dem heute seltenen Kaka nicht nur seines Fleisches, sondern auch seines Gefieders wegen nach.[64]

Die Farben des Kaka sind weniger strahlend als die seiner Verwandten aus den Tropen. Seine Federn sind braun und grau abgetönt und bilden durch ihren dunklen Rand ein Schuppenmuster. An Bauch und Unterleib besitzt der Vogel jedoch einige leuchtend rote Federn. Es muss auch eine Farbmorphe gegeben haben, die als Kaka kura[65] bezeichnet wurde. Der »rote Kaka«, den man, da er ja durch das Rot des Herrschers ausgezeichnet war, für den Häuptling dieser Vögel hielt. Er muss besonders intensiv gejagt worden sein.

Die Bedeutung roter Federn als »Schlüsselressource«, als Handelsgut und Anreiz zu weiten und gefährlichen Seefahrten kann kaum überschätzt werden. Kapitän Cooks Mannschaft konnte auf Tahiti mit dem aus Europa mitgebrachten Nippes, der anderenorts bezauberte, nicht ins Geschäft kommen. Die gültige Leitwährung waren rote Federn aus Tonga. Für rote Federn waren selbst die kostbarsten Festgewänder feil.[66] Ich stelle mir vor, dass ein Tahitianer auf das Ansinnen, mit Glasperlen oder Schnupftabak bezahlen zu wollen, ähnlich pikiert reagiert haben dürfte wie ein englischer Busfahrer, dem ich einmal beim Kauf einer Fahrkarte versehentlich Euro statt Sterling gab.

Vielleicht kann man die Vorliebe polynesischer Völker für dieses Gut mit der Leidenschaft der Europäer für gewisse Pflanzenprodukte vergleichen, die kaum Nährwert oder medizinische Bedeutung hatten und die damals von Europa aus schier endlose Seefahrt nach den Molukken zu rechtfertigen schienen. Oder mit dem geradezu grenzenlosen Verlangen nach einem weichen gelben Metall, das weder zu Schwertern noch Pflugscharen taugt und das doch Anlass für Mord und Eroberung gab – und zum Fluch ganzer Kontinente wurde, zum Fluch von Ländern, die ebenso gefleddert wurden wie die Vogelfauna Ozeaniens.

So ein Rausch kann nicht ewig dauern

Vermutlich waren es rote Federn, mit denen die Bewohner der Insel Henderson die Steinimporte von Pitcairn oder die Einfuhr von Lebensmitteln aus Magareva bezahlten, Federn des endemischen Papageis *Vini stepheni* und der ebenfalls endemischen Henderson-Fruchttaube *Ptilinopus insularis*[67], die eine Gesellschaft auf einer an anderen Ressourcen armen Insel ein gutes halbes Jahrtausend am Leben erhielt.[68] *Vini stepheni* – der Papagei mit dem feuerroten Brustgefieder von Henderson, war früher offenbar auch auf anderen Inseln verbreitet. Welche Unterarten und Lokalvarietäten mag es gegeben haben? Rubinlori wird sein Verwandter *Vini kuhlii* auf Deutsch genannt. Sein Herz schägt unter einem tiefroten Brustgefieder. Er lebt heute noch auf der Insel Rimatara. Früher gab es ihn von Französisch-Polynesien bis zu den Cookinseln. Er könnte also gut der Vogel gewesen sein, den Aka und seine Federjäger fingen. Welche Farbe das Gefieder von *Vini sinotoi* und *Vini vidivici* von den Marquesa-Inseln hatte, wissen wir nicht, da sie seit mindestens siebenhundert Jahren ausgestorben sind[69]; doch läge es ganz in der Familie, wenn auch sie das leuchtende, das brandgefährliche Feuerrot getragen haben sollten. Auch auf der Osterinsel gab es übrigens einmal eine Papageienart. Ob auch diese Papageien rote Federn trugen?

Der Handel mit solchen Gütern wird zum Erliegen kommen, wenn Tier oder Pflanze, die diese Ware liefern, im Gebiet des einstigen Kunden akklimatisiert ist oder ein Substitutionsgut gefunden wurde.

Tatsächlich soll der auf den Fidschiinseln endemische Pompadoursittich *Prosopeia tabuensis* schon in vorgeschichtlichen Zeiten in Tonga eingebürgert worden sein.[70] Auf Englisch heißt das Tier Red shining Parrot, und bis heute werden die Federn für Verzierungen verwendet.[71] Auf Tonga muss es übrigens, so wissen wir aus Knochenfunden, einst auch eine Art oder Unterart des Eclectus-Papagei gegeben haben. Beim überlebenden Verwandten *Eclectus roratus*, dem Edelpapagei der Molukken und Melanesiens, ist das Männchen leuchtend grün, das Weibchen feuerrot. Falls die prähistorischen Verwandten auf Tonga ähnlich gefärbt waren, müssen sie populationsbiologisch besonders gefährdet gewesen sein. Viele Vögel zeigen den prächtigsten Glanz ihrer Federn ausgerechnet um die Brutzeit. Und zur Brutzeit verübten asiatische Federjäger ihre Schlachtorgien an Seevögeln auf Laysan oder richteten amerikanische Jäger ihre barbarischen Angriffe gegen brütende Paare des Rosalöfflers in Florida. Zur Brutzeit jagten Maoris den Huia[72], und so dürften auch andere polynesische Federjäger in dieser für den Fortbestand der Art kritischsten Zeit über die Vögel hergefallen sein, bis sie verschwunden waren.

Hier wird eine weitere Möglichkeit illustriert, wie ein bestimmtes Naturprodukt vom Markt verschwinden kann – nämlich wenn die betreffende Art ausgerottet wird. Zwangsläufig kam mit dem Tod der jeweiligen ausgebeuteten Art der Handel mit Quaggahäuten oder Bezoarsteinen aus dem Magen des portugiesischen Steinbocks *Capra pyrenaica lusitanica* ebenso zum Erliegen wie das Geschäft mit den toten Körpern des Riesenalks, der Wandertaube, des Eskimobrachvogels oder der Kommerz mit Federn des Karolinasittichs. Es ist die gleiche Geschichte in Grün. Eine Geschichte, als wäre in einem Märchen die Gans, die goldene Eier legt, geschlachtet worden. Nachdem der tonganische Eclectus-Papagei ausgerottet worden war, wurde offenbar versucht, dem Mangel durch die Einfuhr des Pompadoursittichs von anderen Inseln beizukommen. Wo kein Ersatz beschafft werden konnte, muss eine fatale Devisenknappheit entstanden sein und die Wirtschaft erheblich »Federn gelassen« haben. Im Aussterben ließen die roten Vögel möglicherweise ganze Inselgemeinschaften bankrott zurück. Das Schicksal der roten Papageien des Pazifiks wird nie ganz aufgeklärt werden. Die Rote Liste wächst, auch wenn in unserer Zeit in Ozeanien nur noch vereinzelt solche Vogelfangfahrten zur Jagd nach roten Federn durchgeführt werden[73], auch wenn mittlerweile ganz andere Statussymbole wichtig geworden sind und Menschen sich mit anderen Importprodukten schmücken. Auf Samoa werden heute für traditionelle Gewänder und Zeremonialschmuck Hühnerfedern verwendet.[74] Sie werden rot eingefärbt.

In den Museen auf der ganzen Welt – in Berlin-Dahlem, in Cambridge, im Metropolitan Museum in New York oder in der Sammlung der Universität Göttingen sind Federroben der Herrscher Hawaiis und anderer Inseln ausgestellt.[75] Gewänder, wie sie Gauguins *Zauberer von Hiva-oa* trägt. Jedes besteht aus Abertausenden Federn. Für jede einzelne wurden Hunderte, wenn nicht Tausende von Vögeln getötet, oder es wurde ihnen noch lebend ihr Federkleid vom Leib gerissen, so dass sie, ungeschützt, einem langsamen Tod überantwortet wurden. Es ist eine Pracht, die traurig macht, zumal die Farbe der toten Überreste ja niemals mehr so lebendig leuchtend sein wird wie die des lebendigen Tieres. Wenn man versucht, sich die Stimmen all dieser Vögel, den wunderbaren Lärm des Lebens vorzustellen, wird man geradezu erschlagen von der ohrenbetäubenden Stille.

Verluste im kulturellen Alphabet

Papageien sind nur ein besonders farbiges Beispiel, das größere Zusammenhänge illustriert. Menschliche Besiedlung zuvor unberührter Ökosysteme führt in vielen Fällen zur Degradation oder zum völligen Zusammenbruch derselben, sodass mitunter auch die Lebensgrundlagen der hier siedelnden Menschen, ob ihre Nahrung oder Rohstoffe und Handelsgüter, stark verändert oder ganz zerstört werden können.[76] Da sich in Ozeanien die Meereswege von Insel zu Insel spannten, nicht von Kontinent zu Kontinent, und Inselökosysteme besonders anfällig sind, mussten auch die großen Netzwerke besonders fragil sein.

Manche Inselkulturen, die über die Handelswege des Meeres in größere Gemeinschaften eingebunden waren, brachen zusammen, brachen aus dem Netz heraus, nachdem polynesische Siedler – lange vor der Ankunft der Europäer – deren Inseln vollständig entwaldet hatten, zum Beispiel die Insel Managreva. Einige Inseln wurden unbewohnbar. Die Kermadecinseln waren menschenleer und namenlos, als im späten 18. Jahrhundert europäische Segler ihre Küsten anliefen. James Cook fand die Norfolkinsel 1774 unbewohnt vor – doch belegen archäologische Funde eine Besiedlung im 14. und 15. Jahrhundert. Die Insel Pitcairn war unbewohnt, als die Meuterer von der *Bounty* hier an Land gingen. Ihre polynesischen Vorbewohner waren schon seit Jahrhunderten wieder verschwunden. Wir wissen nicht, woher sie gekommen, wohin sie gegangen sind, oder wie sie ihre Insel eigentlich genannt hatten.

Die Aufzeichnungen früher europäischer Seefahrer[77] werfen Streiflichter auf eine späte Phase der Agonie einer solchen Inselgemeinschaft und der Inselökosysteme. Doch die Abwesenheit bunter Vögel wird einem Erstbesucher, der die Insel vorher noch nie gesehen hat, geschweige denn im »Urzustand«, nicht auffallen. Besser dokumentiert ist die Veränderung in der Verfügbarkeit einer anderen Schlüsselressource: Holz.

Die Osterkokospalme war eine auf Rapa Nui endemische Palmenart, ein Baum, der beachtliche Höhen erreicht haben muss. Von *Paschalococos disperta* – der »Verschwundenen« – blieb nichts als das Logogramm in der Schrift Rorongo, ein flaschenförmiges Zeichen, das durchaus an die bauchige Gestalt des Stammes der verwandten Honigpalme Chiles *Jubaea chilensis* erinnert, eine Pflanze, die heute weltweit in Gegenden mediterranen Klimas als Zierbaum angepflanzt wird.

Auf der Insel war ihr Stamm eine der wenigen Quellen von Langholz und lieferte vermutlich das einzige Material, aus dem sich hochseetüchtige Kanus zimmern ließen, den einzigen Rohstoff für Masten, Balken und Ausleger. Ich stelle mir den dumpfen Schlag vor, mit dem der Stamm der letzten Palme auf den nur noch von Gräsern bedeckten Boden der Insel fiel. Das Wort für »Baum«, für das Lebewesen, das doch einmal das wahre Gottesgeschenk gewesen war, etwas, das man doch nicht einfach so hätte wegwerfen dürfen, wurde gleichbedeutend mit »Geld« und »Reichtum«.[78]

Dass das Aussterben der Palme mit dem Ende des Kanubaus in Zusammenhang stehen könnte, liegt auf der Hand. Auch der Bau der Moais, der gewaltigen Steinskulpturen der Osterinsel, endete um 1680. Möglicherweise weil es kein Holz für Gerüste und Transportkonstruktionen zum Aufstellen der Steingiganten gab.[79] Auch auf anderen Inseln starben in der Folge der menschlichen Besiedlung endemische Palmen aus.[80] Viele von ihnen haben nicht einmal mehr einen Namen. Holz liefern heute in weiten Teilen Ozeaniens, wie weltweit in Gegenden mit ähnlichem Klima auch, australische Eukalyptusarten, die kalifornische Monterrey-Kiefer oder die karibische Kiefer *Pinus caribaea*.

Der Seehandel litt allerdings nicht nur, weil die Ausrottung der Osterpalme den Bootsbau seines Werkstoffs beraubte. Gleichzeitig muss auch die Kunst der Navigation einen gewaltigen Rückschlag erlitten haben, wurden doch Arten einer weiteren Gruppe von Organismen, die für die Seefahrt von überragender Bedeutung war, in Gegenwart des Menschen auf allen Inseln des Pazifik ausgerottet oder drastisch dezimiert: die Vögel.

Die Isolation der weit gestreuten Pazifikinseln ermöglichte die Evolution eines großen Reichtums an endemischen Landvögeln und die Bildung riesiger Seevogelpopulationen. Während Seevogelkolonien heute auf steile und unzugängliche Felsen beschränkt sind, müssen sie einst die Küsten aller Inseln bedeckt haben. Über den Inseln müssen Wolken von Vogelstimmen wie Rauchzeichen gelegen haben. Es müssen Flugformationen zu sehen gewesen sein, die heute allenfalls ein Choreograph beschreiben könnte, Bilder, die man allenfalls in einem Gesang fassen könnte, und die halfen, von Insel zu Insel zu steuern.

Waren Menschen einmal auf der Insel angekommen, begann, wie überall sonst auch, umgehend die Zerstörung, und Vögel waren außerordentlich stark betroffen, und das nicht nur wegen ihrer bunten Federn. Auf den Inseln war auch schlicht gefärbtes Federvieh gefährdet, besaß es doch andere Kostbarkeiten: das Eiweiß seiner Muskeln, sein Fett und seine Knochen, feste Federkiele und eine fein ledrige Haut, die Krallen und den Inhalt frisch gelegter Eier. Knochenfunde belegen, dass Vögel einen guten Teil der Eiweißversorgung polynesischer Siedler ausmachten. Und arglos, furchtlos waren sie ja alle, die Inseltiere, zumindest in den Anfangszeiten der Besiedlung durch den Menschen, bis dass die Verhaltensweisen für Furcht und Flucht als überlebenswichtig herausselektiert waren, bis dass die genetisch wohl nicht fixierte Angst vor dem Menschen in anderer Form weitergegeben wurde – aber bis dahin war es für viele, wenn nicht für die meisten Inseltiere schon zu spät. Der Pazifische Ozean, der »friedliche«, war eben alles andere als das, jedenfalls was das Schicksal der Fauna auf den neu besiedelten Inseln anbetrifft. Vom »Ausschinden« von Vogelnestern ist in der älteren forstlichen oder ornithologischen Literatur mitunter die Rede, doch hier passt der Ausdruck für den Umgang mit ganzen

Inseln. Tausende von Vogelstimmen verstummten für immer. Der »Pazifische« wurde der »Stille Ozean«. Vogelschwärme wurden Zeichen für unbewohnte, für Menschen unbewohnbare Inseln.[81]

Die heutige Fauna der Inseln zwischen Neuseeland und Hawaii zeigt vermutlich nur noch einen verschwindend geringen Bruchteil des einstigen Reichtums[82], so als hätten die Motten einen der prächtigen Federmäntel im Museum zerfressen und nur ein paar winzige Federchen übrig gelassen. Auf Hawaii zum Beispiel sind mindestens zwei Drittel der einheimischen Vogelarten seit Besiedlung der Inseln durch Polynesier ausgestorben.[83].

Dieser erste große Zerstörungsfeldzug muss innerhalb weniger Menschengenerationen nach der Erstbesiedlung abgeschlossen gewesen sein.

Vielleicht folgte der Zusammenbruch der Vogelpopulationen einem ähnlichen Muster, wie beim Karolinasittich vermutet. Vielleicht war der Luftraum um die Inseln über Jahrzehnte hinweg noch von Vögeln bevölkert, während Küken und Eier Jahr um Jahr gefressen wurden. Viele Seevögel, wie zum Beispiel Albatrosse, können ein hohes Alter erreichen, und überalterte Populationen könnten so den Anschein einer gesunden Vogelwelt aufrechterhalten haben, um dann ganz plötzlich zusammenzubrechen.

Manche »Fluglinien« müssen völlig eingestellt worden sein, als ganze Inseln für Zugvögel unbewohnbar wurden. Als den Inseln ihr grünes Fell abgezogen wurde. Als die Meeresschildkröten, mit denen die Seevögel »in Freundschaft lebten«, und auf deren Rücken sie auf langen Flügen rasteten, ausgerottet wurden. Als Bronzekuckuck, Sturmtaucher oder Albatros keinen sicheren Platz mehr fanden, an dem sie ihr eines, einziges Ei hätten legen können.

Selbst wenn Arten nicht ausgerottet wurden und in einzelnen kleinen Restpopulationen überlebten, selbst wenn einzelne Populationen bestimmter Arten nicht vollständig ausgelöscht wurden, sondern in stark verringerter Individuenzahl überlebten, so muss doch die Deutlichkeit, die Lesbarkeit der lebenden Himmelszeichen stark nachgelassen haben. Als wäre ein großer Teil des Firmaments ausgelöscht worden, als würde ein Signalfeuer ausgetrampelt, als würde ein Text, in dem bestimmte Buchstaben fehlen, auf einmal immer unleserlicher. Wie in einem Lipogramm, dessen Ausdrucksmöglichkeiten umso geringer sind, je mehr Vokale oder Konsonanten ausgeschlossen werden: *Wenn dem Text vermehrt Lettern fehlen, werden dem Wert des Gelesenen letzten Endes extrem enge Grenzen gesetzt …*

Mit der Ausrottung der Vögel verschwanden also nicht nur wichtige Grundlagen der Ernährung oder ein wichtiges Handelsgut, sondern auch die lebenden Wegweiser und »Fluglotsen«, die die langen Reisen über den Pazifik möglich machten. Es war das Ende der Kunst der »ornithologischen Navigation«.[84]

Ornithogaea – das Land der Vögel, nannten einige Autoren Neuseeland, oder auch ganz Polynesien[85], da eben diese Inseln Inseln der Vögel waren. Doch dieser Name ist lange vergessen, und was verstummte, waren nicht nur die wegweisenden oder warnenden Vogelstimmen, sondern auch die Bootsgesänge der Menschen. Für immer.

»Seit wir aus Eden vertrieben wurden,
sind wir suchend unterwegs.«

KAPITEL 10

Wanderer in der Wüste

Noah schickte eine Taube aus, weil die besten Wegweiser auf unserem Planeten die lebenden Mitgeschöpfe sind. Mit ihrer Hilfe fanden nicht nur die frühen Segler in den Weiten der Wasserwüste die grünen Inseloasen. Auch den Wanderern und Abenteurern, die die Meere aus Sand durchquerten, halfen die Vögel, denn auch hier sind die Sterne zu weit weg. Seit wir aus Eden fortgetrieben wurden, sind wir suchend unterwegs. Wir wandern durch den Staub und blicken zu den Sternen, doch ob sie uns wirklich führen können, ist fraglich. Ohne Hilfsmittel ist die Berechnung von Standorten schwierig. »Wenn sie nur ein Prozent abwichen, und sie marschierten 250 Kilometer nach den Sternen, dann würden sie sogar am Eiffelturm vorbeigehen, ohne ihn überhaupt zu sehen. Am hellen Tag«, so erklärt Kopilot Moran im Roman *Phönix aus dem Sand.*[1]

Um den Weg zur Wahrheit und ins Leben allein einem Stern folgend zu finden, muss man schon ein Weiser aus dem Morgenland sein, muss von Gottes Hand geführt werden.

Fernab der Karawanenwege muss sich der Wüstenwanderer an den Zeichen der Natur orientieren, und oft sind das Lebewesen, die den Weg zu einem Stückchen Eden in der Wüste genau kennen. Natürlich, denn *sie* wurden ja nicht vertrieben. Oasen sind winzige grüne Inseln im »leblosen Sand- und Felsmeer«.[2] Allzu leicht steuert man sein Wüstenschiff vorbei, immer weiter in die Wüste und Leere. Oft sind es, auch wenn wir nach den Sternen schauen, doch die Vögel des Himmels, die Antwort geben. Die Vögel zeigen uns den Weg, zu Wasser und zu Lande, aus der Luft.

König Salomo korrespondierte mit seiner Amtskollegin im Lande Saba per Luftpost über weite Wüstendistanzen mithilfe eines Wiedehopfes.[3] Alexander von Makedonien wurde von zwei Raben durch die Wüste zum Ammon-Orakel in der Oase Shiva geführt[4] – ein Bild, das sich bis in die Alexanderdichtungen des Mittelalters hielt.[5] Nach antiken Quellen sollen nicht nur einzelne Monarchen, sondern auch ganze

Völker auf Wanderschaft von Vögeln geleitet worden sein. Eine Gruppe Gallier »durchdrang, von Vögeln geleitet, denn auf die Beschäftigung mit der Zeichendeutung verstehen sich die Gallier besser als die übrigen, die illyrischen Buchten unter Vernichtung der Barbaren und siedelte in Pannonien«[6], berichtet der Historiker Iustinus.

Der portugiesische Chronist Gomes Eanes de Zurara schrieb im 15. Jahrhundert über die abenteuerlichen Reisen des Entdeckers João Fernandes. In Rio de Oro in Westafrika geriet dieser in die Gefangenschaft von Einheimischen, die sich *wie auf See* an den Sternen und am Wind orientierten – und durch Beobachtung des Flugs der Vögel.[7]

Durch die Jahrhunderte fanden immer wieder Forschungsreisende mithilfe von Vögeln den Weg. Das Spießflughuhn hatte sich beispielsweise ewige Dankbarkeit und die Verschonung vor den Bleikugeln des Afrikaforschers Richard Burton verdient, indem es ihm auf einer »Durststrecke« in Afrika die Nähe einer Wasserstelle angezeigt hatte.[8] Eine andere Geschichte erinnert daran, wie, laut Koran, Vögel einem Nomadenstamm den Zemzembrunnen bei Mekka zeigten.[9] Sicher hätte man in den Karawansereien des alten Orients und Nordafrikas, vom Industal bis an den Rio de Oro, noch viele Geschichten von rettenden und richtungsweisenden Vögeln finden können.

Noch kein Jahrhundert alt ist der Bericht des ungarischen Abenteurers Lazlo Almasy.[10] Der Entdecker der Felszeichnungen *Schwimmer in der Wüste* fand die *Oase der kleinen Vögel*, nachdem in der Wüste zwei Schwalben an seinem Wagen erschienen waren, so wie Vögel auf hoher See ein Schiff ansteuern. Ihre Flugrichtung – Almasy sprach vom »Schwalbenkurs« – gab ihm den entscheidenden Hinweis auf die Lage der Oase Zarzura. Ob seine Aufmerksamkeit für die Vögel daher rührte, dass »eine Legende erzählt, dass einer der Zwaya Scheichs während mehrerer Jahre eine Krähe beobachtete, die im Herbst immer in die gleiche Richtung ins Innere der unbekannten Wüste flog« –, und dieser Scheich so die Oasengruppe von Kufra entdeckte?

Auf derselben Expedition hatte Almasys Reisekamerad, der österreichische Reiseschriftsteller Richard Arnold Berman[11], in der Wüste eine Begegnung mit einem kanarienartigen Vogel. »Das ist kein Zugvogel«, notierte er, »der kann nicht von Weitem gekommen sein, wie die Störche, deren Spuren im Sande wir manchmal finden, wie die Schwalben, die öfter ins Lager flattern. Dies da ist ein zartes Vögelchen, das bestimmt nicht Tausende von Kilometern über die Wüste fliegt; da es hier ist, frisch und lebendig, ist irgendwo sehr in der Nähe ein grüner Baum, auf dem ein Singvogel leben kann. Das da ist ein kleiner Vogel aus meiner Oase der kleinen Vögel.«

Die Suche nach einer Oase, nach einem gelobten Land, von Vögeln geführt, ist nicht nur in der Wüste Afrikas, sondern in unzähligen Varianten auf der ganzen Welt zu finden. Auf der sibirischen Halbinsel Chukotka gibt es einen Mythos, in dem Vögel die wandernden Abenteurer auf einem gefährlichen Weg zwischen drohenden Felsen führen[12], was stark an Jasons Abenteuer mit den zusammenschlagenden Inseln erinnert. Bei den Lakota in Nordamerika weisen die Vögel, vor dem Nordwind einherfliegend, den Weg zu einem fruchtbaren Land.[13] Und aus der Mythologie hat sich das Bild des zu Wasser und zu Lande wegweisenden Vogels auch bis in unsere Zeit erhalten. Deutschland und Dänemark sind durch die »Vogelfluglinie« über den Fehmarnbelt verbunden. Da klingt das Meer mit, da scheinen die Sonnenstunden eines langen Sommerurlaubs an der Ostsee durch. *Follow the Birds to Vacation Land, Wisconsin*, lud eine Tourismuswerbung in den dreißiger Jahren des 20. Jahrhundert zur Sommerfrische ein[14], denn die Vögel, die können ja nur an einen paradiesischen Ort führen.

Bis heute nennt man in den USA Rentner, die vor der Winterkälte des Nordens nach Florida fliehen, »Snowbirds«, denn auch sie folgen dem Weg der Wandervögel zur Sonnenwärme, zur Lebensenergie[15].

Doch wie auf See folgen wir auch zu Land nicht nur den geflügelten Geschöpfen. Über unzählige Generationen gruben sich die Wechsel der Bisons in die Felsen Nordamerikas ein, die Menschen folgten ihnen auf dem Fuß, und das bis heute. Einige Strecken der Baltimore and Ohio Railroad zum Beispiel verlaufen auf den alten Pässen und Wegen der Büffelherden über die Allegheny Mountains. Das westliche Ende der Transkontinentalroute, jener Abschnitt der Bahnlinie, die über die Sierras, durch das Central Valley, vorbei an meinem Holzhaus im Goldland, bis an die Bucht von San Francisco führt, mag uralte Wanderwege von Antilopen und Wapitis entlang der Täler und Flüsse nachzeichnen.

Welchen Wanderwegen der Urzeit folgen wir heute noch, unwissentlich? Welche Herden haben, wie ein Schatten der Vogelschwärme, die Wege erwandert, die uns heute noch, asphaltgebahnt, über Land leiten? Noch immer sind in Europa, trotzdem sich die Alpen und Pyrenäen querstellen, die Straßen von Nord nach Süd dichter und besser ausgebaut als die Wege von Ost nach West. So folgen wir ihnen noch immer, folgen, auch ohne uns dessen gewärtig zu sein, den jahreszeitlichen Wanderungen anderer Geschöpfe, selbst wenn wir schon lange nicht mehr ihre Wege teilen, uns schon lange nicht mehr an die Verkehrsregeln der Natur halten.

Der Büffel auf dem Bahndamm

Waren früher die Vögel für das Auffinden und das Landen an fernen Inselküsten unentbehrlich, sind heute Vogelschwärme – und übrigens auch Fledermäuse[16] – ein Hindernis für den die Inseln der Welt verbindenden Luftverkehr, weil ihre Körper mit Flugzeugen kollidieren. Besonders hoch sind die Unfallzahlen in Ländern, in deren Luftraum die Wege der Zugvögel zusammenlaufen, wie beispielsweise Israel. Es sollen rund 280 Zugvogelarten sein, die im jahreszeitlichen Wechsel durch diesen Luftkorridor strömen. »Ein Storch unter dem Himmel weiß seine Zeit, eine Turteltaube, ein Kranich und eine Schwalbe merken ihre Zeit, wenn sie wiederkommen sollen, wann sie einfach auf ihren alten Wegen unterwegs sein müssen.«[17] Doch unabhängig von den alten Rhythmen der Natur muss die Luftfahrt der Menschen aufrechterhalten werden, und so ereignen sich in diesen Zeiten der Wanderung auch besonders viele Zusammenstöße.[18]

Auf manchen Inseln wurden Vogelkolonien deshalb ausgelöscht, und vermutlich würden heute auch die Schwärme der Wandertaube und des Eskimobrachvogels abgeschossen, um die geflügelten Wolken für den menschlichen Flugverkehr aus dem Weg zu schaffen. Diese Zusammenstöße ereignen sich nicht nur auf entlegenen Ozeaninseln. Vor ein paar Jahren kollidierte ein Passagierflugzeug, das von einer Insel vor der amerikanischen Ostküste aufstieg, mit einem Schwarm Kanadagänse. Die spektakulären Bilder der Notlandung auf dem Hudson River gingen um die Welt. Sie erinnern daran, dass die alten Straßen der Zugvögel auch durch und über die dichtest besiedelten Zentren der Welt, auch über Long Island und Manhattan führen. Bereits in den neunziger Jahren wurden viele Zehntausend Möwen, die auf den Salzwiesen der Jamaica Bay in der Nähe des John F. Kennedy International Airport eine große Population entwickelt hatten, getötet.

Nach dem Zusammenstoß, der zur Notlandung auf dem Hudson River führte, wurde die Jagd erheblich intensiviert. Tausende von Gänsen wurden in den folgenden Jahren im Raum New York getötet. Im Brooklyner Prospect Park am Südende von Long Island, im Inwood Hill Park auf der Insel Manhattan oder auf der Gefängnisinsel Rikers Island wurden die Vögel zusammengetrieben und getötet. Es wird hierfür die Zeit gewählt, in der sie sich in der Mauser befinden und flugunfähig sind.[19]

Auf die Begegnung mit den Vögeln müssen nicht nur Piloten gefasst sein. Vor ein paar Jahren hörte ich im Verkehrsfunk eine Warnmeldung, in der auf Gefahren durch Schwärme von Finken in Schönbuch bei Stuttgart hingewiesen wurde. Wenig später ereignete sich im Süden der grünen Berge ein hier so noch nie gesehenes Naturwunder, als sich ein gewaltiger Schwarm von einigen Millionen Bergfinken in einem kleinen Tal einstellte.[20] In den Himmel verdunkelnden Wellen rauschten sie über Wald und Weide, ein lebendes, lärmendes Flügelgestöber wehte über das Land. Da es so viele waren und das herrliche Schauspiel nur kurz anhalten sollte, wurde die Straße, die die Einflugschneise der Vögel kreuzte, kurzerhand gesperrt, sodass Mensch und Tier gefahrlos ihrer Wege ziehen konnten.[21]

Vögel sind nicht die einzigen alten Begleiter und Führer, mit denen wir heute unsere Wege nicht mehr teilen können. Während Wale früher als Zeichen für die Nähe von Land und somit als »Wegweiser« galten, sind seit dem 19. Jahrhundert Zusammenstöße von Walen mit Schiffen dokumentiert. Die Häufigkeit der Zusammenstöße nahm, bei schrumpfenden Populationen in den fünfziger, sechziger und siebziger Jahren, erheblich zu, da der Schiffsverkehr dichter und die Schiffe schneller wurden.[22]

Wenn die Erdkröten im Frühjahr in Scharen zu ihren Brutteichen pilgern, führt diese Hochzeitsreise allzu oft nicht zu neuem Leben, sondern in den Tod unter Autoreifen. Im grünen Tal gibt es eine kleine, aber viel befahrene Landstraße, die den uralten Weg der Erdkröten durchschneidet. Man konnte die Wanderzüge der sacht in kleinen Hoppelsprüngen über den Asphalt wandernden Amphibien mit kleinen Zäunen umleiten, die Kröten in Eimern fangen und über die Straße tragen. Seit einiger Zeit wird die Straße während der Wandertage der Kröten ganz gesperrt. Doch in der Nähe wurde eine neue

Straße in den Boden geschnitten, so breit und tief, dass weder Mensch noch Tier sie lebend überqueren können.

In unterschiedlichen Größenordnungen kann man überall beobachten, wie menschliche Straßen die Wege der wandernden Tiere kreuzen und durchkreuzen. Wanderten wir früher auf den Spuren der Wildtiere, so zerschneiden heute unsere Straßen die Landschaft und die Wege der Tiere. Die Union Pacific Railway zerschnitt in Nebraska und Wyoming die Bisonherden in ein nördliches und südliches Fragment. In Kalifornien zerteilte die Bahn das Central Valley und die verbliebenen Antilopenherden. Manchmal scheint es beinahe, als wären die Hindernisse und Fallen absichtlich in den Weg gesetzt – so wie im englischen Roman Elephant Walk, in dem ein Haus gezielt auf und in den Weg der Elefanten gebaut wird.[23] Das Projekt des Baus einer Autobahn durch Afrika, die die letzten der großen Herdenwanderwege auf dem Festland zerschnitten hätte, wurde vor Kurzem aufgegeben. So ist die letzte noch verbliebene Version des Bildes der großen Wanderung von Großwild über Land – vorerst – vor der Zerstörung bewahrt worden.

Auch Einzelwanderer werden getroffen. Gelegentlich zieht es noch heute Schwarzbären aus der Sierra hinab bis ganz nach unten ins Central Valley, und gerade in der Zeit, als ich dort, im Goldland, lebte, wurde ein Bär, der sich zu weit aus seinen sicheren Bergen herausgewagt hatte, von einem Auto angefahren. Einmal fand ich am Straßenrand einen riesenhaften toten Otter. Der Straßenstaub legte sich als grauer Schleier über seinen wundervollen kastanienbraunen Pelz. Wenn sich unsere Wege kreuzen, wird es oft, wie jeder Wildunfall vor Augen führt, lebensgefährlich, und zwar für uns genauso wie für das Tier. Selbst der rasante Roadrunner, der Wegekuckuck *Geococcyx californianus*, gefiederter Wegbegleiter amerikanischer Freeways, kann nicht mehr mithalten. Tausendfach wird er überfahren.

Wildunfälle tragen ganz erheblich zur Verkleinerung der Populationen bedrohter Arten bei. Anfang des 21. Jahrhunderts ging beinahe die Hälfte aller Todesfälle beim Florida-Panther auf Kollisionen mit Fahrzeugen zurück.[24] Der Straßenverkehr beschleunigt auch das Aussterben des iberischen Luchses.[25] Straßen zerschneiden seine Inseln in der Landschaft in so kleine Bruchstücke, dass sie keine gesunde Population mehr zu tragen vermögen. So leben die Luchse in den grünen

Bergen, abgeschnitten von ihren Artgenossen jenseits der Grenze, abgeschnitten nicht durch den großen Fluss, denn gegen einen Strom anschwimmen, das können sie ja allemal, sondern durch den grauen Todesstreifen der A5.

So geht die Geschichte von den Straßen der Tiere und der Menschen, die ihnen folgen, ihrem Ende entgegen. Werden sie, die ja das Gleiche suchen wie wir, Wasser und grüne Matten, uns weiter dahin führen, wo »Milch und Honig fließen«?

Irgendwo in Afrika

In Afrika erzählt man eine Geschichte. Es geht um den Menschen auf der Suche und um ein Tier, das den Weg zeigt. Man erzählt sie bei den Tonga in Sambia und bei den Boran in Kenia, bei den Mbuti im Kongo, bei den Luvale in Angola, bei den Bantu[26] in Südafrika, eben überall dort, wo es den Hauptakteur der Geschichte gibt: einen kleinen klugen Vogel, der gelernt hat, mit sonst höchst gefährlichen und gefürchteten Komplizen gemeinsame Sache zu machen. Die Rede ist vom Honigkuckuck, *Indicator indicator*. Dieser hat einen exquisiten Geschmack und ist auf eine seltene Delikatesse spezialisiert: Bienenwachs.[27] Portugiesische Missionare in Ostafrika beobachteten im 16. Jahrhundert, wie ein kleiner Vogel in ihre Gotteshäuser eindrang und furios auf Altarkerzen einhackte. Die Patres schoben dem gottlosen Treiben einen Riegel vor, verjagten den Kerzenmisshandler aus dem Tempel und notierten das Geschehene zur Warnung für die Nachwelt.[28] Der Täter war natürlich kein anderer als der Honigkuckuck, für den nun einmal nichts so schmackhaft ist wie Bienenwachs.

Doch woher dieses nehmen, wenn nicht stehlen? Wohl hat der Vogel von der Natur eine dicke Haut mitbekommen, wohl lässt sich mit Schnabel und Krallen so manches ausrichten und anrichten, doch warum selbst in ein Bienennest stechen, warum selbst gestochen werden, wenn das ein anderer übernehmen und auf sich nehmen kann? Zudem sind viele Bienennester in tiefen Felsspalten und engen Baumhöhlen dem Vogel unzugänglich. Er benötigt für seine Raubzüge also Komplizen, solche mit kräftigen Klauen und scharfen Krallen und Zähnen, solche mit langen Fingern. Einen davon hat er im Familienclan der marderartigen Raubtiere gefunden. *Melevora capensis*, der »Honigfresser vom Kapland«, wird auch »Honigdachs« genannt, und dieser Name ist Programm, ist er doch auf nichts so scharf wie auf Honig. Wie die meisten Angehörigen seiner ehrenwerten Familie ist er ein Stänker erster Güte. Wenn er sich über ein Bienennest hermacht, soll er dieses, so wird berichtet, zunächst mit dem Inhalt seiner rückwärtigen Drüsen einsprühen. Der Gestank muss unvorstellbar sein, und nimmt den Bienen den Atem und die Angriffslust. Bis die Insekten wieder aus der Gasnarkose erwachen, bleibt Zeit, das Nest zu plündern, die Waben zu verschleppen, den Honig zu verschlingen. Hat sich der Gestank erst verzogen, dann ist auch der Dachs schon längst verduftet. Das Wachs der Waben bleibt zurück, dem einen ein Rest, dem anderen ein Fest.

Da dem Honigkuckuck folgerichtig sehr daran gelegen ist, dass der Honigdachs recht viele Bienenvölker findet, mit Stinkbomben lähmt und ausplündert, hat er es sich zur Aufgabe gemacht, dem Räuber den Tatort auszuspionieren. Kaum wird der kundige Vogel eines Honigdachses ansichtig, wird er dessen Aufmerksamkeit mit Kreischen und Flattern auf sich lenken, um ihm, vorausfliegend, den Weg zum nächsten Bienenvolk zuweisen.

Doch nicht nur der Dachs hat einen süßen Zahn. Seit wir auf der Erde leben, seit Eva nach dem Apfel griff und ganz besonders seit wir aus dem Garten Eden vertrieben sind, gelüstet uns nach Süßem. Hinzu kommt, dass wir am längsten in Afrika gelebt haben. Hier konnten sich Mensch und Tier also am längsten aneinander anpassen. Was von diesem anderen Wesen zu halten ist, wann es eine Bedrohung, wann lediglich lästig und wann es möglicherweise nützlich sein kann, ist den Tieren hier über Jahrmillionen hinweg in Fleisch und Blut und Erbgut übergegangen. Schon um die Morgendämmerung der Menschheit dürften wir den Schätzen afrikanischer Bienenvölker nachgestellt haben, und das entging dem aufmerksamen Vogel nicht. Für den Fall, dass der Honigdachs gerade auf längere Zeit im Bau sitzt, hat der rührige Agent sich also auch noch mit einem anderen Symbionten, einem anderen Komplizen, zusammengetan, der aus dem Reich der Primaten stammt und auf nichts so scharf ist wie auf Honig.

Seit die ersten Europäer Afrika jenseits des Sandmeeres erforschten, wurden ihnen Geschichten von Mensch und Tier und Geisterwelt erzählt, und seit die portugiesischen Patres ihre Erlebnisse festhielten, finden sich in europäischen Aufzeichnungen Notizen zum

Honigkuckuck. Mit Schreien und Flattern soll er, so wird berichtet, Menschen auf sich aufmerksam machen, sowie er sie erblickt. Für den Vogel bedeutet Menschenwesen »Mittagessen« – oder jedenfalls die Chance auf ein solches, übernimmt der Mensch doch, ist es einmal gelungen ihn mit viel Geschrei zum »Vertragsabschluss« zu bewegen, bereitwillig den gefährlichen Part im Job mit den Bienen. Ist das Ding einmal gedreht, bleibt auch hier das Wachs als Belohnung für den Vogel zurück. So erzählt man bei den Tonga in Sambia[29] und bei den Boran in Kenia, bei den Mbuti im Kongo[30], bei den Luvale in Angola[31] und … eigentlich überall, wo es Menschen und Bienen und Honigvögel gibt. Im Schatz der Legenden Afrikas, in Märchen und Liedern wird vom Honigkuckuck erzählt, gesungen und getanzt. Über Jahrhunderte hatten Reisende, die nach Afrika kamen, ihre Zweifel: »Ich war sehr skeptisch gegenüber dieser Legende«, erzählt zum Beispiel die Amerikanerin Osa Johnson. »Ich war mir sicher, dass die Jungs sich wieder einmal über mich lustig machten« – bis dass ein kleiner grauer Vogel schreiend und flatternd ihre Aufmerksamkeit auf sich lenkte: »Der Vogel flog immerzu weiter, zwitscherte schrill und wartete auf einem Zweig, bis wir aufgeholt hatten, um dann erneut aufzufliegen. Ich hatte die ganze Sache schon als ein aussichtsloses Unterfangen abgeschrieben, als plötzlich einer der Jungs aufschrie, dass er Honig gefunden hätte. Tatsächlich hatte er uns unfehlbar direkt zu einem Baum geführt, der von einem Schwarm wilder Bienen bewohnt war.«[32]

Immer wieder bestätigen Berichte aus Afrika das Verhalten dieses »Pilotenvogels«, wie ihn der Schweizer Journalist Hans Leuenberger in seinem Afrikabuch nannte.[33] Auch unter Wissenschaftlern besteht kein Zweifel an der Geschichte des Honigkuckucks. »Ich bin selbst viele Male vom Honigkuckuck geführt worden«, versicherte mir ein Ornithologe, der schon seit vielen Jahren in Afrika den Vögeln folgt.[34] Immer wieder haben sich auch in den letzten Jahrzehnten wissenschaftliche Arbeiten mit dem Verhalten des Vogels und der einzigartigen Mensch-Tier-Symbiose beschäftigt. In den fünfziger Jahren fasst zum Beispiel der kalifornische Ornithologe Hermann Friedmann das gesamte damalige Wissen um den Honigkuckuck in einer Monographie zusammen.[35] Wesentlich mehr Aufsehen erregte jedoch die wesentlich jüngere Arbeit eines Ornithologen namens Hussein Adan

Isack, der 1987 in der *Stadt an der Furt der Stiere* promovierte.[36] Er stammte aus Afrika, gehörte dem Volk der Boran im Norden Kenias an, und er erforschte den Honigkuckuck. Die Publikation seiner Forschungsergebnisse in der Zeitschrift *Science*[37] lenkte die Aufmerksamkeit von Zeitungen rund um den Globus auf den kleinen Vogel aus Afrika. »Vogel führt Menschen zum Honig«, titelte der *Chicago Tribune* und der *San Francisco Chronicle* berichtete: »Legende von Vogel, der Menschen zu Honig führt, ist bestätigt«.[38]

Ende einer Legende

Dem, was Afrikaner und Afrikareisende schon seit Jahrtausenden wussten, war nun wissenschaftliche Seriosität verliehen, und die Geschichte um den kleinen Vogel ging in den Kanon der Beispiele und Metaphern der Verhaltenswissenschaften ein. Doch seit den achtziger Jahren hat sich die Welt gründlich verändert, und die alte Zusammenarbeit von Mensch und Vogel, den Afrikanern schon immer bekannt und im Westen als aufregendes Beispiel der Entwicklung einer Symbiose von Mensch und Tier bestaunt, blieb nicht verschont. Und vielleicht zeigt sich gerade daran und darin ein weiteres – ein letztes? – Mal die Bedeutung dieser Symbiose, und wie treffend der Vergleich mit menschlichen Wirtschaftssystemen tatsächlich ist.

Symbiosen sind Idealbeispiele direkter und für den Menschen leicht erkennbarer gegenseitiger Abhängigkeit von Lebewesen in einem Ökosystem. Sie sind auch von der Natur erstellte Modelle wirtschaftlicher und politischer Prozesse. Gerade der Honigkuckuck wurde in sozialwissenschaftlichen Arbeiten als Beispiel herangezogen.[39] Symbiosen illustrieren die durchaus zwiespältige Natur von Arbeitsteilung und Outsourcing oft drastisch. Denn eine Arbeitsteilung funktioniert nur, solange alle beteiligten Parteien etwas anzubieten haben. Wird die Dienstleistung des einen überflüssig, so ist es aus mit der Zusammenarbeit. Es ist wie in der Industrie: Wenn billigere Arbeitskräfte von auswärts angeheuert werden können oder die Arbeit als Ganzes ausgelagert werden kann, werden allzu oft die angestammten Arbeiter vor die Tür gesetzt. Wenn ein Rohstoff durch einen billigeren ersetzt werden kann, werden alte Lieferverträge gebrochen. Und genau dies geschah im Fall der Zusammenarbeit von Mensch und Honigkuckuck. Plötzlich gab es ein »Substitutionsgut«.

Seit Kolumbus das Zuckerrohr in die Karibik brachte und so die Zuckerdose der Pandora öffnete, führt die Sucht nach süßem Kohlenwasserstoff zu verbrannter Erde, zu Unglück und Elend in der Alten und Neuen Welt. Wo das gefährliche Gras nicht angebaut werden konnte, dahin wurde das Produkt, die süße Droge, exportiert. Plötzlich, nach Maßstäben der Evolutionsgeschichte, innerhalb einiger weniger Menschengenerationen und einiger Dutzend Honigkuckuckgenerationen war Honig auch in den ländlichen Gebieten des ariden Afrika nicht mehr der einzige süße Genuss. Plötzlich gab es Zucker, und Zucker ist süß und billig. Natürlich ist die Lust des Menschen auf Süßes ungebrochen, doch wer will schon einem Vogel durch den Busch nachlaufen, auf Bäume und Felsen klettern und womöglich noch obendrein gestochen werden, wenn man Süßes einfach kaufen kann? Auch in Afrika hat Zucker schon lange den Honig als Süßstoff verdrängt, und wo Honig wirklich unverzichtbar ist, da kann dieser leichter und in größeren Mengen aus Imkerei nach europäischem Vorbild gewonnen werden. Der Vogel wurde arbeitslos.

Der Vogel ist als Art nicht bedroht, sehr wohl aber seine Lebensart. In Gegenden, wo Zucker leicht erhältlich ist, im Umkreis der Städte und Dörfer, besteht keine Notwenigkeit mehr, Bienennester zu öffnen, und wo das Honigsuchen ausgestorben ist, da ist auch die Symbiose bedroht. Wo es also Zucker gibt, führt der Vogel nicht mehr, weil ihm kein Mensch mehr folgt. Sein einziger Komplize ist nun der Honigdachs. Der Vogel durchlebt eine Veränderung, durch die er bei gleicher taxonomischer Identität, bei ungebrochener genetischer Kontinuität, doch nach und nach ein anderer – und anderen Vögeln ähnlicher wird.

Auf einmal fehlt diesem Vogel etwas, und auch in der Beziehung Mensch und Tier fehlt auf einmal etwas. Was ausstirbt, ist in diesem Fall keine Art, kein Tier und keine Pflanze, es sind keine »Gene«, die in einer Population vernichtet werden, sondern eine andere Gesamtheit von Informationseinheiten, die das Verhalten von Vogel und Mensch zueinander definierten, etwas, das nicht genetisch fixiert, sondern unabhängig vom DNS-Code in der Erinnerung weitergegeben wurde.

Etwas, das ähnlich schwierig zu beschreiben ist wie das Engramm, das Erbgedächtnis[40], das Richard Semon bei Tieren vermutete – etwas

Ähnliches wie die Mneme, die die Fähigkeit zur Flucht vor einem Feind verleihen. Solche Elemente werden von manchen Autoren in Anlehnung an molekularbiologische Ausdrucksweisen oder als Alliteration zu Richard Semons Begriff der Mneme[41] als »Meme«[42] bezeichnet. Richard Dawkins wählt zur Erklärung dieses Begriffs ein Beispiel aus der Vogelwelt: Meisen, die in den zwanziger Jahren in England lernten, die vor den Haustüren abgestellten Milchflaschen zu öffnen[43], und die, da ihnen der Erfolg recht gab, diese Fähigkeit weitergaben, vielleicht sogar weitervererbten.

Doch im Fall des Honigkuckucks spielt sich heute genau das Gegenteil ab. So wie Blaumeisen es nach einer Weile aufgeben werden, am Deckel der Milchflaschen zu picken, wenn sich diese regelmäßig als nicht zu öffnen erweisen, und das Verhalten auch nicht mehr weitergegeben wird[44], verlieren nun die Honigvögel Afrikas das »Meme« der Kooperation mit dem Menschen.

Auf den einsamen Inseln der Ozeane, wo die Vögel keine Furcht und keine Flucht kannten, wie auch in den Weiten Afrikas, wo ein Vogel den Menschen als Verbündeten betrachtete, wird das Tier irgendwann nur noch eine Reaktion auf das Erscheinen des Menschen kennen: ausweichen und flüchten, so wie überall sonst auch. Umgekehrt weiß auch der Mensch mit dem Vogel, der schreiend, flatternd zur Weiterführung der alterprobten Zusammenarbeit animieren will, nichts mehr, oder nicht mehr anzufangen als mit allen anderen Vögeln auch.

Aus Rache, so geht die Legende, soll der Honigkuckuck mitunter, wenn ihm sein Beuteanteil vorenthalten wurde, den Honigsucher auch zu Schlangen oder anderem gefährlichem Getier führen.[45] Doch diese Form des Arbeitskampfes ist heute so wirkungslos, wie Streiks in Zeiten der Massenarbeitslosigkeit und Zeitarbeit.

In Afrika, wo wir am längsten gelebt haben, geht also ein Kapitel der gemeinsamen Geschichte von Mensch und Mitgeschöpfen, die hier so weit zurückreicht wie nirgendwo sonst, zu Ende.

»Woher sonst sollten die ersten Bezeichnungen anderen Lebens kommen als von seinen eigenen Lauten?«

KAPITEL 11

Grenzformen des Lebens

Da gibt es noch einen anderen symbiontischen Organismus, dem wir manchmal folgen und den wir manchmal vorausschicken, der für unsere Wahrnehmung und Orientierung in der Welt von ganz überragender Bedeutung ist. Über seine Taxonomie und Physiologie wird viel geforscht. Seit Jahrtausenden versuchen Wissenschaftler ihn zu verstehen; zergliedern und sezieren ihn, beschreiben und analysieren ihn, stellen Hypothesen über Wachstum und Entwicklung auf, und doch sind wir noch im Unklaren über ihn, wissen nicht einmal, ob es überhaupt ein Lebewesen ist. Vielleicht bezeichnen wir ihn auch nur metaphorisch so, da uns ein anderes Bild fehlt. Sollen wir es einfach »Lebensform« nennen, »biologische Einheit«, eine »organisierte genetische Einheit«, eine »Grenzform des Lebens« wie vielleicht auch Viren, Viroide, Prionen oder Phagen?

Wir können mit unseren Begriffen nicht richtig fassen, auf welche eigene, besondere Weise dieses Wesen »lebt«; doch tut es dies schon genauso lange wie wir selbst – und vielleicht wurden wir erst mit diesem Wesen und durch es zu dem, was wir sind und *wer* wir sind. Es ist von unserem Leben nicht zu trennen, gewissermaßen ein Symbiont, und zwar einer, der mit uns so eng verwachsen ist, dass er sich nur schwer in irgendeiner Weise getrennt von uns und doch lebendig vorstellen lässt. Ohne ihn könnten wir auch von uns selbst nicht als »vollständig« sprechen. Sind Symbiosepartner, für sich allein betrachtet, überhaupt noch eigenständige Wesen? Die Grenzen sind tatsächlich nahezu fließend. Chloroplast und Mitochondrion, einst eigene Organismen und seit Jahrmilliarden in die Pflanzenzelle aufgenommen, besitzen noch ihr eigenes Erbgut, doch *selbstständige* Lebewesen sind sie schon lange nicht mehr. Flechten sind Symbiosen aus Pilz und Alge – sind sie somit ein einziges, oder noch zwei getrennte Organismen? Übrigens ist ein großer Teil unseres eigenen Genoms viraler Herkunft.[1] Es gibt mehr Bakterienzellen in uns als menschliche Zellen.[2] Wo ziehen wir die Grenzen zwischen den Symbiosepartnern, wie eng muss eine

Symbiose sein, um von einem einzigen Wesen, von zweien oder mehreren zu sprechen? Sprechen können wir jedenfalls nur über und mit diesem geheimnisvollen, nicht zellulären Symbionten. Solange wir überhaupt reden, war dieses Wesen in aller Munde, seit undenklichen Zeiten kommunizieren wir mit und über dieses Wesen.

Das Wesen wirkt in vielen Ökosystemen und Bioregionen, denn es ist, wie die mikrobiellen Symbionten unseres Körpers, tatsächlich überall, wo wir auch sind. Die Taxonomie unseres Symbionten ist mindestens so kompliziert wie die der Pflanzen, Tiere und Mikroben. Je länger und je gründlicher wir sie erforschen, umso komplexer wird sie, umso schwieriger ist zu sagen, was Art und Unterart, was eine Lokalvariation oder ein Morphotyp ist. Vielleicht ist dieses Wesen also gar nicht *eine* Art, sondern viele, wie viele wissen wir nicht, ebenso wenig wie wir wissen, wie viele Mikroben in unserem Körper leben. Manchmal könnte man glauben, in jedem Menschen lebte eine andere Varietät und oft sogar mehrere Varietäten.

Wir wissen, es ist ein Wesen, das sich entwickelt, seine Gestalt verändert, das auf Inseln lebt oder eigentlich auf mehreren, wie ein Vogel, der über den Pazifik wandert, wie ein Vogel, dessen eine unverzichtbare Insel der alte Wald ist, die andere aber der Schwarm der Artgenossen. Bei unserem Symbionten ist die eine Insel die umgebende Natur mit all ihren Erscheinungen und Bildern, die andere lebende Insel sind wir selbst, vergleichbar der besonderen Form eines Virenstammes, der zum einen beschränkt ist auf einen bestimmten Wald der Tropen[3], gleichzeitig aber an den Menschen gebunden ist – und wie ein Virus kann er heute auch künstlich verbreitet und in die weite Welt getragen werden.

Auch wenn wir ihn stets mit uns tragen, hat kein lebender Mensch ihn je gesehen, nur gehört, das liegt in seiner Natur; und doch war er seit Jahrtausenden Anschauungs- und Kunstobjekt. Besondere Sorten wurden zum Studium importiert und konserviert. Wie bei anderen Lebewesen geschah dies zum einen um der Wissenschaft willen, so wie wir bis heute seltene Arten in Zoologischen Gärten hegen und pflegen. Dieses besondere Wesen zu bändigen, zu zähmen, auszubilden, ist von jeher eine hohe Kunst, wie die hohe Schule der Reiterei, wie der Umgang mit Suchhunden, Trüffelschweinen oder Gerfalken. Manche Varietäten und Züchtungen dienten als Statussymbol, wie der Renommierköter eines Corpsstudenten, wie ein Hündchen im Handtäschchen der Hollywooddiva, wie ein Leopard an der Leine oder Araberpferde im Marstall. Wie diese wurde es zum Sport verwendet, da unser Umgang mit ihm einen trainierenden Effekt hat – ähnlich dem Reiten, der Arbeit in Wald und Garten oder der Imkerei, die das Auge für natürliche Strukturen und Dynamiken üben. So eng sind wir geistig mit ihm verbunden, dass schon die Frage auftauchte, ob es sogar zum Denken unentbehrlich wäre, wie ja auch die Gegenwart so vieler anderer Geschöpfe zum Leben und zum Denken unverzichtbar zu sein scheint.

Zu Studium, Sport und Spiel wurde es, wie all die vielen Lebewesen aus unserer biologischen Entourage, um die Welt verschleppt. Dabei ist es hundsgefährlich, kann Krankmachendes übertragen wie der Biss einer Giftschlange oder der Stich eines mit Infektionskeimen beladenen Insektes. Dennoch – oder gerade deshalb – wurde es schon immer gepflegt und gezüchtet. Es wurde zum Schaukampf verwendet[4], wie Stiere, Hähne, Fische oder Nashornkäfer, aber auch zur Kriegsführung, als eine biologische Waffe wie Mikroben, mit denen Krankheiten heraufbeschworen wurden, oder pflanzenfressende Insekten, die über Feldern abgeworfen wurden.

Das besagte Lebewesen kann verletzen, sogar töten, kann zur Folter und zur Manipulation von Menschen missbraucht werden, sei es, um sie dazu zu bringen, Gewalttaten zu verüben oder nur um ihr Kauf- oder Wahlverhalten zu steuern. Kein Wunder, dass es schon früh gezielte Versuche gab, dieses Geschöpf anderen wegzunehmen, es zu entführen, es in anderen Menschen abzutöten, sie mit der jeweils eigenen Varietät zu impfen, sie sozusagen symbiontisch gleichzuschalten und auf diese Weise gründlich zu verändern und einander anzugleichen.

Für allerhand Anwendungen in Krieg und Frieden hat man schon lange versucht, es nachzubauen[5] – wie man heute einen künstlichen Virus erzeugen kann oder schon beinahe ein künstliches Lebewesen.[6] Doch wie solche auf DNS und Zellen basierende Chimären sind solche künstlichen Formen immer nur aus Stücken zusammengesetzt, die, wenn es keine natürliche Entwicklung gab, niemals aneinander heilten und selbstständig lebensfähig waren. Unser Umgang, auch wenn er schon so lange dauert wie unsere eigene Geschichte, ist immer noch unsicher, und manchmal scheint es so, als ob wir geradezu die Kontrolle über es verlieren.

Wir können über es schreiben, indem wir einzelnen Elementen Worte und Buchstaben zuordnen und diese Aufzeichnungen wie den DNS-Code eines Virus oder eines ganzen Organismus speichern. Doch auch bei Vorhandensein einer Gen- oder Genomsequenz wissen wir noch lange nichts über die Interaktion der einzelnen Elemente, über die physiologische Bedeutung der einzelnen Gene und Eiweiße, der einzelnen Zellen, Gewebe und Organe. Ebenso wenig stehen, wenn die Genomsequenz eines Lebewesens auf Papier oder Bildschirm vor uns liegt, damit auch die dazugehörigen Menschen, Mäuse oder Mammute lebend vor uns, und nicht anders ist es bei unserem Symbionten. Wir können ihn nachbilden, vielleicht so wie die Dinosauriermodelle im Museum, doch damit ist er noch lange nicht lebendig – und ein Bild *zwingen* zu leben, das können selbst die größten Künstler nicht.

Der »Wildtyp« dieses Wesens kann höchst launisch sein, und wenn man es zu irgendetwas zwingen will, wird man leicht von ihm zum Besten gehalten[7], bemerkte Novalis, der mit seinen Launen bestens vertraut war. Dieses kraftvolle, störrische, gefährliche, bunte »Wesen« ist, der Leser sei nun genug auf die Rätselfolter gespannt, natürlich nichts anderes als unsere *Sprache*.

Der Brief vom schwarzen Meer

Das Bild der Sprache als Organismus entstammt dem 19. Jahrhundert, einer Zeit, in der vieles in Bewegung war, in der vieles, was zuvor in ein statisches System gezwängt worden war, als lebendig wachsend, veränderlich und sich entwickelnd erkannt wurde. Wilhelm von Humboldt und der Linguist August Schleicher[8] gehörten zu den Ersten, die Sprache als ein lebendiges Wesen beschrieben haben. Auch der Philologe und Begründer der amerikanischen Naturschutzbewegung George Perkins Marsh teilte diese Vorstellung.[9]

Als Organismusmetapher wird das Bild in der Literatur späterer Jahrzehnte behandelt, als Symptom einer historischen Entwicklung, eines »Organismusbooms«[10], und durch andere Metaphern, andere Begriffe, mit denen das Phänomen greifbar werden sollte, ersetzt. Nicht *Organismus,* sondern *Mechanismus* ist die Sprache bei späteren Autoren und wird vom lebendigen Wesen auf ein Medium des Austauschs, eine Technik der Kommunikation reduziert. Doch diesen Bildern fehlt das Leben.

Das frühere Bild ist vielleicht altmodisch, vielleicht nach wissenschaftlichen Maßstäben überholt, »überlebt«, aber deswegen nicht »falsch«. Vollständig ausgerottet ist die Idee vom Sprachorganismus nicht. So greifen auch heute Sprachwissenschaftler immer noch, oder wieder, auf biologische Begriffe und Analogien zurück. Das Bild von der Sprache als Lebewesen oder zumindest als »Grenzform des Lebens« wird nicht mehr nur als Metapher, sondern von manchen Wissenschaftlern als Definition begriffen. Sprache ist ein symbiontischer Organismus. »Sprache ist weder ein Organ noch ein Instinkt. In den letzten zweieinhalb Millionen Jahren haben wir die genetischen Voraussetzungen erworben, Wirt dieses Symbionten zu sein«[11], schreibt der Leidener Sprachwissenschaftler George van Driem, übrigens auch ein studierter Biologe.

Tatsächlich können Sprachen wie genetisch kodierte Information übertragen werden, können »hybridisieren« und informationstragende Elemente untereinander austauschen, wie das auch Viren können. Doch können Sprachen etwas, das Viren, die ja keine Lebewesen sind, *per definitionem* nicht können: sterben. Mehr noch: Sie können getötet werden, und das geschieht, groteskerweise, ausgerechnet durch ihren eigenen und einzigen Symbiosepartner, den Menschen.

Die Wege menschlicher Völker über die Erde sind nicht nur mit einer Strecke ausgerotteter Tierarten gesäumt und mit neu eingeführten Gewächsen bepflanzt, sondern auch gepflastert mit den Resten zerstörter Kulturen und stumm begleitet von ausgerotteten Sprachen.

Vor Ankunft der Indoeuropäer muss es auf der Halbinsel Europa eine bunte Vielfalt alteuropäischer Sprachen gegeben haben.[12] Sie wurden aberodiert in Gegenwart der neuen Sprachen, glattgeschliffen und überlagert durch neue kulturelle Sedimentschichten, über die manchmal noch ein paar Bruchstücke hinausragen, wie ein Zeugenberg aus der Ebene, wie ein Nunatakker aus dem Gletschereis. Einzelne Reste sind geblieben, so das Baskische als durchaus lebendiges Urzeitwesen. Ausgestorben sind Iberisch, Tartessisch, Ligurisch oder Etruskisch. Nur manchmal haben sich einzelne Wörter erhalten, wie manchmal noch ein Fragment eines gezeichneten Tiers, ein Huf, ein Horn, unter den Sinterschichten der Bilderhöhlen hervorschaut oder wie man im Lichtkegel der Kopflampe den Schatten eines durchsichtigen Fischs oder Höhlenkrebstiers im Wasser sieht, auch wenn das Tier selbst unsichtbar bleibt.

Oder wie man heute DNS aus dem sibirischen Eis isolieren kann und dabei auf einige wenige Eigenschaften jener Tiere, die einmal über dieses Land wanderten, schließen kann. Wie genau sie aussahen und lebten, werden wir aber voraussichtlich nie wissen, ebenso wenig werden wir je den Klang der durch Mittellatein und Altfranzösisch abgelösten Sprachen Burgundisch oder Gallisch hören. Oder die Melodie der vom Latein verdrängten Idiome Oskisch, Umbrisch und Faliskisch.[13] Wir werden auch nie das Getisch hören – eine Sprache, in der Ovid einen Gedichtband verfasst haben soll[14], der aber verschollen, verloren ist. Oder die Sprache der Guantschen, von der auf der Insel Hierro noch ein paar Felsinschriften zeugen.[15] Wir werden nie wissen, wie Dakisch, Phrygisch und Thrakisch, wie Galatisch, Lepontisch, Keltiberisch oder Norisch klangen. Wir wissen nicht einmal, wie diese Sprachen überhaupt hießen, ob sie überhaupt einen Namen hatten, einen Namen brauchten oder wie die meisten Sprachen einfach »Sprache« hießen. Wir werden nie wissen, wie die Treverer, Cherusker, die Marsater, Sygambrer, die Nauken, Chatten, Eburonen, die Rugier, Menapier und Bataver redeten – oder all die Stämme und Völker, die es irgendwann einmal in Europa gab und von denen wir nicht einmal einen Namen kennen, von denen keine Spur geblieben ist. Vielleicht ein paar Steine, die spätere Kulturen umgeworfen, umgemeißelt, umgeweiht haben, vielleicht ein paar Tonscherben, deren Muster unkenntlich geworden ist. Was geschah, *wie* es geschah, können wir nicht mehr nachvollziehen, höchstens anhand von Analogien zur Gegenwart und zu anderen Lebewesen, zum Beispiel zu anderen Sprachen. Beispiele jüngerer Zeiten haben wir in Fülle vor Augen, denn das Sterben der Sprachen als globales Phänomen hat, weit jenseits der natürlichen Dynamik des Werdens, Vergehens und Ineinanderübergehens, in unserer Zeit ein ebenso beängstigendes Ausmaß angenommen wie das Aussterben zellulärer Lebensformen.[16]

Wort und Totschlag

So wie bei Symbionten oder Parasiten, die mit ihrem Wirt in den Tod gerissen werden, wie bei Arten, die zum Überleben unbedingt auf ein ganz bestimmtes Ökosystem und die darin lebenden Mitgeschöpfe angewiesen sind, wurden viele Sprachen rasch und restlos ausgerottet, wurden mit den Menschen, zu denen sie gehörten, totgeschlagen. Die letzten Sprecher des Altnordischen Grönlands wurden im 16. Jahrhundert vermutlich von benachbarten Inuit ermordet, und mit ihnen verstummte auch ihre Sprache. Wir wissen nicht, wie sich die Angehörigen des Stammes, der in der Geschichtsschreibung als Susquehannock bezeichnet wird, selbst nannten. Wir werden es auch nie erfahren, denn als 1763 beinahe alle der zuletzt noch etwa zwei Dutzend Überlebenden dieses Volkes von britischen Siedlern barbarisch ermordet wurden, da wurde mit ihnen auch ihre Sprache ermordet.[17] Der letzte Sprecher der südafrikanischen Khoisa-Sprache !Xegwi, ein Mann namens Jopi Mabinda, wurde 1988 ermordet[18] und mit ihm auch seine Sprache.

Gewaltsam und plötzlich war auch der Tod des letzten Sprechers des Dalmatischen, Vegliote Antonio Udina oder richtiger Tuone Udaina, wie er in seiner eigenen Sprache hieß. Er starb 1898 bei einem Unfall: bei der Explosion einer Landmine, einem für eigentlich durchaus friedliche Anwendungen im Straßenbau gedachten Sprengsatz[19] – oder war es ein Unglück in einem Bergwerk?[20] Oder war er Fischer und ertrank in Ausübung seines Berufs?[21] Sollte es etwa beim Dynamitfischen gewesen sein? Oder war er in Wirklichkeit weder Fischer noch Bergmann, sondern ein Barbier, wie andere Quellen besagen? Ereignete sich die Tragödie überhaupt 1896 und nicht 1898?[22] Wir wissen nicht einmal mehr genau, wann und wie er, und mit ihm seine Sprache, zu Tode kam – und das gilt für die allermeisten Sprachen der Welt, umso mehr als die meisten Sprachen unauffällig und leise, ohne Knall und Unfall sterben, im Stillen verstummen.

Manchmal überlebten einzelne Sprecher einige Zeit, sodass die Gewalttat die Sprache nicht auf einen Schlag auslöschte, sondern gewissermaßen schwer verletzt, totgeweiht hinterließ, wie eine Spezies, deren letzte Vertreter den eigentlichen Artentod noch um eine gewisse Zeit überleben, um dann, wenn die Jagd endlich abgeblasen ist, in aller Stille zu sterben. Bei den Sprachen kann der Prozess des Aussterbens so ähnlich verlaufen sein wie bei Vogelpopulationen. Wenn noch relativ viele ältere Sprecher vorhanden sind, kann dies den Eindruck erwecken, als sei die Population noch gesund. Doch der Tod kann schon lange demographisch vorprogrammiert sein.

Manche Sprachen verschwanden unbeabsichtigt, kaum merklich über die Jahrtausende, wie eben in der Evolution auch ohne menschlichen Eingriff Arten in andere übergehen und damit in ihrer bisherigen Form untergehen können, Beispiele sind Altgriechisch, Althochdeutsch oder Latein. Andere gingen auf ähnliche Weise unter wie Arten, die weghybridisieren oder ganz langsam verdrängt werden.

Die zerstörerische Wirkung selbst einer friedlichen Invasion ist kaum je so deutlich wie bei den Sprachen. Oft sind es keine Hetzjagden, keine Massenmorde, die Sprachen töten, oft vollzieht sich »Vernichtung« nicht in einem plötzlichen Gewaltakt, sondern in unscheinbaren Vorgängen. So wirkt das Bild auf australischer Erde an europäischem Gras weidender europäischer Kaninchen unglaublich friedlich, und dokumentiert doch eine gewaltige Zerstörungskraft.

Oft kann noch eine relativ große Zahl von Sprechern leben und die Demographie doch den Tod vorwegnehmen. Vor ein paar Jahren wurde geschätzt, dass kein einziges Kind mehr als Muttersprache Ostfriesisch spricht.[23]

»Die Gewalt der Sprache ist nicht, dass sie das Fremde abweist, sondern, dass sie es verschlingt«[24], sagte ein deutscher Dichter – und überall auf der Welt kann beobachtet werden, wie Sprachen einander verdrängen und verschlingen. Es ist eine relativ überschaubare Zahl von »großen«, oft vergleichsweise einfach strukturierten, anpassungsfähigen, aber oft auch durch die schiere Masse oder die ökonomische oder militärische Macht ihrer menschlichen Symbionten bevorzugten Sprachen, die kleinere, eben die spezialisierten, »besonderen« und oft hochkomplexen »Inselsprachen« ablösen oder »auffressen«. Chinesisch verschlang zum Beispiel Saka. Manchu, eigentlich die Sprache eines Volkes von rund zehn Millionen, lebt nur noch in wenigen Dutzend Sprechern. Das Arabische verschlang die Berbersprache Sened in Tunesien. Spanisch fraß zum Beispiel Cacaopera in El Salvador[25], Chicomuceltec in Guatemala[26] und Taíno in Puerto Rico. Portugiesisch verschlang die angolanische Khosa-Sprache Kwadi, die noch bis in die siebziger Jahre des 20. Jahrhunderts lebte. In der Neuen Welt fraß es Aruá und eine unbekannte Zahl anderer Sprachen Brasiliens, darunter das Tupi austral, das einmal als *Lingua geral paulista* eine Art *Lingua franca* in weiten Teilen Brasiliens war, oder das Pataxó Hã-Hã-Hãe, einst in der Gegend des heutigen Porto Seguro im brasilianischen Staat Bahia gesprochen, eben dem Ort, wo um 1500 die Geschichte des lusophonen Brasiliens begann.

Französisch fraß Waamwang auf Neukaledonien[27] und hat Bretonisch, Okzitanisch und Provenzalisch schon nahezu totgebissen. Englisch verschlang Norn und Manx und Cornisch und nagt immer noch an Scots.[28] Es verschlang alle tasmanischen Sprachen, und niemand weiß genau, wie viele Sprachen Ozeaniens und Nordamerikas, zuletzt das Eyak[29] in Alaska. Manche Autoren bezeichnen Englisch als eine Killersprache[30, 31] andere nennen es eine *Lingua franca* – doch die eigentliche, ursprüngliche *Lingua franca* des Mittelmeerraums, die diesen Namen allen anderen weitverbreiteten »Verkehrssprachen« der Welt vererbte, die wurde gemeinsam vom Französischen, Arabischen und Englischen aufgefressen.

Manchmal entstehen gerade in der Kontaktzone von Sprachen – oder sollte man sagen »Kampfzone«? –, wo eine Sprache die andere verdrängt, Hybridsprachen, in jüngerer Zeit oft als Nebenprodukt des Kolonialismus. Doch auch sie werden, bevor sie sich wirklich zur Blüte entwickeln können, bereits wieder von den größeren Nachbarn verschlungen. So starb die niederländische Kreolsprache Negerhollands[32] aus, und die in den kaiserlichen Kolonien im Pazifik oder Südwestafrika entstandenen deutschstämmigen Kreolsprachen Unserdeutsch[33] und Küchendeutsch[34] sind nahezu verschwunden, noch bevor sie sich zu »echten« einheimischen Sprachen dieser Gebiete entwickeln konnten.

Sprachen werden gefressen und verdrängt wie Tier- und Pflanzenarten, die aus ihrem Habitat verdrängt werden und die auch nicht ohne ihre Symbionten oder Nahrungspflanzen und Beutetiere leben können. Tatsächlich sprechen Linguisten vom »Habitat« einer Sprache.[35] Wie sonst als in Analogien zu Lebewesen, die man kennt, soll man von einem Geschöpf reden, das man noch nie gesehen hat? Zum Habitat der Sprache gehört, natürlich, die belebte Umwelt des Sprachraumes, mit allen Pflanzen, Tieren, Mikroben, Viren, allen Vögeln des Himmels und Fischen des Wassers. Zum Habitat, zum Ökosystem, einer Sprache gehören übrigens noch ein paar andere unsichtbare, nicht zelluläre Organismen, Lebewesen, symbiontisch mit der Sprache und mit uns Menschen verbunden und verwurzelt im Naturraum.

Eines davon beschrieb der Afrikaforscher Leo Frobenius[36] Ende des 19. Jahrhunderts als »die geweihte Erscheinungswelt, die dem Menschen entsprechend dem Wesen der Zeiten verliehen wurde – hier im Sinne der Gemeinschaft und des Staates, dort in dem einer Dichtung – wieder anderswo in dem einer Weltanschauung gipfelnd«. Es ist natürlich das, was wir sonst »Kultur« nennen. »Die Kultur ist ein Lebewesen«, stellte Frobenius denn auch an anderer Stelle fest.[37]

Je länger man sucht, umso mehr Organismen findet man. Da wäre noch eine andere dieser Grenzformen des Lebens, mit Sprache und Kultur symbiontisch verbunden, die unzweifelhaft Eigenschaften eines Organismus hat[38], »Gebilde … die das Produkt des Handelns vieler Menschen, nicht aber das Resultat menschlichen Planens sind«, wie es der österreichische Ökonom Friedrich August von Hayek[39] beschreibt, – und das nichts anderes ist als das Phänomen, das wir meistens als »Wirtschaft« bezeichnen. Frobenius vermutet, dass unser Begriff der Kultur – und damit sicher auch unser Begriff der Wirtschaft – in etwa das ist, was Aristoteles noch in einem umfassenderen Begriff als »Polis« bezeichnet hätte.[40] Ihm standen dabei die einzelnen Inselstaaten und Städte der Griechen mit ihren kulturellen Eigenheiten und eigenen Dialekten vor Augen. Wenn er die sprachliche, kulturelle und wirtschaftliche Homogenisierung der Erde gesehen hätte, die Betonwelt mit den nahezu überall nahezu gleichen Akteuren, die in wenigen, von dem alten Reichtum übrig gebliebenen Sprachen denken, handeln und ein überall immer ähnlicheres Umfeld schaffen, dann hätte er gewiss auch einen Ausdruck für das Gesamtbild erfunden: Globalopolis.

Wie die Tiere uns das Sprechen lehrten

Im Anfang war das Wort. Mit den Worten und Namen fing es an, die Adam den Mitgeschöpfen gab. Jenen, die er jagte, und jenen, die er fürchtete, die er floh, und denen, die er ehrfürchtig staunend betrachtete, beobachtete, betastete, belauschte …

Im Anfang waren die Worte. Die Namen und Gesten, mit denen man die belebte Natur bezeichnen kann. Denn was sonst soll uns zum Erzählen angeregt haben[41] als das Leben im Garten Eden? Die Vögel des Himmels und die Fische des Meeres, das Vieh und alle Kriechtiere auf dem Land. Abgeschnitten von der Natur sind wir verarmt – ähnlich wie Wolfskinder, die abgeschnitten von Menschen überleben, auf andere Art »verarmen«.

Im Anfang waren die Worte. Und woher sonst sollen die ersten geformten Klänge zur Bezeichnung der Schöpfung gekommen sein als von den Klängen der Natur, von Wasser und Wind? Woher sonst sollen die ersten Begriffe zur Bezeichnung anderer Lebewesen gekommen sein als von deren Lauten? Beinahe könnte man auch ohne Wörterbuch erraten, dass ein Tier, das auf Hebräisch Tselatzal heißt[42] und auf Arabisch

Sarsur, bei uns als ebenso lautmalerisches Naturzitat Grille heißt. Alle biblischen Schlangennamen imitieren das Zischen und Fauchen des Reptils.[43] Noch heute heißen Kuh und Gnu, Kuckuck und Uhu und unzählige Kreaturen in vielen Sprachen lautmalerisch, und in den Worten steckt immer noch ein akustisches Abbild, klingt immer noch ein fernes Echo des Naturlauts nach. Manchmal können wir überhaupt nur noch dieses Echo hören, da die Stimme selbst schon längst verstummt ist. Das Quagga Südafrikas verdankt seinen einer *Khoi Khoi*-Sprache entlehnten Namen seinem Laut[44], doch wie treffend das Klangbild nachgezeichnet ist, wissen wir nicht. Das Tier ist ausgestorben, »mundtot« gemacht, und wir können uns nicht einmal das Wort, das nach ihm gebildet wurde, vorsprechen lassen, denn auch die Menschensprache, die ihn nachahmte, ist ausgestorben.

In ihrer *Elegy for the Quagga*[45] fragt die Dichterin Sarah Lindsay:
Wer muss die Quaggastimme hören?
Oder betrachten wie die warme Haut zuckend die Fliegen abwehrt?
Wie sich der Hals wendet und dabei die creme-und kastanienfarbenen Streifen biegt,
die sich hinziehn bis zum einfarbig dunklen Hinterteil und den reinweißen Beinen …

Wenn der neuseeländische Lappenhopf *Heteralocha acutirostris* von sich hören ließ, dann klang das so ähnlich, als riefe einer »who are you« in den Wald, notierte ein englischer Ornithologe, der auch versuchte, die Töne in Notenschrift festzuhalten.[46] Zuletzt verstanden es wohl noch einige Maori, seinen Gesang so gut nachzuahmen[47], dass der Vogel mit den prächtigen Federn und der Glockenstimme verwirrt und neugierig angeflogen kam – und totgeschlagen werden konnte. Bei den Maori hieß der Vogel nach diesem Täuschgeräusch, das wohl doch irgendwie seinem Laut ähnelte, *Huia*, und dieser »Rufname«, den er selbst dem Menschen beigebracht hatte, ist, konserviert in der menschlichen Sprache, alles, was von seiner Stimme geblieben ist.

Ich habe den Vogel besucht – ausgestorben, ausgestopft, ausgestellt im Naturkundemuseum in Berlin[48] – und versuchte mir seinen Gesang vorzustellen. Aber es herrschte Totenstille.

Vielleicht, so dachten einige Autoren des 19. Jahrhunderts, stammt ja auch die menschliche Sprache überhaupt von der Nachahmung von

Naturlauten ab.[49] Vielleicht hat das »Lebewesen« Sprache, um sich entwickeln zu können, Elemente von anderen Organismen entleihen müssen? Nach welchem Vorbild sonst hätten wir denn lernen sollen, Laute zu formen und Bezüge zwischen den selbst geformten Klängen und den gefundenen Dingen der Natur herzustellen? Die anderen Lebewesen auf der Erde wären somit nicht nur diejenigen, die wir mit den ersten Worten bezeichneten. Sie wären auch diejenigen, die uns überhaupt die ersten, uns nicht angeborenen Klänge, die Ursprünge unserer Sprache, beibrachten. Im Anfang waren als die ersten Worte, die ersten Namen eben die Laute, mit denen sich andere Wesen uns »vorstellten«.

Vielleicht haben wir, so wie wir das Kratzen in den Felsen den Bären nachgeahmt haben, auch die Idee, eine Klangform zur Bezeichnung eines Wesens zu verwenden, anderen Lebewesen abgeschaut. Ganz so, wie jedes Bild in der Natur ein Vorbild hat und wie alle Geschichten dem Geschehen des Lebens abgeschaut sind.

Natürlich ist es kein Zufall, dass die Habitate bedrohter Sprachen und bedrohter Tier- und Pflanzenarten häufig in denselben geographischen Regionen liegen.[50] Natürlich sind es meistens Regionen, die von vorneherein besonders reich an Arten waren, natürlich sind dies Regionen, in denen es besonders viele »Inseln« gab. Zum Beispiel an der westlichen Rückenkante der Schildkröteninsel, im Hügelland, das heute golden aussieht und dabei einfach nur nicht mehr grün ist: das Land der fremden Gräser, das heute Kalifornien heißt, und niemand weiß genau, woher dieser Name kommt. Es ist ein Land, das von Grund auf verändert wurde. Das Land, das ursprünglich das Land der blauen Vögel und der goldorangenen Mohnblüten ist, das frühere Inselland, wo ich in einer Stadt an der Bahnlinie in einem Haus aus Mammutbaumholz lebte.

Eine Wanderung durch Nordkalifornien, eine Wanderung vom Zentraltal durch die goldenen Hügel am Meer, durch die Salzwiesen und Binseninseln des Deltas von San Joaquin und Sacramento River bis an die Bucht von San Francisco und die Pazifikküste ist eine Wanderung durch die alten Habitate verschwundener Arten und längst verklungener Sprachen, ganz so als wanderte man durch einen Wald, ein Land von Geisterstimmen.

*»Die Gegenwart von etwas Großem,
Lebendigem kann man spüren wie die Spannung
in der Luft vor einem Gewitter.«*

KAPITEL 12

Geisterstimmen am Eisenweg

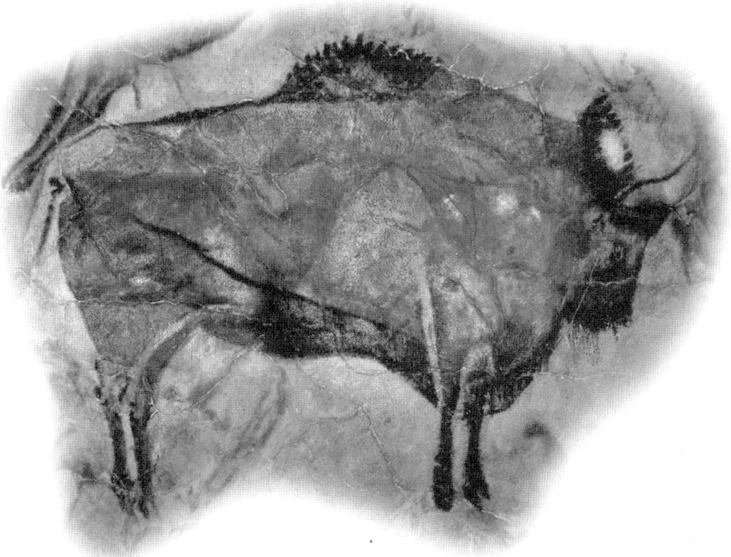

Ich fahre gerne Eisenbahn, und wenn die Züge am Holzhaus vorbeifuhren, dann wirkte ihr Klingen auf mich beinahe wie die Stimmen der Zugvögel über dem grünen Tal: »Komm mit! Komm mit!« Mit dem Zug kann man in nur einer Stunde den letzten Abschnitt des langen Eisenweges über den Kontinent bis zur Pazifikküste zurücklegen.

Der Autor Stewart Edward White lässt in einem seiner Kalifornien-Romane eine solche Ebene erscheinen: »Nach Norden und Süden dehnten sich die Ebenen bis zur Absturzkante des Horizonts aus. Ihre Oberfläche war braun von den hohen Gräsern, die sich im Wind kräuselten wie Meereswellen. Nach allen Richtungen erstreckten sich die Herden von Wild; Wapitis, Antilopen wie schimmernde Geister, Hirsche bei den verstreuten Auen an schlammigen Wasserlöchern, manchmal tapste vielleicht sogar ein Bär vorbei, versunken in die bedächtige Schläfrigkeit der Bären.«[1] Die Gräser, die hier erscheinen, sind offenbar schon eingeschleppte Arten, doch die Hirsche und Wapitis gehören immer noch zur lebenden Urlandschaft. »Die goldenen Ebenen des Sacramento- und des San-Joaquin-Flusses waren noch bis vor Kurzem voller Hirsch- und Antilopenherden, aber da sie fruchtbar und leicht zugänglich waren, wurden sie vom Menschen als Weideland benötigt«, schrieb John Muir im 19. Jahrhundert.[2] Fruchtbar und leicht zugänglich zu sein, ist ein Fluch, der auf vielen Inseln lastete.

Vor Kurzem waren diese Ebenen auch noch bewohnt von einheimischen Menschen und einheimischen Sprachen. Patwin hieß die Sprache, die man dort sprach, wo heute die *Stadt an der Eisenbahn* steht, auf einem Flecken Erde, der einmal in der Sprache der Patwin-Leute Pu-tah-toi hieß, was vielleicht der *Ort am Wasserlauf der Gräser* bedeutete und und in Yo-loy, dem *Land der Binsen*, lag.[3]

Die unmittelbaren Nachbarn sprachen Wintun und Miwok. »Der San-Joaquin-Fluss gehört den Yokuts«, schrieb der Anthropologe Alfred Kroeber – oder ist »belongs to« hier besser übersetzt mit »gehört zu den Yokuts, der Sacramento-Fluss den Maidu und Wintun«? Wo die beiden Flüsse sich in die Bucht von San Francisco ergießen, beginnt das Gebiet der Costanoans, hier sprach man Hokan und Coastal Miwok und Pomo …

Auf dem Weg nach Westen nähert man sich den Hügeln, die das flache Tal wie eine Schwelle abschließen – oder vielmehr ist es so, als ob sich der Talboden auseinanderfaltet, sich gleichzeitig zu Hügeln aufrollt, sich aber auch tiefer senkt, so flach und tief, bis unter den Hügeln und Rücken und Riegeln das Wasser glänzt, bis flache Pfützen, Tümpel voller Binsen erscheinen, weite Teiche, Wasserläufe, Wasserstraßen, dann weitere und immer weitere Buchten, bis sich das Meer und die Flüsse Sacramento und San Joaquin die Arme reichen.

Dazwischen liegen Inseln und immer wieder Inseln, feste, fließende und immer wieder Menschenstädte. Auf einem Bahnhofsschild steht noch ein Wintun-Name: Suisun City – Suisunes hießen die Menschen, die hier früher auf einem kleinen Inselchen wohnten und einen dem Patwin verwandten Wintu-Dialekt sprachen. 1817 gingen die Bewohner des Suisunes-Dorfes, bedrängt von spanischen Soldaten, in einem Massenselbstmord zugrunde.[4] Sie wählten die Selbstverbrennung als äußerste Form des Protestes. Als sie singend ins Feuer gingen, nahmen sie ihre Sprache und ihre Lieder mit.

Ein halbes Jahrhundert später stand hier wieder ein Dorf, »umgeben von Binsen, auf Land, das bei hoher Flut überschwemmt, bei niedriger frei lag«. Gräben waren gezogen worden, um das Land trockenzulegen, oder es wurde aufgeschüttet, »mit Erde, die von anderswo geholt wurde«[5] – und es siedelten auf dieser neuen Erde auch Menschen, die von anderswo geholt worden waren. Doch einige der festen und fließenden Inseln und Halbinseln zwischen Central Valley und Pazifikküste sind geblieben, sind immer noch Heimat für einige einzigartige Inselarten, die es nur hier und nirgendwo sonst gibt. Die Suisun-Salzwiesenaster *Symphyotrichum lentum* zum Beispiel, deren hellviolette Blüten noch manchmal an der Suisun Bay[6] erscheinen, oder die Suisun-Distel *Cirsium hydrophilum var.* Hydrophilum, deren tiefviolette Blüten immer noch gelegentlich zu sehen sind, wo sie nicht durch die eingeführte Ackerkratzdistel *Cirsium arvense* ersetzt worden sind.

Dieses Stück Erde muss ein wahres Land der Vögel gewesen sein. Ein Beobachter im Jahr 1875 sah Schwärme von Pfeifenten, die den

Himmel zu verdunkeln schienen und die ihn in ihrer Größe an die Schwärme der Wandertauben des Ostens erinnerten. Am frühen Morgen war der Himmel zur Zeit der Vogelzüge immer bedeckt – von Gänsen und Enten.[7] Die Gegend ist immer noch Heimat vieler Vögel. Da wäre zum Beispiel die Suisun-Singammer, ein schlichter brauner Vogel, der auf den allerersten Blick dem Weibchen des europäischen Haussperlings ähnlich sieht und hier noch gelegentlich an Orten zu beobachten ist, wo eben nicht der Haussperling seinen Platz eingenommen hat.

Die kalifornische Klapperralle *Rallus longirostris obsoletus* zum Beispiel fliegt nur, wenn es unbedingt sein muss, und das ist nicht oft auf einer Insel. Da gibt es die kalifornische Zwergseeschwalbe *Sternula antillarum browni*, die nur hier in der Gegend der Bay Area und an wenigen anderen Abschnitten der kalifornischen Küste zu sehen ist. Da gibt es ein kleines Tier mit gelbem Bauch, das Salzwiesen-Weidengelbkehlchen *Geothlypis trichas sinuosa*[8], und ein kleines Tier mit rotem Bauch, die Rotbauch-Erntemaus *Reithrodontomys raviventris raviventris*, die sich nur im Süden und Osten der Bucht findet, während ihre einzige lebende Verwandte, die heller gefärbte *Reithrodontomys raviventris halicoetes*, nur die Salzwiesen im Norden der Bay Area bewohnt.

Natürlich gab und gibt es auch Arten, deren »Insel« eben aus den Wanderwegen von Insel zu Insel besteht. Hier gab es andere Herden, andere Wege, die sich mit denen der Antilopen im Tal berührt haben mochten. Wo heute ein weißer Kuhreiher über Rinderrücken schreitet, auf dem Rücken mitreitet, da sprang vor zwei Jahrhunderten vielleicht eine gelbschnäblige Elster vom Rücken eines Gabelbocks auf einen ruhenden Tule-Wapiti hinüber. *Cervus canadensis nannodes* ist die zierliche Unterart des amerikanischen Rothirschs, die früher hier in riesigen Herden lebte, über Inseln und Wasserstraßen zog und dabei auch, zu Wasser und zu Lande, die Wege der Menschen kreuzte. Ein Bild wie auf dem in Lascaux erhaltenen Gemälde der schwimmenden Hirsche, deren Geweihe wie Masten übers Wasser ragen … In den 1830er Jahren erlebte ein europäischstämmiger Hawaiianer namens William Heath Davis einen solchen Herdenzug, als er auf einem kleinen Schoner in der Carquinez-Straße durch den schwimmenden, klappernden Wald schwankender Wapitigeweihe segelte, begleitet von den wilden Stimmen der wilden Herden: »Mehrmals waren wir in Gefahr, mit den großen Tieren zusammenzustoßen, doch nach etwa einer halben Stunde hatten wir es durch die Herde geschafft.«[9]

Aus den Expeditionsberichten des Ferdinand von Wrangel ist, als ein vielleicht ähnliches Bild von einem anderen Kontinent und einer anderen Hirschart, eine durchaus nicht ungefährliche Jagdszene von einem sibirischen Fluss überliefert: »Die Jagd ist übrigens mit großer Gefahr verbunden. In dem ungeheuren Gewühl der dicht untereinander schwimmenden Thiere ist der kleine, leichte Kahn ohnehin jeden Augenblick dem Umwerfen nahe; außerdem aber wehren sich die verfolgten Tiere auf alle mögliche Art; die Männchen mit ihren Geweihen und Zähnen, die Weibchen aber mit den Vorderläufen, mit denen sie auf den Rand des Kahnes zu springen pflegen und ihn auf diese Weise leicht umwerfen. Gelingt dieses, so ist gewöhnlich der Jäger verloren, weil es ihm beinahe unmöglich wird, sich aus den dichten Haufen herauszuarbeiten. Das Gewühl der Tausenden von schwimmenden Renthiere, das klappernde Aneinanderstoßen ihrer Geweihe ... nur ein Augenzeuge kann sich einen Begriff davon machen.«[10] Die kalifornische Version dieses Bildes ist für immer verloren. Der Autor Stewart Edward White beschwört[11] in den dreißiger Jahren des 20. Jahrhunderts das Bild noch einmal herauf: »Ein wundervoller Anblick, eine unermessliche Herde von Wapitis, die kraftvoll zu einem Ufer schwammen, das zum heutigen Mare Island gehört. Es müssen ihrer über tausend gewesen sein, und ihre weiten Geweihe sahen aus wie ein Wald von kahlen Ästen, die über die Wasser der Bucht zogen.«

Wie mögen frühere Menschen, die die Wasserstraßen noch in Binsenbooten befuhren, die Begegnung mit einer solchen Herde erlebt haben? *Karkines* oder *Carquinez* hießen sie, so wie heute der Ort am Ufer, oder vielleicht auch Tarquines, die »Sumpfmenschen«, von spanischen Missionaren so genannt, weil sie am Wasser und im Marschland lebten[12], oder »Schlammmenschen«, weil sie vielleicht wie manche anderen Völker ihre Haut mit Lehm vor der Sonne schützten? In welchen Gesängen, Erzählungen oder Tänzen mag solch ein Bild nachgezeichnet worden sein? Doch wir wissen so gut wie nichts von den Menschen, die hier lebten, kennen kaum ihren Namen.

Manchmal ziehen noch heute, alle Jubeljahre einmal, noch gewaltigere schwimmende Wesen die Carquinez Strait hinauf. Buckelwale, die – verirrt?, oder ganz gezielt das Süßwasser suchend, um marine

Parasiten loszuwerden? – zuletzt 2007 bis in diese Gegend schwammen und damals über die Susisun-Bucht und den Kanal durchs Central Valley, gegen den Strom, bis in den Hafen von West Sacramento gelangten.[13]

Mitten in der Nacht erreichte mich die Nachricht von der Sichtung der großen Tiere im Kanal und ich machte mich sofort auf den Weg, um das Wunder mit eigenen Augen zu sehen, das Abenteuer selbst zu erleben.

Natürlich – wie könnte man denn schlafen, wenn da Wale vom Meer hinaufkamen …

Viele Stunden wanderte ich am Wasser entlang, folgte dem Ufer, das ich vom Boot aus kannte wie meine Westentasche, das vom Wasser aussah wie eine Savanne mit einer einzelnen Dattelpalme, die den Ruderern als Landmarke diente und ein Bild wie aus den Grasländern Afrikas erzeugte. Doch wenn man hier nicht mit dem Boot, sondern auf zwei Füßen unterwegs war, war alles anders, und aus der scheinbar idyllischen Landschaft war eine *Zerstörte Landschaft mit Konservendosen* geworden, eine Industriebrache, der man gar nicht zutrauen wollte, dass sie nun so Großes bergen sollte. Ich erinnere mich an den Duft von frischem Gebäck, der von der Brotfabrik jenseits des Kanals hinüberzog. Ich erinnere mich an den Geruch des Wassers und an die Stille, zwischen Haufen verbrannten Abfalls und rostigen Konservendosen, zwischen fremden Gräsern und trockenen Disteln.

Die Gegenwart von etwas Großem, Lebendigem kann man spüren wie die Spannung in der Luft vor einem Gewitter, eine Spannung, die immer weiter und weiter zu steigen schien, bis sich plötzlich ein Atemzug des Riesen im Wasser unmittelbar vor mir entlud …

Welche Geschichten mögen sich den einheimischen Menschen früher aus solchen seltenen Begegnungen eröffnet haben? Ob das nicht näher beschriebene Meereswesen Makkeweks, das in einer der wenigen erhaltenen Rumsen-Ohlone-Erzählungen »auftaucht«[14], einen solchen Besucher aus dem Meer zum Vorbild hatte?

Das Kalb im Kanal trug die Wundmale, die eine Schiffsschraube in seine Haut gefräst hatte, eine Wunde wie die, die dem Wollnashorn in der Höhle Niaux zugefügt worden war, eine Wunde, wie sie die Betontrasse in die offene Handfläche des grünen Tals gerissen hatte. Vielleicht war die Mutter mit dem Kalb daher ins Süßwasser gezogen, um im Wechsel von Süß- und Salzwasser die Schmerzen zu lindern oder die Infektion zu bremsen? Immer wieder sind Sichtungen von Walen aus Flüssen belegt, dem Columbia River[15] zum Beispiel, dem Hudson River[16] und immer wieder aus dem Delawarefluss.[17] Hier zeigte sich 1733 auch eine Walmutter mit ihrem Kind.[18]

Schweinswale sollen die Seine bis Paris und die Elbe bis über Magdeburg hinaus hinaufgeschwommen sein.[19] Noch in der ersten Hälfte des 20. Jahrhunderts beobachtete der Maler Heinrich Vogeler »im gelben Brackwasser der Elbe Delphine mit ihrem gebogenen schwarzen Rücken«.[20] Gelegentlich nehmen Wale diese Wege bis heute, am Yukon, an der Themse, am Rhein – oder jetzt im Schiffskanal von Sacramento.

Vielleicht ist so eine Süßwasserkur für Wale ein normales Verhalten, das wir nur aufgrund der stark verringerten Populationen kaum mehr beobachten können, oder das wie andere Verhaltensweisen, wie andere »Meme« ausgerottet wurde, da Wale, die so weit ins Land vordrangen, früher zwangsläufig, kaum entdeckt, getötet wurden. 1890 zum Beispiel wagte sich ein Wal in den Manokinfluss in Maryland. »He Made Things Lively until Clubbed and Chopped to Death«, berichtete eine Zeitung[21], »er hat es lebend geschafft«, soll das eigentlich heißen; aber ich kann es nicht anders übersetzen, als dass er, allein weil er *da war*, zum Leben, zur Lebendigkeit der Welt beigetragen hat. »He made things lively« – bis man ihn mit Keulen erschlagen und totgehackt hat.

Heute, wo wir in vielen Ländern endlich besser mit den Riesengeschöpfen umgehen, ist kaum mehr vorstellbar, dass es einmal Zeiten und Orte gab, wo sich in Flüssen so viele Wale tummelten, dass eine Bootsfahrt gefährlich werden konnte[22], und in denen das Geräusch der vielen atmenden Riesen die Anwohner nachts wach hielt[23] … Natürlich – wie könnte man denn schlafen, wenn da Wale vom Meer hinaufkamen und von Abenteuern erzählen.

Heute überquert man die Carquinez-Straße in luftiger Höhe auf der Benicia-Martinez-Brücke, doch im Wasser schwimmen keine Hirschherden mehr. Nicht mehr der Klang der Tierstimmen und das Klappern der Geweihe, sondern der rhythmische Klingelton der Eisenbahn und das Dröhnen der Freeways untermalen das Bild. Statt sanfter, kraftvoll atmender Buckelwale sieht man, im Dunst über der glitzernden Wasserfläche, die Mothball Fleet, die vorläufig eingemottete Reserveflotte der Vereinigten Staaten in der Suisun Bay liegen,

Phantom martialischer Zukunftsphantasien im Nebel – »diese zusammengeballten graue Schatten/eines fernen Krieges/verankert zwischen verbrannten Hügeln«.[24] Doch jenseits der glänzenden Kriegsgespenster, ganz im Hintergrund, liegt eine flache Insel in der Bucht. Binsen, Sumpf und Wasserläufe, ein Stück urtümlich friedliches Land – und hier gibt es seit rund dreißig Jahren wieder Tule-Wapitis. Aus dem wasserumschlossenen Gelände, bis in die fünfziger Jahre als Gemüseacker genutzt, wurde wieder eine Insel der wilden Wasservögel und Wapitis. Wenn nicht gerade Jagdsaison ist, leben sie sicher auf der Insel. Sie heißt Grizzly Island, doch die großen Bären, die einst vom Fuß des Mt. Diablo jenseits der Bucht herangeschwommen kamen, die sind schon lange fort.

Neue Lebewesen sind überall an und in, auf und über den Buchten zu finden. Die Bucht von San Francisco mit ihren Seitenbecken und Armen beherbergt mehr aquatische Lebewesen, die von irgendwo auf der Welt eingeschleppt wurden, als Arten, die sich hier vor Ort entwickelt haben. Die Kalifornische Schlammschnecke *Cerithidea californica* zum Beispiel, die die Schlickwattflächen in der Gezeitenzone der Bucht von San Francisco besiedelte, wurde weitgehend durch die von der amerikanischen Atlantikküste stammende Schlammschnecke *Ilyanassa obsolete* verdrängt. Im Norden der Bucht von San Francisco ist zum Beispiel der Süßwasserkrebs *Syncaris pacifica* – ein nahezu durchsichtiges Tier, das einen chamäleonartigen Farbwechsel zu vollziehen vermag – zu Hause. Doch weder seine geschickte Tarnung noch ein »Heimvorteil« schützen ihn vor der Konkurrenz durch eingeführte Krebsarten. *Orconectes virilis* aus Kanada und aus den nordöstlichen USA ist bereits seit den sechziger Jahren hier angesiedelt. Da wäre auch der Louisiana Flusskrebs *Procambarus clarkii* oder die Strandkrabbe *Carcinus maenas*, seit 1989 in der Bucht nachgewiesen, und natürlich die chinesische Wollhandkrabbe. Seit Anfang der neunziger Jahre ist sie in der Bucht nachgewiesen. Von hier wandert sie die Flüsse und Kanäle hinauf, bis tief ins Central Valley, bis in den Hafen von West-Sacramento und in die Hauptstadt. Man findet die Wollhandkrabbe heute nahezu weltweit, so auch an deutschen Küsten. Von der Ostsee wandert sie in die Havel und bis in den Wannsee, erscheint auch mitten in der Hauptstadt. Von der Nordsee ist sie schon, irgendwie, den Rhein hinauf bis in den Bodensee vorgedrungen und illustriert so, wie die

Gewässerfauna der Kontinente in ihrer Zusammensetzung immer ähnlicher wird, wie die Grenzen verschwimmen, die Identität der aquatischen Ökosysteme verwässert wird. Bei einigen Arten ist völlig unbekannt, woher sie eigentlich stammen.

Teufelsberg und Eichenland

Wenn man die Carquinez-Straße überquert, gelangt man aus dem Sprachgebiet der Wintu-Dialekte in das Gebiet der Ohlone-Sprachen. Sie sind allesamt ausgestorben. »Ohlone Park« heißt ein schmales Streifchen Bäume, das sich bei Hercules in die trockenen Hügel zieht. Ohlohne Wilderness, ein Naturschutzgebiet in der Nähe von Freemont. Die Sprache des Ohlone-Volks, das an der Carquinez Strait lebte, ist als Los Carquines bekannt, und viel mehr als ein Name ist auch nicht erhalten. Doch selbst der ist ungewiss in der Überlieferung, wurden doch die Menschen, die hier lebten, auch zeitweise Tarquinez genannt – die Schlammmenschen, die an den Sümpfen lebten.[25] Oder bezeichnete man so eine Art der Körperbemalung und -pflege?

Wo sie nicht durch den Haussperling, den es seit Anfang der 1870er Jahre in Kalifornien gibt, verdrängt ist, singt hier eine andere endemische Unterart der Singammer, die nach der Bucht, deren Ufer die Bahnlinie nun folgt, die Sao-Pablo-Singammer[26] heißt.

In Richmond schließlich begibt man sich ins Gebiet der Chochenyo, das sich von hier nach Süden bis etwa nach Freemont erstreckt, nach Osten bis zum Fuß des Mt. Diablo, des alten heiligen Berges auf dem der Mensch mithilfe der Tiere eine Sintflut überlebt hat und der erst spät von den Neuankömmlingen aus Europa verteufelt wurde – wo doch das wahrhaft satanische Jenseits der Bucht lebt, am anderen Ende der Brücke von Richmont, im Bezirk, in dem laut einer Statistik die gebildetsten und wohlhabendsten Menschen Amerikas wohnen sollen und man immer noch einen barbarischen Ritus pflegt, der alle zu Mördern macht – *San Quentin, I hate every inch of you.*

In Berkeley lebte bis 1916 ein Mann, der zuletzt Museumswärter und gleichzeitig gewissermaßen Teil einer Museumsausstellung war. Er war, soweit wir wissen, der letzte »wilde«, das heißt, wirklich freie Ureinwohner Amerikas, der letzte Sprecher des Yana. Auch er und seine Sprache die letzten Überlebenden von Gräueltaten. Ishi wurde er genannt. Wir kennen nicht einmal das Geheimnis seines wirklichen

Namens. Ein Nachhall seiner Stimme blieb, auf Wachsrollen aufgenommen, erhalten. Über viele Jahrzehnte wurden sie aufbewahrt, bis sich irgendwann herausstellte, dass das Wachs in einem überheizten Raum geschmolzen und beinahe alle Aufzeichnungen verloren waren. Die Straße am Bahnhof von Emeryville heißt Shellmound, Muschelhaufen. Wie die prähistorische Bevölkerung anderer Küsten, anderer Kontinente, hinterließen frühere Bewohner hier Berge von Muschelschalen. Unter diesen Abfällen, die beim Verzehr eines ihrer Hauptnahrungsmittel entstanden, liegen auch, Schicht auf Schicht, die Überreste vergangener Faunen – Gänseknochen zum Beispiel, Zeugnisse der ungeheuren Gänsescharen, die noch aus historischer Zeit bezeugt sind.[27] Es waren so viele, dass sie die Oberfläche der Buchten verdunkelten, Millionenschwärme, die im Aufsteigen ein Geräusch erzeugten, das wie ein ferner Donner klang.[28] Zur Zeit der Begegnung mit ersten Europäern waren die Vögel gegenüber den Menschen ziemlich furchtlos. Sie waren leicht zu fangen, konnten ganz einfach mit einem Knüppel totgeschlagen werden.[29]

Heute ist nicht einmal das Monument aus Knochen und Schalen mehr zu sehen. Der Emeryville Shellmound wurde 1924 eingeebnet und verschwand zuerst unter einer Industrieanlage und schließlich unter einem Einkaufszentrum. Schicht auf Schicht wurde der Ort mit den globalen Kultstätten unserer Zeit überbaut, überlagert und nivelliert, wie die Hügelfestung der Stiere im grünen Tal, wie die Keltenfestung im Regenland oder das Challicum Bunyip. Bleibt man hier im Zug Richtung Oakland und Alameda, fährt man entlang der Küste der Chochenyo und durch das Habitat der hier – und nur hier und am Südende der Bucht – einheimischen Alameda-Singammer *Melospiza melodia pusillula*.[30] Auf dem Wasser, auf dem ich gelegentlich mit einer Drachenbootmannschaft durch Hausbootkolonien fuhr, müssen vor langer Zeit einmal die Binsenboote der Ureinwohner gefahren sein, um zu fischen, nach Muscheln zu tauchen oder um die großen flugunfähigen kalifornischen Meeresenten[31] zu jagen. Vielleicht fuhren sie hier mit ähnlichem Blickwinkel und mit ähnlichen Paddelbewegungen über das Wasser, wie ich heute. Die Ente ist seit gut zweitausend Jahren ausgerottet[32], und auch die Binsenboote sind lange verschwunden.

Den Lake Merrit in Oakland lernte ich als Austragungsort von Ruderregatten kennen. Er war das erste Naturschutzgebiet der USA, älter noch als der Nationalpark Yellowstone, und es gibt ein paar Inselchen, die in der ersten Hälfte des 20. Jahrhunderts den Vögeln als Exil zugewiesen wurden. Vom Boot aus sah ich die Kormorane auf diesem kleinen Rückzugsort im Betondschungel der Stadt, die sich noch heute »Eichenland«, Oakland, nennt, und das nicht zu Unrecht, denn Kaliforniens natürliche Vegetation ist tatsächlich besonders reich an Eichenarten.

Man fährt durch Fremont nach San Jose, vorbei an Hügeln, die als Ohlone Wilderness geschützt sind. Hier, in San Jose, und südlich, wo heute die *reichen Weiden des Santa Clara Tals* liegen, sprach man früher Tamyen, Tamien oder Thamien. Es ist ein fruchtbares Tal, in dem eingeführte Obstbäume, seit 1853 von europäischen Bienen bestäubt, fremde Früchte und die Orte fremde Namen tragen. »Evergreen«, »Seven Trees«, »Fruitdale« oder »Blossom Crest« heißen die Gemeinden und Stadtteile, die sich im »Urban Sprawl«, in den Auswucherungen der Städte, ins Land fressen.

Wenn man stattdessen von Emeryville nach San Francisco möchte, so muss man umsteigen, in einen Bus, der einen über die Bay Bridge hinwegbringt, über ein Inselchen namens Yerba Buena, vielleicht auch das einmal ein Schatzinselchen, Schutzinselchen für einzigartige Lebensformen. Direkt daneben liegt tatsächlich »Treasure Island«, doch diese Insel ist künstlich gebaut. Einen Augenblick lang erscheint am anderen Ende der Bucht die Golden-Gate-Brücke, die rote Brücke über das Goldene Tor der Bucht zum Pazifik. Dann taucht die Straße zwischen die Hochhäuser von San Francisco, in die Straßenschluchten der Stadtteile South Beach und Mission ab. Früher hätte man, in einem kleinen Kanu oder in einem Boot aus Binsenbündeln unter Vogelwolken die Bucht überquerend, auch eine Sprachgrenze gekreuzt, Ramaytush hätte man auf der Halbinsel gesprochen. Yelamu hieß der örtliche Stamm, der genau in der heutigen Innenstadt von San Francisco lebte. Chutchui und Sitlintac hießen die Dörfer, die der Abfahrt vom Freeway 80 am nächsten liegen. Auch Chutchui soll einen Shellmound besessen haben – lange eingeebnet und unter dem Asphalt der Stadt verschwunden.

Der dem Pazifik zugewandte Stadtteil, der heute Presidio heißt, ist besonders reich an lokalen oder regionalen Endemiten. Hier gab es ein Dorf der Ramaytush namens Petlenuc, hier gibt es noch ein paar Blumen, die es, außerhalb von botanischen Gärten, nur hier und nirgendwo sonst auf der Welt gibt: die gelbe San-Francisco-Lessingia *Lessingia germanorum* oder die malvenfarbene Presidio *Clarkia Clarkia franciscana*[33] oder die San-Francisco-Bay-Spineflower *Chorizanthe cuspidata var. cuspidata*. Hier gibt es immer noch die selten gewordene San-Francisco-Popkornblume *Plagiobothrys diffuses*, das San-Francisco-Leimkraut *Silene verecunda ssp. verecunda*, die San-Francisco-Sommerwurz *Triphysaria floribunda*, eine halbparasitäre Pflanzen mit leuchtend gelben Blüten, oder die gleichfalls gelbe Sumpfblume *Limnanthes douglasii ssp. sulphurea*[34], einfarbige Unterart der überall in Kalifornien als Zierpflanze beliebten, fröhlich gefärbten »Spiegeleiblume«.

Die Ramaytush-Dörfer Amuctac and Tubsinte lagen beinahe zu Füßen des San Bruno Mountain, heute ein Inselberg im Häusermeer. »Es scheint sehr unwahrscheinlich, dass diese Enklave der Natur noch länger die Bulldozer und anderen Maschinen des Fortschritts überleben wird. Wenn sie verschwindet, wird San Francisco ärmer sein und weniger interessant«, schrieb der Botaniker und Inselexperte Raymond Fosberg 1970.[35] Doch die Insel ist noch nicht vollständig versunken. Es gibt hier noch den endemischen San-Bruno-Zipfelfalter *Callophrys mossii bayensis*, und zwischen fremden Gräsern wächst auch noch *Sedum spathulifolium*, eine Art Mauerpfeffer, von dem die Raupen des Falters leben, und hin und wieder zeigt sich vielleicht auch noch die bunte San-Francisco-Strumpfbandnatter *Thamnophis sirtalis tetrataenia*.

Welche einzigartigen Begriffe es in den einzelnen Dörfern dieser Sprachinsel für die einzelnen endemischen Arten gegeben haben mag, werden wir niemals wissen. Der Klang der Sprache, die in und von den lebenden Bildern dieser Halbinsel lebte, verschwand genauso wie der Farbschimmer der Flügel hier lebender endemischer, nun ausgestorbener Schmetterlinge – Boisduvals Sthenele Satyrfalter *Cercyonis sthenele sthenele*, der Pheres-Bläuling *Plebejus icarioides pheres*[36] und der Xerces-Bläuling *Glaucopsyche xerces*.

Ich besuchte den Bläuling an seinem Grab, an seinem gläsernen Sarg im Museum in der *Stadt an der Eisenbahn*, und in einer Sammlung, hoch über den Straßen von San Francisco. Hier ruht auch Strohbeens Apollofalter – ein prachtvoller weißer Schmetterling, dessen

Verwandtschaft zum europäischen Apollofalter deutlich war, und doch war er anders, einmalig – und tot. Hier sah ich auch den winzigen Leichnam der gelb gebänderten Antiochia-Sandbiene, eines Tieres, das in meiner Sprache nicht einmal einen Namen hat, sodass ich diesen eben erfinden musste. Es lebte bis vor dreißig, vierzig Jahren noch auf einer Düne an den Wasserstraßen der Hirsche und Wale. Ein älterer Wissenschaftler brachte mir sehr vorsichtig die flachen Glaskisten. Sehr vorsichtig, um sie nur ja nicht zu erschüttern, wurden sie auch wieder weggepackt, als ich alles gesehen hatte, was es eben noch zu sehen gab. Die Flügel des Xerces-Bläulings hatten ein wunderschönes Blau, und ich versuchte mir vorzustellen, wie es im Leben ausgesehen haben mochte und ob es vielleicht Worte gab, die genau dieses, dieses eine, einzigartige Blau beschrieben. Worte in einer Sprache, die über Jahrtausende mit dem blauen Tier zusammengelebt hatte, bis irgendwann der letzte Sprecher des Ramaytush die Augen und den Mund schloss, bis irgendwann der letzte der blauen Falter die Flügel zuklappte. Für immer.

Das Brot wuchs auf den Bäumen

Wollte man sich, aus dem früheren Land der Ramaytush weiterwandernd, nach Norden wenden, mit dem Binsenfloß über die Meerenge oder heute für eine Handvoll Dollar Brückenzoll über die Golden Gate Bridge, so käme man ins Sprachgebiet des Wappo an der Küste, an den Küstenwäldern, des Pomo im Inland, des Miwok … Man käme in eigene, ehemalige Sprachgebiete und träfe immer noch eigene endemische Arten – wie die Marin-Singammer *Melospiza melodia gouldii* …

Im Süden würde man zu den Awaswas gelangen. Dieser Stamm bewohnte die Gegend um das heutige Santa Cruz, die Küstenhügel, die Täler, die sich zum Pazifik öffnen. Ob man nun durch das Gebiet der Ramaytush und Awaswas oder durch das Land der Tamien nach Süden reist – wenn man sich wieder der Küste nähert, so betritt man das Gebiet der Mutsun; deren Sprache ist seit 1930 mit dem Tod der letzten Sprecherin verstummt, ebenso ausgestorben wie die Sprache der Nachbarn im Süden. 1939 verstarb in Monterey die letzte Sprecherin des Rumsien, das von der Gegend der heutigen Agrarwüste um Watsonville und der »Salatstadt« Salinas – John-Steinbeck-Land – die

Big-Sur-Küste mit ihren Waldtälern im Rücken hinunter bis nach Point Sur gesprochen wurde. Irgendwo im Hinterland muss das Habitat einer Sprache namens Chalon gelegen haben; wo genau, das wissen wir nicht mehr, es ist unbekannt wie die Lage des Goldlandes Punt oder des Reichs der Königin von Saba. Auch wer der letzte Sprecher war, ist unbekannt. In Big Sur lag auch das Habitat des Esselen. Schon 1833 gab es nur mehr ein paar Sprecher, und bevor das 19. Jahrhundert zu Ende ging, war die Sprache ausgestorben. Von der Sprache und Kultur der Esselen ist nichts geblieben. Kein einziger Text ist erhalten, »nicht einmal ein Vaterunser«, bemerkt der Anthropologe Alfred Kroeber.[37] Wir kennen vom Volk der Esselen kaum mehr als seinen Namen.

Von manchen Kulturen wurde nichts übrig gelassen als ihr Abfall. Wie bei Haufen von Muschelschalen und Knochenresten an der Bucht von San Francisco oder an der Küste von Bahias, wo ich, ziemlich genau an dem Punkt, an dem die Europäer begannen, das Land für immer zu verändern, auf einem Hügel mit Blick übers Meer, Muschelschalen im Boden fand. Muschelschalen fand ich auch im Nadelhumus unter Mammutbäumen in den Hügeln von Big Sur. Es sind die Reste eines Grundnahrungsmittels, das, an der Küste gesammelt, in die Dörfer zurückgebracht wurde, dahin, wo es Holz und Eichen gab. Das Brot wuchs hier auf den Bäumen. Man findet noch heute Steine mit regelmäßig runden Löchern, in denen Eicheln zerstampft wurden. Es sind immer mehrere Mörsergruben in einem Felsen, denn das Mahlen des Eichelgetreides war eine Gruppenarbeit, bei der Zeit war, zu erzählen und im Rhythmus der Mörser zu singen. Mir fiel auf, dass einige der Steinmühlen an besonders schönen Aussichtspunkten liegen, auf Hügelkuppen und Berghöhen, von denen man auch die Wolkenbilder über der See oder die Wanderzüge der Vögel und Schmetterlinge verfolgen konnte. Die Zugvögel und Falter unter dem Himmel wissen ihre Zeit. Auch die Wale im Meer merken, wann sie wiederkommen sollen. Vielleicht konnte man, mit Blick über den Ozean, die vorbeiziehenden Wale sehen und so den »Walkalender« nachjustieren und in Gesängen festhalten. Solange es noch so viele Wale gab, dass man sie schon vom Hügel aus sehen konnte.

Mit dem Schrumpfen des Volkes der Esselen müssen die um die Mühlsteine gescharten »Arbeitsgruppen« immer weniger und weniger geworden sein, und der Kreis der an einem Stein arbeitenden Frauen immer kleiner und kleiner, bis keine einzige mehr übrig blieb. Ob die letzte, alleine Zurückgebliebene noch für sich und eine letzte Familie, ein letztes Kind, Eichenmehl mörserte? Ob sie – allein – noch den Rhythmus, der sich doch in einer Gruppe entwickelt hatte, beherrschen konnte? Ob man die alten und sich immer wieder neu entwickelnden Lieder allein überhaupt richtig singen konnte? Wann hat sie wohl zum letzten Mal den Stößelstein zur Seite gelegt und aufgehört, ihr jetzt nur noch einstimmiges Lied zu singen?

Doch wovon die Müllerinnen der Esselen erzählten und sangen, worüber getuschelt und gelacht wurde, was im Wald der Brotbäume gesehen, gehört und erlebt werden konnte, können wir nur noch in Ansätzen, eben nur in Analogien erfassen. Denn auch die Gedankenwelt dieser Menschen ist, wie ihre Sprache, mit ihrer Sprache für immer verloren. »Ich will erzählen, wie die Wälder einmal waren/Ich werde in einer vergessenen Sprache sprechen müssen«, dichtet der Amerikaner W. S. Merwin.[38] Auch was die Esselen von Big Sur uns vielleicht erzählen wollten, über Generationen und vielleicht über Kontinente und Ozeane hinweg, ist für immer versunken, die Verbindung abgerissen.

Verlust des Möglichen, Verlust der Zukunft

Mit dem Tod einer Art, einer Sprache oder einer Kultur ist nicht nur die Verbindung zur Vergangenheit, zu den Wurzeln zerrissen. Wird eine Art, ein Vogel, eine Pflanze, ein Insekt ausgerottet, so ist auch das gesamte zukünftige Entwicklungspotenzial dieser Art vernichtet. Ebenso werden, wenn eine Kultur vernichtet wird, auch all ihre möglichen zukünftigen Entwicklungen, alle Ideen und Gedanken, die sie hätte hervorbringen können, vernichtet. So hinterlässt eine tote Sprache, eine getötete Kultur eine ökologische Lücke: Fragen, die nicht mehr gefragt, Gedankengänge, die nicht mehr gedacht werden können, Geschichten, die nicht mehr erzählt werden können. Sie werden ersetzt durch Neues, anderes, das aber, da der Austausch immer schneller und schneller, immer wahlloser und über immer größere Distanzen hinweg erfolgt, überall hätte entstehen können. Die Vielfalt der Welt, biologisch wie kulturell, wird weiter homogenisiert. Alte Bilder von Natur und Kultur werden immer schneller überdeckt.

Wir finden Hunderte Sprachen in San Francisco. Man kann italienische Opern hören, brasilianisch essen, indische Filme anschauen, argentinischen Tango tanzen, äthiopischen Honigwein oder deutsches Bier trinken, japanisch baden, und alles, was man kaufen kann, stammt ohnehin aus China. Es gibt heute mehr Sprachen und Kulturen auf dieser Halbinsel als je zuvor, eine wunderbar bunte Mischung. Und doch ist das Einzigartige für immer verloren, für uns und für alle Zukunft – und all das Bunte könnte man in beinahe jeder großen Stadt der Erde erleben.

Verbindungen zwischen gestern und morgen sind abgerissen. Es besteht eine Lücke in den Möglichkeiten der Evolution und eine Lücke in den Möglichkeiten des Erlebens, und diese Möglichkeiten sind nirgendwo auf der Welt mehr zu finden.

Wir werden immer kosmopolitischer. Der Austausch, ganz gleich wessen, erfolgt immer schneller und schneller, und auch wir selbst werden in mancher Hinsicht immer austauschbarer – unsere Arbeitsleistung, unsere Ideen und auch das, was wir erleben, und worauf unsere Ideen aufbauen. Im immer eiligeren globalen Austausch immer ähnlicherer Einheiten, immer weniger Arten, immer weniger Gene und Mneme, entsteht etwas, das nach Jahrmillionen der Entwicklung an ein Bild aus frühen Zeiten der Entwicklung des Lebens auf der Erde erinnert – wie es James Lovelock in seiner Gaia-Hypothese schildert: »Da gab es eine Zeit, in der das Betriebssystem der Erde ganz und gar von Bakterien bevölkert war. Es war eine lange Zeit, über die alle lebendigen Elemente Gaias als wahrhaftig ein einziges Gewebe bezeichnet werden konnten. Bakterien sind freibeweglich und nicht ortsgebunden und könnten sich, getragen durch Winde und Meeresströmungen, um die ganze Welt bewegt haben. Sie tauschen auch rasch und problemlos Informationen in Form von Nachrichten, die in Nukleinsäureketten von niedrigem Molekulargewicht, den sogenannten Plasmiden, verschlüsselt sind, aus. Alles Leben auf der Erde war in einem langsam, aber fehlerfrei funktionierenden Netzwerk der Kommunikation verbunden. Marshall McLuhans Vision vom ›globalen Dorf‹, in dem die Menschen in ein fortwährend ratterndes Netzwerk der Telekommunikation eingebunden sind, ist eine Neuauflage dieser Einrichtung der Urzeit.«[39]

So nähern wir uns also langsam wieder einem Bild an, das es vor Äonen gab, vor Jahrmillionen des Gegen-den-Strom-Schwimmens,

Jahrmillionen des Kampfes des Lebens gegen den Sog, gegen den Druck der Entropie. Der Verlust von Strukturen, von Information schreitet voran, die Entropie steigt, wie in einem System, das sich erwärmt und immer weiter erwärmt, die Teilchenbewegung immer schneller wird, bis im Schmelztiegel eine völlig homogene Mischung vorliegt. Und ein System, das sich erwärmt, ist die Erde in der Hand des Menschen bereits. Die Lebensformen, die diese Welt künftig dominieren, werden wieder die kleinen, anpassungsfähigen sein, die überall auf der Erde dieselben sind.

*»Groß ist die Sehnsucht nach dem Ungeheuren,
nach Geschichten und neuen Abenteuern.«*

KAPITEL 13

Humboldts Anekdote oder die Klippe über dem Wasserfall

Ebenso wie die Erinnerung an die Schönheit, die Vielfalt und das evolutionäre Entwicklungspotenzial ausgestorbener Organismen nur noch durch tote Museumsexemplare am Leben erhalten wird, so bleiben von vernichteten Kulturen nur noch Fragmente: Die roten Federroben hawaiianischer Häuptlinge in den Museen, die Felsen mit den Mörsergruben an der Big-Sur-Küste oder auch die Gemälde an den Wänden der Bilderhöhle sind nur Bruchstücke dessen, was wir als »Kultur« bezeichnen. Bei zellulären Organismen würde man von »Präparaten« oder »Proben« sprechen. Auch ein umfangreiches Lexikon, das Wörter einer verstummten Sprache auflistet, oder ein Grammatikbuch, das die Konstruktion von Sätzen, die niemand mehr sprechen wird, erklärt, enthält noch viel weniger vom »Lebewesen« dieser Sprache als die DNS eines Urzeittieres, und sei sie auch vollständig sequenziert, von ihm darstellt, noch viel weniger, als vom Gesang einer Vogelart in ihrem überlebenden lautmalerischen Namen in einer Menschensprache nachgezeichnet sein kann.

Der Brite David Hindley, Akademiker in der *Stadt an der Brücke*, versuchte mit computergestützten Methoden die Stimmen ausgestorbener Vögel nachzuahmen.[1] Die Stimme des neuseeländischen Lappenhopfes, des Huia, zum Beispiel, von der zumindest ein schwacher »Abgesang« in Form einer Nachahmung eines Zeitzeugen vorhanden war. Doch aus solchen Präparaten ist kein Leben mehr zu erwecken. Die Stimme des Dodo wurde in Anlehnung an die Gesänge überlebender verwandter Arten nachgestellt und so zwangsläufig an ein anderes, lebendes Vorbild angeglichen. »Nachempfunden« wäre der falsche Ausdruck, denn empfinden wird die Stimme niemand mehr können, da es seit Jahrhunderten niemanden gibt, der sie noch gehört hätte, und ein Computer kann das erst recht nicht.

Der deutsche Künstler Wolfgang Müller versuchte, die Stimmen lange ausgestorbener Vögel mit menschlichen Stimmen zu rekonstruieren. Die Sänger sollten versuchen, sich in den Vogel hineinzuversetzen, ohne weitere künstlerische Einflüsse den Gesang nachzuahmen, so wie sie sich deren Klang vorstellten. Ich habe mir das Stück *Séance Vocibus Avium* genau angehört und versucht zu entscheiden, ob ich die Rekonstruktion für glaubwürdig halten konnte. Da war das tiefe Schnurren, das fast insektenähnliche Surren der neuseeländischen Schwarzbrustwachtel, das Gluckern der Weißbrustralle von Assumption und schließlich der Schrei des Riesenalks. Ich frage mich, ob sich die Stimmen von Hühnern, Tauben oder Staren, jener Vögel, deren Stimmen man heute eben überall hört, ins Unterbewusstsein der Künstler und so in die »heraufbeschworenen« Phantasiestimmen eingeschlichen haben. Ein Unterton war jedenfalls bei allen da: Sie klangen alle etwas traurig. Aber vielleicht habe ich mir das auch nur eingebildet.

Etwas, das wie *Cudgimaruk* klang, hätte ich beim Norfolkstar erwartet, doch das Geräusch klang ganz, ganz anders. Natürlich, denn wie wir die Stimme eines Vogels hören und transkribieren, hängt stark davon ab, welche Sprache in uns lebt, und für zweisprachige Menschen kann derselbe Vogel durchaus unterschiedlich klingen, je nachdem »in welcher Sprache man zuhört«.[2] Und ich kann nun mal nicht in Norfuk, der nur noch von wenigen Menschen gesprochenen Englisch-Tahitianischen Kreolsprache der Norfolkinsel, zuhören, und der Mensch, der die Stimme »spielte«, konnte es vermutlich auch nicht.

Bilder, die an das Echo eines verklungenen Tierlauts in Menschenworten erinnern, werden mitunter auch gespiegelt zurückgeworfen. In der Naturgeschichte von Menschen, Sprachen und Vogelstimmen wird immer von einem Rollentausch zwischen Vorsänger und Nachahmer erzählt und so die Tragödie der unwiederbringlichen Verluste illustriert. Alexander von Humboldt notierte irgendwo an der heutigen kolumbianisch-venezolanischen Grenze: »Es geht die Sage, die tapferen Atures haben sich, von menschenfressenden Karaiben bedrängt, auf die Klippen der Katarakte gerettet; ein trauriger Wohnsitz, in welchem der bedrängte Völkerstamm und mit ihm seine Sprache unterging. (...) Ja, es ist wahrscheinlich, daß die letzte Familie der Aturen spät erst ausgestorben ist; denn in Mappures (ein sonderbares Faktum) lebt noch ein alter Papagei, von dem die Eingeborenen behaupten, daß man ihn darum nicht verstehe, weil er die Sprache der Aturen rede.«[3]

Die Anekdote um diesen Vogel, den Humboldt später nur noch ein-, zweimal, ganz nebenbei in Briefen, erwähnte[4], beflügelte später die Phantasie von Romanautoren[5], Dichtern[6, 7] und auch Naturwissenschaftlern.[8]

Die Geschichte wurde auch auf andere Sprachen übertragen. Angeblich soll auch die keltische Inselsprache Manx zuletzt nur noch von einem Papageien gesprochen worden sein.[9] Auch vom Cornischen gibt es diesen Mythos[10], und der jiddische Dichter Avram Gontar erdachte sich angesichts des Niedergangs seiner Sprache einen afrikanischen Papagei, der die Sprache lernen und sie für das Enkelkind am Leben erhalten sollte.[11] Im modernistischen Mythenroman *Macunaima*[12] des Brasilianers Mário de Andrade ist es ebenfalls ein Papagei, der zuletzt alleine noch die ausgestorbene Sprache des »Helden ohne Eigenschaften« spricht.

Vor ein paar Jahren stellte eine amerikanische Künstlerin in der Serpentine Gallery in London zwei Papageien aus, denen sie ein paar Worte aus Humboldts Notizen zur Sprache der Maypures beigebracht hatte[13] – ironischerweise ausgerechnet Maypures. Die Papageien imitierten so ein paar Worte der mittlerweile ebenfalls ausgestorbenen Sprache[14] eben jener Menschen, die die Sprache der Atures vernichtet hatten, und dieser Irrtum beruhte offensichtlich auf einem Mangel in der Übersetzung aus dem Deutschen Humboldts ins Englisch der globalisierten Welt …

Aus der Stimme der Papageien kann die Sprache der Menschen ebenso wenig wiedergewonnen werden wie aus unserer Nachahmung der Gesang eines Vogels. Jeder Versuch klingt traurig und ist doch wichtig, um sich vor Augen zu halten, was eigentlich verloren ging.

Welche Bilder der Vielfalt bunter Inselwelten werden zuletzt noch im überhitzten Schmelztiegel der »Globalopolis« zu erkennen sein? Welche Bruchstücke werden zuletzt noch als Unebenheiten aus den homogenen, homochromen Beton- und Rasenschichten herausragen? Was werden die letzten fremden, ungewohnten Stimmen sein, deren Nachhall wir noch durch die Betonwände der globalen Stadt hören werden?

Gegen den Strom

Doch es gibt Menschen, die immer noch genau hinhören, deren Auge nicht müde geworden ist und die in ihrer täglichen Arbeit, dem Schutz der Insel Erde, dem Schutz des zellulären und nicht zellulären Reichtums der Erde dienen. Seit den Anfängen der Naturschutzbewegung hat es Versuche gegeben, Inseln wieder Inseln sein zu lassen und das Abenteuer zu erhalten, all das Einzigartige zu schützen, das, wie die Aturen in Humboldts Anekdote, am Abgrund, auf den Klippen über dem Strom ausharrt, oder sich gerade eben noch am Rand der Schlucht ans Leben klammert. Es ist ein dauerndes Ankämpfen gegen Indifferenz und Verrohung. Es ist ein Widerstand gegen starke Kräfte. Gebrochen ist er noch lange nicht.

Es gibt sogar Versuche, wieder gegen den Strom der Entropie zu schwimmen, gewissermaßen Dämme zu errichten und zerstörte Ökosysteme unter großem Energieaufwand wiedererstehen zu lassen.

Dabei muss man bis heute die Botschaften der Natur wahrnehmen, sich nach den Vögeln richten und die Bäume fragen.

Und es gibt Erfolge. Über die Jahre kehrten die Graureiher wieder in mein Tal in den grünen Bergen zurück. Inzwischen sehe ich sie häufig auch mitten in der *Stadt am Fuß der Berge*. Sogar die Störche, die hier einmal ausgestorben waren, nisten jetzt wieder auf einigen Dächern und schweben hoch über dem Tal mit ähnlicher Eleganz wie der Truthahngeier über dem Central Valley oder der Kondor über Big Sur, die Geier über der Küste von Bahia. Die Wanderfalken, die nahe am Aussterben waren, brüten immer noch am Rande der Schlucht der Hirsche und inzwischen auch wieder in mehreren Seitentälern. Die Laubbäume, die ich als Forststudent pflanzte, die helfen sollten die monotonen Fichtenplantagen wieder in »echte« Wälder zu verwandeln, wachsen heran und könnten in ein paar Jahrzehnten helfen, das Bild einiger Hänge wieder »echter« und »ursprünglicher« werden zu lassen.

In eine ähnliche Richtung zielen auch Projekte, bei denen man versucht, Arten, die bis an den Rand der Ausrottung gebracht wurden, aber doch irgendwie, irgendwo überlebten, im alten Habitat wiederanzusiedeln – gewissermaßen in Nachfolge Noahs, im Kielwasser Richard Henrys, der gegen Wind und Wellen Tiere auf sein Boot lud, damit die Welt nicht noch grauer, eintöniger und langweiliger werden sollte. Mitunter geschieht dies auch in dicht besiedelten Gebieten. So findet sich heute mitten in San Francisco die in der Natur am selben Ort ausgestorbene San-Francisco-Bärentraube oder San-Francisco-Manzanita *Arctostaphylos hookeri ssp. franciscana*. Angepflanzt entlang der Windungen der Lombard Street wächst sie neben der ebenso bedrohten endemischen Presidio Manzanita *Arctostaphylos hookeri ssp. ravenii*. Auch die kleine, in San Francisco endemische Libelle *Ischnura gemina* wurde in einem Park der Stadt wiederangesiedelt.[15] Es sind Hoffnungszeichen und erste Züge beim Schwimmen gegen den Strom.

Versuche, ausgerottete Lebewesen in einem Ökosystem wieder heimisch zu machen, haben eine lange Tradition, oft mit Wildarten, die zunächst bis in die Ausrottung bejagt worden waren, aber dann doch in Gebieten, die ausgeschossen, ausgeschunden worden waren, wieder für die Fortsetzung der Hatz herhalten sollten. So war der Auerhahn *Tetrao urogallus* im 19. Jahrhundert in Schottland ausgerottet und wurde durch Tiere aus Schweden ersetzt.[16] Allein als Jagdbeute wurde im 20. Jahrhundert wurde in manchen Gegenden der Alpen der Steinbock wieder heimisch gemacht.[17] Im Schwarzwald wurden Gämsen[18] und Murmeltiere ausgewildert.[19] Ob es diese jedoch wirklich je hier gegeben hatte, ist immer noch umstritten. Auch wenn diese Versuche im Ansatz der Einbürgerung von »neuem« Jagdwild in Neuseeland oder Australien ähnlich sind, so lieferten sie doch zumindest in einigen Fällen ein durchaus brauchbares Modell für wesentlich komplexere Versuche mit weitaus höheren Zielen und Ansprüchen. Erfolgreich konnten inzwischen der kalifornische Kondor, das goldene Löwenäffchen in Brasilien[20], die Mhorr-Gazelle in Marokko[21], die Säbelantilope in Tunesien[22] und verschiedene andere, in freier Wildbahn ausgestorbene Arten in ihrer ursprünglichen Heimat wiedereingebürgert werden. Der Galapagos-Leguan von Baltra überlebte im Exil auf dem Inselchen Seymour Norte die Massaker, in denen Soldaten nur so aus Spaß die Art auf der ursprünglichen Heimatinsel ausgerottet hatten, und konnte inzwischen wieder auf seine eigene Insel zurückkehren.[23]

Den kalifornischen Kondor, in der Wildnis einmal ausgestorben[24], durfte ich vor wenigen Jahren durch den Schimmer des Meereslichtes über die Küstenhügel segeln sehen, ganz so, als sei er nie fort gewesen.

»Wenn eine Art ausstirbt, dann hinterlässt sie möglicherweise eine ökologische Lücke, die, wenn sie nicht gefüllt wird, sich schädlich auf andere Arten auswirken kann. Die Waldbäume können von fruchtfressenden Fledermäusen oder Papageien abhängen, die ihre Früchte verbreiten, und umgekehrt brauchen die Fledermäuse und die Papageien die Bäume, die sie mit Nahrung versorgen«, schrieb der Ornithologe Carl Jones[25] und schlug vor, den »Echopapagei« von Mauritius nach Réunion, Rodrigues oder auf die Seychellen einzuführen, um ihn die Rolle der ausgerotteten Inselpapageien ausfüllen zu lassen. Vielleicht sogar den großen schwarzen Kakadu aus Australien einzuführen[26], um den blaugrauen Schopfpapagei von Mauritius, nun, nicht zu *ersetzen*, denn das ist unmöglich, aber gewissermaßen um einen ökologischen Stellvertreter einzusetzen, solange die Abwesenheit des Ausgestorbenen eben dauert.

Ein solcher Stellvertreter könnte helfen, Prozesse in Gang zu halten, Strukturen zu stabilisieren und vor dem Verfall zu bewahren, in etwa so wie eine neu eingezogene Stützwand eine Ruine vor dem endgültigen Zerfall schützen kann. Mittlerweile sind tatsächlich auf verschiedenen Inseln der Seychellen und Maskarenen, den alten Schildkröteninseln, wieder Riesenschildkröten angesiedelt worden. Wenn sie auch nicht der hier ursprünglich beheimateten Art angehören, wenn sie auch alle einer Art und Unterart angehören und somit auf allen Inseln die gleichen sind, so können sie doch als Verwandte zum Entstehen von Ökosystemen, die den vergangenen, verlorenen früherer Zeiten ähnlich sind, beitragen. Sie können helfen ein Abbild des verlorenen Naturraums zu schaffen, in dem auch das Überleben anderer, vielleicht noch am Rande vorhandener, noch nicht abgestürzter Arten unterstützt werden kann. Dabei wird eigentlich auch versucht, Elemente einer verlorenen Lebenswelt, die uns einmal umgeben haben und die Grundlage unserer Entwicklung gewesen sein mag, zu restaurieren.

Manchmal entstand rein durch Zufall eine solche Konstellation, in der eingeführte Lebensformen helfen, die bröckelnde Fassade eines Ökosystems zu stützen, sodass man sich vielleicht noch in etwa vorstellen kann, wie das Ganze früher einmal ausgesehen hat. Auf Komodo starben die Zwergelefanten aus, wurden vermutlich ausgerottet, aber der Komodowaran, der einzigartige »Drache« der Insel, überlebte mithilfe der von Menschen eingeführten Hirsche, die eine Ersatzbeute darstellten.[27] In Kalifornien bietet der Eukalyptus, der fremde Baum, der von jenseits des Pazifiks geholt wurde, ein Habitat für den Monarchfalter – solange eben, bis es vielleicht wieder so etwas wie seine ursprünglichen Wälder und Waldränder gibt. Auf Mauritius überlebte die Rosa Mauritiustaube in einem Wäldchen japanischer Sicheltannen im Süden der Insel.[28] In Gehölzen des gleichen Baumes überlebt im Atlantik auf der Insel São Miguel der stark gefährdete endemische Azorengimpel *Pyrrhula murina*, eine vor Jahrzehnten schon einmal ausgestorben geglaubte, unserem Dompfaff verwandte Art.[29] Es sind seltene Fälle, Ausnahmen von der Regel, aber sie helfen, den Mut nicht müde werden zu lassen, und inspirieren zu Neuem, Großem, Abenteuerlichem.

Im Zusammenhang mit der Restaurierung von Ökosystemen durch eingeführte Arten entstanden einige sehr wilde Ideen. So wurde vor einiger Zeit die Auswilderung von Elefanten in Nordamerika[30] als ein interessantes Gedankenexperiment vorgebracht. Inzwischen ist in der Fachliteratur bereits die Rede davon, Trampeltiere, Przewalskipferde oder auch afrikanische Großkatzen in amerikanische Prärien einzubringen.[31] Das Vorhaben erinnert etwas an im Jahr 1910 vorgestellte Pläne, die die Einbürgerung afrikanischer Großtiere in Amerika zur Fleischproduktion vorsahen. Nilpferde sollten in die Sümpfe des Südens und Kamele in die Wüsten des Westens gebracht werden. Afrikanische Büffel sollten die nahezu ausgerotteten Bisons ersetzen.[32] Buschbock und Riedbock sollten als Jagdwild für den beinahe verschwundenen Gabelbock »einspringen«. Die Idee wurde bald aufgegeben.[33] In der neuen und unter anderem Vorzeichen entstandenen Variante des Vorhabens könnte vielleicht wirklich irgendwann so etwas wie ein undeutliches Spiegelbild pleistozäner Lebenswelten erzeugt werden. Vielleicht würde auch etwas von einer uralten »Erlebenswelt« wieder zurückgebracht. Doch ab wann ist die Restauration eines verlorenen Bildes ein Neu-Malen nach anderem Vorbild? Für Jahrhunderttausende müssten wir die Evolution in Ruhe ablaufen lassen, sie ihren eigenen Weg finden und die Natur die eigene Schöpfungskraft und »Phantasie« ausleben und aufleben lassen, damit irgendwann wieder echte, einheimische Riesengeschöpfe die Prärien bevölkerten. Doch der Mammut käme nie zurück. »Die Schönheit und der innewohnende Geist eines Kunstwerks kann vielleicht wieder neu erdacht werden, auch wenn seine erste materielle Umsetzung zerstört wurde; eine verschwundene Harmonie kann vielleicht irgendwann wieder einen Komponisten inspirieren, aber wenn der letzte Vertreter eines Stamms lebender Wesen aufgehört hat zu atmen, dann muss ein neuer Himmel und eine neue Erde wachsen und vorbeiziehen, bevor es solches wieder geben kann«, schrieb der Ornithologe William Beebe.[34]

Es gibt sogar kühne, wunderbar abenteuerliche Ideen, lange ausgestorbene Wesen ins Leben zurückzuholen. Ähnlich wie Darwin, der durch Kreuzung verschiedener Haustaubenrassen irgendwann einen Vogel erhielt, der der Urform ähnlich sah, kreuzten und züchteten die Zoologen Heinz und Lutz Heck Haustierrassen, bis sie Tiere erzielten, die den Bildern jungsteinzeitlicher Künstler entstiegen zu sein schienen: ein urtümlich anmutendes Rind[35], das aber eben doch nicht *Bos taurus primigenius*, sondern immer nur *Bos taurus taurus* sein wird und das korrekterweise auch nicht Auerrind genannt werden kann, sondern als Heckrind geführt wird. Auch das urtümlich aussehende Pferd der Brüder Heck ist nicht *wirklich* das europäische Wildpferd, ist nicht *wirklich* der Tarpan der alten Urwälder und Waldsteppen, sondern nur ein ähnlich aussehendes »dedomestiziertes« Hauspferd.[36] Abbildzüchtung nennt man dieses Unterfangen. Dahingehende Versuche werden bis heute unternommen – etwa in der Hoffnung, durch gezielte Zucht von Zebras, in deren Erbgut noch ein paar Quagga-Gene vorhan-den sein dürften, das Quagga von den Toten auferstehen zu lassen.[37] Ob dieses »neue« Quagga uns vielleicht auch so etwas Ähnliches wie die Stimme des verlorenen Tieres zu Gehör bringen wird? »Vielleicht kann man die Seychellen-Turteltaube phänotypisch dadurch erhalten, dass man eine Art Zuchtwahl betreibt«, schlug ein Ornithologe vor.[38] Sicher, die ausgestorbene Art wird nicht wiedererstehen, ebenso wenig wie Darwin eine »echte« wilde Felsentaube erzüchtete, aber vielleicht kann man wenigstens oberflächlich etwas an dem zerstörten Bild restaurieren, ein Abbild entstehen lassen? Ein Abbild, um das herum sich vielleicht doch noch etwas auf der Welt Einzigartiges, dem alten, vergangenen Bild Ähnliches entwickeln kann?

Das Zeitalter der Molekularbiologie bringt in diesem Zusammenhang mitunter skurrile Ideen hervor. Die Bemühung, den tasmanischen Tiger wiederzubeleben – aus DNS, die einem in Alkohol eingelegten, konservierten Embryo entnommen wurde –, scheiterte grandios. Pläne, das Mammut aus genetischem Material, das aus im sibirischen Eis konservierten Tierkörpern gewonnen wurde, wiederzubeleben[39], haben bisher nur theoretischen Charakter, auch wenn immer wieder Berichte zu derartigen Projekten durch die Medien gehen.[40] Sind dies alles lediglich Wissenschaftsphantasien unserer Zeit, oder zeigt sich hier vielmehr ein tiefes Bedürfnis, doch noch etwas von den verlorenen lebenden Bildern früherer Zeiten zu sehen?

Auf der Suche nach dem Vogel Phönix

Doch wie sieht dies bei den nicht zellulären Lebewesen aus? Auch das Untergehen von Sprachen wird von vielen Menschen als ein Verlust wahrgenommen; gerade die raumgreifende Ausbreitung dominanter Sprachen führt zu Widerstand[41] und zu Bemühungen um die Erhaltung oder sogar Wiederbelebung einiger lokaler Sprachen.[42] Ein frühes Beispiel für den Versuch, eine durch Verdrängung bedrohte Sprache zu schützen, ist im heutigen Dubrovnik, dem alten Ragusa, dokumentiert. 1472 stellte der Senat der Stadt seine *Lingua veteri ragusea* unter Schutz[43]: *Prima pars est quod in consilio nostrorum rogatorum nullus arengans possit uti alia lingua quam ragusea* – doch die Verordnung, auf Latein verfasst, blieb langfristig erfolglos. Ragusäisch wurde vom Kroatischen verdrängt und ist seit dem 15. oder 16. Jahrhundert – wir wissen nicht genau, seit wann – ausgestorben.[44] Durch Gesetze allein ist das Aussterben nicht zu verhindern.

Der deutsch-australische Linguist Carl-Georg von Brandenstein verglich Sprachen mit einem bunten Teppich, der in der Mitte des Raumes, da, wo er am meisten betreten wird, am stärksten abgenutzt ist, während in den Ecken und überall dort, wo Möbel stehen, das alte Muster noch erkennbar ist.[45] Tatsächlich finden sich die meisten Fälle, in denen es gelungen ist, das Aussterben zu bremsen oder sogar den Abwärtssturz in einen langsamen Anstieg umzulenken, auf Inseln oder in anderen »Ecken« der Erde, wo der abnutzende Durchgangsverkehr mit den alles überwältigenden, alles niederwalzenden »Verkehrssprachen« noch gebremst, und der Lebensraum der Sprache auf die eine oder andere Weise geschützt und abgeschirmt ist – wie etwa bei den keltischen Sprachen Irisch, Gälisch und Walisisch der Britischen Inseln. Hawaiianisch, überlebend im täglichen Gebrauch auf der Insel Ni'ihau, das Leonesisch[46], überlebend in einigen Sprachinseln auf der iberischen Halbinsel.

Viel schwieriger ist es allerdings, eine Sprache, die tatsächlich »tot« war, ins Leben zurückzurufen. Es ist der Versuch, eine Sprache, die gefressen wurde, wieder aus dem Bauch der Killersprache herauszureißen wie Rotkäppchen und die Großmutter aus dem Bauch des Wolfes. Doch manche Sprachen sind längst verdaut.

Bisher gibt es nur einige wenige Fälle, in denen tatsächlich etwas Derartiges gelungen ist – oder zumindest so etwas wie ein lebendes Abbild einer verstummten Sprache erzeugt werden konnte. Eine Wiederbelebung erwies sich als möglich, wenn zumindest ein paar »lebende Zellen« noch vorhanden waren, eine verwandte lebende Sprache oder eine Form der Sprache in irgendeiner Spezialnische. Neuhebräisch zum

Beispiel, aufgebaut anhand einer im liturgischen Bereich überlebenden Sprache. Die alte Keltensprache Manx, ausgestorben, seit 1974 der letzte Muttersprachler verstarb, wird heute als Zweitsprache wiederbelebt.[47] Erste Bemühungen setzten ein, als es eben noch einige wenige Menschen gab, die außer Englisch ein wenig Manx beherrschten. Eine verwandte Geschichte einer verwandten Sprache ist die des Cornischen. Als erste Bestrebungen der Wiederbelebung einsetzten, gab es einige wenige Menschen, in denen noch ein wenig Cornisch lebte, als Zweitsprache, aufgepfropft auf das allgegenwärtige Englisch.

Die Geschichten dieser Sprachen machten anderen linguistischen Naturschützern Mut für weitere, ehrgeizige Projekte. Das lebende Abbild einer toten Sprache erstehen zu lassen, ist außerordentlich schwierig, aber, bei ausreichendem Energieeinsatz und mit viel Mut, nicht unmöglich. Einige Nachfahren der Ohlone-Stämme der Bay Area versuchen heute, in Zusammenarbeit mit Akademikern der Universität von Kalifornien in Berkeley, ihre Sprache ins Leben zurückzurufen.[48] Der Stamm der Catawba in Nord- und Süd-Carolina ist in unseren Tagen bemüht, seine alte Sprache, dessen letzte Sprecherin 1952 verstarb, wiederaufleben zu lassen.[49] Das südaustralische Kaurna, ausgestorben als Muttersprache, wird, auf der Basis von Aufzeichnungen zweier Missionare, mit viel Mühe und Wort für Wort ins Leben zurückgerufen.[50] Nachfahren der Ureinwohner Tasmaniens versuchen heute ebenfalls aus einigen überlebenden Resten der alten Sprachen der Insel eine »einheimische« Sprache zusammenzusetzen.[51]

Das Volk der Pataxó Hã-Hã-Hãe in Bahia entschied sich, da sich ihre vom Portugiesischen verdrängte alte Sprache nicht mehr wiederbeleben ließ, die Sprache eines entfernt verwandten Stammes anzunehmen, um wenigstens eine einheimische Indiom zu sprechen[52] – ein Ansatz, der der Einführung verwandter Arten als »Ersatz« für ausgestorbene ähnlich ist.

Natürlich ist so eine wiederbelebte oder ersatzweise eingeführte Sprache nicht mehr dasselbe wie ihr Vorfahr oder Vorgänger, ist doch die Umwelt dieser Sprache verloren, das Biotop, in dem sich das Lebewesen dieser Sprache entwickelte, verschwunden. Doch zumindest malt sich hier eine Kultur ein Erinnerungsbild und, wichtiger noch, sie erschafft eine Grundlage zukünftiger Entwicklung, bringt einen ersten Stein aus der Tiefe des Vergessens, einen Grundstein, aus dem eine neue, einzigartige Insel werden kann, einen Anfangspunkt, von dem aus das Leben erneut beginnen kann, gegen den Strom zu schwimmen, wenn wir es denn zulassen.

In einer freundlicheren Version der Geschichte von der Schildkröteninsel, wie sie in unserem gelben Märchenbuch stand, geschah es, dass, als das Rebhuhn verzweifelt mit seinen von ihm selbst gefledderten Flügeln schlug, um zu entkommen, es sich plötzlich doch vom Erdboden erhob und in Sicherheit fliegen konnte. Die Federn waren unbemerkt nachgewachsen. Die Natur ist immer für eine Überraschung gut, wächst ohne Unterbrechung, und das manchmal ganz im Verborgenen.

Die Wanderung gegen den Strom geht weiter, in Richtung Quelle, dahin, wo er mit einem Tropfen auf den kalten Stein, mit einer Schneeflocke in der Sonne seinen Anfang nahm. Dorthin, wo die Vielfalt der Erscheinungsformen geboren wird, den vielen vielen aufgefächerten Quellflüssen und Quellströmen entgegen. Bergwärts ... So wird vielleicht Vielfalt neu entstehen, wenn wir es denn zulassen und nicht immer weiter trockenlegen und überfluten, ableiten und kanalisieren, nicht weiter versuchen, alle Berge abzutragen und alle Täler aufzufüllen. Manchmal verläuft die Evolution überraschend schnell: Auf den Galapagos-Inseln glauben Zoologen zurzeit die Entwicklung einer neuen Art von Darwinfink zu beobachten.[53] Wenn wir Inseln wieder Inseln sein lassen, vielleicht können sich dann die »neuen«, die »fremden« Arten weiterentwickeln, wieder zu eigenen Inselarten werden? Vielleicht wird die Natur ihr eigenes Bild weiterzeichnen, und irgendwann werden aus den verschleppten, auf die Inseln deportierten »Neu-Insulanern« echte einheimische Arten werden – wenn wir es denn zulassen und ihren Weg der Entwicklung nicht durch neue Importe umleiten. Auf der von Kaninchen in Grund und Boden gefressenen Insel Porto Santo entstand nach Ansicht einiger Zoologen seit Ansiedlung des Tieres eine neue Unterart *Oryctolagus cuniculus huxleyi.*[54] Im Osten Amerikas führt der in den vierziger Jahren von der Westküste eingeführte Hausgimpel die Evolution eines neuen Zugverhaltens vor.[55] Der Kuhreiher soll sich, seitdem er 1865 erstmals auf der Seychelleninsel Mahé gesehen wurde, zu einer eigenen Lokalrasse, *Bubulcus ibis sechellarum*, entwickelt haben.[56, 57] Auch in der Pflanzenwelt zeigen sich Entwicklungen, die hoffen lassen, dass sich aus den Neophyten irgendwann doch noch eigene, einheimische Arten entwickeln werden[58] – wenn wir es denn zulassen.

Vielleicht werden sich, derweil die Symbiose mit dem Honigkuckuck ausstirbt, auch neue Meme und Mneme im Umgang zwischen Mensch und Tier entwickeln. Im Zoo von Calgary erzählte mir ein Tierpfleger, dass die Gorillas ihre Kinder an den Tierarzt »vermieten«. Gegen ein wohlschmeckendes Geschenk überlassen sie die Kleinen gerne dem Doktor. Ob sich in der nächsten Generation dieses Verhalten gegenüber dem Menschen bereits als Tradition etabliert haben wird? Ich habe den Verdacht, dass die Krähen im Tal in den grünen Bergen, klug wie sie sind, wenn sie Nüsse auf die Fahrbahn legen und dann immer noch am Straßenrand herumhüpfen, dies tun, um die Fahrzeuge so weit umzulenken, dass die benzingetriebenen Nussknacker die Schalenfrüchte auch tatsächlich erfassen und öffnen. Natürlich entwickeln sich auch nicht zelluläre, nicht direkt auf Nukleinsäuren und Eiweißen beruhende Erscheinungen der Natur weiter.

Weiße und schwarze Flecken

Auf Nachtflügen sieht man selten Gegenden, in denen nachts noch Nacht ist und kein künstliches Licht die Landschaft ausleuchtet. Auf den Weltkarten gibt es keine weißen Flecken, keine unentdeckten Inseln mehr – oder müssen wir einfach nur genauer hinsehen? Eine gute Geschichte darf nie zu Ende gehen. Wenn die letzte Seite gelesen ist, wollen wir wissen, was »danach« passiert und was dann und was dann ... Zum Glück ist die spannendste Geschichte von allen, die Entdeckung unserer Welt und ihrer Geschöpfe, noch nicht zu Ende, wenn wir nur genau hinsehen. Es gibt Hoffnung, viele neue Arten und mit ihnen viele neue Geschichten zu entdecken.[59, 60] Dauernd werden neue Pflanzen und Tiere gefunden.[61] Manchmal sind es sogar noch heute geheimnisvolle Riesen, wie die Riesenkraken der Tiefsee oder der Japanische Schnabelwal, der noch 1958 entdeckt wurde.[62, 63] Vieles spielt sich in kleinerem und immer kleinerem Maßstab ab. Noch 2004 wurde in Tansania ein der Wissenschaft bis dato unbekannter Affe gefunden[64] und ein Jahr darauf auf Madagaskar ein neuer Mauslemur, beides keine Riesen. Auf den doch so gut untersuchten Galapagosinseln wurde kürzlich eine neue Leguanart beschrieben, die durch ihr ungewöhnliches rosafarbenes Schuppenkleid auffällt.[65] Große Entdeckungen werden zunehmend im Kleinen gemacht, auch wenn es große Tiere sind – so wie um die Jahrtausendwende eine »neue« Elefantenart und auch mehrere Walarten[66] anhand molekulargenetischer Methoden nachgewiesen wurden. Mit Mikroskop und molekularen Techniken setzen wir die Geschichte der Entdeckung fort.

Erst vor Kurzem wurden beispielsweise in Kaliforniens Sequoia Nationalpark wundersame unbekannte Wesen entdeckt: ein durchsichtiger, pillendreherartiger Höhlenkäfer, dessen innere Organe, insbesondere eine grellgelbe Leber, wie hinter Glas sichtbar sind, ein Weberknecht, der über Mundwerkzeuge verfügt, die größer sind als sein gesamter Körper, eine winzige orange fluoreszierende Spinne und ein augenloser Silberfisch.[67] Es sind Geschöpfe, deren Entdeckung unser Bild der Welt noch eine Spur bunter und aufregender gemacht hat. Welche Geschöpfe mögen noch in den hohen Kaminen der Mammutbäume oder in den tiefen Höhlen unter dem Berg auf Entdecker warten? Vor ein paar Jahren wurde selbst mitten in New York City im Skyscraper National Park, ein neues Tier entdeckt[68] – ein Hundertfüßer, wo genau er herkam, ist unbekannt. Sicher ist er Teil einer globalisierten, ortsfremden Tierwelt, doch wenn ihm lange genug Zeit gelassen wird ohne Hybridisierung, ohne dass er durch andere fremde Arten ersetzt wird, mag *Nannarrup hoffmani* sich vielleicht zu einer eigenen, neuen Inselart von Manhattan entwickeln.

Auch in dem Flüsschen, das durch das grüne Tal fließt, in der *Stadt am Fuß der grünen Berge*, wurde kürzlich ein neues Tier entdeckt.[69] Es trägt ein feines Grau oder Braungrün, filigrane schwarze Streifen und feine weiße Tupfen. Aus acht Augen schaut es in seine Welt.

Solche Neuentdeckungen – wie in diesem Fall eines Vertreters der Familie der Schlundegel – sind für neue Geschichten gut, mal ein Buch, mal eine kurze Zeitungsnotiz, eine Erzählung oder eine wissenschaftliche Publikation. In jedem Fall für einen neuen Satz, Absatz oder ein weiteres Kapitel in der Geschichte von der Entdeckung unserer Erde, dem großen Abenteuer, das noch lange nicht zu Ende ist, wenn wir es denn zulassen.

Ungeachtet jeden konkreten Nutzens der »Schattentierwelt« in der konkreten Betonwelt von Globalopolis lohnt sich die Suche, denn jedes Naturwunder regt unsere Phantasie und unsere Kreativität an. Immer noch entdecken wir neue Lebewesen, die uns ohne einen alten Namen entgegentreten, und zu denen wir noch keine Geschichte erzählen können.

Sehnsucht nach dem Ungeheuren

Immer wieder machen sich daher Expeditionen auf den Weg, um nachzusehen, ob ein ausgestorbenes Tier vielleicht doch noch überlebt hat. Präsident Jefferson hoffte, Lewis und Clark würden auf ihrer Expedition in den Westen noch lebende Mammute finden.[70]

»Merkwürdiger Vierfüßer mit schussfester Haut in Patagonien entdeckt«, titelte 1898 eine amerikanische Zeitung. »Es ist ein Überlebender der alten Riesenfaultiere, und es wird, da es nachts umherwandert, und auch das nur selten, lange Zeit dauern, bis ein vollständiges Exemplar gefangen wird.«[71] Die Angabe zur schussfesten Haut belegt, dass das Tier, ob es selbst nun existierte oder nicht, gut daran tat, eine solche zu besitzen. Im Jahr darauf machten sich Expeditionen aus Europa, den USA und Argentinien auf den Weg, das Tier zu suchen.[72] 1902 begab sich der britische Abenteurer Hesketh-Pritchard auf die Suche nach dem Mylodon.[73] Wir warten noch immer, natürlich, und lesen derweil mit Freude Studien zum »Asynchronen Aussterben der Riesenfaultiere des späten Quartär auf Kontinenten und Inseln«[74], die den Gedanken erlauben, dass es möglicherweise noch lange Zeit einzelne, kleine Restvorkommen, winzige Inseln des Überlebens gegeben haben könnte, oder finden Veröffentlichungen, die erläutern, dass Riesenfaultiere, ganz ähnlich wie ihre lebenden kleinen Verwandten, Algen im Pelz trugen und daher, riesig, haarig und grün durch die Lande wanderten.[75]

Im selben Jahr, 1902, behauptete eine amerikanische Zeitung, ein deutscher Forscher habe ein frisches Ei des Elefantenfußstraußes in Madagaskar entdeckt und die Suche nach dem Vogel sei im Gange. Einen gewaltigen Eisenkäfig sollten die Forscher dabeihaben. Leider geht aus der Meldung auch hervor, dass die Finder mit dem Ei genau das Gleiche taten wie Sindbads Matrosen: Sie schlugen es kaputt.[76] Zeitungen lieben bis heute Berichte über die Suche nach den Großen der Vergangenheit, wobei trotz regelmäßig ausbleibenden Erfolges natürlich auch nie ein Hinweis fehlen darf, der etwas Hoffnung gibt.

Immer wieder tauchen nicht wirklich greifbare Berichte auf, dass irgendwer einen Riesen aus der Vergangenheit doch noch gesehen oder gar gefangen haben soll, so wie in den fünfziger Jahren von der Sichtung einer Riesenfossa[77] auf Madagaskar erzählt wurde. Da gibt es wunderbar Ominöses von der Sichtung einer Riesenschlange in einem

Vulkankrater in Neu-Mexiko[78] oder der Entdeckung eines lebenden Mastodons zu lesen.[79]

Nachdem der Moa Neuseelands der Wissenschaft bekannt wurde, tauchten in den Zeitungen über Jahrzehnte hinweg immer wieder und wieder Meldungen von angeblichen Sichtungen auf[80] – vielleicht versteckte er sich ja nur? 1863 soll er zwei Bergleuten begegnet sein – ein mannshoher Vogel mit einem Kopf »so lang wie der eines Pferdes«. Zehn Minuten lang saß er und ließ sich beobachten, bevor er schließlich davonschritt[81] … Ein Jahrzehnt später soll ihn ein Schäfer gesehen haben, so ein Zeitungsartikel aus dem Jahr 1873. Zehn Minuten stand der Moa und ließ sich beobachten und wehrte dabei einen aufdringlichen Hirtenhund ab, »beugte seinen langen Hals auf und ab, genauso wie der schwarze Schwan, wenn er gestört wird. Er wird als sehr viel größer beschrieben als jeder Emu, der je in Australien gesehen wurde, und als wesentlich aufrechter auf seinen Beinen stehend. Die Farbe seiner Federn wird als eine Art silbriges Grau mit grünlichen Strähnen beschrieben.«[82] In einem anderen Fall erschien den Augenzeugen »ein riesengroßer Vogel von schöner Form, mit langen Beinen, langem Hals und einem ziemlich kleinen Kopf für solch einen großen Vogel, stechenden Augen (ziemlich große), einem kleinen Schnabel mit einem roten Kamm an jeder Seite und einem kleinen Kamm mitten auf dem Kopf. Insgesamt dürfte er wohl 12 Fuß hoch gewesen sein. Aus nur 100 Fuß Entfernung erschien er, da wir nach unten schauten, da er ja unterhalb von uns war, sicher kleiner. Er stand still und schaute uns an, als ob er überrascht wäre.[83] Und auch diese Berichte enthalten oft genug den Hinweis, dass umgehend versucht wurde, das Tier totzuschießen.[84] Der Kugel ist es dann jeweils nur deswegen entgangen, weil es ihn eben von vorneherein nicht gab … In Ermangelung einer körperlichen Existenz hinterlässt er nur selten Trittsiegel[85, 86] oder andere Spuren und undeutliche Hinweise, jeder wie eine vage Versprechung.

Wenn es schon keine glaubhaften Augenzeugenberichte gibt und keine Proben, die man im Labor untersuchen könnte, bleibt noch der Versuch der Interpretation von Mythen und Erzählungen, die den Zeitpunkt des Verschwindens in eine zeitliche Nähe ziehen, sodass zumindest etwas Hoffnung bestehen könnte. So ließ sich der Naturforscher Ernst Dieffenbach 1844 den Baum zeigen, in dessen Nähe der letzte Moa erschlagen worden sein soll[87] – wenn es denn der letzte war.

Vielleicht versteckt er sich ja nur. Wie gerne möchten wir es glauben. Als der Wellingtoner Journalist Ivan Moltke Levy – aus reiner Freude am Fabulieren – eine Geschichte über eine Begegnung mit einem Moa verfasste und veröffentlichte, stürzte sich die Presse auf den Fall und berichtete alsbald von einer Expedition, die nach dem Vogel suchen sollte.[88] Ob sie einen großen eisernen Käfig dabeihatten, ist leider nicht überliefert.

Natürlich ist es schmerzhaft, wenn sich die Botschaft der Entdeckung oder Wiederentdeckung als Falschmeldung erweist. »Eine schreckliche Enttäuschung« war es für eine britische Zeitung und ihre Leser, als sich die Meldung vom Fang eines lebenden Dodos als falsch herausstellte.[89] Glücklicherweise ereignen sich solche Sichtungen meistens genau in der Grauzone, in der weder ein Beweis noch ein Gegenbeweis möglich ist – um die Spannung zu halten, um das Abenteuer zumindest zum Schein noch recht lange auszudehnen.

Ein besonders schönes Bild liefert eine Sichtung im Jahr 1863 – offenbar ein gutes Moa-Jahr. Vom Schein eines Lagerfeuers angelockt, soll zwei Goldsuchern ein Moa aus dem Dunkel des Waldes erschienen sein, soll minutenlang das Feuer betrachtet haben, bevor er ins Dunkel von dannen schritt.[90]

Irgendwie erscheinen sie dann doch noch, wenn man nur lange genug am Lagerfeuer von ihnen erzählt, ganz so, wie dann vielleicht auch all die Abenteuer, die wir gerne im Leben einmal erlebt hätten, aus einer fiktiven Vergangenheit oder Zukunft ans Licht treten – aber eben nicht ins harte klare Sonnenlicht, sondern lieber nur ins weiche flackernde Licht des Lagerfeuers.

Das Abenteuer Hoffnung

Unendlich ist die Sehnsucht nach dem Ungeheuren. Dies spricht aus dem Versuch des Briten John Nicholas Blashford-Snell, eine Population asiatischer Elefanten in Nepal, deren Bullen besonders hochgewölbte Köpfe entwickeln können, als Stegodon zu identifizieren.[91] Vielleicht sind sie ja noch unter uns, und wir erkennen sie einfach nicht?

Und wenn schon kein Mammut, kein Stegodon, kein Riesenfaultier, kein Moa, kein Mapinguari mehr aus dem Nebel auftauchen will, dann können wir vielleicht doch eines der kleineren unauffälligeren Geschöpfe, die in den letzten Jahrtausenden verloren wurden, wiederfinden? Dass es nicht nur die Riesen sind, die unser kryptozoologisches Interesse wecken, zeigt die Geschichte der Suche nach dem endemischen St.-Helena-Riesenohrwurm *Labidura herculeana.*[92] In den letzten Jahrzehnten machten sich mehrere Expeditionen auf, ihn zu finden – bisher noch erfolglos.[93]

Vielleicht gibt es ja auch noch eine Chance für die Arten, die irgendwo in der Grauzone zwischen »lange nicht mehr beobachtet« und »ausgestorben« zu suchen sind. Vielleicht tauchen sie irgendwann wieder auf und zeigen uns, dass es doch noch eine Insel gab, auf der sie überleben konnten. Zum Beispiel die Silbertaube *Columba argentina* und die Basilan-Dolchstich-Taube *Gallicolumba crinigera bartletti*, die Tawi-Tawi-Dolchstichtaube *Gallicolumba menagei* von den Sulu-Inseln, die Weißköpfige Erdtaube *Gallicolumba erythroptera albicollis* von Tuamotu, die Negros-Fruchttaube *Ptilinopus arcanus* und die Vella-Lavella-Erdtaube *Gallicolumba jobiensis chalconota* sind wahrscheinlich im Verlauf des 20. Jahrhunderts ausgestorben, aber ganz sicher ist es nicht. Eine Unterart der Luzon-Dolchstichtaube, die es nur auf der Insel Catanduanes gab; *Gallicolumba luzonica rubiventris* wurde 1971 zum ersten und zum letzten Mal gesehen[94] – und erschossen, doch 1995 gab es Gerüchte, sie sei möglicherweise wieder gesehen worden. Völlig unwahrscheinlich ist es nicht. Noch gibt es für einige dieser Arten eine – schwache – Hoffnung, dass sie eines Tages doch wiederentdeckt werden könnten. Noch gibt es eine Chance, dass vielleicht die eine oder andere Insel davor bewahrt wird, zu einem weiteren der weltweit zu findenden künstlichen Ökosysteme mit einer überall ähnlichen Grundausstattung eingeschleppter Arten zu werden, davor bewahrt wird, in der Sintflut der biologischen Globalisierung unterzugehen. Doch irgendwer muss für diese Tauben zuerst den Ölzweig heranbringen.

Der Neukaledonien-Zierlori *Charmosyna diadema*[95], ein wunderschöner grüner Papagei, oder der meerblaue Türkisara *Anodorhynchus glaucus*[96] wurden seit Jahrzehnten nicht mehr gesehen, doch etwas Hoffnung ist noch da. Oder der wunderbar braun gesprenkelte Eskimobrachvogel. Vielleicht sind von seinen früher überwältigend großen Schwärmen doch eine Handvoll Überlebende übrig geblieben. Oder die Rotmeerschwalbe *Petrochelidon perdita*[97]. Nachgewiesen wurde sie nur ein einziges Mal durch einen Totfund und scheint seitdem verschwunden zu sein. Vielleicht findet ein Abenteurer sie doch noch einmal? Vielleicht ist da ja doch noch eine Spur einer Hoffnung für den prächtigen schwarz-weißen kubanischen Elfenbeinspecht *Campephilus principalis bairdii*[98], letztmalig 1987 gesehen, oder den Kaiserspecht *Campephilus imperialis.* Zuletzt gab es 2005 vage Gerüchte von Sichtungen. In einem Pizzalokal in Kalifornien sprach ich mit einem Fremden, einem Mexikaner, der ungewöhnlich viel über Vögel zu wissen schien – und der behauptete, zu wissen, wo es den Kaiserspecht noch gäbe. Vielleicht eine Geschichte, wie sie einfach so in einer Taverne erzählt wird, oder war das vielleicht doch nicht so ganz ausgedacht und ohne Grundlage erfunden?

Jedes Auffinden eines Wesens, das schon lange tot geglaubt war, jede Wiederentdeckung eines vergessen geglaubten Wortes ist wie die Entdeckung eines weiteren Pinselstrichs auf der Leinwand eines stark beschädigten Gemäldes, ein Satz aus einer vergessenen Geschichte, der Erinnerungen weckt.

Der Schutz der Arten, der Schutz der Inseln, die Wiederbelebung von Sprachen – all das ist unglaublich anstrengend, natürlich, denn wir müssen viel Energie dem »Strom der Entropie« entgegensetzen. Es kostet Energie, gegen den Strom zu schwimmen, sich nicht vom Strom der Entropie mitreißen zu lassen. Und doch ist es ein verlockendes, ein ungeheures Abenteuer, das unendlich viele Geschichten birgt. Ein Abenteuer, das wir tagtäglich im Großen wie im Kleinen weiterleben müssen, mit wachsenden Gefahren immer wachsamer, immer aufmerksamer – wie ein guter Förster seinen Wald behütet und erforscht. Nur dann werden die Geschichten nie zu Ende gehen, die wir doch in unserer eigenen Sprache erzählen, wenn wir von den Inseln der sieben Meere ins eigene Dorf zurückkehren.

Ich habe viele Menschen getroffen – vielleicht sind auch Sie einer davon? –, die auf der Wanderung sind, um jene Seiten unseres Planeten zu finden, die noch nicht grau geworden sind; Menschen, die sich an jeder Entdeckung von Neuem, Einzigartigem freuen, seien es Pflanzen und Tiere, seien es Worte und Gedanken, die sich darauf freuen, mit neuen Geschichten nach Hause ins eigene Tal, auf die eigene Insel zu kommen und sie weiterzuerzählen.

Nachbemerkung

Wo liegt das Tal in den grünen Bergen?

Das *Tal in den grünen Bergen* liegt am Fuße des Schwarzwaldes, der in den nächsten Jahrhunderten wieder grüner werden soll. Aus dem keltischen *Tragisama* oder *Traisama*, der Schnellfließenden, ist heute das eher ruhige Flüsschen Dreisam geworden – das allerdings bei Hochwasser auch noch »wild werden« kann. Wer um das Dreisamtal wandert, findet Orte und Landschaften wie das Eschbachtal oder das Ibental, wie Buchenbach oder den Lindenberg, den Falkensteig oder das Bärental, Orte, die noch die Namen jener Wesen tragen, die hier vor Urzeiten lebten. Der *Hügel der Stiere* ist eine der möglichen Erklärungen des Namens der Keltenstadt *Tarodunum*, der in den heutigen Ortsnamen Zarten, Kirchzarten und Hinterzarten weiterlebt.

Die *Stadt an der Stierfurt* auf der *Regeninsel* Britannien liegt eigentlich an der *Furt der Ochsen* und heißt heute Oxford. Die *Stadt an der Brücke* ist das altehrwürdige Cambridge; die Brücke überspannt das Flüsschen Cam.

Wo in Yo-loy im *Goldland* Kalifornien einmal viele Binsen wuchsen, liegt heute der Verwaltungsbezirk Yolo County. An der Bahnlinie, die von der Sierra durch das Central Valley und so auch durch Yolo County bis an die Küste führt, liegt das Universitätsstädtchen Davis, die *Stadt an der Eisenbahn*. Wenn man in Davis in den Zug steigt, erreicht man bald die Bay Area, die Bucht von San Francisco, und die Pazifikküste – den Rand jenes *Blauen Kontinents*, der vom *Goldland* bis zu den vom Löss des gelben Flusses gefärbten Küsten des *Gelben Kontinents* Asien reicht. Er verbindet den *Grünen Kontinent* der Regenwälder, Südamerika, mit dem *Roten Kontinent* der roten Wüsten, Australien.

Das *Land der roten Bäume* Brasilien hat seinen Namen vom Pau brasil, dem glutroten Holz von Caesalpinia echinata. Die schwarzen Zuckerbäume der Art Chrysophyllum glycyphloeum heißen in Tupi-Sprache Buranhém, und Rio Buranhém ist bis heute der Name des Flusses, an dessen Ufer sie einmal »im Überfluss« wuchsen.

Anmerkungen

Im Tal in den grünen Bergen

1 Ryden K. C. 1993. Mapping the invisible Landscape. Univ. of Iowa Press

2 Hopkins G. M. 1973. The Windhover/ Der Turmfalke. In: ders., Gedichte. Philipp Reclam, Stuttgart

3 Oken L. 1815. Bemerkungen zu Kolbs historisch statistisch topographischem Lexicon von dem Großherzogthum Baden. Intelligenzblatt der Jenaischen Allgemeinen Literatur-Zeitung 19: 145–152
Ptolemaeus C. 1843. Claudii Ptolemaei Geographia. Hrsg. CFA Nobbe. Band 1, Leipzig

4 Dengler Röhrig E. et al. 1982. Waldbau auf ökologischer Grundlage. Ulmer, Stuttgart-Hohenheim

5 Egler F. E. 1977. The nature of vegetation: its management and mismanagement. Norfolk, Conn., Aton Forest

6 Spiecker H. (Hrsg.) 2008. Ressourcenknappheit und Klimaänderung – Herausforderungen für die Forstwissenschaft. Forstwissenschaftliche Tagung 24.–27.9.2008, Albert-Ludwigs-Univ.; Freiburg: FVA Baden-Württemberg

7 McLuhan M. 1962. The Gutenberg Galaxy: The making of typographic man. Univ. of Toronto Press, Toronto

8 Girardet H. 1992. The Gaia atlas of cities: new directions for sustainable urban living. Gaia Books, London

9 ebd.

10 Osterhammel J., Petersson N. P. 2005. Globalization: A Short History. Univ. Press, Princeton, N.J.

11 Nietzsche F. W. 1901 (Nachl.). Der Wille zur Macht: Versuch einer Umwerthung aller Werthe. Div. Ausgaben

12 Nietzsche F. W. 1881. Morgenröthe. Div. Ausgaben

13 Lagerlöff S. 1906. Die wunderbare Reise des kleinen Nils Holgersson mit den Wildgänsen. Nymphenburger Verlag, München

14 Poritzky J. E. 1998. Die Psychologie des Abenteurers. In: Imago mundi. Von der Liebe, vom Luxus und von anderen Leidenschaften. Georg Müller Verlag, München

15 Bergengrün W. 1956. Badekur des Herzens: Ein Reiseverführer. Nymphenburger Verlag, München

Den Strom hinauf

1 Gebrüder Grimm. 1812. Aschenputtel. Div. Ausgaben

2 Lucius Apuleius (dt. Rode A.). 1958. Der Goldene Esel. Marixverlag, München

3 Karlinger F., Pogl J. (Hrsg.) 1983. Die rettenden Ameisen. In: dies., Märchen aus der Karibik. Eugen Diederichs Verlag, Köln

4 Frobenius L. (Hrsg.) 1921. Volksmärchen der Kabylen. Diederichs Verlag, Köln

5 Kellert S. 2005. Building for Life: Designing and Understanding the Human-Nature Connection, Island Press, Washington, DC

6 Robischon M. 2009. Totenkopfschwärmer: Von einem, der auszog das Fürchten zu lehren. Entomologische Zeitschrift 119 (2): 59–84, Ulmer, München

7 Otto K.-S., Nolting U., Bassler C. 2006. Evolutionsmanagement: Von der Natur lernen: Unternehmen entwickeln und langfristig steuern. Hanser Wirtschaft, München

8 Bonabeau E., Theraulaz G., Dorigo M. 1999. Swarm Intelligence: From Natural to Artificial Systems. Oxford Univ. Press

9 Krieger M. J. B., Billeter J.- B., Keller L. 2000. Ant-like task allocation and recruitment in cooperative robots. Nature 406(6799): 992–995

10 Wickler W. 2003. Ökologische Intelligenz: Spezielle kognitive Leistungen von Vögeln und Fischen. Max Planck Institut für Verhaltensphysiologie, Seewiesen

11 Hedges C.F. 1941. Calling Birds. The Murrelet 22 (3): 62–63

12 Mattheck C. 1993. Design in der Natur. Rombach Verlag, Freiburg

13 Hasel K. 1982. Studien über Wilhelm Pfeil. Aus dem Walde. Mitteilungen aus der Niedersächs. Landesforstverwaltung, Heft 36, Hannover

14 Krogh A. 1929. Progress of physiology. American Journal of Physiology 90: 243–251

15 Krebs H. A. 1975. The August Krogh principle: For many problems there is an animal on which it can be most conveniently studied. Journal of Experimental Zoology 194: 221–226

16 Reysenbach A.-L., Voytek M., Mancinelli R. 2001. Thermophiles: biodiversity, ecology, and Evolution. Kluwer Academic, New York

17 Chalfie M. Hrsg. 2006. Green fluorescent protein: properties, applications and protocols. Hoboken, NJ: Wiley-Interscience

18 Gould S .J., Subramani S. 1988. Firefly luciferase as a tool in molecular and cell biology. Analytical Biochemistry 175: 5–13

19 Otto K.-S., Nolting U., Bassler C. 2006. Evolutionsmanagement: Von der Natur lernen: Unternehmen entwickeln und langfristig steuern. Hanser Wirtschaft, München

20 Burger D. 2010. Lausen in den Kaffepausen. FAZ 5. Januar 2010, S.7

21 Emlen S. T. 1995. Can avian biology be useful to the social sciences? Journal of Avian Biology 26: 273–276

22 Bonabeau E., Dorigo M., Theraulaz G. 1999. Swarm Intelligence. a. a. O. S. 296

23 Zinkant K. 2009. Ameisen stehen nie im Stau. FAZ 14. Juli 2009

24 Escherich K., Judeich J.- F. 1914. Die Forstinsekten Mitteleuropas: Ein Lehr- und Handbuch. P. Parey, Singhofen

25 Thoreau H. D. 1854. Walden; or, Life in the Woods. Ticknor and Fields, Boston, MA

26 Huber P. 1810. Recherches sur les moeurs des Fourmis indigenes. Paris

27 Wilson E. O. 1975. Slavery in Ants. Scientific American 232: 32–36

28 Wasmann E. 1920. Die Gastpflege der Ameisen, ihre biologischen und philosophischen Probleme. (234. Beitrag zur Kenntnis der Myrmecophilen und Termitophilen), Borntraeger, Berlin

29 Morgenthaler E. 2000. Von der Ökonomie der Natur zur Ökologie. Erich Schmidt Verlag, Berlin

30 Hodgson G. M. 1995. Biological and Physical Metaphors in Economics. In: Maasen, Mendelsohn, Weingart. (Eds.). Biology as Society, Society as Biology: Metaphors. Dordrecht: Kluwer Academic, New York

31 Hölldobler B. , Wilson E. O. (2009). The superorganism: the beauty, elegance, and strangeness of insect societies. W. W. Norton, New York

32 Mirowski P. 1994. So what's an economic metaphor. In: Mirowski P. Ed. Natural Images in Economic Thought: Markets Read in Tooth and Claw. (Historical Perspectives on Modern Economics), Cambridge Univ. Press

33 Snyder G. (1974). Turtle Island. New Directions Publishing, New York [Übersetzung M.R.]

34 Lovelock J. 1979. Gaia. A new look at life on Earth. Oxford Univ. Press

35 Bennett D. 2004. Freeing nanodevices from the constraints of an ATP economy. The Scientist, Philadelphia, PA 18:1818, 26–27

36 Miller D.S., Horowitz S.B. 1986. Intracellular compartmentalization of adenosine triphosphate. Journal of Biological Chemistry 261: 13911–13915

37 Dawkins R. 1976. The Selfish Gene. Oxford Univ. Press

38 Frobenius L. Volksmärchen der Kabylen. A. a. O. S. 296

39 Bender A., Noack J., Schuster S. 2000. Grenzen einer Inselwelt: Nutzung endemischer Arten zwischen Overkill und Artenschutz. Freiburg: Kleine Schriftenreihe des F.I.P.S., Heft 5. Lévi-Strauss C. 1955

40 Lévi-Strauss C. 1955. Tristes tropiques. Union Générale d'Éditions, Paris

41 Kazantzakis N., Wildman C. 1996. Zorba the Greek. Simon&Schuster, New York [Übersetzung M.R.]

42 Seneca L.A. Epistulae morales ad Lucilium. Liber XVI

43 Genesis 1,4

44 Sanderson I. T. 1946. Animal Tales. An anthology of animal literature of all countries. Alfred A. Knopf, New York

45 Kellert S. 1993. The Biophilia Hypothesis. Edited with E. O. Wilson, Island Press

46 Marx K. 1844. Ökonomisch-philosophische Manuskripte. In: Marx K., Engels, F. Studienausgabe Band II: Politische Ökonomie. Frankfurt a.M.

47 ebd.

48 Johannes Paul II. Laborem Exercens 1981

49 Fromm E. 1979. Die Seele des Menschen: Ihre Fähigkeit zum Guten und zum Bösen. Deutsche Verlags-Anstalt, Stuttgart

50 ebd.

51 Wilson E. O. 1984. Biophilia: The Human Bond with other Species. Harvard Univ. Press

52 Sanderson I. T. 1946. Animal Tales. An anthology of animal literature of all countries. Alfred A. Knopf, New York

Mammut im Nebel

1 Chesterton G.K. 1911. The ballad of the White Horse. John Lane Company, 1911 [Zitat Übersetzung M. R.]

2 Swarbrick O. 2010. Horse or hound? Veterinary Record 167: 588

3 Whitlock R. 1979. In search of lost gods: a guide to British folklore.

4 Pennick N. 1976. Ancient Hill-Figures of England. Occasional Paper No. 2, Institute of Geomantic Research, Bar Hill, Cambridge

5 Mills A. D. 2003. Oxford dictionary of British place names. Eintrag Fulbourn

6 ebd. Eintrag Ely

7 Lethbridge T.C. 1961. Ghost and Ghoul. Routledge and Kegan Paul, London

8 Lethbridge T.C. 1957. Gogmagog, The Buried Gods. Routledge and Kegan Paul, London

9 Pennick N. 1979. Wandlebury Mysteries. Secret of a Cambridgeshire Hillside. Cambridgeshire
Ancient Mysteries Group Occasional Paper (Albion Reprint) Albion 2, 1979

10 Gray A. 1996. The everlasting club, and other tales of Jesus College

11 von Scheffel J. V. 1880. Gaudeamus: Lieder aus dem Engeren und Weiteren.

12 ebd.

13 MacPhee R. D., Raholimavo E. M. 1988 Modified subfossil aye-aye incisors from southwestern Madagascar: species allocation and paleoecological significance. Folia Primatologica (Basel) 51: 126–142

14 Strong W.D. North American Indian Traditions suggesting a knowledge of the Mammoth. American Anthropologist, Vol. 36: 81–88

15 2000. Woolly rhino offers Ice Age clues. BBC News, October 5, 2000, 17:39 GMT 18:39 UK

16 Grew E. S. 1909. The romance of modern geology; describing in simple but exact language the making of the earth, with some account of prehistoric animal life.

17 Lankester E. R 1905. Extinct Animals. Archibald Constable & Co. Ltd., London

18 Grew E. S. 1909. The romance of modern geology – Chatwin B. In Patagonia – Gardner M. B. A Journey to the Earth's Interior: Have the Poles Really Been Discovered?

19 Coloane F. 1997. Feuerland. Union Verlag, Zürich

20 Johnson A. 1984. Voice Physiology and Ethnomusicology: Physiological and Acoustical Studies of the Swedish Herding Song. Yearbook for Traditional Music, 16: 42–66

21 Burton J. W. 1982. Figurative Language and the Definition of Experience: The Role of Ox-Songs in Atuot Social Theory. Anthropological Linguistics 24 (3) 263–279

22 Duveyrier H. 1864. Les Touaregs du nord. Challamel, Paris

23 de Smet K. 1999. Status of the Nile crocodile in the Sahara desert. Hydrobiologia 391: 81–86

24 Chopard L. 1928. Sur une gravure d'insecte de l'epoque magdalenienne. Compte Rendu Sommaire des Seances de la Societe de Biogeographie 5: 64–67

25 Begouen H. Comte 1929. Sur quelques objets nouvellement decouverts dans les grottes des Trois-Freres (Montesquieu-Avantes, Ariege). Bulletin de la Societe Prehistorique Francaise, (3): 188–196

26 Chauvet J. M., Deschamps E. B., Hillaire C. 1995. Grotte Chauvet. Altsteinzeitliche Höhlenkunst im Tal der Ardeche. Jan Thorbecke Verlag, Stuttgart

27 Snyder G. 1999. The Gary Snyder reader: prose, poetry, and translation, 1952–1998. CounterPoint Press, New York

28 Armstrong E. A. 1958. The folklore of birds: an enquiry into the origin & distribution of some magico-religious traditions.

29 Cosquer H. 1992. La grotte Cosquer: plongee dans la prehistoire. Solar, Paris

30 D'Errico F. 1994. Birds of Cosquer Cave: the Great Auk (Pinguinis impennis) and its significance during the Upper Paleolithic. Rock Art Research. 11: 45–57

31 McDonald JF. 1994. Identifying Great Auks and other birds in the Palaeolithic art of Western Europe: a reply to d'Errico. Antiquity 68: 39

32 Fuller E. 1999. The Great Auk. Abrams, New York

33 Cuppy W. 1941. How to become extinct. [Zitat Übersetzung M.R.]

34 Apstein C.H. 1905. Tierleben der Hochsee: Reisebegleiter für Seefahrer

35 Akerman K., Willing T. 2009. An ancient rock painting of a marsupial lion, Thylacoleo carnifex, from the Kimberley, Western Australia. Antiquity 83 (319) March 2009

36 Quirk S., Archer M., Schouten P. 1983. Prehistoric Animals of Australia. Australien Museum, Sydney

37 Fenner C. 1933. Bunyips and Billabongs. pps. 2–6. Angus and Robertson, Sydney

38 Dodds A. 2011. The Challicum Bunyip. In: Antipodes: Poetic Responses. Margaret Bradstock (Hrsg.), Verlag Phoenix Education

39 Massola A. 1971. The Aborigines of southeastern Australia as they were. Heinemann Australia, Melbourne

40 Guidon N., Delibrias G. 1986.Carbon-14 dates point to man in the Americas 32.000 years ago, Nature 321: 769–771

41 Lynch T. F. 1999. Cambridge History of the Native people of the Americas, South America, Band 3, Seite 194

42 Burmeister H. 1864. Beschreibung der Macrauchenia patachonica Owen (Opisthorhinus Falkoneri Brav. 1 . In: Abh. d. Naturf. Ges. Halle. 9. Bd., S. 73–112

43 Colbert, E. H. 1936. Was the extinct Giraffe (Sivatherium) known to the early Sumerians? American Anthropologist 38: 605–608

44 Leroi-Gourhan A. 1971. Prähistorische Kunst: Die Ursprünge der Kunst in Europa. Freiburg i. Breisgau

45 Smith D. 2004. Beyond the Cave. Lascaux and the Prehistory in Post-War French culture. French Studies 58: 219–232

46 Char R. 1958. La Paroi et la Prairie. The Hudson Review 11: 64–71

47 Leroi-Gourhan A. 1971. Prähistorische Kunst. A. a. O. S. 298

48 Hoernes M. 1925. Urgeschichte der bildenden Kunst in Europa von den Anfängen bis um 500 vor Christi. Schroll, Wien

49 Leroi-Gourhan A. Prähistorische Kunst. a.a.O.

50 Hallier U. W., Hallier B. Chr. 1992. Felsbilder der Zentral-Sahara. Franz Steiner Verlag, Stuttgart

51 Leroi-Gourhan A. Prähistorische Kunst. a.a.O.

52 Hallier U. W., Hallier B. Chr. 1992. Felsbilder der Zentral Sahara. a.a.O.

53 Almásy L. 1998. Schwimmer in der Wüste. dtv, München

54 Bulliet R.W. 1975. The Camel and the Wheel. Harvard Univ. Press, Cambridge, Mass.

55 Loskarn E., Loskarn D. 2010. Namibia. DuMont, Köln

56 Marsh G. P. 1862. Man and Nature. Havard Univ. Press, Cambridge, Mass.

57 McKnight TL. 1969. The camel in Australia. Melbourne Univ. Press 58 2008. UN vandals spray graffiti on Sahara's prehistoric art. The Times, January 31, 2008

59 Savino di Lernia 2009. Sahara, arte a rischio tra vandali e incuria. Il Riformista 19.4.09

60 Lévi-Strauss C. 1955. Tristes tropiques. Union Générale d'Éditions, Paris

61 Clottes J. 1997. Niaux. Die altsteinzeilichen Bilderhöhlen in der Ariege. Jan Thorbecke Verlag, Ostfildern

62 Beck J. C. 1972. The giant Beaver: A prehistoric Memory? Ethnohistory 19 (2): 109–122

63 Speck F. G. Mammoth or »Stiff-legged Bear«. American Anthropologist 37: 159–163
64 C. J. Caesar Commentarii de Bello Gallico 65 Montagu M. F. A. 1944: An Indian Tradition Relating to the Mastodon. American Anthropologist, New Series 46: 568–571
66 Eberhart G. M. 2002. Mysterious creatures: a guide to cryptozoology: Band 1
67 Kurten B. 1967. Pleistocene bears of North. America 2. Genus Arctodus, short-faced bears. Acta Zoologica Fennica, 117:1–60
68 Bergman S. 1927. Through Kamchatka by Dog-Sled and Skis. Seeley, Service & Co.
69 Leland C. G. 1893, Memoirs
70 Beck J. C. 1972. The giant Beaver: A prehistoric Memory? a. a. O. S. 298
71 Flacourt E. de. 1661. Histoire de la Grande Isle de Madagascar, Composée par le Sieur de Flacourt, Avec une Relation de ce qui s'est passé és années 1655, 1656 et 1657, non encor veuë par la première Impression. François Clouzier, Paris
72 Razafindramiandra M.N. 1988. Märchen aus Madagaskar. Diederichs, München
73 Sibree S. 1896. Madagascar before the conquest; the island, the country, and the people. T. F Unwin, London
74 Barber D. 2006. Sympathy for the Mapinguari. In: Wonder Cabinet. Northwestern Univ. Press
75 Lydekker R. 1903. Mostly mammals, zoological Essays
76 The Footprints of a Gigantic ... Sloth! New York Times, February 16, 1994 [Übersetzung des Zitats M.R.]
77 Head J. J., Bloch J. I. et al. 2009. Giant boid snake from the Palaeocene neotropics reveals hotter past equatorial temperatures. Nature 457: 715–717
78 Bölsche W. Fabeltiere. Wahrheit und Sage um die Drachen. Verlag Sebastian Lux, Murnau
79 Mester H. 1976. Defensive Defakation in der Vogelwelt. Ornithol. Beobachter 73: 99–108
80 Geist O.W., Rainey F.G. 1936. Archaeological excavations at Kukulik, St. Lawrence Island, Alaska. Miscellaneous Publications of the University of Alaska, Vol II. Published by the Department of the Interior, Washington, D.C.
81 Conan Doyle, A. 1912. The lost world. Hodder & Stoughton, London
82 Römpler H., Rohland N., Lalueza-Fox C. et al. 2006. Nuclear Gene Indicates Coat-Color Polymorphism in Mammoths. Science, 7/2006
83 MacDonald J. Igloolik, Nunavut, pers. Auskunft
84 Paulhan J, Bajorek J, Trudel E. 2008. On poetry and politics
85 Aharoni I. 1938. On Some Animals Mentioned in the Bible. Osiris 5: 461–478
86 Bulliet R. W. 1975. The Camel and the Wheel. Harvard Univ. Press, Cambridge, Mass.
87 Thomas A. P. im Vorwort zu von Brandenstein C. G., Thomas A P. 1975. Taruru. Aboriginal Song Poetry from the Pilbara. Univ. of Hawaii Press, Honolulu
88 Nettle D., Romaine S. 2000. Vanishing Voices. The Extinction of the World's Languages. Oxford Univ. Press
89 Rementer J. Lenape Language Project, pers. Auskunft
90 ebd.
91 Fischer S. R. Auckland, pers. Auskunft
92 Crowell A. Arctic Studies Center, Smithsonian Institution, pers. Auskunft
93 Bolze H. 1868. Ueber die Entwicklung der Erde und des Lebens auf derselben nach den neuesten Forschungen. Die Natur (Halle) 17: 254–255
94 Lister A, Bahn P.G. 2007. Mammoths: Giants of the Ice Age. Univ. of California Press, Berkeley
95 Beddard F. E. 1905. Natural history in zoological gardens; being some account of vertebrated animals, with special reference to those usually to be seen in the Zoological society's gardens in London and similar institutions.
96 Stork L. 1977. Die Nashörner: Verbreitungs- und kulturgeschichtliche Materialien unter besonderer Berücksichtigung der afrikanischen Arten und des altägyptischen Kulturbereiches. Verlag Born, Hamburg
97 Bytinski-Salz H. 1965. Recent Findings of Hippopotamus in Israel. Israel Journal of Zoology 14: 38–48
98 Corbet G.B. 1978. The mammals of the Palaearctic Region: a taxonomic review
99 Mazza P. 1991. Interrelations between Pleistocene hippopotami of Europe and Africa, Bollettino della Societa Paleontologica Italiana 30: 153–186
100 Kolska Horwitz L., Tchernov E. 1990. Cultural and Environmental Implications of Hippopotamus Bone Remains in Archaeological Contexts in the Levant. Bulletin of the American Schools of Oriental Research 280: 67–76
101 Faure M. 1986. Les Hippopotamides du Pleistocene ancien d'Oubeidiyeh (Israel). In: Tchernov E. (ed.) Les mammiferes du pleistocene inferieur de la vallee du Jourdain a Oubeidiyeh,Paris. : 107–142.
102 Larrabee W. H. 1882. The Sirens of the Sea. Popular Science Monthly 20 (37): 621–628
103 Borges J. L. 2007. El libro de los seres imaginarios. Editorial Destino, Barcelona
104 Melville H. 1851. Moby Dick. Div. Ausgaben
105 Hobbes T. 1651. Leviathan or The Matter, Form and Power of a Common Wealth Ecclesiasticall and Civil. Div. Ausgaben
106 Roth J. 1980. Der Leviathan. Erzählungen. dtv, München
107 Hiob 40,15–24
108 Brinton J. 1972. Sailing to Damascus. Saudi Aramco World July/August 1972, S. 24–29
109 Brown J. P. 2001, Israel and Hellas, de Gruyter, Berlin

110 Barnhart R. K., Steinmetz S. 1988. The Barnhart dictionary of etymology. HarperCollins, New York
111 Nowak R. M. 1999. Walker's mammals of the world, Band 1, John Hopkins Univ., Baltimore
112 Graves R. 1960. Food for centaurs: stories, talks, critical studies, poems. Doubleday, New York
113 Aharoni I. 1938. On Some Animals Mentioned in the Bible. Osiris 5: 461–478
114 Epstein I. 1948. The Babylonian Talmud. Soncino Press, London
115 Reeves R.R., Tracey, S. 1980. Monodon monoceros. Mammalian Species 127: 1–7
116 Small D. B. 1995. Methods in the Mediterranean: historical and archaeological views.
117 Hofmann I. 1978. Welches Tier lieferte die biblischen Tachasch-Felle? Anthropos 73: 49–68
118 Mohr E. 1962. Ein Narwal in der Elbe bei Hamburg. Natur und Museum, 12: 231–234
119 Aguayo A. 1978. Smaller cetaceans in the Baltic Sea. Report of the International Whaling Commission 28: 131–146
120 Martin T., Martin A. R. 1990. The illustrated encyclopedia of whales and dolphins. Portland House
121 Hoath R. 2009. A Field Guide to the Mammals of Egypt. American Univ. in Cairo Press.
122 Bennett W.H.1908 Exodus
123 Deutscher G. 2010. Im Spiegel der Sprache. Warum die Welt in anderen Sprachen anders aussieht. C.H.Beck, München
124 Brooke M. 1990. The Manx shearwater. T&A.D. Poyser, London
125 ebd.
126 Gurney J H 1887. Notes on the Isles of Scilly and the Manx Shearwater (Puffinus Anglorum)
127 Brooke M. The Manx Shearwater. a.a.O. [Übersetzung Zitat M. R.]
128 Kiddle L B. 1952. The Spanish Language as a Medium of Cultural Diffusion in the Age of Discovery. American Speech 27: 241–256
129 ebd.
130 Dixon R. M. W. Searching for aboriginal languages: memoirs of a field worker
131 Giles E. 1889, Australia Twice Traversed 2 Bände, Macarthur Press, Sydney
132 Stone C. 1982. The Camel Bird of Arabia. Saudi Aramco World.March/April 1982, S. 10–11
133 Moore B. 2008. Speaking our language: the story of Australian English, Oxford Univ. Press, Melbourne
134 Coloane F. 1996. El guanaco blanco. Santiago, Chile. LOM Ediciones
135 Schütz A. J. 1994. The voices of Eden: a history of Hawaiian language studies. Univ. of Hawai'i Press, Honolulu, HI.
136 Pukui M. K., Elbert S. H. 1957. Hawaiian Dictionary. Univ. of Hawaii Press, Honolulu, HI.
137 Dupeyrat A. 1954. Savage Papua. A Missionary Among Cannibals E. P. Dutton & Company, New York
138 Webb C. H. 2004. Charles Harper Webb Greatest Hits. Pudding House Publications
139 Dunn R. 2006. How Butterflies Do Not Fly, Katydids Do Not Sing and Locusts Do Not Swarm. submitted to the American Entomologist.
140 Lomborg B. 2001. The Skeptical Environmentalist: Measuring the Real State of the World. Cambridge, UK: Cambridge Univ. Press
141 Krogh A. 1929. Progress of physiology. American Journal of Physiology 90: 243
Tyler, M.J. 1998. Australian Frogs: A Natural History. Cornell University Press, Ithaca, New York
142 Krebs H. A. 1975. Te August Krogh principle: For many problems there is an animal on which it can be most conveniently studied. a.a.O. S. 296
143 Montero M. 1997. In the Palm of Darkness. HarperCollins, New York
144 Dunn R. 2006. How Butterflies do not fly, katydids do not sing and locusts do not swarm. Submitted to American Entomologist.
145 Quammen D. 1996. The Song of the Dodo. Scribner, New York.
146 Snyder G. 1974. Energy is Eternal Delight. In: Snyder G. Turtle Island, New Directions Publishing, New York. [Übersetzung des Zitats M.R.]
147 Häuptling Seattle. 1979. »Wir werden sehen!« Die nachdenkenswerte Rede des Indianer-Häuptlings Seattle an den Präsidenten der USA vor 125 Jahren. Allgemeine Forstzeitschrift 34: 1183
148 Levi-Strauss C., Eribon D. 1988. De pres et de loin. O. Jacob, Paris

Auf der Schildkröteninsel

1 Burton R.F. 1885–1888. The Book of the thousand Nights and a Night, with Supplemental Nights. Kamashastra Society, Benares, 16. Bände
2 ebd. 10. Band
3 Grotzfeld H. Universität Münster, pers. Auskunft
4 Hourani G. F. 1963. Arab seafaring in the Indian Ocean in ancient and early medieval times. Khayats, Beirut
5 Toussaint A. 1977. History of Mauritius. Macmillan, London.
6 Brehm A. E. 1976. Brehms Neue Tierenzyklopadie, Bd. 9, Reptilien, Amphiobine. Herder Verlag, Freiburg
7 Roots C. 2006. Flightless Birds. Greenwood Guides to the animal world.
8 Wanless R.M. 2003. Can the Aldabra white throated rail Dryolimnas cuvieri aldabranus fly? Atoll Research Bulletin 508, issued by

the National Museum of Natural History, Smithsonian Institution, Washington
9 Stoddart R. D., Westoll T. S. 1979. The Terrestrial ecology of Aldabra: a Royal Society discussion. Royal Society (Great Britain)
10 Huxley C. R. 1979. The Tortoise and the Rail. Philosophical Transactions of the Royal Society of London. Series B, Biological Sciences 286 (1011): 225–230
11 Hambler C., Newing J.M., Hambler K. 1993. Population monitoring for the flightless rail Dryolimnas cuvieri aldabranus. Bird conservation international 3: 307–558
12 Brehm A. 1855. Reiseskizzen aus Nordost Afrika; Aharoni, I. 1938. On Some Animals Mentioned in the Bible. Osiris 5: 461–478; Psalmen 69, 30, Job 41, 5
13 Brunner H. 1967. Die poetische Insel. Inseln und Inselvorstellungen in der deutschen Literatur. Metzler, Stuttgart
14 Fenly L. 2006. First glimpse. In 2006, scientists discovered a whole new world of species. The San Diego Union-Tribune (CA). December 28, 2006
15 MacArthur R., Wilson E. O., 1967. The Theory of Island Biogeography. Princeton Univ. Press
16 Pöcher H. 2011. Kriege und Schlachten in Japan, die Geschichte schrieben: Von 1853 bis 1922. Lit Verlag, Münster
17 Baltrusch E. 1998. Sparta: Geschichte, Gesellschaft, Kultur
18 Lowell J. 1929. The Cradle of the Deep. Simon & Schuster New York
19 Roots C. Flightless Birds. a. a. O. S. 300
20 Lagrand O. Guide to the birds of Madagascar. Yale Univ. Press, New Haven& London
21 Gooders J. 1975. The great book of birds
22 Chatwin B. 1977. In Patagonia. Penguin Books, London
23 Mallarach J.-M. 2008. Protected landscapes and cultural and spiritual values. Kasparek Verlag, Heidelberg
24 Leguat, F., Oliver, P. 1891. The voyage of Francois Leguat of Bresse, to Rodriguez, Mauritius, Java, and the Cape of Good Hope. Transcribed from the first English edition; edited and annotated by Captain Pasfield Oliver, Hakluyt Society, London
25 Lyons M. C., Lyons U., Irwin R. 2008. The Arabian nights: tales of 1001 nights. Penguin Books, London
26 Pike N. 1873. Sub-tropical rambles in the land of aphanapteryx. Harper & Brothers edition
27 Martin R.M. 1839. Statistics of the colonies of the British empire: From the official records of the Colonial office W.H. Allen, London
28 Fox J.G. 1998. Biology and diseases of the ferret
29 Roots C. 2006. Flightless birds. a.a.O. S. 300
30 Schotte M. 1986. The last flightless bird of the Indian Ocean. Bird Watcher's Digest 8(6): 38–43
31 Unsworth I. 2007. Footprints in the sand at a timeless sanctuary.The Sunday Times, September 16, 2007
32 Martin R.M. 1839. Statistics of the colonies of the British empire. a.a.O. S. 301
33 Palkovacs E. P., Marschner C. et al. 2003. Are the native giant tortoises from the Seychelles really extinct? A genetic perspective based on mtDNA and microsatellite data. Molecular Ecology 12: 1403–1413 – Karanth, K.P., Palkovacs E., J. Gerlach et al. 2005. Native Seychelles tortoises or Aldabran imports? The importance of radiocarbon dating for ancient DNA studies. Amphibia-Reptilia 26: 116–121
34 Jones C. 1999. Listening for Echos and Searching for Ghosts. Parrot Conservation on Mauritius. PsittaScene 11 (3): 10–11
35 Ashmole N.P., Ashmole M. J. 1997. The Land Fauna of Ascension Island: New Data from Caves and Lava Flows, and a Reconstruction of the Prehistoric Ecosystem. Journal of Biogeography 24 (5): 549–589
36 Milberg P., Tyrberg T. 1993. Naive birds and noble savages – a review of man-caused prehistoric extinctions of island birds. Ecography 16(3): 229–250
37 Wetmore A, Kellogg, P.P. 1965. Water, prey, and game birds of North America. National Geographic Society (U.S.)
38 Raynal M, Barloy J-J, Dumont F. 2001. L'oiseau mysterieux de Gauguin. L'Oiseau Magazine 65 : 38–39
39 Reid B. 1974. Sightings and records of the Takahe (Notornis mantelli) prior to its »official Rediscovery« by Dr. G. B. Orbell in 1948. Notornis: 21: 277–295
40 Australis (Pseud.) 1913. Hunting Emus. Forest and Stream 80: 104–105
41 Jack Pollard 1967. Birds of paradox: birdlife in Australia and New Zealand. Lansdown, Melbourne
42 Tuijn P. 1969. Notes on the extinct pigeon from Mauritius, Alectroenas nitidissima (Scopoli 1786). Beaufortia 16: 163–170
43 Sinclair I, Lagrand O. 1998. Birds of the Indian Ocean Islands. Struick Publishers, Cape Town
44 Hutton, I. 1991. Birds of Lord Howe Island, past and present. Ian Hutton, Coffs Harbour, N.S.W.
45 ebd.
46 Tennyson, A. J. D. 2004. Records of the extinct Hawkins' rail (Diaphorapteryx hawkinsi) from Pitt Island, Chatham Islands. Notornis 51: 159–160
47 Neruda P. 1974. Muerte y persecucion de los gorriones. in: Neruda P. 1974. Defectos escogidos. Editorial Losada [Übersetzung des Zitats M.R.]
48 Dabringhaus S. 2009. Geschichte Chinas im 20. Jahrhundert. Oldenbourg WI Verlag

49 Semon R. 1909. Die mnemischen Empfindungen in ihren Beziehungen zu den Originalempfindungen. W. Engelmann, Leipzig

50 Bender A., Noack J., Schuster S. 2000. Grenzen einer Inselwelt. Freiburger Institut für Paläowissenschaftliche Studien. Verlag Wissenschaft & Öffentlichkeit, Freiburg i. Brsg.

51 Darwin C. 1846. Journal of researches into the natural history and geology of the countries visited during the voyage of H.M.S. Beagle round the world: under the command of Capt. Fitz Roy, R.N. Harper & Brothers

52 945. Nacht. In: Sir Richard Francis Burton. A Plain and Literal Translation of the Arabian Nights Entertainments, Vol. 9 of 10: The Book of the Thousand Nights and a Night.

53 Pitman R. L. 1993: Seebirdassociation with Marine Turtles in the Eastern Pacific Ocean. In: Colonial Waterbirds 16 (2): 194–201

54 Mazak, V. 1975. Notes on the black-maned lion of the Cape, Panthera leo melanochaita (Ch. H. Smith, 1842) and a revised list of the preserved specimens. North-Holland Pub. Co., Amsterdam

55 Mohr, E. 1967. Der Blaubock Hippotragus leucophaeus (Pallas, 1766). Eine Dokumentation Verlag Paul Parey, Singhofen

56 Barnaby, D. 1996. Quaggas and other zebras. Basset, Plymouth

57 Lewis J. P.2003. Swan Song. Poems of extinction. Creative Compagnie

Auf grünen Straßen

1 Hoover M.B., Kyle D. E. 1990. Historic spots in California. Stanford Univ. Press

2 Niklitschek A. 1955. Vom Zimmergarten der Zukunft: neue Tatsachen und Probleme.

3 Steinbeck J. 1952. East of Eden. Div. Ausgaben

4 Polk D. B.1991. The Island of California: A History of the Myth. Spokane.

5 Gaul L. 1941. Japkes Insel – wie er dahin und weiterkam. Ellermann Verlag, Hamburg

6 Hawking S. 1988. A Brief History of Time. Bantam Books. New York – Ross J. R. 1986. Infinite syntax! Norwood, NJ – Nietschmann B. 1974. When the Turtle Collapses, the World Ends. Natural History, 83(6):34–43

7 Hicks et al. 2000. The literature of California, vol. 1, The creation: Turtle Island, Maidu

8 Kroeber T. K.1957. A Note on a California Theme. The Journal of American Folklore, 70 (275): 72–74

9 Humboldt A. von, Schäfer P. V. 1959. Die Wiederentdeckung der Neuen Welt: Erstmals zusammengestellt aus dem unvollendeten Reisebericht und den Reisetagebüchern.

10 Terrill C. 2007. Unnatural landscapes. Traching invasive species. Univ. of Arizona Press, Tucson

11 RandallJ.M., Marinelli J. 1996. Invasive Plants: Weeds of the Global Garden. Brooklyn Botanic Garden

12 Ryves T. B., Clement E. J., Foster, M. C. 1996. Alien grasses of the British Isles, with guidance on nomenclature by D. H. Kent and illustrations. Botanic Society

13 Marsh G. P. 1862.Man and Nature. a.a.O. S. 298

14 Löns H. 1930. Sämtliche Werke in acht Bänden. Band 2. Hesse und Becker, Leipzig

15 Kirsch S. 2005. Sämtliche Gedichte. DVA, München

16 Gary Snyder In: Turtle Island. a.a.O. S. 297

17 Longfellow H. W. 1855. The Song of Hiawatha

18 Gale R L. 2003. A Henry Wadsworth Longfellow Companion. Greenwood, Westport, CT

19 Holm L.G., Plucknett, D.L. et al. 1977. The World's Worst Weeds: Distribution and Biology. Univ. Press of Hawaii

20 Crosby A. L. 1972. The Columbian Exchange. Duke Univ. Press

21 Yamane L. 1998. The snake that lived in the Santa Cruz Mountains & other Ohlone stories.

22 Klapp E., Boberfeld W. O. von. 2006. Taschenbuch der Gräser. Ulmer, Stuttgart

23 Davies W. 1960. The grass crop: its development, use, and maintenance. Taylor & Francis, London

24 Steinbeck J. 1952. East of Eden.

25 Moore W. 1947. Greener than you think. Crown Publishers, New York

26 Grubbe P. Blut auf der Nelkeninsel. In: Die Zeit, 24. Januar 1969

27 Auzias D, Labourdette J.-P. 2008. Tahiti, Polynesie francaise. Petit Fute

28 Schnack F. 1942. Große Insel Madagaskar. Verlag Dietrich Reimer, Berlin

29 Darwin C. R. 1845. Journal of researches into the natural history and geology of the countries visited during the voyage of H.M.S. Beagle round the world. a. a. O. S. 302

30 ebd.

31 ebd.

32 Di Piero, W.S. 1995. Ice Plant in Bloom. In: Shadows burning Evanston, Ill. : Triquarterly Books/Northwestern Univ. Press

33 Marsh. G. P. 1864. Man and nature. a.a.O. S. 298

34 Johnson T. H. 1989. Unpublished ICBP profiles of Atlantic islands.

35 Taylor R, Smith I. 1997. The State of New Zealand's environment. The Ministry for the Environment

36 Wagner W.L., Herbst D.R., Sohmer S.H. 1990. Manual of the flowering Plants of Hawai'i. Volume I. Honolulu Univ. of Hawaii Press

37 Cronk Q. C. B., Fuller, J. L. Plant invaders: the threat to natural ecosystems. World Wide Fund for Nature

38 Castro S.A., Muñoz M., Jaksic F.M. 2007. Transit towards floristic homogenization on oceanic islands in the south-eastern Pacific: comparing pre-European and current floras. Journal of Biogeography (2007) 34: 213–222
39 Nabhan G. P. im Vorwort zu: Terrill C. 2008. Unnatural Landscapes: Tracking Invasive Species. Harvey Ass.
40 Wagenitz G. 2002. Über das Wort ansalben. Zeitschrift für Germanistische Linguistik 30 (2): 252–257
41 Seidel H. 1925. Vorstadtgeschichten 1890 bzw. 1900. Gesammelte Werke, Stuttgart und Berlin
42 Chabert A. 1907. La flore d'Aix-les-Bains. Bulletin de la Societe Botanique de France. Paris., 54: 91–96
43 ebd.

Auf grünen Flügeln

1 Gobel G. 1877. Länger als ein Menschenleben in Missouri. C. Witter's Buchhandlung, St. Louis
2 Cooper S.F. 1850. Rural Hours. G.P. Putnam, New York
3 Audubon J. J. 1842. The Birds of America, Band 4 [Übersetzung des Zitats M.R.]
4 Baird, S. F. , Brewer, T. M., Ridgway. R. 1874. A history of North American birds. 3 vol. 4 to pp. xxviii, 596, vi; (4), 590, vi;(4), 560, xxviii. Little, Brown and Co, Boston
5 Bendire C. 1895. Life Histories of North American Birds. Government Printing Office, Washington
6 Shufeldt R.W. 1900. Chapters on the natural history of the United States. Natural Science Association of America, New York
7 Lantermann W. 1999. Papageienkunde. Georg Thieme Verlag, Stuttgart
8 Cokinos C. Hope is the thing with feathers: a personal chronicle of vanished birds. Warner Books, New York
9 Silverman F. 2009. In this Springtime battle, the parakeets appear to be winning. The New York Times, March 19, 2009.
10 Lever C. 1987 Naturalized Birds of the world. Longman Scientific & Technical; Harlow, Essex
11 ebd.
12 Franz D. 1999. Frei lebende Blaustirnamazonen im Schlosspark Biebrich. In: Der Falke, November 1999, S. 350–351
13 Hoppe D. 1999. Exoten im Park: Die Gelbscheitelamazonen von Stuttgart. In: Der Falke, Mai 1999 S.142–146
14 Brazil M. 2009. Field guide to the birds of East Asia: eastern China, Taiwan, Korea, Japan and eastern Russia. A&C Black
15 Colvee Nebot, J. 1999. First report of the Rose-ringed Parakeet (Psittacula krameri) in Venezuela and preliminary observations on its behavior. Ornitologia Neotropical 10: 115–117. 135
16 Pearson T.G. 1937. Adventures in bird protection. D. Appleton-Century Company, Incorporated [Übersetzung des Zitats M.R.]
17 Warren R.P. 1969. Audubon, a Vision. Random House, NY [Übers. des Zitats M. R.]
18 Wilson A., Brewer T. M. 1840. Wilson's American Ornithology, with Notes by Jardine; to which is added a Synopsis of American Birds, including those described by Bonaparte, Audubon, Nuttall and Richardson. Boston
19 ebd.
20 Wilson A. 1808. American Ornithology. Or: The Natural History of The Birds of The United States.
21 Wilson E. O. 1999. Diversity of Life. Havard Univ. Press
22 Warren L. S. (Hrsg.) 2003. American environmental history. Blackwell Pub., Malden, MA
23 Platt R. H. 1965. The great American forest. Prentice-Hall Englewood Cliffs, N.J.
24 Bonnicksen T.M. 2000. America's ancient forests: from the ice age to the age of discovery. John Wiley and Sons
25 Ribaut Jean. 1917. Discovereye of Terra Florida. In: English Historical Review XXXII (1917): 253–270.
26 Pelzer-Reith B. 2011. Tiger an Deck. Die unglaublichen Fahrten von Tieren und Pflanzen quer übers Meer. Mareverlag, Hamburg
27 Crane E. 1999. The World History of Beekeeping and Honey Hunting. Routledge, New York
28 Jefferson T. 1781. Notes on the State of Virginia.
29 Schoolcraft H.R. 1851. Personal Memoirs of a Residence of Thirty Years With the Indian Tribes On the American Frontiers: With Brief Notices of Passing Events, Facts, and Opinions, A.D. 1812 to A.D. 1842. Lippincott, Grambo and Co., Philadelphia
30 Glenmore J. Stands in Timber; Leman W. 1986. Cheyenne topical dictionary. Cheyenne Translation Project
31 Brinton, D. G., Anthony A. S. 1888. A Lenape-English dictionary. From an anonymous manuscript in the archives of the Moravian Church at Bethlehem Philadelphia: The Historical Society of Pennsylvania.
32 Longfellow H. W. Song of Hiawatha. a.a.O. S. 302
33 Bryant W.C, Naylor F. W., Bayley W.N. 1853. The poetical works of William Cullen Bryant. G. Routledege [Übersetzung des Zitats M.R.]
34 ebd.
35 Irving W. 1835. A Tour of the Prairies. Carey, Lea & Blanchard, Philadelphia [Übersetzung des Zitats M.R.]
36 St. John de Crevecoeur, J.H. 1801/1964. Voyage dans la Haute Pensylvanie et dans l'etat de New York (1801) Journey into northern Pennsylvania and the State of New York.

37 McKinley D. 1960. The Carolina Parakeet in pioneer Missouri. Wilson Bulletin 72: 274–287.

38 Hansen D. M., Olesen J. M., Jones C. G. 2002. Trees, birds and bees in Mauritius: exploitative competition between introduced honey bees and endemic nectarivorous birds? Journal of Biogeography 29(5/6): 721–734

39 Friese H. 1909. Die Bienenfauna von Neu-Guinea. Annales Musei Nationalis Hungarici.

40 Irving W. 1835. A Tour of the Prairies. a.a.O. S. 304

41 Bee-hunting and Bee-keeping, as Practised in America. The Penny Magazine of the Society for the Diffusion of Useful Knowledge 7 (1838).

42 Honey. The Genesee farmer 2: 362, November 17, 1832

43 Jefferson T. 1781. Notes on the State of Virginia, S. 97, 107

44 Irving W. 1835. A Tour of the Prairies. a.a.O. S. 304

45 Gebrüder Grimm. Die Bienenkönigin.

46 Melville H. 1851. Moby Dick.

47 Hasel K. 1985. Forstgeschichte. Ein Grundriss für Studium und Praxis, Pareys Studientexte, Nr. 48, Hamburg und Berlin

48 Reid M. 1852. The English family Robinson: the desert home; or, the adventures of a lost family in the wilderness.

49 1848. The Oak Openings; or, Thee Bee-Hunter. Burgess, Stringer, New York

50 Bakeless J. 1989. America as seen by its first explorers: the eyes of discovery. Dover Publications, Mineola

51 Cooper J.F. 1827.The prairie: a tale. American Publishers Corp. [Übersetzung des Zitats M.R.]

52 Irving W. 1835. A Tour of the Prairies. a.a.O. S. 304

53 Phelps M. 1831. Datenbank »North American Women's Letters and Diaries«.

54 1834. Letter from Texas. Brattleboro Messenger, November 4, 1834, Vol. XIII, Issue 12, S. 1

55 McKinley. 1960. The Carolina Parakeet in pioneer Missouri. a.a.O. S. 304

56 Irving W. 1835. A Tour of the Prairies. a.a.O. S. 304 [Übersetzung des Zitats M.R.]

57 Seidlinger E. 1955. Bee Housing Shortage. Gleanings in bee culture 83

58 Verdoorn G. 1998. Breeding success for Egyptian Vultures. Africa – Birds & Birding American Publishers Corp. 3:13.

59 Snyder N.F. R. 2004. Carolina Parakeet: Glimpses of a Vanished Bird. Princeton Univ. Press.

60 Herodot Historien (V. 114)

61 Roedelberger F.A., Groschoff V.I. 1972. Ernte im Garten Eden. Safari-Verlag, Berlin

62 Prange S., Nelson D. H. 2007. Use of Small-Volume Nest Boxes by Apis mellifera L. (European Honey Bees) in Alabama. Southeastern Naturalist, Vol. 6, No. 2, S. 370–375

63 Hoffman A. V. 1905. Chief Pamblo's Stories, as Related to A. V. Hoffman by Pamblo, Old Chief of the Yuba. The Californian and overland monthly 46: 507–12

64 Brown L. N., McGuire R. J. 1975. Field Ecology of the Exotic Mexican Red-Bellied Squirrel in Florida. Journal of Mammalogy, Vol. 56, No. 2 (May, 1975), S. 405–419

65 Frank W. J. 1948. Wood Duck Nesting Box Usage in Connecticut. Jour. Wildl. Mgmt., 12: 128–136.

66 McComb W.C., Noble R. E. 1982. Invertebrate Use of Natural Tree Cavities and Vertebrate Nest Boxes. American Midland Naturalist. 107(1): 163–172

67 Conner R.N., Rudolph D. C., Walters J. R. 2001. The red-cockaded wood-pecker: surviving in a fire-maintained ecosystem. Rexas Univ. Press

68 Lever C. 1987 Naturalized Birds of the world. Longman Scientific & Technical; Harlow, Essex.

69 Pers. Auskunft, Prof. Jeffrey Lockwood Universität, Wyoming

70 Snyder N.F.R. 2004. The Carolina Parakeet. a.a.O. S. 304

71 McKinley D. 1960. The California Parakeet in pionier Missouri. a.a.O. S. 304

72 Clark, A. H. 1905. The Lesser Antillean macaws. Auk 22: 266–273

73 Bennett G. 1860. Gatherings of a naturalist in Australia [Übersetzung des Zitats M.R.]

74 Campbell K. 2002 Broadcast Sunday 29 December 2002 with Robyn Williams

75 Crane E. 1999.The world history of beekeeping and honey hunting. a.a.O. S. 303

76 Pers. Auskunft, Mr. John McBain, Haywood Farm, West Australien

77 Brook, S. 1999 Our natives at risk as ferals go bush and bee hive badly. The Australian, July 16, 1999

78 Hogendoorn, K. Universität Adelaide, pers. Auskunft

79 Kenihan G. 1999. Back from the brink. The Advertiser (Adelaide, Australia), September 11, 1999

80 Olsen P. 2007. Glimpses of Paradise: The Quest for the Beautiful Parrakeet. National Library of Australia. Canberra ACT

81 Friese H. 1909. Die Bienenfauna von Neu-Guinea. Annales Musei Nationalis Hungarici 1909

82 von Brandenstein C. G., Thomas A. P. 1974. Taruru: Aboriginal song poetry from the Pilbara. Rigby Ltd., Adelaide

83 Benson S. 2001. Feral bees pose threat to wildlife. Daily Telegraph (Sydney, Australien), May 15, 2001

84 Australian Honeybee Industry Council Submission No. 56, p. 28, to the House of Representatives Standing Committee Inquiry into the Future Development of the Australian Honeybee Industry
85 Oldroyd B., persönliche Auskunft
86 Buller, W. L. 1873. A history of the birds of New Zealand. J. van Voorst, London
87 1873. Why native birds are dying out. Otago Daily Times, Issue 3240, 22 January 1873, S. 6
88 Guthrie-Smith H. 1921. Tutira. The Story of a New Zealand Sheep Station. Cambridge Press 2011
89 Greenwood D. 1993. Green Parrot Recovery Program. Executive Summary. Unpublished report, Australian Nature Conservation Agency
90 Yorkston H. 1995. Green Parrot. Progress report on Recovery Plan to Parks Advisory Committee. Unpublished report, Australian Nature Conservation Agency.
91 Culliney T. 1999. Extent of the Africanized Bee threat to Hawaii. Hi-BEE News. The Newsletter of the Hawai`i Beekeepers Association. 13 (1) 2
92 At last honey bees have been introduced here! The Polynesian, November 07, 1857, Issue 27, col C, S. 213
93 Bees. The Polynesian, August 21, 1858, Volume: XV, Issue 16, S. 2
94 Muir J. 1894. The Mountains of California. The Century Co., New York
95 Honey Bees in California. The San Antonio Ledger 3(50): 2; May 5, 1853
96 Muir J. 1894. The Mountains of California. a.a.O.
97 Honey Bees in California. a.a.O.
98 Muir J. 1894. The Mountains of California. a.a.O.
99 The Spread of Honey-bees. Daily Evening Bulletin (San Francisco, CA), August 03, 1857, Issue 100, col B
100 Pitkin H. 1985. Wintu dictionary. Univ. of California publications in linguistics, Band 95. Univ. of California Press, Berkeley, CA
101 Hansen D.M., Olesen J. M., Jones C. G. 2002. Trees, birds and bees in Mauritius: exploitative competition between introduced honey bees and endemic nectarivorous birds? Journal of Biogeography. 29(5/6): 721–734
102 Carl Jones, Mauritius, pers. Auskunft
103 Hahn C.W. 1834. Ornithologischer Atlas oder naturgetreuer Abbildungen und Beschreibungen der aussereuopäischen Vögel: I Papageien.
104 Schrenk W.J. 1986. Die Seychellen, ein Naturparadies vor dem Ausverkauf II. Natur und Museum 116(8): 342–356
105 Flakus G. 1993. Living with Killer Bees The Story of the Africanized Bee Invasion. Quick Trading Company. Oakland, CA
106 The savage bees. 1976. Deutsch: Die Mörderbienen greifen an, Regie: Bruce Geller, Drehbuch Guerdon Trueblood
107 Swezey S. L. 1986. Africanized honey bees arrive in Nicaragua. American Bee Journal 126:283–287
108 Swarm of ›Killer‹ bees found in Florida port. New York Times January 09, 1988.
109 Rogel V.G., Cesar-Dachary A., Sanchez-Vazquez A. 1991. The impact of the Africanized honey bee in north Belize. American Bee Journal 131:183–186.
110 Timiraos N. 2006. Bees on a plane are a real-life problem. The Wall Street Journal, August 17, 2006
111 Roubik D.W. 1980. Foraging Behavior of Competing Africanized Honeybees and Stingless Bees. Ecology 61: 836–845
112 Dierbach J.H. 1843. Die neuesten Entdeckungen in der Materia Medica: für praktische Aerzte geordnet, Band 2
113 Honigbienen Brasiliens. Bienen-Zeitung 18: 214–215
114 Prinz zu Wied, M. 1817. Reise nach Brasilien in den Jahren 1815 bis 1817.
115 BirdLife International 200, 2004.
116 Kyle T. 2007. Swan Song in Blue-throat Land. PsittaScene November 2007, S. 16–17
117 Yamashita C., Machado de Barros Y. 1997.The Blue-throated Macaw Ara glaucogularis: characterization of its distinctive habitats in savannahs of the Beni, Bolivia. Ararajuba 5(2):141–150
118 Snyder, N.F.R. Parrots: status survey and conservation action plan 2000–2004
119 Asturias M. A. 1981. Lo mejor de Miguel Angel Asturias: leyendas y poemas. Editorial Piedra Santa
120 An inside job. Reproductive biology of the Lear's Macaw. Photos by and Interview with Erica C. Pacifico de Assis. November 2010 PsittaScene S. 3–7 [Übersetzung des Zitats M.R]
121 ebd.
122 Nations J.D. 1999. The Maya tropical forest: people, parks, & ancient cities
123 Iñigo-Elias, E.E. 1996. Landscape ecology and conservation biology of the Scarlet Macaw (Ara macao) in Gran Peten region of Univ. of Florida, Gainesville, FL.
124 Juniper T. 2002. Spix's Macaw: The Race to Save the World's Rarest Bird, Fourth Estate, London
125 Roth P.G. 1990. Spix-Ara Cyanopsitta spixii: was wissen wir heute über diese seltenen Vogel? Bericht über ein 1985-1988 durchgeführtes Projekt. Papageien, 4: 86–88
126 Fahnders T. 2008. Seltener Zuchterfolg. Papageienfreunde freuen sich über Ara Frieda. FAZ 19. Dezember 2008
127 White T. Puerto Rican Parrot Recovery Program des US Fish and Wildlife Service; pers. Auskunft

128 Marais E. N. 1969. The Soul of the ape. New York, Atheneum

129 Dunn K. J. 1992 Exotic Asian bee detected in Torres Strait. Bee Briefs 9: 18–19

130 Boland P 2005. A Review of the National Sentinel Hive Program in Queensland, New South Wales, Victoria, Western Australia and the Northern Territory. – Biosecurity Australia, June 2005

131 ebd.

132 Williams S. 2007. Feral bees invade Australia. The Daily Telegraph, May 19, 2007

133 Strange J.P. 2001. »A severe stinging and much fatigue« –Frank Benton and his 1881 search for Apis dorsata. American Entomologist 47 (2): 112 – 116

134 Hingston A. B., McQuillan P. B.. 1999. Displacement of Tasmanian native megachilid bees by the recently introduced bumblebee Bombus terrestris. (Linnaeus, 1758) (Hymenoptera: Apidae). Australian Journal of Zoology 47(1): 59–65

135 Notes. Nature 12, 525–527

136 Macfarlane R.P. 1995. Distribution of bumblebees in New Zealand. New Zealand Entomology 18: 29–36

137 Cauchi S. 2003. The fight of the bumblebee. The Age (Melbourne, Australia), January 18, 2003

138 Hingston A.B, McQuillan P.B. 1999. Displacement of Tasmanian native megachilid bees by the recently introduced bumblebee Bombus terrestris. a. a. O. S. 306

139 Roseler F. 2001. Der Hummelgarten: Lebensraum und Biologie der Hummel. Triga Verlag, Gelnhausen

140 Goka K., Okabe K., Yoneda M., Niwa S. 2001. Bumblebee commercialization will cause worldwide migration of parasitic mites. Molecular Ecology 10: 2095–2099

141 Buttler D. 2006. Fight of the bumblebee. Import permit sought. Herald Sun (Melbourne, Australien), June 16, 2006

142 Roberts G. 2000. Bee plan a potential disaster. The Sydney Morning Herald, (Australia), January 4, 2000

143 The fight of the bumblebee. The Age (Melbourne, Australia), January 18, 2003

Shanghait und deportiert

1 Watts J. 2007. »Noah's Ark« of 5,000 rare animals found floating off the coast of China. The Guardian

2 Watkins L. H. California's First Honey Bees. American Bee Journal, CVIII (Mai 1968), 190–191

3 Beattie H. 1954. Our southernmost Maoris: their habitat, nature notes, problems and perplexities, controversial and conversational, further place names, antiquity of man in New Zealand. Otago Daily Times

4 C. Plinii Secundi 1844. Historiae mundi libri XXXVII: Band 1

5 Gomes Eanes de Zurara: Cronica do descobrimento e conquista da Guine.

6 King C.M. 1990. The Handbook of New Zealand Mammals. Oxford Univ. Press

7 Watson J.S. 1961. Feral Rabbit Populations on Pacific Islands. Pacific Science 15: 591–93

8 1881. Rabbits in Australia. The Macon Telegraph and Messenger. 21. 7. 1818, Issue 9909, p. 2; Macon, Georgia [Übersetzung des Zitats M.R.]

9 Old Memories of Southland. Experiences as a shepherd. Southland Times, Issue 10249, September 4, 1889

10 Chisholm, A.H. 1922. The »lost« Paradise Parrot. Emu. 22: 4–17

11 Old Acquaintance 1887. The New Zealand rabbit and its prey. Lyttelton Times 12 Taylor, R.H. 1979. How the Macquarie Island Parakeet became extinct. N.ZJ.Ecol. 2: 42–45.

13 Norfolk Island. The Daguerreotype 3 (8): 337–345, February 10, 1849

14 Brown R. 1889 . Our earth and its story: a popular treatise on physical geography. Bd. 3

15 Whitaker J.O. 1996.National Audubon Society field guide to North American mammals. National Audubon Society.

16 Plummer D.B. 2001. In Pursuit of Coney.

17 Boersma P.D., Reichard S.H., Van Buren A.N. 2006. Invasive species in the Pacific Northwest.

18 Hopf A.L. 1975. Misplaced animals, and other living creatures.

19 Boersma P.D., Reichard S. H., Van Buren A.N. 2006. Invasive species in the Pacific Northwest.

20 Cook J. 1785. A voyage to the Pacific Ocean. H. Hughs for G. Nicol &T. Cadell, London

21 C. Plini Secundi. 1852. Naturalis Naturalis historias libri XXXVII.

22 The Voyage of Francois Leguat of Bresse to Rodriguez, Mauritius. a. a. O. S. 301

23 Verrill A.E. 1903. The Bermuda Islands: their scenery, climate, productions, physiography, natural history, and geology: with sketches of their early history and the changes due to man.

24 Percival E.H. 1884. Life of Sir David Wedderburn. Kegan Paul, Trench & Co. London

25 Dieffenbach E. 1844. Travels in New Zealand. Daily Southern Cross, Volume 51, April 6, 1844, S. 4

26 Lorch F.W. 1968. The trouble begins at eight: Mark Twain's lecture tours.

27 Delaborde .J, Loofs, H. 1978. Am Rande der Welt. Patagonien und Feuerland. Fischer Expedition 1962. Safri Verlag, Berlin

28 Colbert E.H. 1985. Wandering Lands and Animals.

29 Bory S, Lubinsky P, Risterucci A-M , Noyer J-L, Grisoni M, Duval M-F, Besse P. 2008. Patterns of introduction and diversification of Vanilla planifolia (Orchidaceae) in Ré-

union Island (Indian Ocean) Am. J. Bot. July 2008, 95: 805–815
30 Ly-Tio-Fane M. 1958. Mauritius and the Spice Trade, Band 1: The Odyssey of Pierre Poivre. Mauritius Archives Publication Fund 4, Port Louis.
31 Dean, W 1987. Brazil and the struggle for rubber: a study in environmental history. Cambridge Univ. Press, Cambridge
32 Young, A. M. 1994.The chocolate tree: a natural history of cacao. Smithsonian Institution Press, Washington
33 Flavius Josephus, Antiquitates Judaicae. 34 Gramiccia G. 1988. The life of Charles Ledger (1818-1905): alpacas and quinine. Macmillan
35 Osborne M.A. 1994. Nature, the exotic, and the science of French colonialism. Indiana Univ. Press
36 Bompas G.C. 1885. Life of Frank Buckland by his brother-in-law George C. Bompas. Smith, Elder, London
37 Kacirk, J. 1999. Forgotten English. Harper, New York
38 Burgess, G. H. O. 1968. The eccentric ark; the curious world of Frank Buckland. Horizon Press, New York
39 Hutching G. 1998. The natural world of New Zealand.
40 Donne T.E. 1924. The game animals of New Zealand: an account of their introduction, acclimatization, and development. J. Murray
41 Sidka Deer: Biology and Management of Native and Introduced Populations von Dale R. McCullough,Seiki Takatsuki
42 Gallas K. 1977. Die Mythologie der Insel Rhodos, Antike Welt 8 (1): 41-46
43 Martin T.G., Arcese, P. , Scheerder, N. 2011. Browsing down our natural heritage: Deer impacts on vegetation structure and songbird populations across an island archipelago. Biological Conservation 144: 459–469.
44 Flowerdew J. R., Ellwood S. A. 2001. Impact of woodland deer on small mammal ecology. Forestry 74: 277–287
45 Experimental evidence that deer browsing reduces habitat suitability for breeding Common Nightingales Luscinia megarhynchos by Chas A Holt, Robert J Fuller, Paul M. Dolman
46 Banks J. 1896. Journal of the Right Hon. Sir Joseph Banks during Captain Cook's first voyage in H.M.S. Endeavour in 1768-71 to Terra del Fuego, Otahite, New Zealand, Australia, the Dutch East Indies, etc. Macmillan
47 Campbell R. W. 1997. The birds of British Columbia. Canadian Wildlife Service
48 Ehrlich P. R., Hanski I. 2004. On the wings of checkerspots: a model system for population biology.
49 Chapman J. L., Reiss M. J. 1998. Ecology – Principles and applications. Cambridge Univ. Press
50 Shakespeare W. Heinrich IV.
51 Contreras P. 1981. Starlings: Birds of a feather. The New York Times, July 12, 1981, S. 24
52 Winterbottom J.M., Liversidge R. 1954. The European Starling in the South West Cape. Ostrich 25 (2): 89–96
53 Fergus C. 2008. The Wingless Crow Penn State Press
54 Olson S.L. 1986. An early account of some birds from Mauke, Cook Islands, and the origin of the »mysterious starling« Aplonis mavornata Buller. Notornis 33 (4): 197–208
55 Yadav P R Vanishing And Endangered Species
56 Percival E.H. 1884. Life of Sir David Wedderburn. a.a.O. S. 307
57 Kästner E. 1964: Ölberge, Weinberge. Fischer Verlag, Frankfurt
58 Colbert E.H. Wandering Lands and Animals. [Übersetzung des Zitats M.R.]
59 Cholmondeley T. 1854 Ultima Thule; or, Thoughts suggested by a residence in New Zealand. John Chapman, London
60 Twain M. 1895. Wayward Tourist. Melbourne Univ. Press
61 Roberts K. 1998. Rodrigues Island. Mauritius too hectic? Escape here. The Independent on Sunday, London, October 4, 1998
62 Coleberd F, Benton Smith M. 1972. Islands of the South Pacific.
63 Dormann G, Rossi G. A. 1993. Mauritius from the Air.
64 McMillon B., McMillon K. 1992. Best hikes with children: San Francisco's North Bay
65 Colbert E.H. Wandering Lands and Animals. a.a.O. S. 306 [Übersetzung M.R.]
66 Berry W. 1969. A Native Hill. The Hudson Review 21 (4): 601-634 [Übersetzung des Zitats M.R.]
67 Long J.L. 2003. Introduced mammals of the world: their history, distribution and Influence.
68 Brednich R.W. 1990. Die Spinne in der Yucca-Palme. Sagenhafte Geschichten von heute. C.H. Beck, München
69 Bredel F., Neuheisel P. 2011. Real-Markt Bexbach: Suche nach Spinne dauert an. Saarbrücker Zeitung, 10. Juli 2011
70 Nikolei, H.-H. 2009. Die gelbe Gefahr: Die asiatische Hornisse ist im Anflug. Badische Zeitung, 20. August 2009
71 Raupe frisst den Buchsbaum kahl. Badische Zeitung, 4. August 2008
72 Drescher A. 2009. Ein Krebs aus Nordamerika macht der Schweiz zu schaffen. Badische Zeitung, 5. September 2009
73 Jackson D.B., Fuller R.J., Campbell S.T. 2004. Long-term population changes among breeding shorebirds in the Outer Hebrides, Scotland, in relation to introduced hedgehogs (Erinaceus europaeus). Biological Conservation 117 (2): 151–166

74 Schönn S, Scherzinger W, Exo K-M, Ille R. 1991. Der Steinkauz. Die Neue Brehm-Bücherei, A. Ziemsen Verlag, Wittenberg

75 Williams, G. R., Harrison, M. 1972. The Laughing Owl Sceloglaux albifacies (Gray. 1844): A general survey of a near-extinct species. Notornis 19(1): 4–19

76 Forshaw J. M., Cooper W. T. 1981. Australian parrots. Lansdowne,Melbourne

77 Stresemann E. 1954. Ausgestorbene und aussterbende Vogelarten, vertreten im zoologischen Museum zu Berlin. Mitteilungen aus dem Zoologischen Museum in Berlin 30: 38–53

78 Christensen, G.- C. 1962. Use of the Clap Net for Capturing Indian Sand Grouse. The Journal of Wildlife Management. 26(4): 399–402.

79 del Hoyo J. 1997. Handbook of the Birds of the World: Sandgrouse to Cuckoos, Band 4 von: Handbook of the Birds of the World, Lynx Edicions

80 Berlepsch H. von. 1876. Der Karolinasittich im Freien. Gefiederte Welt 250, 5. Jhg. 1876. S. 250–251.

81 Berlepsch H. von. 1929. Der gesamte Vogelschutz. Seine Begründung und Ausführung auf wissenschaftlicher, natürlicher Grundlage. 12. Auflage. Neudamm: Neumann

82 Lillard R. G. 1973. The Nature Book in Action. The English Journal 62 (4): 537–548 [Übersetzung des Zitats M.R.]

83 Henry R. 1898. Moa Farmers. Otago Witness, Issue 2328, October 13, 1898, S. 46

84 ebd.

85 Henry R. 1897. The Fiord Country. Ashburton Guardian, 17, (4193):2, May 17, 1897

Weltbürgerin im feinen Zwirn

1 Groombridge B, Georgina M. Mace G.M. 1993. 1994 IUCN red list of threatened animals. World Conservation Monitoring Centre

2 Steinbacher, J. 1959. Weitere Angaben über ausgestorbene, aussterbende und seltene Vögel im Senckenberg-Museum. Senckenbergiana Biologica 40 (1/2): 1–14.

3 Luther D. 1970. Die ausgestorbenen Vögel der Welt. Ziemsen Verlag, Wittenberg

4 Haffer J. 2007. Ornithology, evolution, and philosophy: the life and science of Ernst Mayr 1904 - 2005. Springer.

5 Olson, S. L. 1986. An early account of some birds from Mauke, Cook Islands, and the origin of the »Mysterious Starling« Aplonis mavornata Buller. Notornis 33 (4): 197–208.

6 Fuller E. 2001. Extinct birds. Comstock Pub. 7 Bertuch F. J. 1813. Bilderbuch für Kinder enthaltend eine angenehme Sammlung von Tieren, Pflanzen, Blumen, Früchten, Mineralien, Trachten und allerhand andern unterrichtenden Gegenständen aus dem Reiche der Natur, der Künste und Wissenschaften; alle nach Originalen gestochen und mit einem kurzen wissenschaftlichen, und des Verstandes-Kräften eines Kindes angemessenen Erklärung begleitet. edrich Justin). – Bd. 8. – Tafel 7

8 Penny Cyclopaedia of the Society for the Diffusion of Useful Knowledge, Society for the Diffusion of Useful Knowledge. Society for the Diffusion of Useful Knowledge. Band 7, C. Knight, 1837

9 Weimar, 1813. – (Bilderbuch für Kinder enthaltend eine angenehme Sammlung von Tieren, Pflanzen, Blumen, Fruchten, Minera lien, Trachten und allerhand andern unterrichtenden Gegenständen aus dem Reiche der Natur, der Künste und Wissenschaften; alle nach Originalen gestochen und mit einem kurzen wissenschaftlichen, und des Verstandes-Kräften eines Kindes angemessenen Erklärung begleitet. Bd. 8. – Tafel 7

10 Selby P.S., Crichton A. 1834. Pigeons. W.H. Lizars

11 Mayr E., Seidel A. 1968. Birds of the Southwest Pacific. New York [Übersetzung des Zitats M.R.]

12 Parker S. On the Thick-billed Ground Dove Gallicolumba salamonis (Ramsay). Bulletin of the British Ornithologists' Club: 87–89

13 Mayr E., 1945. Birds of the South-west Pacific. a.a.O.

14 Sweet J.M. 1970. The collection of Louis Dufresne (1752-1832). Annals of Science 26. No.1.

15 Bannerman D. A., Bannerman W. M. 1968. Birds of the Atlantic Islands: A history of the birds of Madeira, the Deserts, and the Porto Santo Islands. (Band 2) Oliver & Boyd

16 McAlpin L. 2001. The use of mirrors and artificial nest mounds to encourage breeding in Chilean Flamingos Phoenicopterus chilensis at Colchester Zoo. Flamingo Bulletin 18: 67–70

17 Audubon J. J. Birds of America.

18 Wilson E.S. 1934. Personal Recollections of the Passenger Pigeon. The Auk 51: 157–168

19 ebd.

20 ebd.

21 Wilson A. 1839. American ornithology. Otis, Broaders

22 Wilson E.S. 1934. Personal Recollections of the Passenger Pigeon. a.a.O. S. 309

23 Lons Das Quintar und seine Faune, Ostdeutsche Monatshefte

24 Lever C. 1987 Naturalized Birds of the world. Longman Scientific & Technical; Harlow, Essex

25 Phillips R.B, Snell H.L., Vargas H. 2003. Feral rock doves in the Galapagos Islands: biological and economic threats. Noticias de Galapagos 62: 8–13.

26 Smith P. W. 1987. The Eurasian Collared-Dove arrives in the Americas. American Birds 41:1371–1379

27 ebd.

28 Bonter D. N., B. Zuckerberg, J. L. Dickinson. 2010. Invasive birds in a novel landscape: habitat associations and effects on established species. Ecography 33: 494–502 – Romagosa C.M., McEneaney T. 1999. Eurasian Collared-Dove in North America and the Caribbean. North American Birds 53 (4): 348–353

29 Darwin C R. 1859. On the origin of species by means of natural selection, or the preservation of favoured races in the struggle for life. John Murray, London

30 Humphries C. 2008. Superdove: how the pigeon took Manhattan – and the world. Smithsonian Books

31 Ragionieri L., Mongini E., Baldaccini N.E., 1991. Problemi di conservazione in una popolazione di Colombo selvatico (Columba livia livia GMELIN) della Sardegna. Ricerche Biol. Selvaggina, 18: 35 - 45.

32 Haag-Wackernagel, D. 1998. Die Taube. Vom heiligen Vogel der Liebesgöttin zur Straßentaube. Schwabe Verlag, Basel

33 Johnston R. F., Siegel-Causey D., Johnson S. G. 1988. European populations of the rock dove Columba livia and genotypic extinction. American Midland Naturalist 120:1–10

34 Ragionieri L., Mongini E., Baldaccini N.E., 1991. Problemi di conservazione. a. a. O. S. 309

35 Darwin C. The Correspondence of Charles Darwin: Volume 6: 1856-1857

36 Frädrich H. 1972. Beitrag zur Avifauna der Seychellen und anderer Inseln des westlichen Indischen Ozeans. Sitzungsberichte der Gesellschaft Naturforschender Freunde zu Berlin 12: 132–145 – Schrenk W.J. 1986. Die Seychellen, ein Naturparadies vor dem Ausverkauf I. Natur und Museum 116(8): 225–235 – Schrenk W.J. 1986. Die Seychellen, ein Naturparadies vor dem Ausverkauf II. Natur und Museum 116(8) 342–356

37 Brooke R.K., Lloyd P. H., de Villiers A. L.1986. Alien and translocated terrestrial vertebrates in South Africa. In: Macdonald IAW, Kruger FJ, Ferrar AA, eds. 1986. The Ecology and Management of Biological Invasions in Southern Africa. Cape Town: Oxford Univ. Press

38 Steinbacher, J. 1959. Weitere Angaben über ausgestorbene, aussterbende und seltene Vögel im Senckenberg-Museum. a.a.O. S. 308

39 On Tasmania, its Character, Products and Resources. The Cornwall Chronicle (Launceston, Tasmania), July 6, 1861 [Übersetzung des Zitats M.R.]

40 Curry-Lindahl K. 1972. Let them live: a worldwide survey of animals threatened with extinction. Morrow.

41 Lovari S. 1975. A partridge in danger. Oryx 13: 203–204

42 LIPU & WWF (eds).1999. Nuova lista rossa degli uccelli nidificanti in Italia. Riv. It. Orn. 69: 3–44

43 Hartert E. 1919 Numida sabyi sp. nov. Bull. Brit. Orn. Club 39: 68–69; 85–87

44 Meade-Waldo E.G.B. 1905. A Trip to the Forest of Marmora, Morocco. Ibis (8) 5: 161–164

45 Thevenot M., Vernon R., Bergier P. 2003. The birds of Morocco. BOU Checklist No. 20.

46 ebd.

47 BirdLife International

48 Hawkins F., Andriamasimanana, R., Seing, S., Rabeony, Z. 2000. The sad story of Alaotra Grebe Tachybaptus rufolavatus. Bulletin of the African Bird Club 7: 115–117.

49 Young H. G, Rhymer J. M. 1998. Meller's duck: a threatened species receives recognition at last. Biodivers. Cons. 7: 1 313–1 323.

50 Rhymer, Judith M. (2006): Extinction by hybridization and introgression in anatine ducks. Acta Zoologica Sinica 52 (Supplement): 583–585.

51 Rhymer J. M. 2001. Evolutionary relationships and conservation of the Hawaiian anatids. Stud. Avian Biol. No. 22: 61–67.

52 Garnett, Stephen T.; & Crowley, Gabriel M. 2000. The Action Plan for Australian Birds 2000. Environment Australia: Canberra.

53 Kitchener A C, Yamaguchi N, Ward J M, Macdonald D W. 2005. A diagnosis for the Scottish wildcat: a tool for conservation action for a critically-endangered felid. Animal Conservation 8: 223-237 – Driscoll CA, Menotti-Raymond M, Roca AL, Hupe K, Johnson WE, Geffen E, Harley EH, Delibes M, Pontier D, Kitchener AC, Yamaguchi N, O'Brien SJ, Macdonald DW. 2007. The near eastern origin of cat domestication. Science 317: 519–523.

54 Goodman S, Barton N, Swanson G, Abernethy K, Pemberton J. 1999. Introgression through rare hybridization: a genetic study of a hybrid zone between red and sika deer (genus Cervus) in Argyll, Scotland. Genetics 152: 355–371

55 Larrick J.W., Burck K.B. 1986. Tibet's all-purpose beast of burden, Natural history Magazine 95 (1) January. S. 55–65

56 Olsen S. J. 1990. Fossil Ancestry of the Yak, Its Cultural Significance and Domestication in Tibet. Proceedings of the Academy of Natural Sciences of Philadelphia. 142: 73–100

57 Schaller G B, Wulin L. 1996. Distribution, status, and conservation of wild yak (Bos grunniens). Biological Conservation 76(1): 1–8

58 Kuiper K. 1926. On a Black Variety of the Malay Tapir (Tapirus indicus). Proceedings of the Zoological Society of London, July 1926, S. 425–426 – Mohd, A. J. 2002. Recent Observations of Melanistic Tapirs in Peninsular Malaysia. Tapir Conservation: The Newsletter of the IUCN/SSC Tapir Specialist Group, June 2002, Volume 11, Number 1, S. 27–28

59 Fletcher S. Bassett, Legends and superstitions of the sea and of sailors in all lands and at all

times. ; Frederick Pease Harlow the making of a sailor, or, Sea life aboard a Yankee square-rigger

60 French J. C. 1919. The Passenger Pigeon in Pennsylvania. Altoona Tribune Co. Altoona, PA

61 Beecroth W. I., Job H. K. 1912. A history of the game birds, wild-fowl and shore birds of Massachusetts and adjacent states.

62 Rowland G. 1919. The passenger Pigeon again. Forest and Stream 89: 351–352

63 French J. C. 1919. The Passenger Pigeon in Pennsylvania. Altoona Tribune Co. Altoona

Unter Seefahrern und Seevögeln

1 Leite J. D., Alcoforado F. 1949. Descobrimento da ilha da Madeira: e discurso da vida e feitos dos capitaes da dita ilha. Hrsg. v. Joao Franco Machado, Joao Franco Machado. Universidade de Coimbra

2 Akerblom K. 1968. Astronomy and Navigation in Polynesia and Micronesia – A Survey. The Ethnographical Museum, Stockholm

3 Gatty H. 1958. Nature is your guide: how to find your way on land and sea by observing nature. Dutton Verlag

4 Winchester S. 1985. The sun never sets: travels to the remaining outposts of the British Empire. New York : Prentice Hall Press

5 Bunin I. A. 1963. The gentleman from San Francisco: and other stories.

6 Theodorakis M. 2001. Bis er wieder tanzt. Erinnerungen. Insel, Frankfurt

7 Whittaker E.W. 1986. The mainland haole: the white experience in Hawaii. Columbia University Press

8 Milton G. 2002. Muskatnuss und Musketen. Rowohlt, Reinbek

9 Busch F. 1974. Natur in neuer Welt. Bericht und Dichtung der amerikanischen Kolonialzeit 1493–1776. Wilhelm Fink Verlag, München

10 Amat di San Filippo P. 1885. Gli illustri viaggiatori italiani con una antologia dei loro scritti. [Übersetzung des Zitats M. R.]

11 Peter Martyr von Anghiera. Acht Dekaden über die neue Welt. 1972. Wissenschafliche Buchgesellschaft, Darmstadt

12 ebd.

13 ebd.

14 Lescarbot M. 1866. Histoire de la Nouvelle-France suivie des Muses de la Nouvelle-France, Band 2. Tross, 1866 [Übersetzung des Zitats M. R.]

15 Leguat F. 1708. Voyage et avantures de Francois Leguat, & de ses compagnons, en deux isles desertes des Indes Orientales. Jean Louis de Lorme, libraire

16 Mountford C. P. 1956. Art, myth and symbolism. American-Australian Scientific Expedition to Arnheim Land

17 Routledge K. 2007. The Mystery of Easter Island.

18 Pitman R.L. Seabird Associations with Marine Turtles in the Eastern pacific ocean. Colonial Waterbirds 16 (2): 194–201

19 Exquemelin A.O. 2000. The Buccaneers of America. Dover Maritime books, Courier Dover Publications

20 Lamb H. 1995. Climate, history, and the modern World. Routledge

21 Gatty H. 1958. Nature is your Guide. a. a. O. S. 310

22 Borden C.A. 1967. Sea quest; global bluewater adventuring in small crath

23 Lucker L. 2002: Vogelbeobachter, die in den Mond schauen. Der Falke 8: 228–232

24 Lagrand O. 1990. Guide to the Birds of Madagascar Yale University Press, New Haven

25 Tooke A.I. 1961. The birds that helped Columbus. Audubon 63: 252-253, 287, 296.

26 Langille J.H. 1884. Our Birds in Their Haunts – A Popular Treatise on the Birds of Eastern North America [Übersetzung des Zitats M. R.]

27 Darwin C. 1871. The Descent of Man. Verlag John Mourray

28 Banks J. Hooker J. D. 1896. Journal of the Right Hon. Sir Joseph Banks, Bart., K.B., P.R.S. during Captain Cook's first voyage in H.M.S. Endeavour in 1768–71 to Terra del Fuego, Otahite, New Zealand, Australia, the Dutch East Indies etc. Macmillan, London

29 The Birds of the Atlantic Islands (mit Winifred Mary Jane Bannerman, illustriert von David Morrison Reid Henry) Oliver and Boyd, Edinburgh, (4 Bände) 1963–1968, Vol. 3 A History of the Birds of the Azores.

30 González de Haedo F, Roggeveen J. 1908. The voyage of Captain Don Felipe González (...) to Easter Island in 1770-1. Preceded by an extract from Mynheer Jacob Roggeveen's official log of his discovery of and visit to Easter Island in 1722. Hakluyt Society

31 Robertson G. 1948. The discovery of Tahiti: a journal of the second voyage of H. M. S. Dolphin round the world (...) in the years 1766, 1767 and 1768. Hakluyt Society. – de Queirós P. F. 1904. The voyages of Pedro Fernandez de Quiros, 1595-1606. Hakluyt Society

32 Leland C.G. Fusan; or the Discovery of America By Chinese Buddhist Priests in the Fith Century

33 Cummins B.D. 2002. First nations, first dogs: Canadian aboriginal ethnocynology. Detselig Enterprises

34 Akerblom, K. 1968. Astronomy and Navigation in Polynesia and Micronesia – A Survey. The Ethnographical Museum, Stockholm

35 Winchester S. 1985. The sun never sets. a.a.O. S. 310

36 Gen 8: 9–11

37 Hourami G.F. 1951. Arab seafaring in the Indian Ocean in Ancient and Early mediae-

val Times. Princeton University Press, Princeton N.J.,
38 Plinius, Naturgeschichte, Buch VI, Kapitel 254
39 Hutchinson R.W. 1962. Prehistoric Crete. Penguin books
40 Hirth F., Rockhill W. W., Chau Ju-Kua. 1911. His Work on the Chinese and Arab Trade in the Twelth and Thirteenth Centuries, entitled »Chu-fan-chi« St. Petersburg
41 Ingersoll, E. 1923. Birds in Legend, Fable, and Folklore. London
42 Hockermann, O. 1985. Antike Seefahrt. C.H. Beck, München
43 Wachsmuth D. 1967. Pompimos ho daimōn. Untersuchungen zu den antiken Sakralhandlungen bei Seereisen. FU Berlin
44 Sinclair M 1982. The Path of the Ocean. Traditional Poetry of Polynesia. Univ. of Hawaii Press, Honolulu
45 Rideout H. M. 1916. The Far Cry 46 Turner: 1884. Samoa A Hundred Years ago, London
47 McGrail S. 2004. Boats of the World: From the Stone Age to Medieval Times. Oxford Univ. Press
48 Holmes T. 1981. The Hawaiian Canoe. Editions limited Hanalei, Kauai, Hawaii
49 Emerson N B. 1909. Unwritten Literature of Hawaii. The sacred songs of the Hula. Smithsonian Institution, Bureau of American Ethnology, bulletin 38. Government Printing Office, Washington
50 ebd.
51 Henshaw, H. W. 1910. Migration of the Pacific Plover to and from the Hawaiian Islands. Auk 27: 245-262.
52 Schurtz H. 1900. Urgeschichte der Kultur. Bibliographisches Institut, Leipzig
53 Ziehr, W. 1980. Holle im Paradies: Entdeckung und Untergang der Sudsee-Kulturen. Econ Verlag, Wien
54 Argonautica
55 Catchpole , C. K., Slater P. J. B. 1995. Bird Song: Biological Themes and Variations. Cambridge Univ. Press
56 Erdland P.A. 1914. Die Marshall Insulaner. Inter. Sammlung Ethnologischer Monographien, Vol.2(1), Aschendorffsche Verlagsbuchh. Münster
57 Weisler M I. 2002. Centrality and the collapse of long-distance voyaging in East Polynesia. In: Michael Glascock (Ed.), Geochemical Evidence for Long-Distance Exchange. Bergin and Garvey, London
58 Fischer S. R., 1997. Rongorongo: the Easter Island script. Oxford Univ. Press [Übersetzung des Zitats M. R.]
59 Weisler M I. 1995. Henderson Island prehistory: colonization and extinction on a remote Polynesian island. Biological Journal of the Linnean Society 56: 377–404
60 Handy E S C. 1930. Marquesan Legends. B.P. Bishop Museum Bulletin Nr. 69. Honolulu
61 Alpers A. The World of the Polynesians seen through their myths and legends, poetry and art. Oxford Univ. Press
62 ebd.
63 Handy E. C. S. 1930. Marquesan Legends. a.a. S. 311
64 Orbell M.R. 1996. The natural world of the Maori.
65 Cook J. 1831. A voyage to the Pacific ocean for making discoveries in the northern hemisphere, under the direction of Captains Cook, Clerke, and Gore, in the years 1776, 7, 8, 9, and 80. William Reid & Son
66 Bauermeister V. 2009. Abenteuer Wissenschaft. James Cook und die Entdeckung der Südsee. Ausstellungskatalog. Badische Zeitung, 21. November 2009
67 Weisler M. I. 1995. Henderson Island Prehistory. A. a. O. S. 311
68 Hawkins H. R. 2003. Environmental and Cultural Consequences of Settlement Patterns in South Pacific Island Communities. University of North Carolina at Greensboro
69 Steadman D. W., and M. C. Zarriello. 1987. Two new species of parrots (Aves: Psittacidae) from archaeological sites in the Marquesas Islands. Biological Society of Washington 100: 518–528.
70 Steadman D. W., 2006 Extinction and biogeography of tropical Pacific birds. University of Chicago Press, Chicago
71 Lever C. 1987 Naturalized Birds of the world. a. a. O. S. 309
72 Phillips W. J .1963. The Book of the Huia. Whitcombe and Tombs, Christchurch
73 Glascock M. 2002. Geochemical evidence for long-distance exchange.
74 Beichle, U. Baumann S. 2003. Die Landvögel der Samoa-Inseln. Übersee Museum, Bremen
75 Brigham, W.T. 1899. Hawaiian feather work. Bishop Museum Press, Honolulu
76 Diamond J. 1995. Easter Island's End, Discover Magazine 16(8), 63-69.
77 Van Tilburg J A. 1994. Easter Island: Archaeology, Ecology and Culture. British Museum Press, London
78 Fischer S. R. 2005. Island at the end of the world: the turbulent history of Easter Island
79 Dransfield et al. 1984.
80 Prebble M., Dowe, J .L. 2008. The Late Quaternary decline and extinction of palms on oceanic Pacific islands. Quaternary Science Reviews 27: 2546–2567.
81 Lewis D. 1994. We, the navigators: the ancient art of landfinding in the Pacific.
82 Steadman D. W. 2006 Extinction and biogeography of tropical Pacific birds. Univ. of Chicago Press, Chicago, IL
83 Pough F. H., Heiser J. B., McFarland M. J. 1989. Vertebrate life.
84 Hover O. 1961. Alt-Asiaten unter Segel: im Indischen und Pazifischen Ozean, durch

Monsune und Passate. Limbach Verlag, Braunschweig
85 Sclater P L. 1874. The Geographical Distribution of Mammals. Manchester Science Lectures 5/6: 202-219

Wanderer in der Wüste

1 Trevor E. 1965. Phönix aus dem Sand. Büchergilde Gutenberg
2 Almasy, Laszlo E.; Schrott R. Schwimmer in der Wüste. a.a.O. S. 298
3 Sure 27, 22–26
4 Stetkevych, J. 1996. Muhammad and the Golden Bough. Reconstructing Arabian myth. Indian Univ. Press, Bloomington
5 Alexander. Gedicht des zwölften Jahrhunderts. Von Lamprecht (der Pfaffe), Alberic (of Besancon), Weismann
6 Marcus Junianus Justinus, Pompeius Trogus, Otto Seel 1972. Weltgeschichte von den Anfängen bis Augustus.
7 Gomes Eanes de Zurara, Virginia de Castro e Almeida 1936 Conquests & discoveries of Henry the Navigator: being the Chronicles of Azurara
8 Burton R.F. One Thousand and One Arabian Nights, Vol. 16, a. a. O. S. 300
9 Tha'labī A ibn M. 2006, Islamische Erzählungen von Propheten und Gottesmännern. Otto Harrassowitz Verlag
10 Almasy L. E.; Schrott, R. Schwimmer in der Wüste. a. a. O. S. 298
11 Bermann, R.A. alias Arnold Hollriegel. 1933. Zarzuna, die Oase der kleinen Vogel.
12 van Deusen K. 1999. Raven and the Rock. Storytelling in Chukotka Univ. of Washington Press, Seattle
13 Dooling D.M., Walker J.R. 2000. The Sons of the Wind: The Sacred Stories of the Lakota. Univ. of Oklahoma Press
14 Follow the birds to vacation land Wisconsin. State Conservation Dept. Recreational Publicity Division
15 Lawlor J. 2007. Snowbirds Flock Together for Winter. The New York Times, February 2, 2007
16 J. G. Parsons, D. Blair, J. Luly, S. K. A. Robson 2009. Bat Strikes in the Australian Aviation Industry. The Journal of Wildlife Management 73, (4): 526–529
17 Jeremia
18 Kalafatas M. N. 2010. Bird Strike The Crash of the Boston Electra. Brandeis Univ. Press
19 Collins G. 2009. With Eye on Airports, City to Begin Culling Geese. New York Times, June 11, 2009 – Luo M. 2004. Give Geese a Chance? Sorry, Not Near La Guardia. New York Times, June 25, 2004 – Speri A. 2011. 1676 Geese Were Killed Last Summer for Air Safety. New York Times February 9, 2011
20 Schwarzer Himmel überm Hotzenwald: Millionen Bergfinken in der Luft. Südkurier 29. Dezember 2009
21 Kleine Vögel – große Wirkung. Bergfinken sorgen fur Straßensperre. Südkurier 17. Februar 2010.
22 Laist D. W., Knowlton A. R.,Mead J. G., Collet A. S., Podesta M. 2001. Collisions between Ships and Whales. Marine Mammal Science 17 (1): 35–75
23 Standish R. 1948. Elephant Walk. Peter Davies, London
24 Beckmann J. P., Clevenger A.P., Huijser M. 2010. Safe Passages: Highways, Wildlife, and Habitat Connectivity
25 Forman, R. T. T., Sperling, J. A. Bissonette et al 2003. Road Ecology: Science and Solutions. Island Press, Washington, D.C.
26 Werner A. 1968. Myths and Legends of the Bantu. Frank Cass, London.
27 Friedmann H, Kern J. 1956. The Problem of Cerophagy or Wax-Eating in the Honey-Guides. The Quarterly Review of Biology 31 (1): 19–30
28 Friedmann H. 1955. Thee Honey-guides. US National Museum Bulletin 208. Smithsonian Institution, Washington
29 Junod H. H. 1912. Life of a South African Tribe. London
30 Duffy K. pers. Auskunft
31 Wastiau B. Koninklijk Museum voor Midden-Afrika, Tervuren, pers. Auskunft
32 Johnson O. 1941. Four years in Paradise. J. B. Lippincott Company, New York
33 Leuenberger H.O. 1968. Affenfelsen und Hyanenburgen. Benziger Verlag, Zürich
34 Short L. Nanyuki, Kenya, pers. Auskunft sowie: Short L., Horne J. 2001. Toucans, Barbets and Honeyguides. Oxford Univ. Press
35 Friedmann H. 1955. The Honeyguides. a.a.O. S. 312
36 Isack H.A. 1987. The biology of the greater honeyguide Indicator indicator, with emphasis on the guiding behaviour. Doktorarbeit Univ. Oxford
37 Isack H.A, Reyer H.U. 1989. Honeyguides and honey gatherers: Interspecific communication in a symbiotic relationship. Science 243: 1343–1346
38 Birds lead Africans to honey. The Los Angeles Times, March 13, 1989; Legend of bird that guides humans to honey is confirmed. The San Francisco Chronicle, March 10, 1989; Study: Bird does lead humans to honey. The Chicago Tribune, March 12, 1989
39 Corning P. A. 2004. The Evolution of Politics. In: Wuketits F., Antweiler C. Hrsg. Handbook of Evolution, Bd. I. Wiley-VCH Verlag
40 Semon R. 1904. Die Mneme als erhaltendes Prinzip im Wechsel des organischen Geschehens. Leipzig
41 ebd.
42 Dawkins R. 1982. The Extended Phenotype. Oxford Univ. Press

43 Fisher J., Hinde R. A. 1949. The Opening of Milk Bottles by Birds. British Birds 42: 347–357
44 McCarthy M. 2003. Blue tits lose their bottle as milk thieves. The Independent, December 31, 2003
45 Burton R. F. First Footsteps in East Africa

Grenzformen des Lebens

1 Parseval N. de, Lazar V. Heidmann T. et al. 2003. Survey of human genes of retroviral origin: identification and transcriptome of the genes with coding capacity for complete envelope proteins. J. Virol. 77 (19): 10414–10422
2 Turnbaugh P. J., Ley R. E. et al. 2007. The human microbiome project. Nature. 449 (7164): 804–810
3 Feldmann H., Wahl-Jensen V. et al. 2004. Ebola virus ecology: a continuing mystery. Trends in Microbiology 12 (10): 433–437
4 Stroh W. 2009. Die Macht der Rede. Ullstein, Berlin
5 Okrent A. 2009. In the Land of invented Languages. Spiegel & Grau
6 Gibson D. G., Glass J. I., Lartigue C . et al. 2010. Creation of a bacterial cell controlled by a chemically synthesized genome. Science 329: 52–56
7 Novalis. 1798. Fragmente. Reimer Verlag Berlin
8 Schleicher A. 1860. Die Deutsche Sprache. Stuttgart
9 Marsh G. P. 1860. Lectures on the English Language. Scribner, New York
10 Salverda R. 1998. Is language a virus? Reflections on the use of biological metaphors in the study of language. In: Janse M., Verlinden A. eds. Productivity and Creativity. Mouton de Gruyter, Berlin
11 Driem G. van. 2001. The Language organism. The Leiden Theory of language evolution.
12 Haarmann H. 2010. Weltgeschichte der Sprachen: Von der Frühzeit des Menschen bis zur Gegenwart. C.H. Beck, München
13 Wills A. 2009. Opfer des Lateinischen: zum Sprachtod in Altitalien. in: Gymnasium 116 (9)
14 Ovid 1868. P. Ovidii Nasonis Ex Ponto libri quattuor. Hrsg. Otto Korn. B.G. Teubner
15 Reifenberger, A. Reifenberger U. 1986. Steinerne Zeugnisse der Ureinwohner von El Hierro und La Palma.- Prahistorische Zeitschrift, Bd. 61, H. 2, Berlin/New York, S. 158–203
16 Haspelmath M. 1992. Das Erbe von Babel ist in Gefahr. Sterbende Sprachen sind ein Thema des internationalen Linguistenkongresses. In: Die Zeit 14. August 1992
17 Minderhout D.J.,Frantz A.T. 2008. Invisible Indians: Native Americans in Pennsylvania. Cambria Press
18 Tucker C. An introduction to African Language; Mesthrie R. 2002. Language in South Africa
19 Hall R. A. 1974. External history of the Romance languages.
20 Gray L. H. 1950. Foundations of language.
21 Südost-Forschungen, Band 54. Südost-Institut München, Deutsches Auslandswissenschaftliches Institut Berlin 54, 1995
22 Südland L. von. 1918. Die südslawische Frage und der Weltkrieg. Manz, Wien
23 Schuller K. Wann stirbt das Deutsche aus? FAZ 14. März 2004
24 Goethe J. W. von. 1833 (Nachlass).Maximen und Reflexionen Nr. 736. Cotta'sche Buchhandlung
25 Campbell L. 1975. Cacaopera. Anthropological Linguistics 17 (4): 146–153
26 Campbell L., Canger U. 1978. Chicomuceltec's Last Throes. International Journal of American Linguistics 44 (3): 228-230
27 Haarmann H. 2002. Sprachenalmanach: Zahlen und Fakten zu allen Sprachen der Welt. Campus, Frankfurt/New York
28 Stephens M. 1976. Linguistic minorities in Western Europe. Gomer Press, London
29 Die letzte Eyak. In: FAZ 27. Januar 2008
30 Braselmann, P. 2005 »Killersprache« Englisch: Europäische Sprachpolitik und Globalisierung. In: Zybatow L. N. Hrsg. Translationswissenschaft im interdisziplinaren Dialog. Frankfurt/M. S. 151–169
31 Paul Henderson Scott 2007. »Killer language« cannot take place of Scots. The Scotsman, February 19, 2007
32 Holm J. A. 2000. An introduction to pidgins and creoles. Cambridge Univ. Press
33 Zeltner F., Gurian E. 2010. Wir sind die letzten Tropfen der Deutschen in der Südsee. Mare 83, Dezember 2010/Januar 2011
34 Mühleisen S. 2009. Zwischen Sprachideologie und Sprachplanung Kolonial-Deutsch als Verkehrssprache für die Kolonien. In: Warnke I. H. Hrsg. 2009.Deutsche Sprache und Kolonialismus. Aspekte der nationalen Kommunikation 1884–1919. de Gruyter, Berlin/New York
35 Malcolm I. G., Leitner, G. 2007. The Habitat of Australia's Aboriginal Languages. de Gruyter, Berlin/New York
36 Frobenius L. 1933. Kulturgeschichte Afrikas, Prolegomena zu einer historischen Gestaltlehre. Phaidon Verlag, Zürich
37 Frobenius L. 1898. Der Ursprung der afrikanischen Kulturen: Band 1
38 Wallerstein, I. 1974 The Modern World-System. Vol. 1: Capitalist Agriculture and the Origins of the European World-Economy in the Sixteenth Century. Academic Press, New York
39 Hayek F. A. von 2003. Recht, Gesetz und Freiheit: eine Neufassung der liberalen

Grundsätze der Gerechtigkeit und der politischen Ökonomie. Mohr Siebeck, Tübingen

40 Kroeber A. L. 1952. The Nature of Culture. The Univ. of Chicago Press

41 Sanderson I. T. 1946. Animal Tales. An anthology of animal literature of all countries. Alfred A. Knopf, New York

42 Aharoni I. 1938. On Some Animals Mentioned in the Bible. Osiris 5: 461–478.

43 ebd.

44 Green C. R., Sanford W. R. Lockwood J. The Zebra. Animals in Danger: Heinemann Library

45 Lindsay S. 2008. Elegy for the Quagga. In: Twigs and Knucklebones. Copper Canyon Press [Übersetzung Zitat M. R.]

46 Andersen J. C. 1912. New Zealand Birdsong: Further Notes. Transactions and Proceedings of the Royal Society of New Zealand 45: 387

47 Andersen, J.C. 1942. Maori place names and names of colors, weapons and natural objects. The Polynesian Society of New Zealand

48 Day D. 1990. Noah's choice: true stories of extinction and survival.

49 Duncan I. 1998. Vorwort zu Hudson W. H. 1904. Green Mansions. A Romance of the Tropical Forrest. Duckworth

50 Sutherland W.J. 2003. Parallel extinction risk and global distribution of languages and species. Nature 423: 276–279

Geisterstimmen am Eisenweg

1 White S. E. 1932. Folded hills. [Übersetzung des Zitats M.R.]

2 Muir J. 1894. The Mountains of California. The Century, New York

3 Gudde E.G., Bright W. 2004. California Place Names: The Origin and Etymology of Current Geographical Names. Univ. of California Press

4 Milliken R. 1995. A Time of Little Choice: The Disintegration of Tribal Culture in the San Francisco Bay Area 1769–1910, Ballena Press Publication, Menlo Park CA

5 Hittell J. S. 1866. The resources of California: comprising agriculture, mining, Geography [Übersetzung des Zitats M.R.]

6 Schoenherr, A. A., Feldmeth C. R. 2003. Natural History of the Islands of California. Jepson Prairie Docent Program 1998. Jepson Prairie Preserve Handbook

7 Allister M H. 1930. The early history of duck clubs in California. California Fish and Game 16 (4): 281-285. [Übersetzung des Zitats M.R.]

8 Marshall, J. T., Dedrick, K. G. 1994. Endemic Song Sparrows and yellowthroats of San Francisco Bay. Studies Avian Biol. 15: 316–327

9 Davis W. H., Watson D. S. 1929. Seventy-five years in California: a history of events and life in California: personal, political and military; under the Mexican regime. J. Howell [Übersetzung des Zitats M.R.]

10 Reise des kaiserlich russischen Flottenlieutenants Ferdinand von Wrangel

11 White S. E. 1932. Folded hills. [Übersetzung des Zitats M.R.]

12 Huggins D.H. 1946. Carquinez, the Strait of the Mud People. California Folklore Quarterly 5 (1): 104–107

13 Robischon M. 2007. Der Wal im Kanal. Natürlich 7: 35

14 Kaufman D. 2008. Rumsen Ohlone Folklore. Journal of folklore research 45 (3): 383–391

15 News. The Daily Picayune, (New Orleans, LA), November 5, 1891, Issue 287, col G, S. 3

16 Gothamites Not Polite Courteous Requests for Information Frighten New Yorkers. Plight of a Western Gentleman. Omaha World Herald 30 (78): 5, December 18, 1894

17 The Balance and Columbian Repository 3 (14): 110, April 3, 1804. Seals Seek Winter Quarters in Delaware Their Appearance Causes Revival of Shark Scare. Philadelphia Inquirer 175 (135): 1, November 12, 1916

18 Watson, J. F. 1833. Historic Tales Of Olden Time, Concerning The Early Settlement And Progress Of Philadelphia And Pennsylvania. E. Littell and T. Holden, Philadelphia,

19 Brehm A. E., Taschenberg E. L., Dr. Schmidt (Eduard Oskar). 1865. Illustriertes thierleben: Eine allgemeine kunde des thierreichs.

20 Vogeler H. 1989. Werden: Erinnerungen: mit Lebenszeugnissen aus den Jahren 1923–1942

21 A Whale in a Small River He Made Things Lively until Clubbed and Chopped to Death. Philadelphia Inquirer 123(20), July 11, 1890

22 Shillinglaw J. J. 1879. Historical records of Port Phillip: the first annals of the colony of Victoria. J. Ferres, Melbourne

23 Sanderson I. T. 1956. Follow the whale

24 Haines J. Mothball fleet, Benicia, California. In: Collier M. Hrsg. The Wesleyan Tradition: Four decades of American Poetry (Übersetzung Zitat M. R.)

25 Huggins D.H. 1946. Carquinez, the Strait of the Mud People. California Folklore Quarterly 5: 104–107

26 Grinnell J., and Miller, A. H. 1944. The distribution of the birds of California. Pac. Coast Avifauna 27

27 Grinnell J., Bryant H. C., Storer T.I. 1918. The Game Birds of California. Univ. of California Press, Berkeley, CA

28 Nicholls S. 2009. Paradise found: nature in America at the time of discovery.

29 Broughton J. M. 2004. Prehistoric Human Impacts on California Birds: Evidence from the Emeryville Shellmound Avifauna. Ornithological Monographs 56

30 Grinnell J., Miller A. H. 1944. The distribution of the birds of California. Pac. Coast Avifauna 27

31 Miller L.H. 1925. Chendytes, a Diving Goose from the California Pleistocene. Condor 27 (4): 145–147

32 Jones T. L., Porcasi J. F., Erlandson J. M. et al. 2008. The protracted Holocene extinction of California's flightless sea duck (Chendytes lawi) and its implications for the Pleistocene overkill hypothesis. Proc Natl Acad Sci U S A. 105(11): 4105–4108

33 Lewis, H., Raven, P.H. 1958 Clarkia franciscana, a new species from central California. Brittonia 10, 1: 7–13

34 Beidleman L. H., Kozloff E. N. 2003. Plants of the San Francisco Bay region: Mendocino to Monterey. Univ. of California Press. Berkeley

35 Fosberg F. R. 1970. A local Flora from San Francisco. Taxon 19 (3)

36 Tilden J. W. 1965. Butterflies of the San Francisco Bay Region. Univ. of California Press, Berkeley and Los Angeles.

37 Kroeber A.L. 1904. The languages of the coast of California south of San Francisco. University of California Press, Berkeley

38 Merwin W.S. 2005. Migration: new & selected poems. [Übersetzung des Zitats M.R.]

39 Lovelock J. 1979. Gaia. a.a.O. S. 297

Humboldts Anekdote oder die Klippe über dem Wasserfall

1 Gerrard M. Songs to raise the dodo from the dead. The Independent

2 Wilson D. 1865. Prehistoric man: researches into the origin of civilisation in the Old and the New world, Band 2. Macmillan

3 von Humboldt A. 1808. Ansichten der Natur. Cotta, Tübingen

4 von Humboldt A. 1844. Brief an Mrs. Austin. In: Ross J. A. 1888. Three Generations of English Women. Memoirs and correspondence of Mrs. John Taylor, Mrs. Sarah Austin and Lady Duff Gordon – Leitner U. (Hrsg.): Alexander von Humboldt und Cotta: Briefwechsel. Beiträge zur Alexander-von-Humboldt-Forschung, Bd. 29. Akademie Verlag, Berlin

5 Allen G. 1890. The great Taboo. Chatto & Windus, London

6 Grossman A. 1995. The invisible circus. In: The philosophers window and other poems.

7 Curtius E. 1885. Der Aturen-Papagei. In: Brehm A. E, Taschenberg E.L., Schmidt E. O. 1885. Brehms Thierleben, allgemeine kunde des thierreichs. Bibliograph. Institut, Leipzig

8 Darwin C. Variation of Animals and Plants under Domestication, Part II, Vol. XX, S. 119

9 Millman L. 1990. Last Places: A Journey in the North. Houghton Mifflin, Boston

10 Bryant A. 1976. Alarms and Excursions Books and bookmen, 22: 33–34

11 Shandler J. 2008 Adventures in Yiddishland. Univ. of California Press, Berkeley – Estraikh G. 2008. Yiddish in the Cold War. Studies in Yiddish 7. Legenda. Modern Humanities Research Association and Maney Publishing – Avraham Gontar 1965. »Keyn Afrike« [To Africa]

12 de Andrade M. Macunaima o heroi sem nenhum carater. Deutsch: 1982. Macunaima. Der Held ohne jeden Character. Suhrkamp, Frankfurt/M

13 Cox C., Thompson N. 2005. Becoming Animal. Contemporary Art in the Animal Kingdom. MIT Press

14 Zamponi R. 2003 Maipure. Languages of the World. Materials Band 192. Lincom, München

15 Eugene R., Hannon A., Hafernik J. E. 2007. Reintroduction of the rare damselfly Ischnura gemina (Odonata: Coenagrionidae) into an urban California park. J Insect Conserv 11: 141–149

16 Marsh G. P. Man and Nature. a. a. O. S. 298

17 Giacometti M. Hrsg. Von Königen und Wilderern. Die Rettung und Wiederansiedlung des Alpensteinbocks. Salm Verlag, Wohlen/Bern

18 Leonhard H. 1955. Wiedereinbürgerung der Gams im südlichen Schwarzwald. Zeitschrift für Jagdwissenschaft 1

19 Katzenmeier P. 1959. Einbürgerungsgeschichte der Murmeltiere im Schwarzwald. Zeitschrift für Jagdwissenschaft 5

20 Beck B. B., Kleiman D. G., Dietz J. M. et al. 1991. Losses and Reproduction in Reintroduced Golden Lion Tamarins, Leontopithecus Rosalia. Dodo, Journal of Jersey Wildlife Preservation Trust, 27: 50-61

21 Wiesner H., Müller P. 1998. On the reintroduction of the Mhorr gazelle in Tunisia and Morocco. Naturwissenschaften 85(11): 553-555

22 Gordon I. J., Gill J. P. 1993. Reintroduction of Scimitar-horned oryx Oryx dammah to Bou-Hedma National Park, Tunisia. International Zoo Yearbook 32 (1): 69–73

23 Cayot L. J., Menoscal R. 1992 Land iguanas return to Baltra. Noticias de Galápagos, 51: 11–13.

24 Toone W. D., Wallace M. P. 1994. The extinction in the wild and reintroduction of the California Condor (Gymnogyps californianus). In: Olney P. J. S., Mace G. M., Feistner T. C. Hrsg. Creative conservation: interactive management of wild and captive animals. Chapman and Hall, London

25 Jones C. 1999. Listening for Echos and Searching for Ghosts. Parrot Conservation on Mauritius. PsittaScene 11 (3) 10–11

26 ebd.

27 Diamond J. 1987. Did Komodo dragons evolve to eat pygmy elephants? Nature 326

28 Safford R. J. 1997. Nesting success of the Mauritius Fody Foudia rubra in relation to its use of exotic trees as nest sites. Ibis 139 (3): 555–559

29 Bannerman D A, Bannerman W M. 1966. Birds of the Atlantic Islands 3: a history of

the birds of the Azores. Oliver & Boyd, Edinburgh
30 Martin P. S., Burney D. 1999. Bring Back the Elephants! Wild Earth, Spring 1999, S. 57-64
31 Donlan J. , Greene H.W., Berger J. et al. 2005. Re-wilding North America . Nature 436: 913–14
32 May Import African Animals To Solve Meat Problem. New York Times, April 17, 1910, S. 5
33 Want No New Beasts: Government Experts Against Imports From Africa. Have a Plenty. The Washington Post, June 29, 1911
34 Beebe W. 1906. The bird, its form and function: With over three hundred and seventy illustrations chiefly photographed from life by the author. Dover [Übersetzung des Zitats M.R.]
35 Heck L. 1936. Über die Neuzüchtung des Ur- oder Auerochs. Berichte der Internationalen Gesellschaft zur Erhaltung des Wisents 3: 225–294
36 Heck H. 1905. Die Urwildpferde im Berliner Zoologischen Garten. Illustrierte Landwirtschaftliche Zeitung 25 (17)
37 Freeman C. 2009. Ending Extinction: The Quagga, the Thylacine, and the »Smart Human«. In: Buch Leonardo's, Choice Verlag Springer Netherlands
38 Frädrich H. 1972. Beitrag zur Avifauna der Seychellen und anderer Inseln des westlichen Indischen Ozeans. Sitzungsberichte der Gesellschaft naturforschender Freunde zu Berlin 12: 132–145
39 Stone R. 2002 Mammoth: the resurrection of an Ice Age giant. Perseus Publishing
40 Scientists a step closer to cloning mammoth. Japan Times. December 4, 2011
41 Hitt J. 2004. Say no more. New York Times, February 29, 2004
42 Hinton L. 2002. How to Keep Your Language Alive. Heyday Books, Berkeley
43 Haarmann H. Lexikon der untergegangenen Sprachen. C. H. Beck Verlag, München
44 Gray L. H. 1939. Foundations of language. Macmillan, New York
45 Thieberger N. 2008. Language is like a carpet: Carl-Georg von Brandenstein and Australian languages. McGregor W. W. (ed.) Encountering Aboriginal languages: studies in the history of Australian linguistics. Canberra: Pacific Linguistics. S. 321–335
46 Salminen T. 1999. UNESCO red book on endangered languages: Europe UNESCO
47 Abley M. 2003. Spoken here: travels among threatened languages. Heinemann, London
48 Hinton L, Hale K.L. 2001. The green book of language revitalization in practice.
49 Moseley C. 2007. Encyclopedia of the world's endangered languages.
50 Amery R. 2000. Warrabarna Kaurna!: Reclaiming an Australian Language. Swets & Zeitlinger
51 Crowley T, Thieberger N. 2007. Field linguistics: a beginner's guide.
52 Urban G. 1985. On Pataxó and Hãhãhãi. International Journal of American Linguistics 51 (4): 605-608
53 Grant P.R., Grant B.R. 2009. The secondary contact phase of allopatric speciation in Darwin's finches. Proc Natl Acad Sci USA 106: 20141–20148
54 França C. 1913. Contribution à l'étude du lapin de Porto Santo Oryctolagus cuniculus Huxleyi Haeckel. Librairie Ferin, Lissabon – Darwin C. 1868. The variation of animals and plants. a. a. O. S. 315
55 Able K.P., Belthoff J.R. 1998. Rapid 'evolution' of migratory behaviour in the introduced House Finch of eastern North America. Proceedings of the Royal. Society of London Series B 265: 2063-2071
56 Schrenk W.J. 1986. Die Seychellen, ein Naturparadies vor dem Ausverkauf. a.a.O. S. 305
57 Salomonsen F. 1934. Notes on some Lemurian Birds. Proceedings of the Zoological Society of London 104 (2): 219–224
58 Cox G. W. Alien species and evolution: the evolutionary ecology of exotic plants
59 Heuvelmanns, B. 1959. On the Track of Unknown Animals. Hart-Davis, London
60 O'Hanlon, R. 1997. No Mercy. A Journey to the Heart of the Congo. Alfred A. Knopf, New York
61 Fenly L. 2006. First glimpse. In 2006, scientists discovered a whole new world of species. The San Diego Union-Tribune (CA), December 28, 2006
62 Roca A. L., Georgiadis, N. et al. 2001. Genetic evidence for two species of elephant in Africa. Science 293: 1473 - 1477
63 Smith L. 2007. DNA tests find a world of variety. The Times (London), February 19, 2007
64 Jones T., Ehardt, C. L., Butynski, T. M. et al. 2005. The Highland Mangabey Lopocebus kipunji: A New Species of African Monkey. Science 308: 1161–1164
65 Gentile G., Fabiani A. et al. 2009. An overlooked pink species of land iguana in the Galapagos. Proceedings of the National Academy of Sciences 106 (2): 507
66 Wada S., Oishi M., Yamada T. K. 2003. A newly discovered species of living baleen whale. Nature. 426: 278–281
67 Fenly L. 2006. First glimpse. a. a. O. S. 316
68 Stewart B. 2002. A New Kind of New Yorker, One With 82 Legs. New York Times, July 24, 2002
69 Kutschera, U. 2010. A new leech species from Southern Germany, Trocheta intermedia nov. sp. (Hirudinea: Erpobdellidae). Lauterbornia 70: 1–9
70 Mizelle B. 2005. Displaying the Expanding Nation to Itself: The Cultural Work of Public Exhibitions of Western Fauna in Lewis

and Clark's Philadelphia. In: Robert S. Cox, ed., The Shortest and Most Convenient Route of Communication: Lewis and Clark in Context American Philosophical Society, S. 215-235

71 Queer Quadruped With a Bullet Proof Skin Found in Patagonia. The Philadelphia Inquirer: 139(132): 14; November 09, 1898. [Übersetzung des Zitats M. R.]

72 Japanese War Bill. Dallas Morning News, September 03, 1899

73 Silverberg, R. 1967. The Auk, the Dodo, and the Oryx: vanished and vanishing creatures. T.Y. Crowell Company, New York

74 Steadman D. W., Martin P. S. et al. 2005. Asynchronous Extinction of Late Quaternary Sloths on Continents and Islands. Proceedings of the National Academy of Sciences of the USA, Vol. 102, No. 33: 11763-11768

75 Hausman L.A. 1936. Further studies of the hair of the fossil ground sloth (Nothrotherium shastense) and of its problematical »ovate bodies«. American Journal of Science 31: 223–228.

76 Searching for an Aepyornis: The Discovery of a Freshly-laid Egg Starts Scientists into Madagascar after the largest Bird ever known. Los Angeles Times, July 6, 1902

77 Louvel M. 1954. Quelques observations sur le »fosa«. Bulletin de l'Académie malgache 31: 45-46.

78 A Monster Serpent. The Creature's Abode in an Extinct Crater of New Mexico. St. Louis Globe-Democrat, (St. Louis, MO), December 31, 1887

79 A Live Mastodon. Bismarck Daily Tribune, (Bismarck, ND), March 2, 1893

80 Is the Great Moa Extinct? Travelers Say That the Bird May Still Exist in New Zealand. The Wisconsin State Register (Portage, WI), August 8, 1896

81 Supposed discovery of a live Moa, Near Lake Wakatipu. Otago Daily Times, Issue 339, January 21, 1863 [Übersetzung des Zitats M. R.]

82 Discovery of a live Moa. Otago Daily Times. Issue 3475, March 27, 1873 [Übersetzung des Zitats M.R.]

83 When did the last Moa die? Colonist, Volume XXXVI, Issue 7480, November 15, 1892

84 Is the Great Moa Extinct? a.a.O. S. 317

85 When did the last Moa die? a.a.O. S. 317

86 Discovery of a live Moa. a.a.O. S. 317

87 Dieffenbach E. 1844. Travels in New Zealand. Daily Southern Cross, Volume 51, April 6, 1844

88 Moa or Kumi. Encountered in the Urewera Country. Poverty Bay Herald, Volume XLVI (14824) 6, January 30, 1919

89 Topics of the Day. The Observer, January 4, 1874

90 The Reported Discovery of the Moa. a.a.O. S. 317

91 Blashford-Snell, J., Lenska, R. 1996. Mammoth Hunt: In Search of the Giant Elephants of Nepal. Harper Collins, London

92 World Conservation Monitoring Centre 1996. Labidura herculeana. IUCN Red List of threatened Species. IUCN, Gland, Schweiz

93 Clarke D. pers. Auskunft

94 Gonzales P. C. 1983. Birds of Catanduanes. Zoological Papers of the National Museum, Manila, 2: 1–125

95 Greenway J C. 1967. Extinct and Vanishing Birds of the World. Dover Publications, New York

96 Juniper T. 2003. Spix's macaw: the race to save the world's rarest bird.

97 Fry C. H., Smith D. A. 1985. A new swallow from the Red Sea. Ibis 127: 1-6

98 Snyder N. F. R., Brown D. E., Clark K. B. 2009.The travails of two woodpeckers: ivorybills & imperials. University of New Mexico Press

Bildquellen

KAPITEL 1 Im Tal in den grünen Bergen
»Wolf shelter«, Robert Bateman; Illustration aus: »Tree. A life story« von David Suzuki & Wayne Grady, 2004. © Robert Bateman

KAPITEL 2 Den Strom hinauf
»Flight on the Bird«, Illustration aus: »The Cuckoo Clock« von Mrs Molesworth, veröffentlicht durch Charles Edmund Brock, 1930.
Quelle: Private Collection/ The Bridgeman Art Library

KAPITEL 3 Mammut im Nebel
»Comparison of a woolly mammoth and an Asian elephant«, Kazuhiko Sano, 2009.
© Kazuhiko Sano
Quelle: National Geographic Image Collection/ The Bridgeman Art Library

KAPITEL 4 Auf der Schildkröteninsel
»Echsen und Schildkröten auf Galapagos«, Illustration aus: Charles Darwin 1809–1909. Gedenkschrift zur Jahrhundertfeier seiner Geburt, Franckh'sche Verlagsbuchhandlung, 1909.

KAPITEL 5 Auf grünen Straßen
»A Small Piece of Turf«, Hans Hoffmann, 1584.
© bpk/ The Metropolitan Museum of Art.

KAPITEL 6 Auf grünen Flügeln
»Green Parrot«, Sarah Stone, o.J.

Quelle: The Right Hon. Earl of Derby/ The Bridgeman Art Library

KAPITEL 7 Shanghait und deportiert

Old Master Engraving, Flemish School

Quelle: Courtesy of the Warden and Scholars of New College, Oxford/ The Bridgeman Art Library

KAPITEL 8 Weltbürgerin im feinen Zwirn
»Wandertaube«, aus: Brehms Thierleben. Allgemeine Kunde des Thierreichs, Fünfter Band, Zweite Abtheilung: Vögel, Zweiter Band: Raubvögel, Sperlingsvögel und Girrvögel, 1882.

KAPITEL 9 Unter Seefahrern und Seevögel

»Polynesia or Islands in the Pacific Ocean«, John Rapkin, veröffentlicht innerhalb einer Serie von Weltkarten durch John Tallis & Co., ca. 1850–1859.
Quelle: Private Collection/ The Stapleton Collection/ The Bridgeman Art Library

KAPITEL 10 Wanderer in der Wüste
»Annual migration of swallows«, Illustration aus: »Our Own Magazine«, English School, 1885.

Quelle: Private Collection/ Ken Welsh/ The Bridgeman Art Library

KAPITEL 11 Grenzformen des Lebens
»Quagga«, aus: Brehms Thierleben. Allgemeine Kunde des Thierreichs, Dritter Band, Erste Abtheilung: Säugethiere, Zweiter Band: Raubthiere, Kerfjäger, Nager, Zahnarme, Beutel- und Gabelthiere, 1883.

KAPITEL 12 Geisterstimmen am Eisenweg
»Weird Painting of a very big bithon in the cave of Altamira«

Quelle: Wikimedia Commons

KAPITEL 13 Humboldts Anekdote oder: die Klippe über dem Wasserfall
»Side a of rongorongo Tablet C, or Mamari«

Quelle: L'île de Pâques et ses mystères (Easter Island and its Mysteries) von Chauvet, Stéphen-Charles, 1935, übersetzt von Ann Altman, 2004.